为了全人类的生存与幸福！

最大的问题

胡家奇 著

东北大学出版社

© 胡家奇 2007

图书在版编目（CIP）数据

最大的问题 / 胡家奇著. — 沈阳： 东北大学出版社，2007.12（2008.2 重印）

ISBN 978-7-81102-478-4

Ⅰ. 最…　Ⅱ. 胡…　Ⅲ. 科学技术—社会影响—研究　Ⅳ. G301

中国版本图书馆 CIP 数据核字（2007）第 186104 号

出 版 者：东北大学出版社
　　　　　地址：沈阳市和平区文化路 3 号巷 11 号
　　　　　邮编：110004
　　　　　电话：800-810-2968（发行，限固定电话）　024—83680267（社务室）
　　　　　传真：024—83680265（社务室）
　　　　　E-mail：neuph @ neupress.com
　　　　　http：// www.neupress.com
印 刷 者：沈阳市北陵印刷厂有限公司
发 行 者：东北大学出版社
幅面尺寸：170mm×240mm
印　　张：26.125
字　　数：428 千字
出版时间：2007 年 12 月第 1 版
印刷时间：2008 年 2 月第 2 次印刷
印刷册数：5001～10000
责任编辑：牛连功　文　韬
责任校对：闻　悦
封面设计：赵　林
责任出版：杨华宁

ISBN 978-7-81102-478-4　　　　　　　定　价：38.00 元

人类一分子的责任
（代序）

刘霆昭

《最大的问题》是一部不可多得的学术杰作。为了它，胡家奇先生苦苦研究了 28 年。

这本书生动地介绍了人类生存发展的百科知识，精心地设计了构建和谐社会和谐世界的理想架构，"关乎每个人的生存，关乎每个家的福祸，关乎每个国的盛衰，关乎全世界的和平与繁荣"。它是中国学者关于人类学和社会学研究的可贵成果，很有可能成为一本有助于促进世界和平与发展事业，甚至改变人类历史进程的书。

《最大的问题》一书的前身是由同心出版社出版的《拯救人类》，是《拯救人类》一书的精选本。

《拯救人类》在北京与读者见面后，引起各界的特别兴趣和广泛关注，有褒扬的高度评价，也有中肯的尖锐批评。胡家奇先生本着严谨的治学态度，对来自各方的意见进行认真的辨析、消化和梳理，在此基础上对《拯救人类》进行了大刀阔斧的修改，存其精华，去其枝蔓，使内容更加科学准确，力求达到通俗易懂，从 80 万字压缩至 40 万字，书名也更改为"最大的问题"。

翻开《最大的问题》，如入百科迷宫。眼睛在字里行间移动，身体却好似在太空星月间遨游；眸光在页扉翻动中闪烁，心灵却好似在时空隧道中穿行。"霓为衣兮风为马，云之君兮纷纷而来下，虎鼓瑟兮鸾回车，仙之人兮列如麻……"诗仙李白描绘的仙境，竟然在阅读《最大的问题》有关宇宙的章节中感受到了。

此书仿佛具有强大的磁场，忽儿把你吸入地壳深处，去经受炽热岩浆的烘烤；忽儿又把你抛向数十亿光年之外的星团，验证天地玄黄、宇宙洪荒的地球初始化；忽儿把你吸入当今社会细胞的内核，观察人类组织结构最本质的精髓；忽儿又把你送回盘古开天地、恐龙称霸的远古年代，去见证人类祖先诞生的奥秘……

地心说、日心说、大陆漂移说，进化论、人口论、广义相对论，红移现象、多普勒效应、"宇宙界"大爆炸，黑洞、红矮星、米诺斯文明，代际正义、红巨星灾难、史瓦西半径，微黑洞威胁、黄道面、太阳风，地外生命、宇宙寻呼、UFO谜团，全球变暖危害、酸雨、旅鸽灭绝，人口爆炸、七国集团、转基因生物毒素，互联网、黑客、"曼哈顿工程"，技术钥匙、国家社会、"三增"规律，国际法、全球化、全新非竞争社会，单一国、复合国、联邦国……

太多太多的知识点、关键词，沿着人类生存命运这条主线，纷至沓来，尽集纸面，自然科学和社会科学水乳交融，内容涉及天文、地理、数学、物理、化学、生物、环境、哲学、伦理、历史、政治、经济、社会、宗教各领域。该书不啻为一部中式风格的普及版、浓缩型的百科全书。以仅差1分就满分的物理高考成绩跨入大学门槛的胡家奇，真称得上是编织知识珍珠项链的高手。他用缜密的理性思维的金线，把一颗颗知识含量很高的"珍珠"编织成一串串璀璨夺目、环环相扣的百科知识的"项链"。他能够将许多高深的科学理论和奥涩的知识难点，用通俗易懂、生动幽默、富有人情味和感染力的语言娓娓道来，不仅能引人读下去，而且能让人看明白。

自幼信奉并实践"读万卷书，行万里路"古训的我，生性好奇，多发天问，加之记者的职业优势，自识阅历丰富、见多识广，但当我一头扎进这本厚厚的书稿之后，竟然发现，自己半个多世纪以来人生经历中的点点记忆、丝丝往事，特别是那些难以忘怀的见闻、引发奇想的疑团、心惊肉跳的感触……好似片片树叶，几乎都能够在这里找到得以依托的枝干和根基；好似滴滴水珠，几乎都可以汇入这条记述人类生存与发展的文字洪流。

从孩提时代仰望星空寻找牛郎织女星，到岁岁中秋举杯邀月敬嫦娥；从罗马角斗场深浸着的殷殷血迹，到西非奴隶屋留存着的冷冷铁索；从日寇在东北制造细菌武器的试验地，到长崎、广岛上空升起的蘑菇云；从周口店北京猿人的头骨化石，到三星堆纵目人的青铜面具；从剑桥大学成立的反达尔文学说实验室，到格林尼治展示的哈勃望远镜拍到的宇宙大爆炸星云图……

啊，渺小脆弱的人类，可悲可叹的人类！伟大智慧的人类，可作可为的人类！

如果说深深吸引我的是那一串串百科知识的珍珠，那么深深打动我的则是深浸在字里行间的那以关注人类命运为己任的无比崇高和神圣的使命感。

怀抱爱国忧民之心，通常就已经被看做是志向高远之人了。而本书作者的赤子之心，远远超过了对祖国对民族的爱，这是一种超越国界、族界的对全人类的大爱。这种大爱，远非忧国忧民之心所可及，他简直是忧人类、忧天地、忧环球、忧宇宙了！

真是不可思议，作为中国北京的一位普通公民，一位普通的大学毕业生，一位普通的学者，一位普通的企业家，怎么会生出如此大爱，怎么会自觉地以拯救人类为己任呢?！

每个人都会对生活、对社会、对世界、对未来有自己的看法，但并非每个人都有如此拳拳赤子心和神圣使命感。人类是由每一位个体的人组成的，只有经过每一个个体的人的共同努力，才能够承担并最终完成拯救人类的历史重任。

无论对于出版人，还是对于生活在我们这个星球上的任何一个人而言，哪里还有比拯救人类更伟大、更急迫、更有分量的课题呢?！

真正使我感到震撼的，是此书关于人类所面临危险处境的严峻提示：歌舞升平掩盖不住危若累卵的人类生存危机，我们兴高采烈地从事着并为之津津乐道的也许恰是饮鸩止渴式的自杀行为。这些石破天惊、触目惊心的警告并非杞人忧天，而是客观现实。面对有关人类生存命运的沉重话题，多大的官儿、多大的款儿都难免自惭渺小、魄动心惊。正所谓"鸢飞戾天者，望峰息心；经纶世务者，窥谷忘返"。这里的峰和谷，即乃斯书也。

"无产阶级只有解放全人类才能最后解放无产阶级自己。"这句振聋发聩的划时代名言，曾成为我们的指南灯塔，至今铭刻在心。至于无产阶级的定义，随着俄国十月革命夺取政权使无产者成为执政者，以至前苏联及东欧社会主义国家的解体，随着中国改革开放、经济发展以至全民性脱贫致富的实践，有了新的解读。本着与时俱进的精神，我们不妨将这句名言改成"我们只有解放全人类才能最后解放我们自己"。《最大的问题》用大量的不争事实、研究成果和科学推断告诉我们：如果不清醒理智地正视人类的生存现状，如果不有效改善威胁人类的各种因素，如果不有效地采取自我保护甚至自我捍卫的革命性、全球性措施，切实善待人类，恐怕还没等到解放全人类日子的到来，人类就已经灭绝了。不言而喻，拯救比解放更重要、更紧迫。

　　中国加入 WTO，迅猛推进了全球经济、文化的一体化，现代科技的发展，特别是互联网的全球性覆盖，使世界大家庭的交流易如反掌。我们传统意义上所说的机遇和挑战恐怕有必要更换新的内容，即抓住构建和谐世界、实现世界大同的机遇，迎接人类面临生存危机的挑战。

　　吃辣子的刚烈性格，湘江儿女特有的革命潜质和历史使命感，胸怀世界、放眼宇宙的宏大气魄，博览群书、严谨治学的深厚功底，使胡家奇先生不仅以激昂的热情提出了"拯救人类"的重大课题，而且通过对社会制度正义性、人类价值实现的评估，提出了大统一社会的理念，并对其基本架构及社会道德价值标准作了精心的设计和科学的阐述。

　　一个个体的人，却关注着整个人类，以全人类的命运为己任，为拯救人类的事业奔走、游说，为大统一社会的实现呐喊、呼号，他的这种执著怎能不使人感动?! 这种警示，我等又岂能漠然置之?!

　　诚然，任何一位作者、任何一部作品都难免有其一定的局限性，也难以达到十全十美；但作为《最大的问题》一书的总策划，我郑重地向读者推荐此书，读了它，您至少会眼界大开，心轩顿阔，会从只关注自我扩展到关注整个人类，会从只关注眼前扩展到关注上下数千年，您会突破原有的狭窄的生存时空半径，扩展至全中国、全世界、全宇宙。

　　胡锦涛同志提出了构建和谐社会和和谐世界的理念，并在党的十七大报告中提出贯彻落实科学发展观，"鼓励哲学社会科学界为党和人民事业发挥思想库作用，推动我国哲学社会科学优秀成果和优秀人才走向世界"，"增强中华文化国际影响力"。从某种意义上可以说，《最大的问题》是在贯彻上述理念和精神方面进行的可贵的探索和积极的努力。

人类兴亡，人人有责。关于这一领域的研究和探讨，应当有中国学者的声音，这就是我倾力推介此书的初衷。

举生存危机以警世，以拯救人类为圣责，决非杞人无事忧天倾。古人云："不谋全局者，不足谋一域；不谋万世者，不足谋一时。"为此，我们作为生活在当今的人类一分子，每个人都应反躬自问：

叹衰世，赞盛世，悠悠万世凭孰继？

思先人，念后人，堂堂今人有何为？！

《最大的问题》一书论证和展示的"大统一社会"可以说是当今人类的科学、美好的理想追求，是继承中国传统的"世界大同"思想和马克思主义科学社会主义理论，立足当今世界物质文明、精神文明发展水平基础上，创造性提出的新的"大同"理念。我料想，如此大统一社会诞生之日，定是小小环球最美之时。

2007 年 12 月

（本文作者为本书总策划，资深记者、著名出版人）

前　言

　　本书是 2007 年 7 月出版的《拯救人类》一书的精选本。书中的内容是我 28 年研究的成果，我深信书中所涉及的问题从根本上关系着人类的命运与前途，是全人类最大的问题。

　　任何生物都有生有灭。如果人类灭绝是极其遥远的事，也许我们今天担忧是不必要的，但若这种灭绝就在为时不远，尤其是当今天就采取避免人类灭绝的措施都有些为时晚矣时，这一问题无疑高于一切，因为没有任何一个问题比避免人类灭绝更加重要。

　　恐龙生存于地球长达 1.6 亿年，这是因为它的强大所至。人类完成其进化仅 5 万年，相对于恐龙其历史只是刚刚开始，智慧的人类比恐龙还要强大得多，因此，一般的力量是无法灭绝人类的。那么，就外力因素而言，可以太阳演变为红巨星作为标志，在数十亿年内人类都不会有整体灭绝的危险。

　　人类的极其强大，使得其主要的敌人便是自己，人类真正的整体生存危机是"自杀"而非"他杀"。科学技术是一把"双刃剑"，它造福人类的能力越强，毁灭人类的威力也就越大。只要科学技术继续像今天这样无节制地发展下去，人类的灭绝是必然的，而且这一天不会很远，充其量数百年，甚至更短。

　　一系列的研究结果都表明，歌舞升平掩盖着危若累卵的巨大生存危机，人类社会的发展出现了整体的方向性错误，已经到了必须认真审视、科学调整和果断行动的时候。

今天，人类社会的形态是国家社会，由于多国并存必然导致国家之间处于你死我活的竞争状态，在这样的环境下任何国家都不可能真正理性地发展和使用科学技术，因此，要拯救人类于灭绝在今天这样的社会是不可能做到的。

因为国家之间的对抗与分治，人类社会一定是高度竞争与贫富差距极大的社会，同时，这样的社会又必定会战争频发且恶性犯罪频繁，所以，在这样的社会不仅人类的整体生存没有保障，而且普遍幸福也没有保障。历史学家普遍认为，今人的幸福感还远不如旧石器时代晚期刚走出山洞的古人。

深入研究，其结果表明，人类只有走向大统一才能避免自己的灭绝，也只有走向大统一才能使自己获得普遍的幸福。

仅仅在不到百年前人类的大统一都只能是"乌托邦"式的空想，但今天一切都变得那么现实。现代交通、通讯和传媒手段已经把世界缩小成了一个"地球村"，因此，人类大统一的技术条件已经完全具备。再加上联合国这样真正具有全球意义的国际组织的成立与运作，以及全球化趋势的自发形成，这不仅对大统一社会客观上形成了一种"预演"，而且也反映了全人类的一种普遍诉求。所以，人类实现大统一不仅有其必要，也有其可能。

我们到了必须觉醒的时候，全人类理应共同肩负起拯救自己的神圣责任，尤其是大国领袖，更应该挺身而出，做引领人类前行的舵手，在人类如此危机的时刻力挽狂澜，拯救人类于危难。

为了很好地阅读此书，我建议读者先阅读本书的附录，它是《拯救人类》一书的代前言和结束语，这是对全书内容的提炼，也对我的研究过程进行了介绍。

胡家奇

2007 年 12 月于北京

目　　录

第一章　从远古走来

　　任何事物都不是孤立存在的，今天的一切是过去的延续，同时又预示未来；我们身边的一切受遥远事物的影响，同时也作用于遥远。要就人类和人类社会的问题找寻答案，首先就要了解人类自己和人类社会的历史，以及人类所生存的环境。

第一节　追溯真理

　　在人类文明有记录的数千年的历史中，真理常常被当成谬误，而谬误却常常被当成真理，并被奉若神明，使之神圣不可侵犯。一个革命性真理的诞生，首先总会面临无情的打击和血腥的杀戮，古往今来概莫能外。

　　许多科学结论，历史上都曾遭遇过悲惨的迫害和残酷的打击，但真理总归是真理，当雄辩的事实借助岁月的长风，吹去荒谬层积的厚尘，真理的光辉终会普照人间。

　　真理所走过的路程常常十分艰辛，以下仅讲述三个有关故事。

一、关于地球和宇宙关系的故事

　　关于我们所生存的地球以及周围的宇宙，自有人类以来就是人们最关心并迫切渴望了解的。由于认识世界的局限性，即使在进入文明社会后的数千年的时间内，人们也只能凭自己的直觉观察认识太阳、月亮、星星、大地和天空，并根据这些观察，结合自己原始的思辨，想象与理解地球和宇宙。

　　"地心说"是欧洲古代建立的一种宇宙学说，它最早是由公元前3世纪古希腊哲学家亚里士多德提出的，他认为地球是宇宙的中心，月亮、星星以及一切宇宙物质都围绕在地球周围。亚里士多德是古希腊哲学的集大成者，而且是著名的马其顿国王亚历山大大帝的老师。也许正是他的崇高地位，以及看似合理的解释，使这一错误的理论统治西方世界长达一千多年。

谬误对于世界的统治地位，是在一系列的"发展"、错误解释、偶然的利用中不断得到加强的。

发展和完善"地心说"的是天文学家托勒密，他认为地球处于宇宙的中心，地球之外依次是月亮、水星、金星、太阳、火星、木星和土星，这些星球在各自的轨道上有规律地绕地球运转。

应该说这之前关于地球与宇宙关系的观点都属于正常的学术问题，按科学研究的一般原则，只要有充分的依据，一个新的正确的科学结论是可以推翻过去的错误结论的，而且这并不是一件很困难的事。然而，某一结论要是被居于统治地位的宗教或者政治权威刻意利用后，情况就变得非常复杂了。

基督教教义沿用了错误的"地心说"理论。根据基督教教义，宇宙和地球都是神创造的，地球居于宇宙的中央，上帝创造了万物，同时也创造了人类。

2

基督教在中世纪的黑暗统治牢牢地禁锢着人们的思想，绝对不允许对基督教已经认定的理论进行怀疑和推翻，这就导致"地心说"长期左右人们的宇宙观而不容改变。

首先向"地心说"提出实质性挑战的是哥白尼。尼古拉·哥白尼1473年2月19日出生于波兰的托伦，他在大学时攻读的是法律、医学和神学，但对天文学却有着极大的兴趣，他长期用业余时间观测和研究天文，又通过对宇宙的思考，提出了日心说理论，并用一生的努力完成了天文学史上划时代的著作《天体运行论》。

《天体运行论》认为地球只不过是一颗普通的行星，并不是宇宙的中心，宇宙的中心是太阳，太阳之外依次是水星、金星、地球、火星、木星和土星。

今天我们看来，哥白尼的论点也不是最终真理，但却向真理迈出了关键的第一步，他的论点是对"地心说"的彻底否定。更为重要的是，"日心说"对"地心说"的否定，必然会超出两种天文学理论的对抗，进而演变为对基督教宗教神学的挑战，它所产生的革命性的后果，必将在一系列的领域引发连锁反应。对于基督教会而言，这是绝对不容许的。

《天体运行论》出版时哥白尼已经中风卧床，病入膏肓。他用颤抖的双手抚摸着这部他为之奋斗了一生的著作，而后不久就与世长辞了。

发展了哥白尼学说的是天才的无神论者，意大利哲学家乔尔丹诺·布鲁诺。布鲁诺并不是一位天文学家，他用自己的哲学思辨，提出了宇宙无限的思想，进一步发展了哥白尼的学说。布鲁诺认为，太阳并不是静止的，也处在运动之中，而且太阳并不是宇宙的中心，太阳系外还有无限多个世界，宇宙是统一的、物质的、无限的，无限的宇宙没有中心。

布鲁诺的思想使天主教会为之震怒，宗教裁判所对他进行了长达 7 年的审讯。在狱中，布鲁诺不屈不挠，始终坚持真理，最后被判处火刑。1600 年 2 月 17 日，布鲁诺被教会活活地烧死在罗马鲜花广场。

凶残、杀戮和暴力从来不能阻止人们对真理的追求。近代科学最杰出的开创者之一伽利略，通过对天文的观测，认同了哥白尼的学说，并著书《关于托勒密和哥白尼两大世界体系的对话》。该书于 1632 年得以出版，但很快遭到罗马教会的查禁。1633 年伽利略在罗马受到审判，并被判处终身监禁。

就在教会对布鲁诺和伽利略进行宣判的时候，受宗教愚昧统治的欧洲正处于黎明前的黑暗，14 世纪发源于意大利的文艺复兴运动，以整理古典希腊、罗马著作作为开始，寻求反对宗教神学的文化武器，用"以人为中心"的人文主义来对抗"以神为中心"的宗教神学思想，为近代思想解放运动开辟道路。

而哥白尼、布鲁诺、伽利略正是以他们追求真理的献身精神和大义凛然的牺牲精神，催生了新世界的黎明。17 至 18 世纪的西方启蒙运动从英国、法国开始，扩展到德国、荷兰等诸多国家。

启蒙运动以理性主义作为思想武器，将思想批判的矛头直指封建专制统治和宗教神学，他们反对宗教迷信，提倡科学精神，反对专制独裁统治，提倡民主和自由，甚至主张开辟一个非宗教的理性时代，把人类的生活世俗化。正是这样一批思想家的努力，向人们展示了一条通向科学和理性的道路，使人类在追求真理的大道上彻底摆脱了宗教神学的羁绊，于是，有了美国革命，有了法国革命……于是，科学研究的视野豁然开朗。

正是真理的力量，推动了世界的巨变。

二、关于地球的故事

地球是人类的家园，我们的远祖在这里狩猎采摘，我们的先辈在这里日出而作，日落而息。地球——我们赖以生存的家园，使人类在茫茫宇宙中有了一块栖息之地，于是，从远古到今天，从猿到人，从蛮荒到文明，人类生生不息。

但是，人类所生存的地球表面远不是固定、永恒的，而是一个个总在漂移变化的板块，从地球形成至今，已经经历了无数次的巨变。大约在 2 亿年前，地球的陆地是一个超级大陆，所有的陆地都拥抱在一起，南美洲东岸与今天的非洲西侧是连在一起的；北美洲紧贴在欧亚大陆西面；澳大利亚是南极洲东部的一个半岛；印度次大陆远在南极，与中国的西南侧相距万里，中国的西藏边缘则是茫茫大海。

这并不是地球上第一次出现超级大陆的情况，大约 7 亿年前也有过超级大陆，只不过陆地的形状与位置不同而已。

地球上的陆地一直都在表演着分久必合、合久必分的故事。就像是兄弟相处久了总要分手一样，终于有一天，2 亿年前的这块超级大陆分家了，它们各奔前程，起道远行。

美洲相对于欧洲、非洲向西漂移，大西洋形成。印度次大陆脱离南极大陆向北漂移，旅行万里，一头顶上了向东漂移的亚洲，前方隆起，形成宏伟壮观的喜马拉雅山脉。澳大利亚作为南极洲一家的兄弟，在晚于印度次大陆之后也离家出走，它的目的地同样是向北，直到现在它还在向北的旅途中。

今天的美洲大陆仍在继续向西漂移，大西洋以每年 1～4 厘米的速度在扩宽，5000 万年之后大西洋的宽度将增加 1000 千米以上。与此同时，亚洲大陆则向东漂移，印度洋也在扩张，在东西夹击下的太平洋则越来越窄，世界第一洋的头衔将不复存在。

非洲大陆在向北推移，地中海将来会成为内湖，并最终消失。倔强的印度次大陆还会死死地顶住亚洲大陆不放松，使得喜马拉雅山每年以 1～5 厘米的速度不断上升，数万年后珠穆朗玛峰将超过万米，使其作为世界第一高峰的荣誉长盛不衰，更加名副其实。

在非洲大陆完成了对地中海的吞噬后还将继续"北伐"，然后顶上欧洲，并顽强地向前推进，于是，在非洲、欧洲大陆边缘将隆起一片高山，而今天的阿尔卑斯山则更加高峻挺拔。然而，在非洲大陆内部却会出现家族的大分裂，东非大裂谷最后会完全断裂，东非次大陆将会踏上东漂之旅，由此，将会产生一个新的海洋……

这童话一般的故事就是板块构造学说。这一学说的最初来源，在于德国科学家魏格纳的大陆漂移说。

1910 年，魏格纳躺在病床上，对着眼前的世界地图产生了灵感。他被大西洋两岸的相似性所吸引，发现一侧的凸出部分正是另一侧的凹进部分，如此地吻合，莫非许多年前这两块大陆是联系在一起的？抱着这一想法，魏格纳进行了一系列相关的研究，他不仅对大西洋两岸大陆的地层构造进行了对比考察，还对非洲与巴西古生物的一致性进行了研究，得出了大陆漂移的结论。

但是，魏格纳的学说却遭到了地球物理学家几乎一致的反对。人们嘲笑他简直是"大诗人的梦想"，是一个无知的哗众取宠者，缺乏基本的地球科学知识，其想法简直是可笑之极，毫无道理。

在学术上魏格纳受到极端的排挤与鄙视，这种排挤与鄙视竟然影响到少数对他的学说表示认可或者持同情态度的人。那时在美国，你要是相信大陆漂移，你就当不上大学教授，还会受到无端的讽刺和蔑视。因此，迫于当时的环境，即使有人真心认同大陆漂移学说，也只能放在心里，不敢表达出来，这对于被认为是民主和自由的美国，是少有的现象。

由于长期以来大陆固定论在地质学界占统治地位，根据大陆固定论的思想，地球上部的运动以隆起和沉降的交替为主，垂直运动是地球上部运动的主要特征，水平运动是很次要的方面。所以，大陆漂移说无疑是对大陆固定论的根本性否定，是对固有的地质学理论和地质学权威公然的挑战。

魏格纳一直是孤军奋战，就连他的身为知名气象学家的岳父也指责大陆漂移说是异想天开。但是，魏格纳却始终坚信自己的学术思想，一直致力于从更多的角度论证大陆漂移学说。

1930 年，刚刚过完 50 岁生日的魏格纳在对格陵兰岛进行考察，试图进一步寻找证据论证自己的学说时不幸遇难，大陆漂移说便随着它的创始人的离去销声匿迹了。

直到 20 世纪 50 年代，古地磁研究上的突破使这一学说得到验证。

岩浆在由热变冷的凝固过程中，受地球磁场的作用会获得磁性，不同时代岩石的磁化方向必然与当时的地磁场的方向是对应的，由于岩石的年代是可以测定的，不同时代的地磁方向也可以确定，因此，便可以确定不同地区在不同时代所处的不同位置。

20世纪60年代，科学家在对海底岩石与陆地岩石的差别性研究，以及海底磁异常现象的研究中又得出海底扩张的证据。于是，魏格纳的大陆漂移说终于从"荒诞邪说"变为现实真理，魏格纳与他的学说一道，在学术界得以平反昭雪。科学家们在魏格纳的学说的基础上建立了板块学说，板块学说的建立是对地球科学的一次革命，它把地球科学带入了一个崭新的时代。

三、关于人类起源的故事

关于人类的由来，自古以来几乎每个民族都有自己的解释，大部分解释都是人为神造，并伴随许多传说故事。当神造人的故事成为一种处于统治地位的宗教教义时，这样的解释将是不容动摇的，因为，在一个由宗教统治的世界里，对宗教教义的挑战轻则遭遇痛斥和囚禁，重则惹来杀身之祸。

对于推翻人由神造思想起到革命性推动作用的是英国博物学家达尔文，以及生物学家华莱士。特别是达尔文，以其翔实的考察证据与严谨的科学分析，给神创论造成了前所未有的巨大冲击。

1831年，英国海军"贝格尔号"舰准备去南美进行科学考察，主要任务是对南美东西两岸和附近岛屿的水文图进行测绘，同时完成环球各地的时间测定。船上缺一个懂地质学的博物学家，并非学地质学的达尔文，凭着对植物学和地质学的爱好，被推荐担任了这一角色。

这是一次环球航行，历时近五年，途中停泊了全球各地许多地方。在完成地质考察和资料收集的同时，达尔文发现了许多与上帝创世相矛盾的现象。

达尔文在南美的潘帕斯草原上经常看到一种不会飞的大鸟，叫南美鸵，它们生活的环境与非洲鸵鸟差不多；但是，美洲鸵鸟与非洲鸵鸟的身体结构虽然相似，却并不一致。如果神决定造此物，造一种也就够了，为什么还重复地造出两种来呢？

更让他觉得奇怪的是，在加拉帕戈斯群岛考察时发现，这里几乎每座岛屿上都有自己独特的生物。非常耐人寻味的是，这些岛屿与南美大陆相距很近，岛屿的生物与南美大陆上的生物有明显的区别，但又似乎都有明显的亲缘关系，甚至群岛中不同岛屿上的生物看似有差别，但又明显有亲缘关系。这就很容易使人联想到它们原来都属于同一根源，之后在不同的环境中发生了不同的变化，因此物种并不是不可变的。这与上帝创造万物，物种永恒不变的思想无疑不相容。

当他们来到巴西时，达尔文被巴西森林丰富多样的植物种类所吸引。千姿百态的青草和树木、美丽鲜艳的花朵与绿叶，使达尔文目不暇接，他对此深感惊叹：难道上帝真是那样不厌其烦地逐一创造出如此丰富的一切？

达尔文回到英国后，结合自己的考察进行了深入的思考，并对家养动物进行了许多研究，最终形成了物种进化的观点，于1859年出版了其影响深远的《物种起源》一书。

在《物种起源》一书中，达尔文系统地阐述了自己的进化学说。他认为，一切生物都能发生变异，有的变异可以遗传，有的变异不能遗传，变异的原因是生活环境的改变以及器官的使用，那些最具有适应环境条件的有利变异个体有较大的生存机会，那些使用最多的器官逐渐发达。野鸭比家鸭的翅膀发达是因为野鸭总在飞；家鸭比野鸭的腿发达，是因为家鸭比野鸭走的机会多。

他认为，在自然界中存在着繁殖过剩，生物繁殖的数量远远多于存活的数量，只有最适应环境的有利变异个体才有生存的机会，并繁殖后代；不利的变异个体则被淘汰。在自然条件下，有利变异是适应生存与繁殖的需要。动物为了争夺食物与交配而竞争，植物为了争取阳光与养分而竞争，并在这样的竞争中获得进化。

在达尔文看来，由一个原始祖先可以培育出许许多多性状完全不同的品种，不同的个体杂交，以及相互隔离的不同的地理环境，促进了新种的形成和性状的不同。所以，同一纲内的一切生物都存在亲缘关系，就像一株枝叶繁茂的大树，虽然不同的物种分属不同的枝叶，但都源于同一主干。

《物种起源》出版后不久，达尔文的追随者赫胥黎在1863年出版了《人类在自然界的位置》。1871年达尔文又出版了《人类的由来及性选择》，在该书中达尔文列举了大量的事实，科学地证明了人类是由动物进化而来的，人类与动物之间有着"亲缘"关系，并指出了人在自然界中的位置。达尔文的这一论断，事实上完全否定了上帝创造世界并创造人的宗教教义。上述两部著作再一次引起轰动，它告诉人们，世界上并没有造物主，世界按自己的规律和法则发展演化，一个物种是从另一个物种演变而来的，从原始的共同祖先经过长期的演化，产生出了丰富多样的复杂的生物物种，包括我们人类。

达尔文和赫胥黎的论点引起极大的震撼，并使宗教界为之震怒。

关于神创论还是进化论，曾经有过一次名垂史册的科学论战。1860 年 6 月 30 日，"英国科学促进会"年会安排了一场神创论与进化论的辩论会。由于身体不适，达尔文并没有参加这次辩论会。代表达尔文的是坚定的达尔文主义者、思维敏捷的赫胥黎。辩论的另一方是牛津大主教威尔伯福斯，他能言善辩，在宗教神学方面造诣颇深。这场在历史上被称为"牛津辩论"的辩论会，现场设在牛津大学会议厅，由于主题的敏感性，吸引了众多的听众，到会者有 700 多人，会场被挤得水泄不通。

首先发言的是威尔伯福斯，他利用人们的宗教感情，首先进行了一通极富煽动性的攻击："达尔文先生要我们相信每一头足兽、每一条爬虫、每一条鱼、每棵植物、每只苍蝇、真菌都是第一个会呼吸的生命原生质细胞传下来的，这简直就是在否认神的意志的干预的存在，我们能够背叛正统的宗教吗?"威尔伯福斯紧接着将目光转向赫胥黎质问道："赫胥黎先生，请问跟猴子发生性关系是你的祖父一方呢，还是你的祖母一方呢?"这种显然带有侮辱性的挑衅引得全场哄堂大笑。

赫胥黎根据威尔伯福斯的言论分析，他根本不知道进化论是什么，也许根本就没有认真读过《物种起源》一书。他在大家的喧闹声逐渐安静下来后冷静地站起来："我为维护科学事业而来，我相信任何偏见都无损我尊敬的当事人的声望。"然后，他用通俗易懂的语言，概括性地阐述了达尔文的进化论内容，并指出这是达尔文二十多年来观察研究的结果，并不是凭空捏造的，它反映了生物界的客观规律。接着，赫胥黎说："关于人类起源于猴子的问题，当然不像主教大人那样粗浅地理解，它只是说，人类是由类似猴子那样的动物进化而来的。"赫胥黎在进一步对达尔文的观点进行了全面的阐述后，转过头，用犀利的目光盯着威尔伯福斯："我们不必为祖先是一只猿猴而感到羞愧，倒是为与一个用廉价的嘲讽来证明自己论点的人是同一个祖先而感到羞耻。"对于赫胥黎的回击，人们起立报以热烈的掌声。

牛津论战引起巨大的反响，它使人们彻底认清了神创论的荒谬，理解了达尔文进化论的科学性。正是进化论，使自然科学彻底摆脱了封建神学的束缚，完全走上了一条独立发展的道路。同时，进化论进一步动摇了宗教的愚民统治，推动了人们思想的解放，捍卫了真理的尊严。

第二节　追溯宇宙

一、宇宙起源于"大爆炸"

今天，一个普通的人都知道，我们赖以生存的太阳只不过是银河系中一颗普通的恒星，地球是太阳的一颗行星。

20 世纪 20 年代之前，天文学家的视野一直局限于银河系，仿佛银河系就是所有的宇宙。首先发现银河系外还有其他星系的是美国天文学家哈勃。1925 年，他通过天文观测，发现了银河系邻近的星系——仙女座星系，这是人类观测到的第一个河外星系（即银河系之外的星系）。在以后的观测中，哈勃发现，银河系之外远远不止一两个星系。在发现第一个河外星系之后，又经过十年的努力，天文观测的视野扩展到了 5 亿光年的范围，即用光的速度旅行，须走 5 亿年的时间，而光的速度为 30 万千米/秒，因此，这一观测距离在当时看来是足够大的。

在对众多的河外星系进行观测后，天文学家发现，几乎所有的河外星系都在远离我们而去，且距我们越远的星系离我们而去的速度越快，如观测到室女座星云正在以 1000 千米/秒的速度离开我们，在当时的天文学家看来，这简直是一件不可思议的事。

这些星系为什么会离我们而去？我们的宇宙从哪里来，又要向何处去呢？许多科学家从不同的角度对此进行了大量的研究。1927 年，比利时天文学家勒梅特提出，如果把时间退回到许多年以前，宇宙的所有物质都挤压在同一个点上，他把这个点称为"宇宙蛋"。宇宙蛋突然发生爆炸，爆炸的物质便形成了后来的星体。

今天，大爆炸的宇宙形成理论已经被大多数科学家接受，而且这一理论正在不断地得到完善。

宇宙形成于 150 亿年前，这一时间至少可以通过三种途径得以确认：第一种途径是根据对星系退行速度的观测，如果倒退至 150 亿到 200 亿年前，宇宙可以归于一个原点；第二种途径是对宇宙最古老的恒星进行研究，发现各个最古老的恒星以及由它们组成的星团，其年龄都在 150 亿年左右，这是宇宙最初形成的第一代恒星；第三种途径是针对原子衰变的特点，按照原子半衰期的规律对最古老原子的年龄进行检测的结果。

通常，人们对宇宙起点的描述是宇宙开始于一个原始原子，这个原始原子比我们今天通常所说的原子还要小得多，直径仅为 10^{-33} 厘米，它的温度极高，密度极大，具体测算，温度为 10^{32} K，密度为 10^{93} 克/厘米^3。这个原始原子在 150 亿年前突然爆发了，它爆炸形成的空间就是我们今天所看到的宇宙，它爆炸的碎片便是今天宇宙中的星系、恒星与各种物质。

事实上，上述描述至少是不准确的。我们今天的宇宙学是建立在广义相对论和量子力学基础之上的。按今天的科学理论，我们对宇宙的形成一直可以倒推至爆炸后的 10^{-43} 秒，这一时间称为普朗克时间，这一时刻的宇宙尺度、温度与密度就是上述的数字。我们通常以这一时刻的状态作为宇宙的起点实际上是非常武断的，在这一时刻之前宇宙肯定有它的"零时间"，也有它的起点，只是按现有宇宙理论无法描述普朗克时间之前的宇宙罢了。

要真正理解对宇宙的描述并不是一件容易的事，它首先要求我们必须放弃对周围事物的观察经验，用一种完全不同的方式来了解我们置身于其中、时时刻刻都在感知的一切。

从几何的角度看，点是零维的，线是一维的，面是二维的，立体是三维的，我们在上初中时就了解这些，随意便可以想象点、线、面、立体是怎样的形状。然而，时空则是四维的，我们能够感知它，但却想象不出它的样子。当然，一定有很多人不同意这样的说法，他们会说："时间不就是始终如一地自然流淌吗？""宇宙不就是我们所看到的空间吗？"之所以人们会有这样的疑问，是因为他们被自己的经验迷惑了。

根据现有宇宙理论的理解，在大爆炸之前什么都没有，是 150 亿年前大爆炸的那一刻才同时有了时间和空间，于是时间一直流淌到现在，宇宙空间一直膨胀到今天。

肯定会有人问，在宇宙大爆炸之前，也许没有物质和生命，但时间总应该还是有吧？回答是否定的。时间只是开始于大爆炸的那一刻，大爆炸之前并没有时间。那么，大爆炸形成了宇宙星系与物质，在大爆炸之前至少应有虚空的空间吧？不然，大爆炸的碎片怎么飞得出去呢？回答也是否定的。大爆炸那一刻同时有了空间，宇宙膨胀有多大，空间便有多大。一定还会有人问，宇宙之外是什么呢？宇宙的边缘与什么交界呢？回答是，宇宙只有大小，没有边缘，也不与任何东西交界。（也有科学家认为，我们的宇宙之外还有其他的宇宙，由于时空是四维的，因此其他宇宙我们是看不见的。）

在通过天文望远镜对星系观察时我们发现，距我们越远的星系离开我们的速度越快，这并不是说我们就是宇宙的中心，实际上，站在任何一个星系的任何一个星球上观察宇宙空间，其结果与我们在地球上的结果都是一样。正如吹气球时我们发现，在气球上的任何一点观察，距这一点越远处相对这一点离去的速度越快，固定任何一点观测都容易使人产生自己就是中心的错觉，但实际上任何一点都只是普通的一点。

150亿年前的那个爆炸是开天辟地的爆炸。大爆炸之初，我们今天所知道的四种自然力（即强力、弱力、电磁力与引力）是统一的，随着宇宙的降温与膨胀，这四种力开始分开；与此同时，物质与反物质的不对称性开始出现，物质比反物质略微多一点点。这是宇宙的极端混沌状态，在这个混沌的空间中物质与反物质相遇，湮灭为光子并产生能量，这种湮灭有中子与反中子的湮灭，有质子与反质子的湮灭，有电子与反电子的湮灭，也有中微子与反中微子的湮灭。今天，光充斥于整个宇宙就主要是大爆炸早期的产品，而这场大湮灭之后剩下的少许物质便是今天我们的宇宙星系。

大爆炸3分钟后，宇宙温度降至10亿K，这时，质子与中子相互结合为原子核，这一过程大约持续1小时，当宇宙温度降至1亿K时，这样的核合成便结束了。根据理论计算，在核合成的产品中，氢约占四分之三，氦约占四分之一，极少的锂、铍、硼总共所占比例还不到百万分之一——今天的天文观测已初步证实了这一理论比例。

此时的宇宙虽然充满着光子但并不透明，因为同时存在于宇宙中的还有大量的自由电子，它们阻挡了光子的穿行。大约30万年后，宇宙的温度降至3000K，电子的运动已经不那么剧烈，于是氢核俘获一个电子变成氢原子，氦核俘获两个电子变成氦原子，锂核、铍核与硼核也各自俘获了相应的电子变为原子。在没有了电子的阻挡后，被解放了的光子使宇宙变得一片光明，宇宙结束了它的混沌时期，从此变得通透。同时，宇宙也由以辐射为主的时代进入到以物质为主的时代。

20世纪60年代，贝尔实验室的两位工程师彭齐亚斯和威尔逊在调试射电

11

天文望远镜时，发现有一种极冷的光占据了整个宇宙天空，它包裹着每一颗恒星、每一个星系，充斥于宇宙的每一个角落。这种光不能用光学望远镜看到，只能通过射电望远镜观测到，它对应的温度为 3K。我们知道，0K 即绝对零度，是理论上的最低温度，为 −273℃。3K 这一温度正是从理论上计算的大爆炸的余热，那充斥于整个宇宙的冷光则是大爆炸之初遗留下的原始之光，是宇宙混沌初开时所留光子的遗迹。由于 150 亿年过去了，宇宙在经过极大的膨胀后，最初的光子散布于整个宇宙，已经变得十分稀疏，使得每立方厘米只有几百个光子，即相当于 3K 的温度，它均匀普遍地存在于整个宇宙，称为微波背景辐射，或者背景辐射温度。这两个工程师的意外发现正是对宇宙大爆炸理论的最有力证明，他们两位也因此获得了 1978 年度的诺贝尔物理学奖。

在宇宙顺着大爆炸的力量继续向外膨胀的同时，原子由于引力的作用开始凝聚到一起，从而形成巨大的云团；在大爆炸 10 亿年后，原子被压缩得足够紧密，恒星诞生了。而此时宇宙的普遍温度，即背景辐射温度已经降至 30K，宇宙已经由之前的黄色、红色变成了像今天一样的黑暗天空，只有点点星光在闪耀。同时，星系也开始形成。大爆炸 150 亿年后的今天，宇宙还在顺着大爆炸的力量向外膨胀。

二、宇宙与银河系

毋庸置疑，银河系也是大爆炸的产物，但是，关于银河系的具体形成过程却没有像对宇宙形成那样有比较一致的观点。一般认为，在宇宙形成后不久，一团巨大的原子气在引力的作用下聚集到了一起，由于这种引力足够大，使它们能够从宇宙单纯的膨胀力中相对独立地封闭起来。与此同时，仍然是因为引力的作用，在这一巨大的相对独立的封闭气团内部，又产生了许多小一些的独立封闭气团，这些小一些的气团在引力作用下变得越来越紧密，以至于内部温度越来越高，大约在宇宙形成 10 亿年后，它们通过自己的引力相继点燃了其中的氢原子核，巨大的热能使气团熊熊燃烧，这就是第一批恒星的诞生。而包裹着亿万颗恒星的那个原始大气团因此也就演变成一个巨大的星系，这便是我们的银河系。

目前的研究表明，银河系是一个旋涡状星系，由大量的恒星组成。有人将它比做运动员投掷的铁饼，呈圆形，厚度比较薄，中心是凸出的。沿直径方向，其中心叫银心，银心外围凸起部分叫核球，然后再是银盘和银晕。

银河系的核球呈扁球状，直径大约 2 万光年，厚约 1 万光年，是恒星密集区，充满了浓厚的星际物质和星云。根据观测分析，核球中心有一个巨大的黑洞，判断的依据是核球中心有强烈的宇宙射线的辐射，这是黑洞吞噬天体留下的证据。

核球外围恒星较密集的区域称为银盘，银盘直径约 10 万光年，厚约 3000～6000 光年，靠近中心区域厚，靠近边缘区域薄。包围着银盘呈球状体的称为银晕，银晕的直径约 10 万光年，这是恒星稀疏区，主要由一些年老且贫金属的恒星与星团组成，这里，有些恒星已经衰老到生命的最后时期，那些质量大的衰老恒星则以超新星爆发的方式将内部合成的重元素抛散出去，它们降落到银盘上，成为新的恒星系统形成的"材料"。

银盘中央的平面称为银道面，银盘为旋臂结构，旋臂由里往外延伸，大体与银心对称。旋臂是星系尘埃较密，年轻、明亮且富金属恒星较多的区域，也是恒星诞生的场所。银河系的银盘共有四条旋臂，即猎户座旋臂、英仙座旋臂、3000 秒差距旋臂和人马座旋臂。目前，我们的太阳系就是在猎户座旋臂中。太阳距银心 2.7 万光年，偏银道面以北约 26 光年，它绕银心旋转，其速度为 220 千米/秒。即使如此之快，绕银心旋转一周也需约 2.5 亿年，因此，我们称 2.5 亿年为一银河年。

正常情况下，用肉眼观察天空，并不能看到银河系的旋涡状星云，也看不到其旋臂状结构。在夏夜晴朗的天空，我们只能看到一条明亮的星光之河横贯天穹，这是因为我们置身于银盘中，只能从侧面观察银河系，因此银河系在我们的眼中便是长带状的了，而且在人马座附近有一片星光特别明亮和密集的区域，那就是银河系的中心核球的位置。

大致估计，银河系中约有 2000 亿颗恒星，宇宙中又约有 3000 亿个星系，这是一个十分庞大的数字，如此多的恒星与星系，靠人去数是根本无法完成的，极而言之，今天全世界所有的人数加起来一辈子也数不过来宇宙中的恒星。事实上，恒星与星系的数量是"称"出来的，它是根据恒星与星系的运转规律计算得出的结果。

我们所在的银河系在宇宙中是一个比较大的星系，它并不孤独，在它周

13

围围绕着 10 多个较小的星系，这些星系少则有几十亿颗恒星，多则有几百亿颗恒星，另外还有一些仅有几百万到几亿颗恒星的矮星系，银河系用自己的引力"统治"它们，并左右它们的行动。与银河系为伍的还有比银河系更大的星系。在这个统一的队伍中，银河系只能算是老二，老大是仙女座星系，它由将近 10000 亿颗恒星组成，也"统治"着 10 多个小的星系。另外，在这个队伍中还有一些比银河系与仙女座星系小的星系，它们不受这两个星系的"统治"，但它们都有着内在联系，一起形成一个独立的巨大天体系统，我们称这种天体系统为星系团或者星系群。

银河系所在的这个独立的天体系统较小，只有约 30 个星系，称团还不够格，只能称为群，全名为本星系群。距本星系群较近的星系团有玉夫座星系团、M81 星系团和室女座星系团。

在宇宙中，星系团（群）确实是具有自己的独立性的。我们知道，星系之间都各自远离而去，但作为本星系群的成员则不是这样，除了那十来个围绕银河系运动的伴星系之外，离我们 200 万光年的仙女座星系，则是以大约 120 千米/秒的速度驶向银河系，按此计算，大约 60 亿年后它将与银河系相遇。

在宇宙中，星系团（群）还算不得天体系统中的巨无霸，比星系团（群）更大的天体系统是超星系团，这是当之无愧的大型天体系统。超星系团又称二级星系团，是由许多聚集在一起的星系团组成的星系集团，我们所在的本星系群属于本超星系团，玉夫座星系团、M81 星系团和室女座星系团都属于本超星系团的成员。本超星系团包含有约 50 个星系团和星系群，总数达数千个星系，是一个扁平状的巨大的星系团集团，本星系群只是它的一个边缘的成员，它的中心远在约 6000 万光年之外的室女座星系团，我们银河系正是围绕着室女座星系团的中心运转的，大约 1000 亿年运转一周。

距本超星系团较近的超星系团有距我们约 2.5 亿光年的双鱼—英仙座超星系团和距我们约 5 亿光年的武仙座超星系团。超星系团之间是极其空虚的广袤空间，在上亿光年的巨大范围中，连星际物质都极其稀少，更别说任何天体了。

比超星系团更高一级的天体系统，就是我们现在能够观测到的宇宙部分，称为总星系。由于人类今天能掌握的观测手段还十分有限，因此我们所能观测到的宇宙还远不是宇宙的全部。

　　但是，我们天文观测的目光今天已经延续到了 130 多亿光年远的位置，这是令人十分振奋的纪录，因为这一纪录告诉我们的不仅是一个十分遥远的距离，同时告诉我们的还是一个十分遥远的时间，因为光在行走的过程中不仅产生距离，而且带来过去的信息，130 多亿光年既是那些遥远的星系离我们的距离，也是那些遥远的星系在 130 多亿年前给我们发过来的古老的信息。也就是说，我们所看到的那些星系并不是今天的星系，而是 130 多亿年前的星系，而今天的那些星系，肯定早已经不是我们今天观测到的这个样子。要知道，理论的宇宙有 150 亿年的历史，130 多亿年和 150 亿年之间的距离并不远。

　　那么，我们是否可以通过继续改进我们的观测技术，最后将所有的宇宙尽收眼底呢？从理论上看是不可能达到这一终极目标的，因为自然界最快的速度为光速，哈勃定律告诉我们，离我们越远的星系，离我们而去的速度越快，今天我们观测到的最远的星系已经在接近光的速度离我们而去，更远的星系离我们而去的速度更快。一方面它们接近光速离我们而去，一方面它们的光以光速向我们发出，这两个相反的速度相互抵消，就像在跑步机上跑步一样，不可能跑出实际的距离，因此，最远的宇宙我们永远也不可能穷尽。

　　在了解了宇宙的宏观结构之后，再让我们回过头来了解宇宙的微观结构。在宇宙演化的历史中，我们所处的时期为宇宙的恒星时期。根据理论计算，这一时期还应持续上百万亿年的时间，恒星时期宇宙微观结构的主角自然就是恒星，我们赖以生存的太阳就是一颗普通的恒星。我们遥望满天的星星在天空中闪烁发光，那些都是恒星在燃烧。我们用肉眼能看到的恒星其实很少，只有 6000 多颗，而宇宙中的恒星数量却是我们所看到的许多亿倍。许多恒星已经死亡，它们变成了白矮星、中子星或者黑洞，再也不能够燃烧。

　　恒星并不是静止的，就像太阳围绕银心运行一样，其他恒星也依一定的规律在运行。恒星也不是孤独的，它的家族中有一大帮成员。首先，行星受恒星的引力所"统治"，地球就是一颗普通的行星，属于太阳系的一员。围绕行星运转的天体我们称其为卫星，卫星也是恒星家族的成员，但直接统治它们的则是行星，它受行星的引力作用，被行星所左右，月球就是地球的卫星。卫星并不是恒星体系中最小的天体，除卫星之外，受恒星引力作用的还有许多小行星、彗星、陨星以及星际介质，它们都包括在恒星的星球家庭之中。

恒星与恒星之间也不是完全真空的，其间有星际气体与尘埃、宇宙射线和粒子流，以及星际磁场，这些物质我们统称为恒星际物质。恒星际物质极其稀薄，且分布不均匀，在天文观测中常常发现太空中有一些集中的云雾状天体，我们称其为星云，这是恒星际物质比较集中的区域。

恒星在星系中也不是均匀分布的，在星系的中心区域恒星的密度都较高，边缘区域密度都较低，正如银河系的核球就是恒星密集的区域，银晕则是恒星稀疏的区域。不仅像银河系这样的旋涡状星系如此，椭圆星系、盘星系和不规则星系无一例外都是这样。

恒星在星系中的分布密度除了上述规律之外，星系中的一些恒星还利用引力的相互作用形成星团，它们少则数万颗，多则上千万颗集中在一起，组成一个小的恒星系统。星团可以分为球状星团和疏散星团，都是星系的组成成员，隶属于星系家族。

在宇宙中，暗物质远多于可见物质，据推测，可见物质只有宇宙物质的5％，其他的绝大部分物质都是暗物质。凭目前的科学技术水平，我们对这些暗物质还知之甚少，其实，对可见物质我们了解得也还远远不够。

三、太阳系与地球

要了解太阳系与地球，先让我们从太阳系与地球的形成说起。在银河系以及其他的宇宙空间，时刻都有新的恒星形成，天文观测不仅证实了这一事实，而且也从其他恒星的形成中推测到太阳系的形成过程。

人们普遍认为，太阳系形成之前是一团灰色的云团，这一云团由大量的气团和尘埃组成。一般认为，这是由一颗比太阳大十几倍或者几十倍的大恒星爆炸后的遗留物，起初这样的大恒星爆炸后抛出的物质温度极高，在经过许多年后，这些物质开始慢慢冷却，颜色变暗。由于物质固有的引力，这些物质慢慢聚集到一起，变得比较集中，特别是中心部位变得越来越紧密。同时，也是通过引力的作用，中心部位的温度愈来愈高，密度愈来愈大，这就预示着一颗新的恒星将要诞生，这样的恒星诞生过程对于宇宙是习以为常的。

当这个气团的中心变得更加紧密后，终于在巨大的引力作用下，其核心部位的温度达到1000万摄氏度以上，剧烈运动的氢原子核终于有能力冲破电磁力的束缚发生激烈碰撞，于是核聚变发生了。核聚变的巨大能量产生的光和热向四周发散，一颗新的恒星就此形成，这就是我们的太阳。从太阳系目前拥有的重元素分析，太阳应是第三代或者第四代恒星。作为一颗恒星的太阳，其年龄应从它发生核聚变的那一刻开始算起，距今已有约50亿年。

在作为恒星的太阳形成的同时，它周围的行星也在形成，最初的过程是在形成太阳系云团的较外围地区有无数的小型行星，它们中较大的直径达上百千米，较小的直径仅有数百米，其数量之多数以亿计。同时，除这些小行星之外，还有大量的岩石碎块与冰块。

由于小行星非常多，它们之间不断地发生碰撞。有些碰撞会产生粉碎性爆炸，而另外一些较小的小行星在撞击较大的小行星时，则被较大的小行星所吸纳，使其变得更大。这样的碰撞持续了许多年，终于有一天，有一颗小行星变得足够大，可以鹤立鸡群地存在于一片比它小得多的小行星之间。这颗小行星用它的引力使周围的小行星更加频繁地撞击自己，与此同时，自己则变得更加强大。这样的碰撞又持续了许多年，终于一颗可以被称为行星的星球诞生了，我们的地球就是这样的星球，是在46亿年前诞生的。以后这样的撞击越来越少，逐渐趋于平静，地球进入了稳定期。

太阳系一共有8颗行星，外围最近的一颗为水星，然后依次是金星、地球、火星、木星、土星、天王星和海王星。

月球是地球的卫星，也是离地球最近的星球，距地球的平均距离为38万多千米。在太阳系的八大行星中，除水星和金星之外，其余6颗行星都有自己的卫星。其中卫星最多的是木星，达63颗，另外有一些新发现的卫星还需要进一步的证实；居次位的土星，经确认的卫星也达33颗。

太阳系除了有八大行星以及它们的卫星之外，还有矮行星和大量的小行星和彗星。另外，众多的陨星与行星际介质也是太阳系家族中必不可少的成员。

太阳是太阳系家族中绝对的"家长"，它的质量占整个太阳系总质量的99.85%，所有八大行星的合计质量只占不到0.135%，行星的卫星、彗星、小行星、陨星以及行星际介质仅仅占太阳系质量的0.015%。

依靠目前的科学技术足以证明，在太阳系中，只有地球有智慧生命，其他所有的星球都不具备智慧生命孕育与生存的条件。通过进一步对智慧生命形成条件进行研究，有一个结论是确定无疑的，这就是太阳系中真正称得上创世纪的奇迹就是我们人类的出现，它的神奇与意义已经远远超过了作为一颗恒星的太阳，因为宇宙中的恒星数不胜数，但适合孕育智慧生命的恒星体系却少之又少。

第三节 追溯人类

一、人类是进化的产物

今天，我们已经可以肯定地说，人类是进化的产物，是变异、遗传和自然选择的生命奇迹。

人类和猿类源于同一祖先。人类最早的祖先出现在非洲，人类的近亲为类人猿，黑猩猩、大猩猩、猩猩都与人类曾经有过共同的祖先。

人类的远祖可以追溯到3000万年前的埃及猿。大约在1000万至2000万年前，人类与现生猿开始走向两条不同的进化道路，一支发展成现代人，一支发展为现代猿。

但是，埃及猿还远远不能称为人类的祖先，最早跨入人类门槛、真正可以称为人类祖先的是南方古猿。

南方古猿生活在非洲南部，生存年代最早可以推到600万年前，其脑容量约为现代人的35%，比黑猩猩的脑容量高出20%以上。

早期的南方古猿分两支，一支为粗壮型，一支为纤细型。粗壮型在更新世中期被进化规律所淘汰而灭绝；纤细型则进一步进化，成为了人类的祖先。粗壮型一支的进化是肢体向粗壮、强大方向发展，以此适应生存的环境；纤细型一支的进化则是向增加脑容量的智慧与灵活方向发展，以此适应生存的环境。事实证明，头脑的智慧超越了肢体的强壮，而更利于适应环境。

目前公认的南方古猿化石仅发现于非洲。为什么人与猿在进化的道路上会分道扬镳呢？在对非洲与阿拉伯半岛的考古发掘中，得出这样的结论：东非大裂谷从南到北在地理上将东部非洲分为两半，一系列的峡谷和湖泊形成的天然屏障，使得分属于东、西两侧的生物很难越过这一界线，形成了两个独立生存与发展的环境。位于西部的古猿比较适应湿润的树丛环境，这里雨水充沛，食物丰富，不需要很多的付出就能够生存下来，它们演化发展为今天的现生猿类。而生活在东部的古猿，由于环境恶劣，气候干燥炎热，食物稀少，必须付出许多倍的努力才能获得基本的生存所需，它们不仅要防止大型食肉类动物的攻袭，由于这里火山频发，还要时时提防火山突然喷发带来的灾难，因此，大部分因不适应环境灭绝了，而一少部分在与环境的抗争中不断进化，最终踏入了人类的门槛。因此，人类是在与最恶劣的环境的抗争中沉淀下来的极少数的优胜者，是适应环境的最强者。

在距今 200 万年左右，出现了一批最早能制造工具的原始人，称之为"能人"。

能人的化石是 1960 年在坦桑尼亚的奥杜韦峡谷发现的，之后又在非洲东部的其他地区发现了能人的化石。能人具有比南方古猿大得多的脑容量，可达到现代人脑容量的 50％以上，其总的形态和沟回与人的性状也相似。能人已经可以普遍采用简单的石制工具袭击野兽，切割皮毛，捣碎坚果，而且很有可能已经具备了语言交流能力。

比能人进化等级高的是直立人。直立人化石最早于 1891 年发现于印度尼西亚中爪哇岛的特里尼尔附近，之后，世界其他地区也相继发现了直立人化石。在世界各大洲中，除美洲和大洋洲之外，非洲、亚洲和欧洲均有发现，如中国的北京猿人、蓝田猿人等都属于直立人。

直立人生活在距今 200 万到 20 万年之间，其脑容量已经达到现代人的 60％以上，能够打造很精致的石器工具。

直立人最重要的变化就是能够使用火，对火的使用不仅使猎到的兽肉更美味，使一些本不能食用的东西变得可以食用，还可以防止野兽袭击，而且可以保证冬季御寒。人类能够最终从动物界彻底分化出来，进化成完全意义上的人，火的使用是非常关键的。

比直立人进化等级更高的是尼人。尼人又称早期智人，因发现于德国尼安德特河谷的典型化石类型，所以称为尼安德特人，简称尼人。

尼人生活在距今 25 万至 4 万年以前，是现代人的直接祖先。尼人可以打制各种精致的石器，他们不仅会使用火，还会用不同的方式制造火。他们群居于洞穴之中，男、女、老、幼之间还有生活的分工。

尼人的进一步进化便是晚期智人，也可直接称为智人，或称解剖结构上的现代人。

所谓智人，意指"智慧的人"，是已经完全完成了进化的人类，也是人类在生物分类中的学名。智人的最早出现不超过 5 万年的历史。

二、人类进化的特点

人类与其他动物一样，也是进化的产物，但是，人类却与其他所有的动物走了一条截然不同的进化道路。在严寒的冰期，自然进化出了披毛犀、猛犸象，使犀牛与象类动物身上披上一层厚厚的皮毛，以抵御肆虐的寒风；为了适应披毛犀、猛犸象等普遍生存的食草类厚皮动物，猫科类食肉兽中分化出了剑齿虎；为了让羚羊躲避食肉类动物的追杀，自然赋予了它们迅速奔跑的能力；为了让鹿吃到树上的叶子，在鹿类兽中分化出了长颈鹿；为了保护自己，刺猬全身长满坚硬的毛刺；为了便于伪装，变色龙能够随周围颜色的变化而变换自身的颜色……

然而，人类与所有动物进化的方式截然不同，他们的进化是从脑开始的，他们对一切环境的适应是由他们的脑决定的（相对于脑的进化，其他方面的进化则次要得多）。从最初进化的起跑线算起，人类在不到 1000 万年的时间内，脑容量增加了近 3 倍，得关键者必独秀群类，这一进化过程得以完成的时候，人类理所当然地成为了地球上的主宰。

第四节　追溯人类社会

一、从蛮荒到文明

人类是由动物进化而来的，大约在 200 万年前，人类的祖先学会了使用石器，大约 50 万年前又学会了使用火。由于使用火，因而扩展了人类的食物范围，也使人类的祖先能够战胜寒冷，并走出气候温暖的非洲低纬度地区，走向亚洲、欧洲，以及澳洲和美洲。

人类的迁徙是为追逐食物而进行的，而且是以群体的方式不断地转移，这一过程非常漫长，大约 3 万年前才到达澳洲，1 万多年前才到达美洲。

人类的群居规模一直比较小，群居的组织以原始公社的形式存在，任何人在获取食物后都要提供给集体享用，任何人也都有权享用其他人获得的食物。

由于人们对生活的需求非常简单，也就是基本的食物需求，而此时分布于世界的人类数量很少，要达到这一基本需求并不十分困难，因此，人们的闲暇时间并不少，只要获得了相应的食物后，剩下的时间便可供人们休息和娱乐。所以，很多学者都认为，旧石器时代晚期的人类比现在的人类要幸福和轻松。

人类的生活方式与人类社会的组织形式发生第一次重大改变，是在约 1 万年之前，由于这时人类在制作石器上工艺越来越精细，石器的制作方式从过去的打制，普遍改进为磨制，因此人们称这一时期为新石器时代。

但是，人类的最重要变革并不在于此，而是在长期的生活实践中，人们掌握了植物与动物的驯化技术，固定的种植与喂养生活比迁徙式的采集生活要安全，而且更有保障，于是人们便定居了下来。这一次生产方式的改变，后来称为农业革命。

农业革命从根本上改变了人类的生活方式和社会结构。定居下来的人们以家庭为基本单位，组成了村落。相对于采集生产方式，种植和养殖方式的土地效率得到了很大的提高，因此村落的规模可以扩展得比较大，远远超过了采集时期的人类群体。

　　高效率的生产方式使人们能够有较多剩余的产品可供贮存，于是就引来了抢夺和战争。为了抗击外来的入侵，两个或者两个以上的村落便组织了起来，组成了部落，这就使得人类社会的组织规模大大扩展了。

　　在新石器时代的晚期，人们发明了金属冶炼技术。最早冶炼的金属是铜，以后在铜中加一些少量的添加物，可以使铜的性能变得更好，如加少量的锡就是青铜。

　　陶器和织布在这一时期也产生了。随着农业的发展，农业灌溉与水利工程也随即产生，6000多年前，在美索不达米亚地区和埃及，就有了完备复杂的农业灌溉系统。

　　至少可以说，在200多年前的工业革命之前，人类文明的中心地带始终属于欧亚大陆，同时还包括撒哈拉沙漠以北的非洲地区（除有特别说明外，在本节我们统称北非）。由于撒哈拉沙漠与尼罗河上游大片的沼泽阻隔，北非与欧亚联系更多，撒哈拉沙漠以南的非洲（除有特别说明外，在本节统称南部非洲）则与文明中心的欧亚大陆处于隔绝的状态。处于更加隔绝状态的还有美洲与澳洲。

　　古代的欧亚大陆与北非集中了人类达90％的人口和所有最先进的文明，在清点最主要的古代文明时，在这里先后出现了底格里斯河和幼发拉底河流域的美索不达米亚文明，尼罗河流域的埃及文明，印度河和恒河流域的印度文明，黄河和长江流域的中华文明，以及地中海克里特岛的米诺斯文明。

　　值得提出的是，欧亚大陆的北面，在东起中国的东北部，西至欧洲中部的匈牙利平原的广阔区域，是无垠的大草原，在这里生活着许多游牧民族。这些强悍的游牧民族只要一有机会便会南下掠夺文明地区，他们毁坏建筑，杀戮生灵，是文明的破坏者。但是，他们又是文明的传播者，因为他们把东方的文化和技术带到了西方，也把西方的文化和技术带到了东方。

　　各古代文明的产生时间有先后之分，且相互之间的影响也只是间接的，尤其是中华文明远在东方，受其他文明的影响更少。由于距离遥远和交通不便，文明的基本原则经过许多年后才从一地传到另一地，正是接受了这种基本原则，也仅仅只是接受了基本原则，各大文明便相继发展起来，但又各有特色。

　　文明总是处在不断的破坏与重建之中，这种破坏力量主要是战争，也有地震、火山这样的自然灾害，但这只是很次要的力量。

有些文明被破坏后再也没有重建，如克里特岛上的米诺斯文明，它被毁灭得几乎不留任何痕迹，以后的希腊文明也没有接受它的多少影响。还有一些文明曾经被多次破坏，又多次重建，重建的文明受到之前文明的一些影响，但内涵却发生了很大的变化，美索不达米亚文明、埃及文明和印度文明都具有这样的特点。

但是，还有另外一种文明，在经历了多次破坏、多次重建后，却一直不间断地延续了下来，具有这种特点的只有中华文明。

二、文明的脚步

古代文明只能算是初级文明，人类文明建立之后并没有停止向纵深发展。而且文明在向深度发展的同时，也在向广度发展。当古代文明形成时，这些文明区域就如同一个个孤岛一样悬于世界各地，文明区域的周围是大片的未开化之地。这些文明"孤岛"就像星星之火，不断地燃烧扩大，影响它周围的地区，最后文明连成了一片。这一时期，学者们称之为古典文明时期。

在这里，还是以欧亚大陆与北非作为主要观察对象。我们知道，在各大文明区域，早期形成了一系列的城邦小国，这些小国都觊觎别国的财富与资源，小国之间不断发生战争，强者更强，弱者则被吞并，于是国家规模越来越大，小国间的对抗变成了大国间的对抗，文明的区域也因这样的战争不断扩大，连成了一片。

首先使中华文明连成一个整体的是秦始皇。早期的中华文明只限于黄河附近的很小的区域，文明不断地向四处扩散，并形成了许多小的诸侯国，它们名义上属于周朝，事实上周朝能控制的范围只有自己附近很小的区域。到公元前3世纪，通过诸侯国之间的兼并战争，只剩下七个较大的国家，其中以由边缘部落发展起来的秦国的实力最强，正是在这种情况下，秦始皇用十多年时间灭亡了其他六个国家，于公元前221年建立了统一的秦王朝。

印度文明的统一是由孔雀王朝完成的。在阿育王时期，他发动了一系列成功的征战，最后使印度文明连成一片。在以后的历史中，相邻的印度文明和中华文明各自的发展轨迹完全不同：印度的分裂总是多于统一，而中国的统一则多于分裂。

罗马文明是欧洲文明的重要组成部分，它与希腊文明属姊妹文明，又是希腊文明的继承与发展。罗马帝国的鼎盛时期横跨欧、亚、非三大洲，包围了整个地中海。它的形成最早源于亚平宁半岛上罗马城邦国家的兴起，经过几百年的战争，罗马人统一了意大利，又经过了几百年的战争，罗马征服了地中海沿岸的许多国家，形成了庞大的罗马帝国。罗马帝国的鼎盛时期，与和它同时代的属中华文明的汉王朝大小、势力相当，成为一西一东两个强大的文明核心。

公元前1千纪的中后期，是人类历史上的一个思想飞跃期，各大文明区域都遇到了大的动乱、连续数百年的战争以及文明区域的长期分裂，导致人们对宇宙、人生以及理想社会、理想政府和理想伦理道德观的思考。在这一时期，涌现了一批十分杰出的思想家，正是他们的思考，促使人类从幼稚走向成熟。人类社会在这些思想导师的指引下，产生了理性的飞跃。这些思想导师的思想一直影响着人们，直到今天也牢固地根植于人类社会的深处。

公元前770年至前221年的550年间，在中国历史上出现了如老子、墨子、孔子和孙子这样的一大批哲学家、思想家、教育家和军事家。

印度的佛陀与中国的孔子处于同一时代。佛陀出生时，正是印度社会格局发生巨大变化的时期。佛陀看到了人的老、病、死之苦，这一切促使他产生了对人生的痛苦思考，并创立了佛教。

同时期，希腊的思想家则以理性主义取代了宗教的神秘主义，他们的哲学思辨首先从对自然的认识入手，运用理性，自由地提出问题，并寻找答案。由此，出现了一批卓越的理性主义思想家和科学家，如苏格拉底、柏拉图、亚里士多德和阿基米德等。

在思想史上，稍后还发生了一件影响非常深远的事，那就是在公元1世纪，由耶稣创立了基督教。

战争始终伴随着人类历史，这一时期发生的战争不计其数，但是，有两次战争是不能不提的，因为它们对整个人类历史都具有影响。

一次是马其顿国王亚历山大的东征。亚历山大在继承王位后，经过一系列的战争基本统一了希腊，而后发起了对强大的波斯帝国的战争。他的征服势如破竹，国家规模与军队数量比马其顿大得多的波斯帝国，在亚历山大军队的铁蹄下土崩瓦解。亚历山大在向南征服埃及后便向东推进，一直打到印

25

度河流域。

亚历山大十分崇尚希腊文明，曾决心将希腊文明传播四方；然而，在他征服之处，却深感辉煌灿烂的东方文明毫不逊色于希腊文明，甚至有其更加过人之处，于是，他从一个文明的推销者变成了一个文明的交流者。

另一场战争就是东方的汉王朝对匈奴的战争。匈奴是中国北方强大的游牧民族，长期骚扰南面的大汉帝国，汉武帝利用自己强盛的国力，发动了一系列针对匈奴的大规模战争。战争的结果是匈奴受到极大的削弱，其后不久一部分匈奴归顺了汉朝，另一部分逃向大漠深处。正是匈奴的逃亡，引发了世界历史上的民族大迁徙，这次民族大迁徙经历了数百年，并最后改变了世界历史的走向与进程。

当时，生活于欧亚草原上的民族很多，这些民族都非常强悍，匈奴是其中最具实力的一支。匈奴在向西迁徙时必然要占领其他游牧民族生存的空间，在无法与匈奴抗衡的情况下，这些民族只好继续向更西迁徙，再占领别的游牧民族的地域。欧洲的中部到东部草原生活着日耳曼人的许多部落，在民族大迁徙中，这些日耳曼人最后被压缩到罗马帝国北部的一个不大的区域，他们只要有机会便南下抢劫富有的罗马人。

这时的罗马帝国已经分裂成东西两部分，东罗马帝国（也称拜占庭帝国）此时依然强大，日耳曼人抢掠的机会较少。西罗马帝国则正在衰落，随着日耳曼人的多次入侵，于476年最终被日耳曼人占领。

西罗马帝国的灭亡具有里程碑式的意义，历史学家以西罗马帝国的灭亡作为分界线，把之后的约1000年称为中世纪。

三、东方的世纪

西罗马帝国灭亡后，拜占庭帝国继续生存了近1000年。在这1000年中，拜占庭努力延续罗马帝国的辉煌，尤其是在查士丁尼时期，曾试图重新恢复罗马帝国的疆域，而且很有成效。但从整体趋势看，拜占庭一直是走下坡路的，它的统治范围越来越小，国力也越来越弱，并于1453年最后为奥斯曼土耳其帝国所灭。

欧洲则主要由蛮族统治，在他们的统治下，几乎破坏了所有欧洲的古典文明，继承下来的只有罗马的宗教。这一时期，欧洲社会一盘散沙，分裂成许多小的国家，宗教权威凌驾于王权之上，处于主导地位。在文明遭到破坏的情况下，宗教神权又极其严格地禁锢着人们的思想，欧洲被带入文明的荒漠，因此学术界称这一时期为"黑暗的中世纪"。

但是，笼统地说世界的中世纪都是黑暗的，那是十分片面的。事实上，在这一时期缺乏创造力的只是西方，相反，在东方则是文明的兴旺时期。如我们习惯所称的阿拉伯数字在这一时期由印度人创造，并由阿拉伯人传到了欧洲。阿拉伯人还吸收了印度人和希腊人的数学成果，创造了独具特色的数学成就，特别是代数。在医学和天文学上，阿拉伯人也有卓有成效的创造性成果。

中世纪文明成就最显著的是东方的中国。这一时期，全世界的大多数科学技术成果都出自中国，尤其是指南针、造纸术、火药和印刷术四大发明，对于人类的贡献最大。

中国的四大发明很快传给了阿拉伯人和波斯人，以后又由他们传到了欧洲。

当然，上述科学与技术的创造与发明，远不是中世纪东方文明发展的全部，在文学、艺术和哲学等方面，东方世界都有诸多的成就。

伊斯兰教的兴起与扩张是中世纪很具影响的事件。穆罕默德不仅创立了伊斯兰教，并通过战争与传教两种方式推动伊斯兰教的传播，进而统一了阿拉伯半岛。而他的继承者继续推进伊斯兰教的传播，扩大阿拉伯国家的疆域，最终形成了一个跨欧、亚、非三大洲，包括各种不同地域的空前规模的庞大宗教国家。

伊斯兰教的兴起与传播与基督教产生了冲突，在1096年至1291年间，两大宗教进行了一场长达近200年的宗教战争，这就是著名的十字军东征。

公元13世纪初，中国北部草原上崛起了一个十分强悍的游牧民族，这就是蒙古民族。成吉思汗及其子孙的征服是成功的，弯刀所指之处攻无不克，所向披靡。蒙古人最后建立的帝国具有空前的疆域，它东起中国，并包括朝鲜，西至波兰和波罗的海，西南到达了美索不达米亚和阿拉伯湾，欧亚大陆的大部分都包括在疆域范围之内。

在欧洲，日耳曼人灭亡西罗马帝国后分裂成许多小国，其中以法兰克人建立的王国最具实力，它依靠罗马教皇的支持，经过丕平和查理两代国王的征服，最后建立了一个包括大部分欧洲的帝国，因为在查理后期帝国达到顶峰，史称查理曼帝国。查理去世后不久，查理曼帝国分裂成东中西三部分，这就是以后的德国、意大利和法国。这三个国家在以后的欧洲乃至世界历史上，扮演了十分重要的角色，直到今天。

英格兰的原住民为凯尔特人，后来受罗马帝国统治。西罗马帝国被日耳曼人灭亡后，英格兰被盎格鲁和撒克逊这两支较小的日耳曼部落占领，之后，盎格鲁-撒克逊便成了这里的主人。

四、世界的历史

在1492年哥伦布发现美洲的时期，美洲人还处在农业革命的初级阶段，他们驯化了100多种农作物，从数量上看并不比亚欧大陆的其他文明少，但农业耕作在其生产方式中只占少量的比例，大部分食物还是依靠采集等原始生产方式。

在这之前，美洲形成了三大文明区域，中美洲的玛雅文明以艺术与科技方面的领先见长，有富于想象的建筑与雕刻，还掌握了相当多的数学与天文知识。阿兹特克文明在墨西哥。阿兹特克人好战，各部落之间战争的目的是抓获俘虏，以俘虏的心脏祭祀神灵，这是为了保佑战争的胜利，而战争的胜利还是为了抓获俘虏，用俘虏的心脏祭祀神灵，来保佑战争的胜利，从而形成了为了战争而战争的恶性循环。在南美境内的印加文明，其文明程度相对较高。印加文明已经形成了帝国，即印加帝国；他们有统一的宗教，即太阳教；对土地、矿藏等实行国有制管理；有统一的征兵与征税。而玛雅文明和阿兹特克文明则还处于部落阶段。

在18世纪后期，英国人到达澳大利亚时，相对美洲，澳洲的文明程度更低，整个澳大利亚大约有30万土著居民，全部生活在旧石器时代，他们只有最简单的工具，如木棒和粗糙的石头之类，社会组织还停留在群体阶段，除了个别用做装饰的穿戴物之外，一般人都不穿衣服。

南部非洲相对美洲和澳大利亚文明程度要高得多，但是发展却极不平衡。南部非洲的发展首先要归功于亚欧文明中农业技术与冶铁技术的传入，使这里较早就进入了农业文明时期。而伊斯兰教的传入，更加推动了文明的发展。

哥伦布发现美洲大陆是人类历史上的一个重要的里程碑，他相信自己是绕着地球的另一个方向到达了亚洲。虽然哥伦布到死也不知道这是一个误会，但他的发现的意义却是巨大的，不论过去有多少人也认为地球是圆的，只有在哥伦布的地理发现后，才对这一结论深信不疑（事实上，是之后的麦哲伦第一次进行了环球航行）。于是，人们开始真正以全球的视野看人类历史，在这之前，人们一直认为世界是由亚洲、非洲和欧洲这三大洲组成的。因此，学术界普遍认定，以哥伦布发现美洲大陆作为标志，人类进入了世界历史的时代。

世界历史的时代同样是以血腥的杀戮开始的，西班牙殖民主义者在美洲开始以抢劫黄金、白银和珠宝为目的，后来则以占有土地和资源为目的，他们以欺骗和背叛的伎俩首先骗取印第安人的信任，而后残忍地杀死印第安人以及他们的国王和酋长。西班牙之后的其他欧洲殖民主义者采取了同样的杀戮方式。关于到底有多少印第安人被杀，说法差别很大，但有一点是可以肯定的，被杀死的远多于幸存的，特别是西印度群岛上的印第安人，完全被灭绝，大陆上的许多印第安人的村子也被屠杀得空无一人。

由于美洲的土著人大部分被殖民主义者屠杀，在对美洲的开发中人力的不足凸显出来，于是，奴隶贸易便兴旺起来，欧洲奴隶贩子将非洲黑奴运到美洲获得暴利。奴隶贸易是非常残酷、野蛮的，有资料表明，考虑围捕和运输死亡，保证一个黑奴运到美洲要死亡四人。黑奴贸易导致非洲人口锐减。

向澳大利亚的殖民是18世纪后期的事。大批的移民是英国监狱中装不下的罪犯。这些人的到来给土著居民带来了灭顶之灾，他们捕杀土著人就像捕杀野兽一样，90％以上的土著人都被他们杀害了。

随着美洲与澳大利亚的发现，西欧各国开始对外扩张与殖民，葡萄牙、西班牙、法国、英国等在海外都建立了自己的殖民地，而后起的俄国则在自己的周边进行扩张。事实证明，这种周边扩张比海外扩张更能获得长远的实惠。今天，俄罗斯的疆土世界排名第一，便是几百年间沙俄不断扩张的结果。

欧洲人所建立的海外殖民地在长期发展中慢慢形成了新的民族意识，他们与宗主国的矛盾也不断地显现出来。由此，殖民地要求独立的呼声越来越高，首先要求独立的是英属北美的13个殖民地。1776年7月4日，北美宣布独立，成立美利坚合众国。

受美国独立的鼓舞，美洲其他地区以及美洲之外的殖民地要求独立的浪潮也越来越高，经过长期艰苦的斗争，各殖民地最后纷纷获得了独立。

五、走出中世纪

走出中世纪对于西方和东方的意义完全相反，西欧的创造力在禁锢许多年后突然爆发出来，并因此走到了世界前列，而东方的创造力在一直领先的情况下却神奇般地遭到抑制，慢慢处于落后的位置。

在欧洲，古典文明时期的希腊理性主义思想家的思想与著作被人遗忘了，也失传了。但是，他们的著作与思想却被阿拉伯人拿来学习，并发扬光大。十字军东征时，基督教徒在对穆斯林的征服中，无意中发现了原本属于自己祖先的东西。他们将柏拉图和亚里士多德的哲学著作，以及欧几里得和托勒密的著作从阿拉伯文再翻译成拉丁文。看到这些理性主义著作，长期被宗教教义禁锢的学者们感到耳目一新，文明的火花重新在人们心中点燃，并最后演变成波澜壮阔的文艺复兴运动。

14 到 16 世纪的文艺复兴运动发起于意大利，之后扩及欧洲其他地区，它以复兴欧洲古典文明为旗帜，推动了一场反教会神权、反封建的思想解放运动。这一运动影响非常深远，为现代文明的发展吹响了嘹亮的前进号角。在这场运动中，涌现出了一大批思想解放运动的先驱，其中有诗人、文学家、剧作家和科学家等，但丁、薄伽丘、莎士比亚、哥白尼、布鲁诺等就都是其中杰出的代表。

16 世纪的宗教改革运动是对天主教会的直接冲击。宗教改革起因在于1517 年罗马教廷出售赎罪券，根据基督教教义，人生来就有罪，为了洗脱人生罪过，就要花钱买教会出售的赎罪券，这实际上是变相敲诈信徒。由于教会频繁地发售赎罪券，引起人们普遍反感。德国人马丁·路德针对出售赎罪券的行为，写出了一系列反对与攻击的文章，并通过赎罪券问题引出了与罗马教廷解释不同的宗教理念。继路德之后，加尔文与英国国王亨利八世也提出了新的基督教教义解释思想。

宗教改革运动使天主教分裂为新教与旧教两派，许多人都改信了新教，这对罗马教廷是一个沉重的打击。如果没有文艺复兴运动的推动，宗教改革是不可能实现的。

启蒙运动是继文艺复兴运动后的第二次思想解放运动。它起源于西欧，中心在法国，但很快波及到欧洲的其他国家，以及美国。启蒙思想家高举理性主义的旗帜，猛烈抨击神学教条，用无神论来反对上帝和宗教迷信；以社会契约论反对王权神授；用知识和科学启迪人们的愚昧和偏见；提出了自由、平等、博爱的口号，反对等级特权；并提出了自己理想的社会制度的设想。在启蒙运动中，涌现出了像洛克、伏尔泰、卢梭、孟德斯鸠、格劳秀斯、杰斐逊、潘恩等一大批伟大的思想家。

启蒙运动直接催生了近代民主国家的建立和工业革命的到来，西方文明也因此超越东方文明，在近代世界的舞台上扮演主角，引领人类历史的发展。

启蒙主义思想家设计了一种确保民主与自由的理想政体，这就是行政权、立法权与司法权分立，并相互制约，这种政体也称为三权分立。美国革命所建立的国家是第一个按照三权分立的政体建立起来的现代民主国家。

法国是启蒙运动的中心，1789 年爆发的法国革命可谓波澜壮阔、气壮山河，它将国王路易十六送上了断头台，并建立了现代民主政权。

法国革命的成功对欧洲震撼很大，对于各国的封建专制政权无疑是一种威胁，于是，欧洲的主要大国便联合起来用武力干涉法国革命。正是在这样的背景下，拿破仑脱颖而出。

拿破仑是一个杰出的军事天才。欧洲反法同盟先后七次联合起来，几乎包括了欧洲所有主要国家，共同围剿法国。在众寡悬殊的情况下，拿破仑的军队所向无敌，一度占领大半个欧洲。但是，由于进攻俄国的错误决策，拿破仑差一点全军覆没。在强大的外敌的联合攻势下，拿破仑最后战败。尽管如此，法国革命的巨大影响，以及拿破仑个人的军事才能则长期被人们称道。

就在西方世界发生翻天覆地巨变的时候，东方则还在延续着陈旧的一切，按部就班地原地踏步。

从穆斯林世界看，奥斯曼土耳其统治着巴尔干与中东，它貌似强大，而此时已是外强中干。它与欧洲接壤，虽然能隐约感受到欧洲的变化，但自己并没有受到多少触动。

统治印度的莫卧儿王朝一度非常强大，而此时也开始日落西山。再以后实际上处于分裂的状态，这种内部的分裂，以及处于少数的穆斯林统治者与数量上占多数的印度教徒之间的矛盾，为之后的殖民者的入侵提供了可乘之机。

夹在这两个穆斯林大国之间的是位于伊朗高原的穆斯林萨非帝国。17世纪上半叶，萨非帝国在达到其鼎盛时期后，紧接着遭受农民起义的打击，帝国从此走向没落。

最为封闭的是最东面的中华帝国。在这一时期，中华帝国经历了明清两个王朝。中华帝国从明朝中期之后便采取了闭关锁国的政策，不仅不主动与外部世界交往，甚至连被动的交往都严加防范，拒绝与外通商，严禁国民出海。

而此时处于德川幕府时期的日本也同样采取了闭关自守的政策，耽误了与西方交流和学习的时机。

六、西方走向顶峰的世纪

开启了海洋时代的西方获得了巨大的利益，这种获得利益的手段不论是否正义，却是非常实惠的。而文艺复兴运动、宗教改革运动、启蒙运动这样的思想解放运动，以及一系列的社会革命，使得西方摆脱了宗教神权的桎梏，以及封建专制主义的羁绊，一个有利于生产力解放的思想环境与社会制度基本形成。正是在这样的背景下，一个历史性的机遇再一次降临西方，这就是工业革命。正是工业革命把已经开始引领世界潮流的西方推上了历史的顶峰。

工业革命开始于18世纪中叶的英国，最初是从纺织技术的一系列发明创造开始的，以瓦特蒸汽机的发明与应用作为标志，推动了工业革命向纵深发展。

但是，工业革命的飞跃则是在技术与科学结合之后。工业革命初期，对技术的应用是单纯建立在使用实用的技术发明基础之上的，然而，仅凭经验解决技术问题，只能完成简单、直观的技术发明。当采用科学理论指导技术实践后，便可以完成许多抽象和复杂的技术创造和科学发明，生产力便可以得到突飞猛进的发展。人们将技术与科学的结合称为第二次工业革命，它发生在19世纪中后期。

工业革命创造了人类社会的工业文明，也改变了世界的政治、经济与军事格局。

在工业革命的推动下，英国经济实力迅速增长，一时间被称为世界工厂。之后英国能够称霸世界，完全是工业革命使其受益的结果。最早接受英国工业革命成果的是美国。在欧洲，法国是最早接受工业革命成果的国家，俄国也在对农奴制进行改革后走上了工业化的道路，而这时的德国和意大利还处在四分五裂之中。

从 1848 年到 1870 年，意大利经历了长达 22 年艰苦曲折的斗争，终于获得独立。而德意志的统一则完全归功于普鲁士铁血宰相俾斯麦。统一后的德国从一开始便在世界上扮演了一个一流强国的角色。

1492 年，在哥伦布发现新大陆时基本上可以认定各个民族都在自己的固定区域内生存。这种情况到 19 世纪中叶后彻底发生了改变，差不多全世界都成了欧洲人的天下。整个美洲自不待言，虽然大部分美洲国家都已获得独立，这样的独立都是在欧洲人统治下或者在欧洲文化背景下的独立。这种情况在其他各洲也是差不多的。

欧洲人彻底进入亚洲是在最后的阶段。这时，事实上处于分裂状态、幅员辽阔且人口众多的印度莫卧儿王朝，经历英国人的武力攻占与不断蚕食，在 1849 年被完全占领，彻底成为英国的殖民地。

此时的中国虽然经过了农民起义的沉重打击，但国家的凝聚力还是非常强的，而且中国军队对欧洲侵略军进行拼死抵抗，然而，落后的武器装备终究敌不过坚船利炮。之后，中国虽然名义上还保有独立的外壳，但实际上已沦为半殖民地。而中国周边的藩属国则完全沦为了列强的殖民地。

差不多同时期，在美国炮船的威胁下，日本也被迫屈服，签订了相关的不平等条约。但是，就在中国和日本遭受了同样的命运之后，两国却采取了完全不同的国家策略。日本在意识到自己的落后之后猛然醒悟，其明治维新很快收到理想的效果，只用仅仅 40 年的时间便迎头赶上了世界发展的步伐。

1904 年和 1905 年，日俄之间为争夺在中国东北的利益爆发了一场大规模的战争，在战争中，日军不论从陆地还是海上都彻底击败了俄军，取得了辉煌胜利。

日俄战争是欧洲人第一次败于非欧洲人，它意味着一个非欧洲的国家第一次站在了世界列强的行列。在此之前，欧洲人几乎控制了世界的所有国家和地区，欧洲人的历史走到了最高的顶峰。

七、现代世界

工业化带来的巨大财富令欧洲人为之振奋，但是，时间刚进入 20 世纪，大战的阴云就开始笼罩在欧洲上空。英、俄、法、德、意、奥等强国为寻求军事平衡，不断地变换联盟方式，并最后形成了英、法、俄为首的协约国集团与德、意、奥为首的同盟国集团两个对峙的阵营。它们每个集团都寻求自己的优势以压倒对手，每个国家都在为了自己的利益与对手讨价还价，并随时准备出卖朋友。终于有一天，危机出现，第一次世界大战于1914年爆发了，战争由欧洲很快蔓延到全世界。就当时看，"一战"是人类历史上空前的战争和灾难。

在"一战"期间，俄国国内发生了一场影响深远的革命，这就是列宁领导的无产阶级政党布尔什维克，于1917年11月7日建立了世界上第一个社会主义国家。俄国社会主义革命的胜利第一次把马克思的理论转化为实践，对世界政治格局产生了深远的影响。之后，许多国家都走上了社会主义道路，社会主义的旗帜曾经红遍半个世界。

"一战"带来的巨大毁灭给人们留下了深刻的印象。为了避免人类再发生类似的灾难，主要战胜国的领袖们商讨建立一种可以制止战争的机制。在美国总统威尔逊的提议下，成立了国际联盟。国际联盟是人类历史上第一个普遍性的国际组织，它的主要宗旨就是要促进国际合作，保证国际和平与安全。国联的成立，是人类利用国际组织制止战争的一次重要尝试。

但是，国际联盟并不能阻止战争。十多年后，规模更加巨大的第二次世界大战便爆发了。第二次世界大战再次创造了人类历史上战争的空前规模。"二战"给人们留下的最深刻印象，除了巨大的死伤和毁灭之外，便是原子弹的研制成功并用于战争，美国的两颗原子弹分别投向日本的广岛和长崎，顷刻间两座城市被夷为平地。如此大的毁灭力量是人类过去连想都不敢想的，人们开始怀疑和思考一个问题，那就是，会否有一天人类整体将毁灭于自己所创造的科学技术成果？

"二战"结束后，人们痛定思痛，主要战胜国领袖决定吸取国际联盟的经验教训，为了维护世界和平，制止战争，组建新的国际组织。于是，联合国经过精心酝酿后，于1945年10月24日正式成立。

但是，联合国成立后不久，分别以美国和苏联为首的两个军事、政治集团随即形成，并形成对峙之势，双方剑拔弩张近50年，这一时期称为冷战时期。直到1991年苏联解体，冷战才宣告结束。

所谓的冷战时期其实一直都是热战不断。"二战"结束后不久便爆发了朝鲜战争，之后又爆发了越南战争。而其他稍小一些的战争更是频繁地发生在世界的各个地区，联合国在制止战争上，只要涉及到大国在台前或者幕后的利益，就根本无能为力。

冷战结束之后，全球的不太平似乎根本没有得到缓解，世界形成了以美国一超，中、俄、日、德、英、法诸强林立的局面。凡是大国想做的事，联合国都无力阻止，冷战之后的几场主要战争都没有得到联合国的授权。

一种新的杀戮方式正在日益频繁地威胁人们，这就是恐怖袭击。恐怖组织采取各种手段，对无辜平民进行大规模袭击，常常导致数百上千人的死伤。这已成为世界上一大新的灾难。

纵观人类社会形成与发展的历史，我们可以明显地感觉到，人类社会的时间周期正在缩短，农业革命之前人类社会的变化以十万年计，农业革命之后人类社会的变化以千年计，工业革命之后人类社会的变化则以十年计。今天的世界，以原子能的开发与计算机的应用为突出特点的信息技术革命，使人类社会的发展速度变得更快，更难以把握，每过几年或者十几年世界就会有大的改变。这种变化反映在人类的个体和家庭，反映在社会的城市和乡村，反映在一个国家的政治、经济、文化的各个方面，也反映在世界整体格局的全面概貌上。而缩短人类时间周期的原动力在于科学与技术的力量。

我们发现，战争与犯罪杀戮时刻伴随在人类的左右，强者欺负弱者的种内竞争的生物进化规律，在人类身上表现无遗；以占有他人的财富为乐趣、以牺牲他人的幸福与生命谋求自己的幸福，成为一条铁定的人类社会规律。尤其可以看出，战争始终是人类历史的主旋律，人类社会是在自相残杀中形成的。

对于自然的态度，人类经历了被动适应自然，到主动适应自然，再到主动改造自然三个阶段。人类对物质财富的需求永无止境，对大自然的索取永无止境，即使拥有的财富堆积如山也永不满足。但回头观察自己的所得与所失，我们发现，人类在获得了物质财富的同时，自己并没有获得幸福与快乐，反而心理压力更大，安全感更差。

第二章　指导思想

这里阐述的指导思想是指导本书全部研究的方法与原则。所谓方法与原则，就是我们的研究应遵循怎样的思维轨迹，研究要达到的目标应该以怎样的标准来衡量。如果没有方法与原则，我们的研究便没有方向与目标，如果采用的方法与原则不正确，最终得出的结论便会失之千里，甚至与事实刚好相反。

第一节　人类的价值

这里所说的人类的价值指人类的需求与愿望。人类的价值可以细分为许多，如生存、幸福、快乐和快感等，但是，生存和幸福是人类最重要的价值。生存与幸福对于人类的利益是根本性的，所有其他的追求都从属于它们，都服从于它们，当与生存和幸福发生矛盾时，一切追求都必须让路。

从另一种角度考察，生存和幸福又是人类的一种本能追求，也是一种最基本的追求。每个人类个体、每个人类群体以及整个人类，都在为生存和幸福奋斗。只要是正常的人，都不可能把生存与幸福当儿戏。

我们说生存和幸福是人类的最重要价值，这只是一个整体的概念，生存、幸福两者是有分量区别的，如果把生存与幸福这两项价值分开来考察，它们对于人类的重要性虽然都有不可争辩的决定意义，但是，它们并不是并列第一，而是有明显的分量排序：生存第一，幸福第二。

一、人类的生存高于一切

常常有人将生存的内涵定义得十分广泛。例如，把人类生活得更好一些也当成是生存的内容；或者把生存等同于生活。但是，这里所说的生存仅指生命的存在，即拥有生命，也就是通常所说的狭义的生存。

作为人类的一员，我们在考察与评价一切事物时，首先一定站在人类自身的角度。我们追求幸福、快乐、享受、健康、良心、道德等，所有追求的承受主体是人类自己，如果失去了生命，一切追求便不复存在。人们每天为生活奔波：农民日出而作、日落而息，在田间辛勤地劳动；工人披星戴月制造产品。如果失去了生命，他们什么都做不了，什么也得不到。我们的学者和政治家忧国忧民，谈论和规划人类的环境问题、资源问题与和平问题，他们精心安排国家的经济建设、文化建设与社会建设，一切工作都是围绕人类所展开，没有人类自身，所有这些安排都没有承受的对象。而且所有这些安排都要人去完成，没有了人的存在，也就没有这些谈论、规划和安排等一切行为的主体。因此我们说，生存高于一切！生存是排序第一的无可比拟的人类价值，没有生存便没有一切。

生存又是人类的第一本能。当一个人遭遇恶劣环境时，他的求生欲望可以使他做出平时无法想象的事情，一个弱不禁风者可以托起重物，一个两腿残废者可以猛然站立。实际生活中的无数事例都能够证实，在决定生与死的时刻，求生欲可以使人的潜能发挥到极致，创造出不可想象的奇迹。这一切本身就是对生存是人类第一重要价值的论证。

人类对生存价值的追求可以从人类的个体推广到人类群体乃至全人类。不论一个国家、一个民族、一个组织这样的群体，还是全人类这样的整体，对于自身生存的追求都是高于一切的追求。因为连自己的生存都不能够保证时，其他一切的追求都只会成为一句空话。人类一切追求的载体是人类自身的生存。

二、幸福：人类永恒的追求

幸福是人类永恒的追求，这是一个普遍的、基本的事实。幸福是人生的目的，人的一生都是在对幸福的追求中度过的。

然而，关于对幸福的定义却要比对生存的定义困难得多。什么是幸福？怎样才能够获得幸福？在人们的思想中，这样的问题常常是迷惘和模糊的，人人都在追求幸福，人人都希望获得幸福，但很少有人对自己一生的追求想得十分明白，也很少有人能够保持条理一贯的选择，并始终不懈地追求。

应该说，幸福是一种情感，是心灵的平和与满足。拥有金钱、地位和荣誉的人不一定幸福，而一贫如洗者也可以拥有幸福；享受毒品的迷幻与快感并不幸福，母亲为了孩子的出生承受痛苦却是幸福的。之所以如此，是因为一切都取决于心灵的平和与满足。

幸福存在于希望之中，没有希望就没有幸福。如果今天比昨天好，并预计明天会比今天好，心灵就会有一种幸福的满足。相反，生活一天不如一天则难有幸福可言。幸福尤其存在于希望的比较之中，如果在过去的十年中，每年生活水平都有较快的增长，当有一天生活水平突然增幅减慢，心灵的平和被打破，虽然也是今天比昨天好，但好的幅度减慢了，还是难有幸福感。同样的条件在不同的时间会给人不同的幸福感受。如果十年前你每天的生活水准是十美元，你可能会感到幸福；但十年之后还是十美元的生活水准，还是与以前的生活环境完全一样，可能你不仅不会感到幸福，反而十分痛苦和失落，因为十年之前你的生活在周围的人群中是不错的，但十年之后所有的人生活条件都改善了，但你还是一切依旧，便意味着已经落后了，因此你心灵的平和被破坏了。

不贪婪即富有。之所以说幸福又取决于心灵的满足，是因为贪婪者从来千金嫌少，知足者粗茶淡饭却足矣。富人之所以不一定幸福，是因为他们希望获得更多的财富；贫穷者之所以也可以获得幸福，是因为他们的追求目标非常低，也许有衣食的温饱就完全可以满足，当这种希望得到满足时他们是幸福的。因此，一个人的欲望值很大程度上决定了这个人的幸福感，欲望值越容易达到，这个人便越容易获得幸福感；反之，则越不容易获得幸福感。

审视中国这三四十年来人们心理发生的变化，也许能对理解幸福有所帮助。三十多年前，我们处于改革开放之前的时期，全国人民的生活水平还不高，而且在当时的封闭情况下，人们根本不知道国外的情况是怎样的，于是我们认为世界本来就该如此，因此，在贫穷中也能够经常找到一些幸福的感受。改革开放后，中国经济飞速发展，在整体生活水平得到普遍提高的同时，贫富差距扩大了，社会开始变得躁动不安，发展中相对落伍者即使比过去的生活好得多，却还是常常处于痛苦和失落中，因为别人的坐骑已经由自行车换成摩托车然后又换成了轿车，但自己刚刚买上一辆摩托车；人家的住房由50平方米换成100平方米又换成了150平方米，但自己刚刚住进100平方米的房屋。

因此，心灵的满足是在比较中产生的，这种比较有与周围人群和环境的比较，有与自己过去的比较，也有与自己欲望值的比较。正如一个企业家，本来计划公司今年的盈利达到1000万元，但只实现了500万元，他肯定不会因此感到幸福。然而，如果他在年初对自己的企业进行客观分析后，将企业的盈利目标定为100万元，年底却挣了500万元，他便会由此产生幸福的感受。同样是500万元的盈利，同样是一个企业家的感受，但产生的幸福感则截然相反。这就是因为在比较之中使心灵的满足感发生了变化，同时心灵的平和状态也发生了变化。

所以，我们常常感叹：幸福是那么的廉价，因为一个身无分文的穷人也能获得幸福；幸福又是那么的昂贵，因为亿万财富也买不来一些人的幸福。

幸福需要一种安全感，每天处于战争和凶杀的恐惧之中的人是难有幸福可言的，一个安定平和的社会则可以为人们的幸福创造条件。幸福不完全取决于财富的多少，但幸福却需要财富的相应支撑。一个人衣不遮体、食不果腹、长年受冻挨饿便不易产生幸福的感受。幸福还应有健康的身体，长期饱受疾病折磨的人也难有幸福可言。

幸福与快乐、快感常常密不可分，但快乐、快感并不等同于幸福。快乐、快感是一种自然的体验，而幸福则是心灵反思与自然体验的综合。与一个并不相爱的人进行性生活，也许可以获得一时的快感，但并不能获得幸福；享受毒品与酒精刺激时也许能够获得一定的快乐，但却不一定能获得相应的幸福。

幸福与痛苦是伴生的，没有经历过痛苦的人很难体验到幸福。这正如一个人没有经历过失败的痛苦，也就难以体验到成功的幸福；一个经历了战争痛苦的人，才深感和平的美好与幸福。

痛苦是幸福的镜子，经历过过去的痛苦，人们才发现今天的一切都是值得满足与珍惜的，因此充满了幸福感。甚至别人的痛苦也可以成为自己幸福的镜子，因为看到了别人的痛苦，才深感自己生活得幸福。

幸福是在永恒的追求中不断地获得的，绝对的幸福不存在，永恒的幸福也同样不存在。人生总有欠缺，事实上，没有欠缺就显不出圆满。

幸福受人生观的左右，不同的人生观有不同的幸福感受。恐怖分子把杀害无辜平民以报复他们的政敌看成是一种幸福；战争狂人把征服世界、屠杀他人、掠夺别国的财富当成是一种幸福；作为一个高尚的人，则把为别人奉献当成是一种幸福。慈祥的父母，把关爱儿女，看到孩子们健康快乐地成长看成是幸福；孝顺的儿女，在对老人的关怀中也会获得幸福的感受。

正因为如此，幸福的获得是可以引导的。涉及伦理与道德价值的人生观属于社会历史的范畴，不同的时代、不同的文化背景，形成了不同的人生观，由此产生了不同的幸福观。我们从历史中常常看到，一些仁人志士为了自己的信仰可以慷慨赴死而毫不畏惧，并由此深感满足与幸福，这种信仰就是一种人生观，它能够左右人的幸福感。

我们可以把人生的追求进行细分或者具体化，如：吃、穿、住、行、金钱、地位、荣誉、亲情、爱情、友情、健康、环境、道德等等。只要粗略分析便可以看出，上述任何一种追求的满足都可以相应使一些人获得幸福的感受，而另一部分人则不会因此获得幸福感。正如一个人享受一顿美餐能够产生幸福感，而另一个人享受一顿美餐时则只会有稍许的快乐，甚至连快乐都不会有。因此，站在人类整体的角度全面地衡量，上述所有这一切都可以纳入幸福的范畴，但是它们又都不能等同于幸福，幸福囊括了上述一切的所有，但又不是它们所有的简单相加。所以我们可以说，就上述任何一项追求而言，都只能算做是幸福这一价值的一个小小的局部。

一个人的追求有无数，但只有在追求自己人生的主要目标并有所收获时才会产生幸福的感受，而在对其他目标的追求中的收获只能使人产生快乐、快感或者其他。正如一个女人，如果把拥有一个美满的家庭看成是自己人生的首要目标，当达到这一目标后她会感到自己是一个幸福的人；也许有时买了一套不漂亮的服装使自己很沮丧，并因此而不快，但却不能改变她心灵深处的平和与满足。如果一个男人把拥有成功的事业放在他人生目标的第一位，也许因品尝了一杯美酒他会感到快乐，然而，这一切却不能抹去心灵深处因事业的失败而产生的失落与不幸之感。

人生的主要目标是可以调整和改变的。例如：一个女人在追求美满的家庭不成功时，可能会转而将自己人生的主要目标确定为事业的成功；一个男人在追求事业失败后，可能会把自己主要的目标更改为一个美满的家庭。同样，一个人在 30 岁之前的主要目标可能是尽可能获得一个高的学历，从大学到硕士再到博士；但 30 岁之后则可能将自己的主要目标更改为成就某一具体的事业，如经商或者从政；而在这个人进入老年之后，他的人生目标则可能主要转移到注重身体的健康以及家庭的和睦。那么，不论是一种怎样的目标，由于是那一阶段的主要人生目标，在这样的追求中都有可能获得幸福的享受，当然也有可能是不幸的失意。

　　进一步将幸福的概念推广到人类群体以至人类整体，一个民族希望获得其他民族的尊重，一个国家希望称霸世界，因为在他们看来，一个受尊重的民族可以使人扬眉吐气，一个称霸世界的国家可以获得许多本不应该属于自己的财富。在这个民族与这个国家不能达到自己的目标时，可能会转而求其次，如希望和其他民族平等相处，或者不被别的国家侵略和占领，等等。那么，站在人类整体的角度，我们考量人类的长远利益、全局利益和根本利益时，思考的不仅仅只是人类能否生生不息，世代繁衍，我们还要考虑我们这一代人，以及我们的子孙后代能否做到丰衣足食、和平安宁，而不是退回到刀耕火种、兽皮为衣、山洞避雨的年代。因此，不论是人类的个体、群体还是整体，对幸福的追求都是永恒不变、与生俱来的。

41

第二节　社会制度的价值

　　影响人类价值实现的，除自然的因素之外，还有社会制度。这里所说的社会制度是广义的社会制度，指所有与人类社会运转有关的各项社会条件。除了我们通常所说的各种制度之外，还包括各种体制、规则和行为方式，如社会形态、社会结构、政治制度、法律体系、道德价值观、行为规范、经济文化政策等等。社会制度的价值则是指要保证人类社会有序运转需要满足的社会条件。

　　我们知道，生存与幸福是人类的最高价值；我们还知道，生存与幸福同时也是人类本能的基本追求。然而，我们却常常发现，许多人在生与死的抉择面前选择了死，而不是生；许多人在幸福和痛苦面前选择了痛苦，而不是幸福。他们对自己的选择心甘情愿，无怨无悔；而后人对他们的选择则无限敬仰，世代传唱。究其原因，便是人类在选择自己的追求时，还有社会制度的价值作为判断。

　　士兵在战场上冲锋陷阵、视死如归，用自己的生命保卫家园。在极端恶劣的环境下，为了子女的生存与幸福，父母宁愿结束自己的生命。正是他们心中的信仰与情感，使自己战胜了对死亡的恐惧，把自己的最高价值——"生存"——奉献出来，以换取他人的价值。

　　为了支持丈夫的工作，妻子放弃了心爱的事业，甘愿充当人梯，做好家庭有力的后勤。兄长甘愿放弃自己宝贵的求学机会，早日工作来资助弟弟完成学业。这些以牺牲自己的幸福去换取他人幸福的故事比比皆是，因为他们心中还有另一把尺子量度自己的选择，这把尺子便属于社会制度的价值。

　　但是，这并不能说明生存与幸福不重要，也不能否定生存与幸福对于人类的最高价值的意义。恰恰相反，生命对于任何人都是最珍贵的，对于一个活着的人，幸福永远都是最渴望的。只是在人类社会的某些特定的条件下，必须要求有人为某件事，或者为某些事付出生命或者幸福的代价。如果不能够做到这样，人类社会便会失去运转的规则，人类自身便会失去存在的信念。人类社会正是在长期的发展历史中，建立了自己的社会制度。

　　以社会制度来约束人类的价值是十分必要的。两名登山队员被风雪困于山顶，手中的食物非常有限，于是一名队员趁另一名队员不备将其杀死，并夺取了他的食物，几天后风雪停止，自己获救了，而他的队友却死亡了，这是将自己的生存建立在别人的死亡基础之上的行为。希特勒为了追求日耳曼人的生存空间，侵略、占领其他国家，并杀死几百万犹太人，这是将自己的幸福建立在别人的痛苦和死亡基础之上的行为。

我们每个人、每个群体都在寻求自己的生存保障，都在追求自己的幸福梦想。但是，生存与幸福的取得应该有正当的手段，社会方方面面的运转都应该遵循一定的规则。如果都寻求用卑鄙的手段获得生存与幸福，都在各行其是、我行我素，世界就会充满欺诈、杀戮和恐怖，人类社会的运转就会失去规则和程序，就必然导致天下大乱，人类整体就无安全和幸福可言。

因此，通过社会制度来服务和维护人类的价值是十分必要的。只有借助社会制度限制人通过不义之举获取自己的价值，并要求每个人按一定的规则生活、学习与工作，每个群体按一定的规则进行管理与相互交往，才能够保证人类社会的有序运转，才能够保证人类整体价值的实现。

一、最大价值原则

人类社会每一方面的社会制度都是因一定的条件建立起来的，有人类社会便会有相应的社会制度。例如：从社会形态看，人类社会从最早的采集迁徙阶段过渡到定居的村落、部落阶段，最后过渡到直至今天还在继续的国家阶段，这种社会形态的演变，是人类为了适应农业生产与战争规模不断扩大的需要的结果。又如，为了规范人们的行为，保证统治的稳定与社会的有序，各国建立了自己不同的政治、经济与文化制度，并用法律的形式予以确定下来。再从很小的方面说，每个城市，每个街道、社区与乡村，都有一套自己的管理模式，都提倡一套与之相适应的生活方式或者行为守则，这些都属于社会制度的范畴。

社会制度从本质上是服务于人类的，它要么是因当时当地的客观情况自觉与不自觉形成的，要么是由一种权力专门设计并推动的。由于它要规范和要求社会的各个方面，因此，必然有许多社会制度会制约与限制人类的一部分的价值实现，但制约与限制这一部分价值实现的目的是为了保证另一部分的价值实现。正如国家制定法律不允许随意杀人，也不允许偷盗抢劫，这无疑限制了那些不法分子的不法行为，但是，正因为有法律的保护，才使得绝大多数人能够在一个安全的环境下幸福地生活，因此，这样的法律制度是一种通过限制少数人的价值而保障大多数人的价值的社会制度。

又如，一个城市为了保证市容的整洁，制定了不许乱倒垃圾和不许随地吐痰的文明守则，这一社会制度也是通过限制少数人的行为，而保障全体市民生活在一个清洁卫生的环境中，或者说是为了限制一些市民的并不重要的价值内容，而保障全体市民的更重要的价值的实现。

还有一些社会制度是限制大多数人的价值而服务于少数人的价值的，如专制国王要求全国各地必须定期与不定期地为自己进贡当地最有特色的珍玩、果品或者漂亮女人，以供自己享用，并为此制定了一系列的规定，这也属于一种社会制度，是由封建王权的强制性权力推行的制度。

也有一些社会制度是完全服务于大众的，而不会有人因此而影响其价值的实现，如为了解决市民在日常生活中遇到的困难，市政府决定建立市长服务热线，专门为市民排忧解难，这样的社会制度一般只有获益者，而不会有人因此受到利益的损害。

社会制度涉及人类社会的所有方面，涉及每一个人和每一个群体的价值实现，每个人和每个群体都会站在自身的价值角度去评价某项社会制度的好坏与优劣，那么，社会制度的好坏到底应该以怎样的标准进行判断呢？最理想的社会制度到底应该具有怎样的特点呢？

由于社会制度是服务于人类的，而人类的不同个体、不同群体以及不同时代的人群之间其利益需求都不相同，且常常还相互矛盾与冲突，因此，仅仅立足于某部分个体、某部分群体或某些时代的人群去评价社会制度，都不可能真正做到客观与公正。我们认为，社会制度的建立理应站在人类整体的角度考量，使全人类的价值实现达到最大化。也就是说，应以人类整体作为考量范围，而不是只以任何个人、任何群体和任何一代人作为考量范围，应该使尽可能多的人获得生存的保障，使尽可能多的人获得幸福的感受，以及使尽可能多的人获得人类的其他价值。这是社会制度的建立应该遵循的根本原则，这里称这一原则为最大价值原则。最大价值原则是指导我们全部研究的核心原则。

身为人类，我们在思考自己，并试图为自己的未来设计时，一定是希望所有的安排应该尽量最大限度地符合自己的利益需要。但是，人类的利益是多方面的，也就是说，人类有多项价值追求。人类所做的事情，以及我们为人类未来进行的涉及多方面的设计，不可能面面俱到地满足每一项价值的需要，也不可能完完全全地满足每个人和每个群体的需要。一种方案在符合一项价值要求的同时，常常与另一项价值刚好对立；在满足这部分人群的价值的同时，常常又与另一部分人群的价值相抵触。这是一种完全正常的情况，因为任何事物都不可能十全十美，任何方案也不可能十全十美，有得便有失，对于任何社会制度的设计与评判都会遇到这样的矛盾。那么，解决这种矛盾采用的办法便是遵循最大价值原则，两利相权取其重，两害相权取其轻。而且应该是以人类整体的利益作为基本考量，并不是以任何局部和个人作为考量的基础。

我们知道，人类最重要的价值有两项，排位第一的是生存，其次便是幸福。相对这两项价值，其他所有的价值都排在其后。若按这样的排序简单处理生存、幸福等价值问题，那是很容易的，我们在分析涉及人类价值的问题时，凡是关于生存的问题便毫不犹豫地放在首位，凡是关于幸福的问题便放在第二位，而其他问题则往后排。然而，如果要是真这样处理的话，一定会天下大乱，因为实际情况比这要复杂得多。例如：人与人之间，或者国家与国家之间的价值追求往往存在冲突和矛盾，简单一味地强调一方面的生存价值与幸福价值，便会不可避免地影响另一方面的生存价值与幸福价值。那么，针对各种复杂的价值选择，应该怎样将最大价值原则具体化呢？

1. 幸福服从生存

在考虑人类价值时，这里将人类分为人类整体、人类群体、人类个体以及代际人类四个层次。人类整体（也可称为全人类）是指整个人类，有时也指各个时代的全部人类；人类群体是指各种集团（如国家、民族、企业等）或者非组织的人群；人类个体指个人或者少数人；代际人类指不同时代的人群。

我们所说的"幸福服从生存"，是指当同样规模的人类的生存与同样规模的人类的幸福发生矛盾时，只能先考虑生存，后考虑幸福。

这是一个很简单的逻辑关系，直观地说，由于在人类的价值排序中，生存排序第一，幸福排序第二，因此，以同等数量的人作为考察对象，只要生存与幸福发生矛盾，幸福就应该服从生存。因为同等数量的人的生存要比同等数量的人的幸福重要。

由此可以确定，我们不能剥夺十个人的生命，去谋求另外十个人的幸福；相反，如果必须以十个人的幸福，才能够换得另外十个人的生命，这一价值互换就是值得的。

根据幸福服从生存的原则可以看出，任何人为了抢夺别人的财产去杀害另外一个人，都不符合幸福服从生存的价值评判原则。因为获得财产只是属于幸福的范畴（还不是幸福的全部），而生命则属于生存的全部，用他人的生存换自己的幸福从价值分量上比较就不合理。当然，这是一种简单的价值分析，并没有考虑社会综合的因素，杀害他人，以及强行占有他人的财产本身又是不道义的，如果这种不道义的行为蔓延于人类社会，必然会引起整个社会动荡不安，由此便会在更广大的范围影响人类的生存与幸福的实现。

再举例，如果一个人身患绝症，需要 20 万美元的医疗费，他是否就有理由抢劫另外一个人，并以自己的生存重于另外一个人的幸福作为理由，来为自己的抢劫辩解呢？当然不是，简单地考虑一个人的生存与另外一个人的金钱，一个属于生存的范畴，另一个属于幸福的范畴，这样的价值互换当然是值得的。然而，正如之前所述，如果采取抢劫或者其他强行占有的方式，便会引起另外一种后果，即这样的行为所产生的社会不良反应必然会引起社会的不稳定，许多人的幸福和生命安全就会受到威胁，最后形成的便是一个人的生存与许多人的生存和幸福的比较——自然后者更为重要。但是，如果一个人甘愿将自己 20 万美元的积蓄拿来挽救另外一个人的生命，意义就完全不同了。

这里所确定的价值原则，正是在考虑了这种综合影响后的概念，之后所阐述的价值原则，同样也是考虑了这种综合影响后的概念。

2. 少数服从多数

少数服从多数是指就生存、幸福或者其他价值而言，在同一价值内部权衡时，以多数人的价值为重。也就是说，如果必须以 10 个人的生命才能换回 20 个人的生命，这种价值互换就值得；同样，如果必须以 10 个人的幸福才能够换回 20 个人的幸福，这种价值互换也值得。相反，便不符合最大价值原则。

需要强调的是，少数服从多数是指在不同人类数量中的同一价值的同一分量上的比较，在不同人类数量中的不同价值是不能套用这一原则的。也就是说，不能用 10 个人的生命与 20 个人的幸福简单比较，也不能用 10 个人的这一部分幸福价值与 15 个人的那部分幸福价值简单类比。

3. 权重的灵活把握

可以看出，不论是幸福服从生存还是少数服从多数，都是一种最简单情况下的理想原则，因为，在最简单的情况下，一种价值的权重是一目了然的，正如一个人的生命肯定比一个人的幸福重要，两个人的幸福肯定比一个人的幸福重要，以及两个人的生命肯定比一个人的生命重要一样，这种简单的价值权衡是很好确定的。

但是，在实际遇到的问题中，情况远不是那么简单，我们会发现，我们经常必须将 10 个人的生命与 1000 个人的幸福进行比较，或者将十个人的这部分幸福价值与另外 10 个人的那一部分幸福价值进行比较，这样，问题就变得非常复杂。遇到这种情况便应该进行灵活把握。

例如，科技的进步使我们发明了汽车和飞机，作为代步的交通工具，它们可以迅速地把人们送达遥远的地方。在高速公路上，汽车一小时的路程相当于人辛苦地走几天，飞机在空中一小时的飞行距离相当于人辛苦地行走几十天，这些交通工具的使用给人们带来的方便、轻松与快捷是极大的，方便、轻松与快捷地出行在人类的价值追求中属于幸福的范畴。但是，由于汽车与飞机的出现，便有了不断的车祸和飞机失事，全世界每天都有因车祸或飞机事故死亡的人员，人的死亡对人类的价值属于生存的范畴。如果按生存高于幸福的逻辑推理，汽车与飞机都应该被取消。然而，由此得出这样的结论显然是可笑的，因为汽车、飞机的使用十分广泛地方便着全人类，由此给人类带来的幸福是巨大的，而车祸和飞机失事的概率相比之下毕竟极小，也就是说，它给人类带来的生存威胁微乎其微。在巨大的幸福收获与极小的生存威胁比较时，幸福价值便排在了前面。

又如：要建设一座水库必须转移一部分人，这些人世代居住在这里，如果要让他们迁离自己的家园，他们自然会在对新环境的适应上，以及在建设新的家园方面存在许多的不便，同时，建设水库还需要许多的资金投入，可是水库建成后却能够解决许多人的农田灌溉问题。对于移民而言，有迁离家园的麻烦，这属于幸福价值的范畴，资金投入对于相关的人群也属于幸福价值的范畴；而其他受惠者获得的是农田的丰产，带来的是生活的富裕，同样属于幸福价值的范畴，但这几方面的幸福又无法简单比较，那么在作出是否应该建设这座水库的决定时就必须灵活考虑了。也许在一定投资的情况下，迁走 100 人只能解决 1000 人的农田灌溉问题，这座水库就不值得建；而迁走 100 人却能够解决 10000 人的农田灌溉问题，这座水库就应该建设。

根据上述判断原则，可以明确地得出两点结论：第一点是人类整体的生存是高于一切价值的价值。因为生存这一价值在所有价值中排列首位，而人类的整体在数量上又超过所有的一切，由此可知，人类整体的生存的价值分量高于一切，任何别的价值在人类整体的生存面前都处于次要地位。这一结论告诉我们：在涉及人类的所有的问题中，人类的整体生存是最大的问题（本书的全部研究的重点也正是要解决这一问题），在人类的整体生存面前，一切的价值都可以牺牲，任何以保障别的价值而危及人类整体生存的行为，都是违背最大价值原则的行为。

第二点是在幸福价值内部比较，人类整体的幸福是高于其他所有幸福价值的价值。因为在幸福这一价值的内部，其数量份额最大的是人类的整体。根据少数服从多数这一原则，人类整体的幸福权重自然最大（本书要解决的另一个问题便是这一问题），其他任何人、任何群体或者任何一代人，要是为了自己的幸福而做出危害人类整体幸福的事也都是违背最大价值原则的行为。

上述两个结论将是全书研究的两个最基本的依据。这两个结论看起来很好理解，而且显然正确，但要做到始终一致，且时时处处都遵照执行并不是很容易的事。在之后的分析中会发现，我们实际上做过且还正在做一些危害人类整体价值的事。有些行为甚至严重地危及人类的整体生存。要是按最大价值原则判断，这样的行为显然是最大的错误，是最不可饶恕的犯罪，也是最危险的行为。

二、正义

要实现最大价值原则，就要使社会制度具备正义性。正义是社会制度的价值，是最大价值原则在社会制度方面的具体体现，如果说最大价值原则是确立社会制度的标准和社会制度要实现的目标的话，正义则是达到这一标准的手段和通向这一目标的途径。

作为社会制度价值，正义包括两层意义，第一是公平，第二是合理。

所谓公平，就是公正、平等。世界之巨大，包括芸芸众生，有数以十亿计的人类个体，还有无数的不同的人类群体，如不同的国家、不同的民族、不同的企业、机关等，除此之外，还有不同时代的人群。正义要求在人类个体之间、群体之间，以及代际之间平衡其利益时保证是公正与平等的，任何人、任何群体以及任何时代的人，都有平等获得其自身价值的权力，这就不仅要求任何人、任何群体以及任何时代的人，不得通过剥夺其他人、其他群体以及其他时代的人的价值来满足自己的价值，而且要求在人类个体、群体与代际之间对利益的分配上也应该保证平等与公正。

之所以实现最大价值原则首先要求公平，是因为非公平的社会意味着一部分人必然会多占有一部分利益，另一部分人则少占有一部分利益，那些少占有利益的人其价值实现便会受到影响，而且这种情况只是影响最大价值原则实现的开始。那些多占有利益的人一定是掌握着优势权力与资源的人，他们多占有利益的原因是他们有能力和条件多占有利益。根据人类的本性，这样的能力与条件使得这些人必然会越来越倾向于将社会利益的更多份额集中于自己，最终的结果便是多占有利益的人将是少数的人群，而且他们占有的利益份额会越来越多。与此同时，那些少占有利益的人群的数量便会越来越大，而且相对而言他们利益占有的份额则越来越少。因此，不公平的社会的最终结果必定是大多数人的价值不能够得到实现。这无疑不符合最大价值原则。

不公平的社会制度还会导致极少数人以极不正当的手段（如杀人、抢劫等）剥夺他人的价值，而获取自己的价值，这样的后果必将是使全社会不得安宁，这显然违背最大价值原则。

公平的意义还在于一个人生存于世界，以追求幸福为第一目标，但幸福是在比较中产生的，只有社会保持公正、平等，人们才会在相互比较中广泛地获得幸福的感受。

所谓合理，是指社会制度要考虑人类和人类社会的特点，以及人类对自然条件的适应情况，从而做到科学且符合实际。

例如：历史学家普遍认为，当代人的普遍幸福感并不如古代，而今天世界公正与平等的意识已经远远领先于古代，今天科学技术创造的物质财富也早已远远超过古代，在此前提下人们的幸福感却不如古代，这就说明今天的社会制度中有严重不合理的因素，正是这种制度的不合理导致了人类整体的幸福价值降低。

由此看来，仅有公平还不能够使最大价值原则得以充分地实现，正如一个公平竞争的社会如果总摆脱不了频繁的战争，人类的第一价值——生存——就会受到很大的威胁。如果人们总要承受各种不同的竞争压力，心理负担总是非常沉重，便没有幸福与快乐可言，幸福这一价值便会难以实现。因此，一个有利于最大价值原则实现的社会制度除了要求公正、平等之外，还要做到科学且符合实际。公平加合理便组成了有利于最大价值原则实现的正义的社会制度。

启蒙主义思想家提出了"自由、平等、博爱"的口号，并在这一口号的呼唤下，使人类社会从迷信和愚昧不断地走向文明。仅从字面上分析，"平等"与"博爱"指的是公平，"自由"则是指合理。它告诉人们，人类社会仅有"平等"与"博爱"是不够的，还要保证人生的自由。

当然，一个充分正义的社会制度，其"合理"的因素还远不是只指"自由"，要保证最大价值原则的实现，"合理"的成分还涉及其他诸多方面。正如今天在自由、平等与博爱的理念的推动下，普遍的人生自由早已超过从前，但人们的幸福感并不如从前；今天的高知识阶层其自由的意识与周边环境的自由度远领先偏远乡村的村民，但他们的思想压力却普遍高于村民，幸福感也要普遍低于村民，这一切都说明社会制度的"合理"因素远不止是"自由"一项条件。

在深入分析社会制度的正义性时，我们可以将正义分解为个体正义、群体正义、代际正义和整体正义四个方面进行分别阐述。

社会的道德价值观提倡并鼓励在特定条件下人类个体应该放弃自己最重要的价值，以自己的生存与幸福去换取其他人的生存与幸福，这种道德价值观同时反对将自己的生存与幸福建立在其他人的死亡与痛苦之上，这是个体正义的范畴。我们提出法律面前人人平等，提出任何公民都有选举权与被选举权，还制定多劳多得、按劳计酬的分配原则，这也是个体正义的范畴。

我们反对国家之间、民族之间、宗教之间以强凌弱，以大欺小；反对为了本群体的利益去侵略其他国家、民族或者宗教群体，以及掠夺其他集团的财富，屠杀其他群体的人民。我们提倡国家与民族之间平等相处，睦邻友好；鼓励富国支持穷国，发达地区帮助落后地区，这些是群体正义的范畴。我们提倡企业之间依法公平交易，反对垄断，反对贸易保护主义，这也属于群体正义的范畴。

我们反对无节制开采不可再生资源，以免造成资源枯竭；反对过度放牧、过度耕种、滥伐森林，以防止土地的荒漠化；反对大量排放温室气体，以免造成全球气候变暖；反对使用氟利昂，以免破坏臭氧层。这些是要为子孙后代留下碧水蓝天，要保障人类社会可持续发展，这是代际正义的范畴。

不论是个体正义、群体正义还是代际正义，都是围绕正义价值中的"公平"这一主题展开的，它处理的是个人与个人之间、群体与群体之间，以及今人与后人之间的关系。

人类社会要求保证个体之间、群体之间与代际之间的公平的同时，还要求平衡其整体的公平。也就是说，有些从局部看来并不公平的事，从整体看来却是公平的，因为，人类整体的利益有时候需要牺牲一些局部的利益来进行保障，正如最大价值原则要求"少数服从多数"的道理一样，这一问题属于整体正义的范畴。

然而，在一个整体公平的人类社会，人类整体的价值并不一定能得到最大限度的实现，正如有些公平的制度原则，并不能给人们带来普遍的生存安全与幸福、快乐的感受，原因就在于这样的社会制度有诸多的不合理因素。在正义这一价值的范围内，还有一部分是专门立足于人类整体而考虑社会制度的合理性的，其目的就是使人类整体的价值得到尽可能多的实现，这也属于整体正义的范畴。

那么，整体正义要求小的利益服从大的利益，反对将个人利益置于群体利益之上、群体利益置于整体利益之上的行为。但我们却常常看到一些国家将自己的利益置于全球利益之上，而国际社会却无法对其进行约束的情况，这就是社会制度不合理所致。

再从另一方面看今天的世界，我们会发现今天的人类社会是一个激烈竞争的社会，人们总在面对不断更新知识的压力，总在面对竞争失败的危险，精神抑郁症成为一种社会常见病，自杀率总在不断提高。普遍来看，人们在

51

获得一定的物质享受的同时，不仅没有幸福感，反而背负着沉重的精神压力，这也是社会制度的不合理所致。

整体正义还立足于人类这一物种处理人类与其他物种的关系，以及人类与自然的关系。作为人类，我们理应站在自身的角度制定正义原则，因此，我们提出人类整体的生存高于一切，任何有可能危及人类整体生存的因素我们都应该毫不留情地予以排除，也许这些因素涉及其他物种的生存问题，或者别的什么问题，但所有的问题在人类的整体生存面前都变得微不足道。因为我们就是人类，我们不可能牺牲自己的全部生命去实现一些别的什么道义，道德离开了我们人类自身，也就没有了承载的主体。

同样，对人类整体而言，为了获得普遍的幸福感受，我们不可能为了求得别的物种的生存来牺牲自己的价值，更不可能为了别的物种的幸福去牺牲自己的幸福。我们制定的正义原则必须服务于人类整体的生存、幸福等自身价值，理应使人类的价值实现达到最大化，这是理所当然的，也是完全合理的。

那么按整体正义的原则判断，美国人爱吃牛肉，阿拉伯人爱吃羊肉，韩国人爱吃狗肉，这样的饮食习惯并不涉及人类的生存问题，因为人类完全可以大米、小麦、玉米和蔬菜维持生存，但是，人类要求好的口味，饮食的美好属于人类幸福的范畴，也就是说，对这些肉类的需求只是满足人类的部分幸福的需要，于是，人类每天大量宰杀其他动物，用它们的生命来换取自己胃口的幸福。相对于其他物种，人类就是不道义的，但立足于人类整体，正义原则只能服务于人类自身的价值，这种以其他动物的生命换取自己的好口感是无可厚非的。

当然，正义原则也对人类整体提出了许多相应的要求，如我们反对虐杀动物，反对杀死珍稀物种，反对破坏地球，反对污染太空。但是，这样的要求不仅与人类整体的生存、幸福等价值毫不冲突，相反，是从根本上帮助人类实现自己的价值。因为，一个充满爱心的群体更能够保障世界和平与安宁，一个保持生物多样性的世界更能够使自然获得平衡，一个美好的地球与干净的太空更有利于人类的生活，更能够保证人类子孙后代的长期生存与幸福。

最后需要说明的是，个体正义、群体正义、代际正义与整体正义，它们之间并不是一种隶属关系，也不是一种相互包容的关系，而是立足于不同的视角，从不同的方面提出的社会制度要求。

第三节 深远原则

本书致力于从人类长远、全局和根本的利益出发，去思考人类的命运和未来。为了深刻地发掘出相应的问题，并提出解决方案，这里确定采取超乎寻常的视野展开我们的研究，关于这一研究方法可以用一个原则来概括，这就是"深远原则"。深远原则包括两方面的特点：第一，在空间上力求尽可能广阔；第二，在时间上力求尽可能长远。

一、空间广阔

人类是生活在地球上的生物，而且我们是陆地生物，然而，仅凭简单的经验就可以判断，影响人类命运和未来的绝不只是单独孤立的陆地。没有海洋的蒸发便没有足够的雨水，没有板块的运动就没有高山和河流，没有大气人类就不能呼吸，这是我们直观可以感受到的一切。因此，要解读人类的命运和未来，仅仅着眼于陆地是不够的，整个地球以及地球周围的大气与人类的命运和未来都有密切的关系。

事实上，立足于上述这样的范围还是远远不够的。例如，在大气层上空地球的磁场为我们阻挡了宇宙射线和太阳风的袭击；在地球磁场之外还有太阳磁场的存在，它也在时时刻刻不停地影响着与人类有关的一切。这些是人类的肉眼不能直接观察到的，然而它们却客观地存在。因此，我们应该将研究的尺度放得更大些。

我们知道，在茫茫宇宙中，地球极其渺小，然而，广袤的宇宙却无时无刻不在影响着我们渺小的地球和生活于地球上的人类。以小区域的太阳系而言，月球的影响使地球上的海洋每天都有潮起潮落；太阳耀斑每年都有多次爆发，从而影响我们的许多方面；小行星与彗星每隔数百年就会对地球形成一次较大的撞击。再看更大区域的银河系，乃至整个宇宙，外星人能否入侵地球，超新星爆发将会怎样影响地球，黑洞能否对地球形成威胁，等等，这一切与人类的命运都息息相关。

也许许多因素我们都是多虑了，因为有些因素离我们太遥远，谈它们对我们的影响似乎有杞人忧天之嫌。然而，我们的视野不扩展到这样的广度，

53

怎么能够排除那些太不值得考虑的因素，又怎么能够捕捉到那些对人类确实存在威胁的因素呢？

二、时间长远

我们知道，人类进入文明社会仅有万年的历史，但是，人类的概念最早形成则是 600 万年前的事，南方古猿使人类脱离了动物的灵长类而站立起来。如果将人类的原始孕育过程考虑进来，地球上最早的生命可以追溯到 38 亿年前。那么我们在研究人类的未来时应该把眼光放得多长远呢？

今天的世界在飞速发展，这是因为工业革命极大地激发了科学和技术的创造力，世界每天都在变化。从这一点看，我们要把对人类未来的研究目标定在十年或者百年就足够长远的了，因为我们似乎根本不可能较为准确地肯定十年、百年后世界会是一个什么样子，我们只能够用天翻地覆这样的词形容那时的世界变化，也许这是我们唯一可以准确预测的。

然而，从人类这一物种应该有的未来历史看，我们几乎可以肯定，从生物进化的角度判断，600 万年前虽然我们已经进入了人类的门槛，但是，600 万年后人类不应该灭绝，因为人类是地球生物的最强者，是地球生物史上最有能力适应环境的复杂生命。

我们到底应该把我们的眼光放得多远呢？既然是对人类未来和命运着眼于长远、全局以及根本的研究，要用十年、百年的尺度考察实在太短了，那么是否要放到 600 万年后、数十亿年后，或者更长远呢？本书的立足点是放在后者。

需要说明的是，我们以亿万年的目标作为一面镜子只是为了反衬现代，事实上，若干百万年、千万年、亿年、十亿年以后的事情可以预测，而且还能够进行非常准确的判断。相反，许多十年、百年之内的事我们反而不能预测和把握。尤其需要强调的是，我们今天所做的一切，实际是在越来越严重地影响着许多许多年之后的世界。

人们在 19 世纪末十分感慨地说，人类在 19 世纪的 100 年做的比自人类诞生以来做的所有还要多；20 世纪末人们再一次感慨地说，人类在 20 世纪的 100 年所做的比之前做的所有还多，而这已经是包括了 19 世纪的 100 年再加上之前的全部历史中所做的一切。这无疑在说，人类改造自己以及改造自然的效率正以百倍、千倍、万倍的幅度在增长，我们今天做错一件事，可能用 100 年的努力都不能弥补，甚至永远无法挽回。如果不以亿万年作为镜子，我们就不能够真正科学地规划今天和明天；如果不以亿万年作为镜子，我们就不能够真正从人类长远、全局和根本的利益出发，及时排除我们的错误，使我们的行为始终保持正确的方向。

因此，这里以亿万年作为我们研究的时间尺度，其重点不在于研究亿万年后我们应该做什么，这样的研究课题应该由我们许多代之后的子孙们去完成。这里研究的空间广度直至宇宙边缘，也绝不是为了探讨我们要深入到宇宙深处去做什么，这样的目标对于我们毫无意义。我们全部的目的只是要以亿万年的时间尺度和上百亿光年的空间尺度作为我们的搜寻范围与参照目标，以此来规划我们今天以及今后不长时间立足于地球而采取的行动，使我们现在所做的一切，真正符合人类长远、全局与根本利益的需要。

因此，深远原则实际上是立足于现实的，它只是为了使我们的研究考虑得更深刻、全面、细致而采取的一种研究方法，它所解决的是人类在今天和今后不长时间要面对与处理的问题。这样的方法会给我们的研究带来一些麻烦，但却能够使我们的研究结论更加客观与科学。

第三章　外在威胁

外在威胁即自然的威胁，是指除了人类自身的原因之外，有可能危及人类生存的各种其他因素。危及人类生存的外在因素与危及人类生存的自身因素一起，构成了危及人类生存的全部因素。

在对各种外在威胁进行筛选时，我们力图能够包括所有对人类生存构成重大影响的因素，尤其是对人类的整体生存构成影响的一切因素，尽可能做到没有遗漏；通过对各种有可能危及人类生存的因素进行深入的研究分析，筛选出确实能构成危及人类整体生存的内容。

56

第一节　宇宙的威胁

站在地球上，看到高山巍峨、江河浩荡、大海壮阔，我们常常感叹我们星球的伟大，但是，站在宇宙的角度，地球是非常渺小的，它属于太阳这一恒星体系的一个小成员，质量仅占太阳系的三十四万分之一，而且完全受制于太阳。

在茫茫宇宙中，太阳扮演的角色远远小于太阳系中地球的分量，太阳系作为一个恒星体系，在它所处的银河系中所占的分量仅仅是两千亿分之一，而银河系在宇宙中所占的分量还不到三千亿分之一。因此，说太阳系在宇宙中只是大海中的水滴，只是高山中的沙粒，是毫不过分的。

在考虑宇宙对人类的威胁时，我们首先把人类与地球统一起来考虑，因为地球出了大问题人类就无法生存；而后再把地球与太阳统一起来考虑，因为地球受制于太阳，太阳出了大问题，地球生态就会遭到彻底破坏，人类也无法生存；最后把太阳系作为一个点进行考虑，因为在宇宙中太阳系仅仅只是一个小点。

一、引力与恒星历史

自然界有一种力不受任何物体的阻挡，不受任何距离的限制，这就是物质之间的引力。

人站在地球上拥有重量，那是地球对人有引力，引力的大小等于人的重量；月球围绕地球旋转，不会逃离地球，是因为地球对月球有引力；同样，地球围绕太阳运转，是太阳对地球有引力；太阳围绕银河系中心运转，也是因为银河系对太阳有引力。

引力最早是牛顿观察苹果从树上落下，却不是飞向天空时发现的。在日常生活中，许多自然现象都与引力有关。大海潮起潮落，这种潮汐作用是月球与太阳对海水的引力所致。太阳对地球的引力不仅作用于地球面对太阳的一侧，背对太阳的一侧也受太阳引力的作用。相距数万光年之遥的两个星球之间同样存在引力。

除了引力之外自然界还有三种力，这就是电磁力与原子核内部的强力和弱力。在四种自然力中最强大的力是强力，但它只作用于原子核的范围之内。第二强大的力是电磁力，它只有强力的百分之一，但电磁力作用的范围比强力远，正是电磁力的作用使原子核不能相互接触，所以强力不会释放出来。另外，要释放强力离不开中子，弱力则可以使质子衰变为中子，是强力释放必不可少的帮手。引力是自然界最弱的力，相对于原子中的电磁力要弱数亿亿倍，相对强力更是还要弱得多，但它不受任何距离与物体阻挡的限制，无所不在、无所不有，于是它便集无数的弱小变为无比强大，并最终战胜其他的力，统治了我们的宇宙。

恒星是一种使用核能产生光和热的星球，核能的产生是因为当星球足够大时，它巨大的引力便能够使核心部位的温度不断升高，直至达到 1000 万摄氏度以上。而此时，组成恒星的主要元素氢的原子核将产生剧烈的运动，使自己最终可以冲破原子核之间电磁力的排斥，直接发生相互碰撞，从而产生核聚变，将强力释放出来。

氢的核聚变是由 4 个氢原子结合成 1 个氦原子的过程，在这一核合成中要损失 0.7% 的质量，这是原子核内强力释放的代价，正是这损失的很少的质量却能产生巨大的能量。

像太阳这样中等大的恒星，它的核聚变有两次：一次是氢聚变，一次是氦聚变。

在氢聚变发出光和热的同时，它所产生的氦则不断沉积于恒星的核心，当大量的氢聚变为氦后，恒星核心部位的氢已经消耗殆尽，留下的主要是氦原子，但核心的外部氢却继续在燃烧，于是在核心部位两种力同时发生作用，一种是恒星的引力，另一种是核心外部氢聚变产生的巨大膨胀压力。当两种力量结合的力度可以使核心部位的温度达到上亿摄氏度时，氦原子核的猛烈运动终将使自己也能够冲破电磁力的束缚，达到相互之间可以直接发生碰撞，从而产生氦聚变，将氦原子核中的强力释放出来。

氦的燃烧是由氦聚变为氧和碳的过程，由于它所释放的能量比氢聚变的能量更大，此时的恒星内部就好像又点燃了一颗恒星一样，这颗内部的恒星用其巨大的力量猛地将外部的恒星顶了出去，使得星球的直径突然变大 100 倍以上，而体积则扩大 100 万倍以上。新的星球虽然十分巨大，但因为它表面的温度低于原来的恒星的表面温度，呈红色，因此称为红巨星。

氦聚变持续的时间比氢聚变短，氦聚变的后期，恒星进入不稳定状态，它外围的物质会被抛出一些，而主要由碳和氧组成的核心部位会塌陷成一颗密度很高、温度也很高的白矮星。

白矮星是死亡的恒星，虽然温度很高，但这是原来恒星遗留下来的热量，它内部已经不能再发生热核反应，通过百亿年的慢慢冷却，最后将变成一颗冰冷的星球。根据人类的标准，白矮星是价值连城的材料，因为其物质内部呈晶格状结构，就像钻石的结构一样，只不过这颗巨大的钻石我们却难以得到。

因为氢聚变相对于其他聚变要稳定，而且持久，所以，天文学上将恒星的氢聚变阶段称为恒星的主星序阶段。

恒星在主星序停留的时间随着恒星质量的增大迅速地变小，像太阳这样质量的恒星在主星序停留的时间为 100 亿年，但是，一颗质量为 0.3 倍太阳质量的恒星却会燃烧上万亿年，而质量为 5 倍太阳质量的恒星只能燃烧几千万年。这是因为，恒星的质量越大，引力就越大，强大的引力会促使其内部核聚变速度加快，当恒星的质量大到一定程度时，极其猛烈的核聚变将根本无法使恒星稳定下来，从而导致恒星的整体爆炸，因此，恒星不可能无限的大。到目前为止，我们观测到的最大的恒星是 HD93250 星，它的质量大约为太阳质量的 120 倍。

恒星的质量也不可能太小，最小的恒星一般不会小于太阳质量的 8%。因为，星球太小其引力将不能够点燃内部的氢原子，核聚变便不能发生，也就不能发出光和热，所以就不能称之为恒星。

恒星最后的命运很大程度上也由恒星的质量所决定。一颗质量小于 0.7 倍太阳的恒星，由于引力不是足够的大，只会燃烧氢，氦则永远不会被点燃。一颗质量为 0.7～8 倍太阳的恒星，其命运与太阳一样，在这一质量区间内，小一些的恒星先是燃烧氢，之后燃烧氦，大一些的恒星还会燃烧碳，在完成这些燃烧之后将安静地演变为白矮星。

一颗大于太阳质量 8～10 倍的恒星，其死亡将是极其猛烈的爆炸，因为恒星超过太阳质量 8～10 倍时，巨大的引力会使恒星在燃烧完氢、氦和碳之后，继续点燃其他元素，它们依次是氧、氖、硅、铁，每一次点燃一种新的重元素，其恒星内部又将产生一个能量更大的恒星，从而将外部恒星一层层顶出去，最后使恒星的直径达到百亿千米。当这一点火过程最后轮到铁的时候，铁的核燃烧不仅不释放能量，反而要吸收能量，恒星内部突然失去能量的支撑，于是，灾难性的结局发生了，直径达百亿千米的恒星将猛然向中心坍塌，形成极其剧烈的爆炸，它的物质会被抛出数千亿千米之外，这种爆炸称为超新星爆发。

超新星爆发时，恒星的核心部位会受到猛烈的压缩，从而把电子都压进质子中。由于电子带负电荷，质子带正电荷，当电子压进质子后，正、负电荷抵消，变为中子，因而形成极其致密的中子星，中子星的密度可达上亿吨每立方厘米。

中子星的磁场极强，相当于地球磁场强度的 10^8～10^{15} 倍，而且旋转很快，达几百转每秒，能够通过两个磁极向外发射强烈的电磁波（光）。由于中子星的磁轴与旋转轴不一致，旋转时它所发出的电磁波则一圈一圈地非常有规律地在太空扫射，这便是中子星的灯塔效应。中子星的灯塔效应可以在宇宙中指示方向，我们向宇宙中发射的多颗飞行器给外星人带去的信息都是以中子星指示太阳系位置的。

一颗质量更大的恒星，当其死亡爆炸时，猛烈的坍塌会把原子核都压碎，

59

形成更加致密的天体，其致密程度使光都无法逃脱出它的引力，这就是黑洞。黑洞在宇宙中的存在已经得到证实。

二、黑洞吞噬

我们站在地球上向天空抛出一个物体，这个物体最后还会落回地面，这是因为地球对这个物体有引力，如果地球没有引力，这个物体就会顺着抛出的方向飞向太空，永不返回。但是，即使地球有引力，当这个物体向天空抛出的速度达到一定程度后，它也会摆脱地球的引力一直向前，再也不会返回，这种能够摆脱星球引力的速度称为逃逸速度。地球表面的逃逸速度为11.2千米/秒，也就是说，我们站在地球表面，以11.2千米/秒的速度向太空抛出一个物体时，这个物体将不再落回地面，而是飞向太空。不同星球表面的逃逸速度是不一样的，如太阳表面的逃逸速度为617千米/秒，月球表面的逃逸速度则为2.38千米/秒。之所以太阳表面的逃逸速度比地球大得多，是因为太阳的引力比地球大得多；反之，月球表面逃逸速度小则是因为月球引力比地球小。

光速是自然界最快的速度，为30万千米/秒。当一颗星球的引力极其大，表面逃逸速度达到光速时，就会形成黑洞，它说明连光都不能从其巨大的引力中摆脱出来。如果把地球压缩成一个半径为1厘米的小球，就是黑洞。这样的尺寸比乒乓球还小。

宇宙中的黑洞不在少数，太阳系有没有可能落入黑洞呢？如果太阳系落入黑洞，这无疑就是人类的末日。

银河系最大的黑洞是银心的黑洞。首先让我们来分析这一黑洞对我们的威胁。我们知道，太阳绕银心运转一周需2.5亿年，太阳形成了50亿年，照此，应该绕银河系中心运转了20圈，今天看来，还没有任何迹象表明太阳系的运转有失常的地方。银心的黑洞所吞噬的是银心范围的恒星，其他恒星要被这个黑洞吞噬，至少首先要进入银心范围才有这样的可能。太阳系在银河系的位置是距银心较远的外侧，离银心的距离达2.7万光年，在绕银心运转的过程中，只要不极大地改变自己的运行轨迹，在百亿年之内太阳不可能运行到银心的范围。而要极大地改变太阳的运行轨迹，除非太阳受到与之相当的恒星的撞击，而要遭遇这样的撞击，带给人类的毁灭性灾难也就不是黑洞吞噬的时候了，而是在太阳被撞击的一刻就发生了。

从另外一种角度也可以说明，在太阳死亡之前不可能被银心的黑洞吞噬。宇宙历史有 150 亿年，银河系大致形成了 140 亿年，银心黑洞的质量约为 260 万个太阳的质量，而银河系约有 2000 亿倍太阳的质量，这说明，银心的黑洞用 140 亿年时间吞噬的恒星，仅为整个银河系质量的八万分之一，如果按此速度计算，吞噬整个银河系还需要约 1000 万亿年，而太阳在主星序上的时间只剩 50 亿年，所以，完全不必为银心黑洞的吞噬感到忧虑。

那么，除了银心的黑洞之外是否还会有别的黑洞吞噬太阳呢？最有可能出现黑洞的除银心之外，在球状星团的中心也有可能会出现大的黑洞。作为球状星团，数万到数百万颗恒星集中在一个不大的区域范围内，其中心部位便很有可能会出现较大的黑洞，当然，这样的黑洞与银河系中心的黑洞相比肯定小得多，最多不过上百个太阳质量，或者上千个太阳质量。目前，天文学家通过观测已经发现一些球状星团中心有 X 射线，这就是球状星团中心有黑洞存在的证据。

银河系中大约有 500 个球状星团，它们离我们都很远，我们能够看到的最明亮的球状星团是半人马座 ω，它约有 100 万颗恒星，距我们 1.6 万光年。则离我们最近的球状星团是 M4，大约有 10 万颗恒星，距我们 7200 光年，这当然是一个十分安全的距离。

除了银心的黑洞和球状星团中心的黑洞外，还存在许多由独立的大恒星死亡形成的黑洞。在天文学家对宇宙的观测中，同样发现了这样的黑洞。但是，在目前我们已经发现的有可能是黑洞的强 X 射线源中，它们无一例外距我们都十分遥远。其中经确认，天鹅座 X-1 是一个距我们较近的黑洞，距离太阳系约 1 万光年；还需要进一步确认的离我们最近的黑洞位于人马座，它与编号为 V4641SGR 的一颗普通恒星组成一个双星系统，距太阳系约 1600 光年。那么，不论是 1 万光年还是 1600 光年，距离都已经是足够远的了，根本不可能影响太阳系的安全。

事实上，一个中等大小的黑洞相比一颗恒星对太阳系的威胁差别并不大，充其量，黑洞致命威胁的范围稍大一些，但由于恒星之间的距离十分巨大，这种范围相对于星球之间的距离几乎可以忽略不计。同时，在宇宙中，能够形成黑洞的大的恒星是极少的，大约 1 万颗恒星中才有一颗有可能形成黑洞，这也就说明，太阳遭遇黑洞的概率仅为太阳遭遇恒星撞击概率的万分之一。

三、恒星与独立行星撞击以及超新星爆发

（一）恒星与独立行星撞击

今天的宇宙是恒星的世界，恒星在宇宙中占的比例不仅大，而且也是现实可见的。太阳就是一颗恒星，我们人类正是依托它的光辉生存的。银河系的恒星数以亿计，太阳会不会与其中某一颗发生相撞，或者受其严重扰动，从而导致地球的整体生态被破坏，致使人类遭到灭绝呢？

首先让我们来分析太阳系所处的区域环境。太阳处于银河系外围，银河系外围恒星的密度远比银心与核球这样的中心区域的密度小。离太阳系最近的恒星是半人马座 α 星，这是一个三合星，即由三颗恒星组成的恒星系统。在半人马座 α 星中，以半人马座 αC 离我们最近，距离为 4.25 光年，所以也称之为比邻星。比半人马座 α 稍远的是距我们 5.96 光年的巴纳德星和距我们7.8 光年的沃尔夫 359。其他的恒星，距离都超过了 8 光年，且在 10 光年之内的恒星系统总共只有 7 个。

以我们对半人马座 α 星的观测而言，它目前的运行方向略带一定角度平移向我们靠近，许多年后它与我们的距离会达到最小值——3 光年，然后又会远离我们而去。

关于恒星撞击的可能性有多大，可以用这样的一组数据进行形象地说明：如果直径达 139.2 万千米的太阳缩小为直径为 1 毫米的小沙子，离我们最近的恒星与我们的距离则达 29.2 千米，而我们周围恒星的平均距离则为 52 千米，由此看来，它们对撞的机会是极小的。

更重要的是，在巨大的立体空间中分布的这些十分稀疏的"小沙子"并不是毫无规律、漫天飞扬的，它们行动十分缓慢，而且极有规律。以太阳的运行为例，如按以上形象的距离缩小，这粒"小沙子"每年运行距离仅 4.92米。而且所有的恒星都无一例外地在自己的轨道上绕银心运转，它们相互"尊重"，并遵守规律。在宇宙中，越是质量大的天体规律性越强，受外力扰动的可能性越小，一颗恒星级的天体，除了银心的引力左右它外，一般的力量是不可能改变其轨道的。因此，像太阳这种处于天体稀疏的星系外围的恒星，要发生恒星对撞或者严重的相互扰动其可能性实在太小，数千亿年也不

会发生一次。

在宇宙中还有一些星球，它们不发光也不发热，不属于恒星，但它们又不隶属于任何恒星系统，因此不是普通的行星。它们的存在，只是因为最初形成时体积太小，以至于不能靠引力点燃中心的氢原子，于是只能成为一个独立的系统围绕星系的中心运转，我们不妨称它们为独立行星。那么，它们是否可能与太阳发生对撞或相互扰动呢？

由于在宇宙中，自然形成的物体小的总比大的多，因此，独立行星的数量比恒星还要多，在太阳系周围空间很可能也有这样的星球，只是没有被发现而已。然而，即使如此，数量也会是少之又少。如果套用前面的形象比喻，它撞击或者严重扰动太阳的危险性，就如同在一个方圆数十千米的范围内，多了两三粒运行缓慢的更细小的"沙子"而已。

而且，独立行星与恒星一样，其运行是有规律的，它们受银河系中心的引力所"统治"，围绕银心有序地运转，各自有自己的轨道，互相影响极小，这就使得这些稀疏分布的几粒"小沙子"对撞的概率更加小了。

实际上，哪怕两个星系发生合并，即使恒星最密集的中心区域交汇，相互撞击的机会都小之又小，其概率不过千亿分之一。因为相对恒星的尺寸，恒星之间的距离实在太大了。

一定会有人问，既然天体相撞的可能性那么小，为什么我们还是能观察到天体相撞的情况呢？

天体相撞或者天体相互干扰一般只在三种环境下发生：一是在星系的中心区域；二是在星团的中心区域；三是在伴星之间。任何星系的中心地区都是物质与恒星最密集的区域，这种密集的状态主要取决于它的先天因素，即在星系最初形成的过程中，就慢慢形成了一个引力的中心地带，这个引力的中心地带必然会利用自己的引力吸纳尽可能多的物质，使自己成为星系的中心。同时，在星系形成之后，受引力的作用，稍微靠近中心区域的物质与天体也会偏向于向中心集中。但是，天体向星系中心集中的速度是非常缓慢的，对于我们太阳系这样的外围恒星，数千亿年内根本不会出现这样的问题。

星团的情况也与此类似，在星系的形成过程中，星系中的一些小的局部区域物质比较稠密，于是形成了恒星非常密集的星团，数万或者数百万颗恒星聚集于一个小的空间。而且星团也必然有自己的中心，这个中心是星团中恒星与物质更密集的地区，在这里恒星撞击的机会自然会大得多。好在我们太阳系与任何一个星团都相距遥远，当然不会加入它们拥挤的行列。

在宇宙中，有许多恒星系统是双星或者三合星，即两颗恒星或者三颗恒星相距很近，且"缠绕"在一起。在这样的系统中，由于引力的相互作用，任何一颗星对其伴星都会影响很大，任何一颗星也都很大程度上受其伴星的影响，因此，这样的伴星系统常常很不稳定，我们太阳系显然不属于这样的恒星系统。

（二）超新星爆发

超新星爆发是恒星世界已知的最剧烈的爆发现象，它使恒星的亮度在极短的时间内增加上千万倍，甚至上亿倍，恒星物质抛出的速度可达上万千米每秒，它的强大辐射能够强烈地影响很大的区域。要谈宇宙的威胁，超新星爆发的威胁要远超过恒星与独立行星的撞击和扰动，更是远超过黑洞的吞噬。超新星的爆发是真正应该值得重视的宇宙威胁。

超新星分为两种，即Ⅰ型超新星和Ⅱ型超新星。Ⅰ型超新星爆发是密近双星演化的结果，原理是这样的：一个双星系统，如果两颗恒星靠得非常近，且这两颗恒星具有中等大的质量，其中一颗大一些的恒星必定会先期演化为致密的白矮星，另一恒星则还在燃烧。而恒星是气体星球，是流动的，于是，白矮星便会利用自己的引力吸积那颗伴星的物质。被吸积的物质在白矮星的周围会造成一层氢壳，当氢壳的质量达到一定程度之后，受白矮星引力作用，其温度会达到非常高，当温度达到1000万摄氏度后，氢原子核被点燃，于是氢的核聚变发生了。如果白矮星吸积伴星物质能够达到足够的多，在氢聚变完成以后又会发生氦聚变，氦聚变完成后再发生碳聚变。但是，白矮星本身的成分主要就是碳，这时的碳聚变将不是在外围点火，而是从极其致密的白矮星的中心首先点燃，于是碳的聚变便以极快的速度由中心传递到外围，由此形成巨大的爆炸，炸得粉碎的白矮星连同它的外围物质会被猛烈地抛向太空。

Ⅱ型超新星是大恒星演化到后期发生的剧烈爆炸，这在之前已有介绍。

根据估计，银河系每隔25至75年就有一次超新星爆发，但我们真正观察到的却很少，这与太阳系处于银道面上，在观测银河系时总会被其他恒星以及星际物质遮挡住有关。

　　超新星爆发对于人类的威胁主要表现在两个方面。一方面，在爆发之初，它的热辐射会使地球的温度升高，导致地球生态平衡遭到破坏。迄今为止，人类在银河系观察到了 7 次超新星爆发，它们距我们都很远，最近的是 1006 年的超新星，距我们 4200 光年，所以当时没有对我们造成任何影响。但是，近距离的超新星爆发就不是这种结果了，根据计算，如果在距离我们最近的人马座 α 星的位置爆发超新星，在约一个月之内地球上空将会像增加一个六分之一大小的太阳，地球的平均气温将会上升四五摄氏度。

　　另一方面就是 γ 射线与其他有害射线的辐射。这个问题比热辐射要严重得多，因为，超新星所爆发的极其强烈的 γ 射线与其他有害射线的辐射，可以在很大范围之内对生命构成威胁。目前最具权威的研究表明，只有距地球 25 光年之内的超新星爆发，才能够达到充分削弱臭氧层，使到达地表的紫外线剂量增加 2 倍，从而严重影响人类的生存。

　　综上所述，对于超新星我们必须提防的范围是在 25 光年之内。事实上，根据天文观测，这一范围之内是没有产生超新星爆发条件的恒星的。因为产生超新星爆发的条件很明显：对 Ⅰ 型超新星，必须是一对相距很近的中等大的恒星；对于 Ⅱ 型超新星，必须是质量超过 8 倍太阳质量的恒星。这样的恒星在近距离是很容易被发现的，但在我们附近并没有这样的恒星。

　　然而，太阳系今天所处的银河系的位置虽然在附近没有可能出现超新星，但太阳并不是静止的，它在以 220 千米/秒的速度绕银心运转，而且在太阳轨道附近的恒星也在依一定的规律运行，说不定过了多长时间后我们会赶上一次在 25 光年内的超新星爆发。但根据科学家计算，在距离我们 100 光年范围内平均 7.5 亿年会有一颗超新星爆发，按此推算，在距我们 25 光年的范围之内，每 480 亿年才有一次爆发超新星的可能。而我们的太阳自形成至今才 50 亿年，且 50 亿年后又变成了红巨星，人类已经不能在此生存，因此，这样的事件危及我们的可能性是极小的。

　　实际上，要是我们真的赶上这样的事也不用害怕，因为超新星爆发之前有明显的征兆，这种征兆至少可以提供给我们 100 万年以上的准备期。那么，在观测到附近有可能爆发超新星之后，我们完全有能力采取一系列有效的防范措施。极端而言，为了抵消臭氧层的破坏，我们可以研究出生产并向天空中大量排放臭氧的措施，或者防止臭氧层遭破坏的措施；为了防止紫外线的强烈辐射，我们可以研制出防紫外线辐射的护肤品、防辐射服装；在 γ 射线最强烈的最初 20 多天中，我们甚至可以呆在防辐射建筑或者防空洞中不出来，少数必须在室外工作的人员则可穿上防辐射太空服。要是爆发的超新星距离更近，我们还要防止由此带来的热辐射的袭扰：由于冰川融化，海平面会升高，因此我们要迁离一部分沿海地区的居民；由于洪水、飓风频繁，以及有可能出现一些流行性疾病，也都要作出相应的防范。总之，要遭遇这样的情况是很麻烦的，但是不可能对人类的整体生存构成威胁。

四、微黑洞与反物质星球威胁

今天，人们对宇宙的认识是建立在量子力学和广义相对论基础之上的。量子力学和相对论的建立仅一个世纪，因此，我们对宇宙的认识远不能反映宇宙的本质。根据现有宇宙学理论的分析，还有两种始终未被证实的天体，如果它们真的存在，对太阳系和人类的威胁有可能会是毁灭性的，它们就是微黑洞和反物质星球。

（一）关于微黑洞威胁

按照大爆炸宇宙学，宇宙大爆炸之初，巨大的压力可能会把不同区域的物质压缩成一个个小质量的黑洞，这些黑洞小的只有几万千克，大的可能有一颗小恒星那么大，人们称这样的黑洞为微黑洞或者原生黑洞。

如果真有这样的微黑洞，历经 150 亿年宇宙的历史后，这些微黑洞会是什么样的情况呢？

按自然界的规律，在无规则情况下形成的物体中，质量和体积越小的物体数量越多，反之，质量和体积越大的物体数量则越少。宇宙大爆炸时形成的微黑洞也应该如此。大部分是质量很小的微黑洞，像地球或者月球质量的较大的微黑洞只是少数。那么，这些微黑洞会对我们构成怎样的威胁呢？要回答这个问题首先要了解黑洞的一些特性。

虽然黑洞连光都不放过，但黑洞并非完全一毛不拔，黑洞也有蒸发，而且质量越小的黑洞蒸发的速度越快，越大的黑洞蒸发的速度越慢。一个银河系质量的黑洞蒸发期为 10^{100} 年，一个太阳质量的黑洞蒸发期为 10^{65} 年，因此，这样大的黑洞的蒸发时间是十分漫长的，也许比宇宙存在的时间还要久远。但是，一个 10 亿吨质量的黑洞蒸发却只需 100 亿年，一个质量为 100 万吨的黑洞蒸发期仅为 10 年，一个质量为 1 吨的黑洞 10^{-10} 秒便蒸发完了，其蒸发期还不到一瞬间。

考虑到黑洞在存在的过程中多少都要吞噬一些物质，因此，人们普遍以 10 亿吨质量为界，认为低于这一质量的微黑洞应该都已经蒸发殆尽，而高于这一质量的微黑洞应该还存在宇宙中，这一质量大约相当于一座较大的山峰。

大爆炸形成的微黑洞绝大部分是非常小的，超过 10 亿吨的黑洞应该寥寥无几，因此，大多数的微黑洞在 150 亿年的时间中基本上已经全部蒸发光了。而那些最大的微黑洞情况刚好相反，它们本来蒸发得就很慢，加上它们又不断地吞噬所有靠近自己的物质，使得黑洞越长越大，而越大的黑洞又越难蒸发，因此，这样的黑洞如果能到达今天，它的质量许多都应该比 150 亿年前还大。

微黑洞的分布密度与宇宙中的物质分布密度应该是大致一样的，尤其它们作为古老的天体，如果今天还存在的话，应该大多数集中于星系的中心区域。同时，如果微黑洞的判断是正确的话，银河系也一定会有这样的微黑洞，而且大多数也应集中于银河系中心区域。集中于银心附近的微黑洞距离太阳遥远，不会危及太阳的安全，但是，也一定会有一部分微黑洞分布于银河系的其他区域，那么，这些微黑洞会不会危及太阳系的安全呢？

让我们以一个质量为月球大小的微黑洞撞击太阳为例进行说明。微黑洞要大到月球的质量已经是足够大的了，但是，月球质量的黑洞其尺寸仅 0.1 毫米，如同一颗勉强可以辨认的细沙粒。

如果月球这样大的天体撞击太阳，首先会出现惊天动地的壮观撞击场面，而后月球会被太阳吞噬。但是，一颗拥有月球质量的微黑洞"细沙粒"相遇太阳时情况完全不同，当一颗如此细小的"沙粒"拥有十分巨大的质量时，只要稍微具备一定的速度，它的动能都十分巨大，而"细沙粒"的横截面极小，进入太阳后阻力将很小，因此，它会轻易地从太阳的一侧穿入而从另一侧穿出，继续进入太空。微黑洞不会被蒸发，而是在吸收一些太阳的质量后再辐射出一些能量，自己的重量会有所增加。由于微黑洞吸收的质量很有限，太阳则好像完全没发生什么事情一样，继续自己的燃烧。

然而，当这颗"细沙粒"速度十分缓慢时，在穿入太阳后就会被太阳的引力和阻力留在太阳内部，如果出现这种情况，这个微黑洞会不断地将太阳的物质据为己有，微黑洞的质量不断地增大，太阳的质量不断地减小。起初，太阳外表看起来似乎什么都没有发生，经过上百万年的不断吸噬，终于有一天，太阳内部的核聚变系统彻底遭到破坏，整个太阳会突然塌陷进微黑洞，微黑洞也就变成了一个拥有大约太阳质量的黑洞，地球以及其他行星依然绕着这个拥有太阳质量的小天体运转，而太阳的光辉则不再存在，地球表面温度很快下降，最后成为一个任何生命都无法生存的冰冷世界。

当然，微黑洞也有可能直接撞上地球，如果出现这种情况，与微黑洞直接撞上太阳其情况也是类似的，即要么穿地球而过，要么将地球吸噬殆尽，最后使地球塌陷进黑洞。

关于微黑洞的威胁要分两种情况来考虑，一种是以微黑洞确实存在为假设，另一种是分析微黑洞存在的真实性。

如果我们假设微黑洞确实存在，在经过 150 亿年的蒸发后，少量幸存的大一些的微黑洞与我们相遇的机会不会比千亿年一次更高。即使真的相遇，会有三种结果：第一种结果，微黑洞穿太阳而过，不会对太阳构成多大伤害。第二种结果，钻入太阳内部，吸噬太阳物质，使之塌陷并毁灭。这两种结果在之前已有阐述。第三种结果则是微黑洞被太阳的引力所俘获，成为太阳系家族中的一个成员。微黑洞作为比太阳小的天体，当其进入太阳的引力范围，又具有一定的速度，只要不对撞太阳，被太阳俘获为一个受自己"统治"的天体是很自然的。

在上述三种可能中，第三种可能的概率最大，因为撞入太阳必须对得很准，而要被太阳俘获只要进入足够的引力范围就可以了；第一种可能的概率次之，因为一个天体相对于另一个天体其相对速度一般都会很高，尤其在强大的引力作用下，会使这种速度提得更高；第二种可能的概率是最低的，因为一个天体慢慢撞入另一个天体的可能性实在太小。而在上述三种可能中，其实只有概率最小的第二种可能对太阳才能真正构成威胁，这就使微黑洞的威胁变得更加微不足道。

下面我们再来看微黑洞存在的真实性。按照著名科学家霍金的理论，微黑洞广泛地存在于宇宙的各个星系和每个空间，如果真的是这样的话，就必然会有微黑洞吸噬恒星的情况，因为宇宙中拥有数百万亿亿颗恒星，既然微黑洞普遍存在，就不可能没有恒星遭遇微黑洞并遭吸噬的情况。若是这样，便一定会出现恒星突然坍塌并放出大量 X 射线的事件，如果我们周围有微黑洞，也应该有其吞噬物体并放出 X 射线的情况。但是，在对茫茫宇宙的观测中，我们却始终没有发现微黑洞的踪影。

（二）关于反物质星球威胁

反物质是根据大爆炸宇宙学推断出来的。我们知道，组成物质的基本单位是原子，原子由中心的原子核和外层电子组成，原子核则由质子和中子组成，电子带负电荷，质子带正电荷，中子不带电荷。我们喝的水是由两个氢原子和一个氧原子组成的水分子，我们吃的盐是由一个钠原子和一个氯原子组成的氯化钠分子。我们看到和感受到的一切都是由物质组成，无数的电子、质子、中子以及由它们组成的原子和分子存在于这个宇宙中。

但是，根据大爆炸宇宙学原理，在大爆炸形成宇宙物质世界的同时，也应该形成了差不多同等数量的反物质。所谓反物质，就是与带负电荷的电子相对应的带正电荷的反电子，与带正电荷的质子相对应的带负电荷的反质子，中子虽然与反中子一样都不带电荷，但其他性质却相反。反电子、反质子和反中子结合在一起便形成了反原子，反原子的组合又形成不同的反分子，从而形成反物质的世界。

较早时科学家就从实验室获得了反电子、反质子和反中子，它们与物质相遇会发生湮灭，释放出能量和 γ 射线。如果太阳与一个太阳大小的反物质星球相遇，将会变成巨大的火球，并释放出十分强烈的 γ 射线，之后将会消失，消失的太阳将以能量的形式存在于宇宙中。因此，太阳如果遭遇大的反物质天体，对于人类将是灭绝性灾难。

那么，如果按照大爆炸宇宙学的判断，宇宙中存在与物质大致相等的反物质，反物质必然会充满宇宙，这样将不可避免地发生反物质星球与物质星球相遇并产生湮灭的事件，但实际情况是怎样的呢？

这些年来，科学家在寻找反物质方面做了大量的工作，结论是：在 3000 万光年之内肯定没有反物质天体。也就是说，在我们所在的银河系以及本星系群肯定不会有反物质天体。

科学家的研究原理并不难理解。以对太阳确定是否是反物质为例，太阳风时刻都在吹过我们的地球，太阳风的主要成分是质子，如果太阳是反物质，它所产生的质子便会是反质子，地球必定总是遭遇这些反质子的湮灭。事实上，这种情况是不存在的，因此完全可以确认太阳是由物质而非反物质组成的。

同样的方法可以用于对银河系和本星系群的观测。在我们的银河系以及邻近的星系中，到处都有作为宇宙射线的粒子在飞行，而它们不与任何天体发生湮灭，也就证明在我们的银河系和本星系群没有大的反物质天体存在。

但是，对于更远的星系我们就没有足够的根据了。因为，我们今天的天文观测只是接收远处天体的光，物质辐射光子，反物质便会辐射反光子，但光子是中性的，光子与反光子是完全相同的粒子，由此可见，对于更遥远的天体，我们今天还没有能力准确判断是由物质组成还是由反物质组成。当然，天体还辐射中微子，由物质辐射的中微子与由反物质辐射的反中微子肯定是不一样的，但中微子与任何物质的相互作用都很弱，正如太阳所发出的中微子可以畅通无阻地穿透地球，而几乎不发生什么损耗，因此，设计一个能接收它们的仪器是非常困难的。

那么，关于反物质的威胁，暂且不论远处是否真的有众多的反物质的天体存在，仅就3000万光年之内没有反物质天体的这一明确结论，我们就完全可以高枕无忧地生活于太阳系，因为在3000万光年之外即使有反物质天体正在对撞太阳系，至少也需要数百亿年之后才能到达，而数百亿年之后太阳早已不存在了。

四、宇宙的终结

宇宙的终结无疑也是人类的终结。实际上，在宇宙远没有终结之前，宇宙便应该已经不具备人类生存的条件了。那么，宇宙会以怎样的方式终结? 何时终结呢?

我们的宇宙是一个快速膨胀的宇宙，它的膨胀动力来源于150亿年前的大爆炸，但是，宇宙中还有一种无所不在的力量制约着这种膨胀，这就是物质之间的引力，引力的大小取决于宇宙中物质的质量，以及物质之间的距离。

是宇宙的膨胀力最终战胜物质的引力，还是物质的引力最终战胜宇宙的膨胀力，这是决定宇宙最终命运的根本因素。如果宇宙膨胀的力量战胜宇宙物质的引力，宇宙将就此一直膨胀下去，称为开放宇宙。反之，如果宇宙物质的引力战胜宇宙的膨胀力，在若干亿年后宇宙的膨胀将会达到最大值，然后在引力的作用下开始收缩，并最后再回到宇宙的起点，这样的宇宙结局称为闭合宇宙。大爆炸宇宙学所建立的宇宙模型认为，宇宙的最终结局只可能是这两种，那么宇宙到底会采取一种怎样的方式终结自己呢？

如果能够确切地知道宇宙中物质的平均密度，确定未来宇宙的结局并不是一件很难的事，但是，宇宙中除了我们了解并不深入的可见物质之外，还有大量我们更加不了解的暗物质，这就使得我们无法对宇宙的未来作出明确的判断，使得我们在这里的阐述只能分为两种假设。

第一种，如果宇宙是开放的宇宙，我们周围的星系将继续远离我们而去，若干万亿年之后，我们所能看见的宇宙只有我们所在的本星系群的这30多个星系，而其他的星系则脱离了我们的视线范围，即使用任何观测仪器也无法看到，那时，我们观测到的宇宙仿佛只有今天宇宙的百亿分之一。

处在其他的星系团（群）也会是同样的情况，因为星系团（群）作为宇宙中独立的天体系统，其内部的星系是联系在一起的，而之外的星系都将会远离而去，直到再也无法看到。

各星系团（群）并不是静止的，内部的各个星系会不断地合并，使星系的规模越来越大，从而形成许多超星系。由于恒星要依靠核聚变来发出光和热，在宇宙中的氢元素耗尽后宇宙中就只有褐矮星、中子星和黑洞，这些都是恒星死亡后的残骸，宇宙就此结束它的恒星时期，进入简并时期。这一时期将在数百万亿年后出现。

简并时期比恒星时期长得多，至少持续到 10^{37} 年后才结束。这一时期主要是恒星死亡后的残骸的相互碰撞，黑洞在这种碰撞中会吞噬一切残存的天体，而且黑洞也相互发生碰撞。在黑洞的碰撞中，小黑洞并入大黑洞，因此，黑洞的质量变得越来越大。于是，在 10^{37} 年后宇宙进入黑洞时期。

黑洞时期比简并时期更加长，在这一时期，主要是黑洞的蒸发。黑洞的质量越大，表面温度越低，则蒸发的速度越慢。对于黑洞时期会持续多长，无法计算，仅有一个概念可以作为参考，即一个太阳质量的黑洞蒸发期为 10^{65} 年，而一个银河系质量的黑洞蒸发期则达 10^{100} 年。当所有的黑洞都蒸发完后，宇宙将进入它最后的时期，即黑暗时期，这时的宇宙只有能量而不再有任何天体。

第二种，如果宇宙是闭合的宇宙，宇宙将在若干万亿年后达到它的最大值，然后停止继续膨胀，转而开始收缩。此时，站在银河系观察远方的星系时，各星系将不再是远离我们而去，而是向我们靠拢。这一天什么时候到来，要视宇宙中物质的密度而定，至少从今天看来宇宙还没有任何停止膨胀的迹象。人类对宇宙的观测视野虽然还没有穷尽，但我们能够观测到的边界星系远离我们的速度超过了 90% 的光速，这说明在许多亿年之内宇宙不会停止膨胀。

有一点基本上可以确定，宇宙的收缩过程与宇宙的膨胀过程基本上是对称的，它有多长的膨胀时间便有多长的收缩时间。

当宇宙的收缩离其终点还有 150 亿年时，宇宙辐射的背景温度也大致与今天的宇宙一样，是 3K 左右；当距收缩终点 10 亿年时，背景温度上升到了 30K，星系团开始合并；当距终点 1 亿年的时候，宇宙辐射的背景温度将上升到 300K，也就是说，宇宙的普遍温度比今天地球的温度还高，生命已经很难在宇宙中生存；而后，随着宇宙的不断收缩，以及背景温度的不断升高，宇宙天空将由今天的黑暗颜色开始慢慢变亮，再变成一片火红；当距终点 30 万年的时候，宇宙温度高达 3000K，原子全部被裂解，物质以核子、电子、光子和中微子的形式存在；而后天空将不再透明；当距终点 1 小时时，宇宙的温度达到 1 亿 K，宇宙的主要成分为光子和中微子；距终点 3 分钟时宇宙温度达到 10 亿 K，宇宙中充满电子、中微子和它们的反粒子，并有少数的质子和中子；当距终点 10^{-4} 秒时，宇宙的温度高达 10000 亿 K，宇宙中只剩中子、质子以及它们的反粒子；当距终点 10^{-35} 秒时，宇宙的温度高达 10^{27}K，四种自然力归于统一；当距终点 10^{-43} 秒时，宇宙的温度高达 10^{32}K，宇宙开始迅速收缩，而后达到终点。

由于宇宙终结对人类的整体生存威胁离我们实在太遥远了，以至我们现在谈这些问题毫无直接意义，但作为阐述影响人类生存的若干因素中的一点，对于全面综合地说明问题是非常必要的。

第二节 太阳系的威胁

在广袤的宇宙中，太阳系仅居于一个极小的角落，但这是我们人类的家园，我们居住的地球属于太阳这个恒星体系中的一颗小小的行星。

站在太阳北极上空，可以看到太阳系的所有八颗行星都一致地沿着同一方向逆时针绕太阳旋转，它们的轨道几乎在同一平面上，这个平面称为黄道面，它们的轨道说是椭圆，其实近乎圆形。

八颗行星的组成成分差别很大，但却可以分为两类：一类称为类地行星，它们是水星、金星、地球和火星，是由岩石、金属组成的固体星球，它们密度高，旋转较慢，卫星少；另一类称为类木行星，有木星、土星、天王星、海王星，它们体积大，质量也大，但密度很低，比如木星，主要由液态的氢和氦等物质组成，如同"水球"一样游荡于太空，它们旋转快，卫星多，还有环。

作为太阳系的第三颗行星，地球距太阳 1.5 亿千米，最外围的海王星距太阳则达 45 亿千米，但这远不是太阳系的疆界，在海王星之外还有矮行星（如冥王星）和许多小的天体，以及星际物质。

在太阳系中，各行星的卫星也是很重要的天体，目前已经确认了的卫星总数达 139 颗，而且还有许多有待进一步确认的卫星。虽然我们地球在太阳系中只是一颗较小的星球，但地球的卫星月球却是一颗较大的卫星，在太阳系的各卫星中排名第五。

在太阳系中还有许许多多的小天体，如矮行星、小行星、彗星和流星体，由于它们实在太多，以至不可能具体统计。另外，还有星际尘埃和星际射线，它们都是组成太阳系的一部分。

一、太阳的威胁

（一）太阳演变为红巨星

太阳的质量为 1.9891×10^{30} 千克，直径为 139.2 万千米，它的组成 71% 为氢，27% 为氦，其余 2% 为碳、氧、硅、铁等元素。人类生存的首要保障属于太阳，它的光辉照耀并温暖着我们。离开了太阳的光辉，地球将是一颗死寂、冰冷的星球，太阳出现大的变化，对于地球和人类将是灭顶之灾。

太阳是依靠核能发出光和热的，它每秒钟产生的能量相当于燃烧 120 亿吨标准煤，地球只得到了它光辉的不到二十二亿分之一，但这足以维持地球的生态，使地球成为一颗美丽宜人的星球。

关于太阳的能源一直是科学家关注的课题。自古以来，在人类的燃烧经验中，从来都没有脱离化学燃烧的概念，不论燃烧煤、石油，还是树木，都是以原子移位产生化学能所致。根据人们了解到的燃烧值最高的燃料进行计算，太阳就此不停地燃烧下去，燃烧期不过数千年，最为乐观的估计也不过数十万年。以此为依据，人们得出了许多错误的结论，例如：认定的地球历史以及人类和生物历史都大大小于实际的时间长度。进一步推断，对于人类的未来也极其悲观，因为太阳的命运决定着地球和人类的命运，如果太阳在数千年内熄灭，无疑人类将无法生存，这也是说，人类在几千年后就会灭绝。

然而，对地球地壳的研究，以及对古生物的研究表明，地球的年龄和地球上生命的历史要远比人们想象的长得多，而后通过天文观测也了解到，恒星的实际历史比之过去的理解相差万里，于是，人们对太阳的能源产生了怀疑。

早在 19 世纪 60 年代，科学家根据光学分析就已经了解到太阳的主要成分为氢，19 世纪末发现元素放射性后，科学家认识到了自然界存在一种我们过去从来不知道的能量，这就是核能。之后，对核能的认识不断突破，尤其是爱因斯坦著名的质能公式的提出，从理论上确立了核能的存在，以及能量与质量的关系。进一步的观测与研究表明，太阳内部有超过千万度的高温，这就说明，在太阳核心的极高温度下，原子核的剧烈运动完全可以冲破原子核之间电磁力的排斥。于是，科学家终于得出结论，相信太阳内部正在进行热核反应，太阳的光和热是由核能来提供的。而且，其他恒星的能源也来源于核能。

今天，我们对太阳的认识已经达到相当高的程度，以至于有足够的把握作如下的阐述：

我们的太阳作为一颗恒星诞生于大约 50 亿年之前，太阳的前身是一个巨大的热气团。基本上可以确定，这个热气团是宇宙中第二代或者第三代大恒星爆炸后的遗迹。通过亿万年的演化，热气团最后通过自己的引力形成了自己质量密集的中心区域，而后又形成了一颗原始的星球。这个星球继续通过自己强大的引力吸收周围的物质，并最后点燃了核心部位的氢原子，这就是太阳作为一颗恒星的诞生。

太阳燃烧氢元素的时间大致有 100 亿年，目前，它已经燃烧了 50 亿年，之后还能够燃烧 50 亿年，这是太阳稳定温和的时期。但是，50 亿年之后，太阳内部的氦原子将被点燃，太阳将会变成一颗巨大的红巨星。氦会继续燃烧 10 亿年，当氦燃烧尽后，太阳将会安静地变为一颗白矮星，它虽然有余热，但内部却再没有核燃烧，而后便会随着时间慢慢地自然冷却。

在太阳演变成红巨星时，由于新的太阳的直径比原太阳的直径大出 100 倍以上，因此会迅速把水星、金星吞噬，并最终吞噬地球，我们这颗孕育了生命的行星——地球——将不复存在，人类的家园就此消失在宇宙中。

站在亿万年的长远角度考虑外在力量对于人类整体生存的威胁，那么，在 50 亿年后，太阳演变成红巨星便是一个确定无疑的威胁。实际上，在这之前的近亿年的时间太阳就已经不是那么稳定了，在这一过渡期，地球会不断地遭受太阳的袭扰。

而当太阳演变成红巨星时，其火焰将一直向四周扩散，不仅地球会被吞噬，火星也将不可能居住，人类需要继续考虑向外搬迁。这时，木星或者土星的某颗卫星或者某几颗卫星也许可以改造成可供人类居住的地方，但其外部环境却已经变得非常恶劣。

那么，当太阳最后变为白矮星的时候，人类在太阳系便将不可能继续生存。虽然炽热的白矮星在冷却过程中也可以向外辐射光和热，但是它的辐射能量极其有限，也许在今天水星的位置刚好可以享受这样的光辉，但水星在太阳变为红巨星时已经被吞噬了，因此，这是人类必须搬离太阳系的时候，除非人类可以移动一颗星球靠近白矮星，或者生活在人造天体上。况且，白矮星也不是一颗长久可以依赖的星球，它会慢慢地冷却，直到完全失去光和热。

事实上，人类从过渡期开始可能就根本不能够再在太阳系生存，因为这时太阳已经很不稳定，总处于剧烈的变化中，人类完全无法准确地把握它的规律，而其中只要有一次猛烈的变化，便能够彻底毁灭人类。

（二）太阳活动的影响

那么，在太阳演变为红巨星之前的未来的数十亿年中，我们就可以完全信赖它吗？它会不会有一天突然出一些毛病，大大地危害人类一次呢？我们对太阳是否真正了解，并有根据地说没问题呢？

太阳是一颗气体星球，它从里往外分为核心、辐射层、对流层和太阳大气。太阳大气又可分为光球层、色球层和日冕，这三层不是截然分开的，而是彼此渗透。太阳对流层及其以下部分通过天文望远镜不能直接看见，它们的性质只能通过观测资料和相关的理论计算来确定。

太阳对地球产生直接影响的因素主要是太阳的表面活动，这些表面活动主要包括黑子、耀斑、日珥和太阳风。

人们不借助仪器也可以观测到太阳光球上常有黑斑点出现，这些黑斑点就是太阳黑子。太阳黑子常常成双成对形影不离，并自西向东与太阳自转方向一致地绕太阳旋转，从形成到消失少则几天，多则几十天。黑子的中心温度约4500K，比光球表面约低1200K，对比之下所以显示出黑色。黑子一般呈椭圆状，小黑子的直径有几千米，大黑子直径则可达几万千米，有时黑子成群出现，连成一片可达几十万千米。一般认为，太阳黑子的出现是太阳磁场作用的结果。黑子的活动具有明显的周期性，有时出现频繁，有时很少出现，平均周期为11年。

耀斑是在色球层出现的局部闪亮区域，这是在很短的时间内太阳能量的集中爆发。耀斑爆发时，在很短的时间内抛出大量的带电粒子，并可以把太阳风加速上百倍。

日珥是从色球层内爆发出的一股强劲的氢气流，这股氢气流燃烧成红色的火焰，直冲数十万千米。一般认为，日珥是太阳磁场突然发生变化的结果，或者是因为氢气流不断发生变化所产生的。

耀斑与日珥的活动都与黑子的活动有密切的关系，太阳黑子的活动已经被认为是太阳活动强弱的主要标志。

地球的生态与太阳的活动是密切相关的，当耀斑爆发时，强劲的太阳风对地球磁场产生强烈干扰，称为磁暴。地球上的短波通信，是通过地表上空五六十千米处的电离层进行反射传播信息的，磁暴发生，电离层的离解度急剧增加，导致电离层不能正常地反射电磁波，并且会吸收电磁波，造成信号的衰减，使得短波通信中断。

磁暴还会影响地球高层大气的化学结构和动力学状态。长期的磁暴袭扰，会很大程度地影响地球的气候，导致洪涝灾害或者旱灾。根据对全球气候的分析，气候的变化周期大约为22年，这与太阳的磁周期是一致的。

太阳活动与地球的地震还有关联，通过对多年来全世界地震活动周期进行分析，地震周期为11年，与太阳黑子的活动周期完全一致。关于太阳活动对地震影响的原因，有科学家认为，在太阳活动的高峰年，太阳风对地球的能量冲击比正常情况下高得多，使得地球的岩石层产生受压放电，并在交变电磁场下产生伸缩振动，使得原来已经积聚了应力的岩石层在发生共振时断裂和错位，从而引发地震。

在对古树的研究中了解到，太阳活动频繁年份年轮宽，说明树木生长快；反之，太阳活动低谷年份年轮窄，说明树木生长慢。这一点证实了太阳活动对地球生物的影响。根据历史统计，农作物的生长也符合这一规律。

太阳的活动还与人类的身体健康密切相关，例如，太阳活动强，紫外线明显增强，且地球磁场受扰动强烈，因此容易影响心血管功能。太阳活动峰年细菌繁殖快，因此流感、白喉等流行疾病发病率高。根据俄罗斯科学家的研究，历史上霍乱大流行基本上都发生在太阳活动峰年。

然而，虽然可以肯定太阳的活动完全可以左右地球的生态，太阳不仅可以哺育地球生命，也可以伤害地球生命，但以上的一切因素都不可能危及人类整体的生存。

这一结论不是对太阳十年、百年的观测所得，也不是千年、万年经验的总结，而是50亿年来的历史证明。在过去的50亿年中，太阳以它的温暖与和善，把地球从一个环境恶劣的星球改造成了一颗美丽宜人的星球，它使地球从一片死寂中苏醒过来，终于在38亿年前孕育出了第一批生命——那是最简单的微生物。就此起步，生命在太阳的光辉中不断进化，从未间断，直到5.3亿年前大型复杂生命在海洋中出现，而后4亿年前生命走向陆地，600万年前猿类跨入人类的门槛，以及近5万年前人类完成自己的进化。

50亿年来太阳从没有辜负过我们，仅从这一点我们就可以完全有理由相信，未来50亿年继续停留在主星序上的太阳也同样不会辜负我们。这一结论，从天文学家对宇宙中其他类似太阳的恒星的观测，以及根据现有科学理论的分析都可以得到确认。

二、地外天体的撞击

1994 年 7 月，全世界天文爱好者通过天文望远镜，目睹了彗木相撞的天文奇观。苏梅克-列维 9 号彗星在木星上空被木星巨大的引力撕裂成 21 块碎片，这些碎片以 60 千米/秒的速度撞向木星产生爆炸，形成巨大的火球与闪光，并在木星大气中形成了一连串的黑斑。这样的撞击每一次都相当于 10 万颗核弹爆炸的威力，如果发生在地球上，地球的整体生态将会遭受极大的破坏，人类的生存将会受到严重的威胁。

但是，这次撞击相对于地球上曾经遭受的撞击肯定不是最大的。6500 万年前，曾经横行于地球的庞然大物恐龙，它的灭绝许多人都认为是小行星撞击地球的结果，并相信一颗直径 15 千米左右的小行星撞击了墨西哥的尤卡坦半岛。目前，科学家正在对尤卡坦半岛上埋在沉积岩下的一个估计直径达 180 千米，深度达 900 米的撞击坑进行研究。那么，如果人类生存于那个年代，也应该会遭受一场大的劫难。实际上，一颗足够大的地外天体撞击地球完全可以灭绝人类，因此，要研究人类的整体生存，必须研究地外天体的撞击问题。

太阳系范围内可能存在的撞击天体有小行星、彗星、陨星和流星。由于陨星与流星太小，不会对人类的整体生存构成威胁，因此，这里我们只讨论小行星和彗星的撞击问题。

(一) 小行星撞击

小行星也如同我们地球一样绕太阳公转，但它的体积却很小。太阳系的小行星很多，它们主要集中在两个区域，一个是冥王星轨道附近的柯伊伯带，另一个是在火星与木星之间的小行星带。由于柯伊伯带离我们十分遥远，那里的小行星不可能危及我们的安全，在科学家研究小行星的威胁时，一般都不考虑柯伊伯带的小行星。

大致估计，太阳系的小行星总数超过 50 万颗（除柯伊伯带及其外侧的小行星），它们大多体积很小，虽然数量众多，但总量加起来也不到地球质量的万分之五。这些行星绝大部分都处在小行星带上，区域在 2.17~3.64 个天文单位（天文单位是指地球与太阳之间的距离，1 天文单位约为 1.5 亿千米）。

因此，小行星带上的小行星都是距我们非常遥远的，一般不可能对我们构成威胁。但是，小行星由于体积小，质量轻，易受大行星的扰动，造成轨道变化的可能性较大，这就要求我们对距离遥远的小行星带也要给予相当程度的关注。

关于太阳系的小行星为什么主要集中于火星与木星之间，许多科学家认为，这是因为木星的引力将原来在内圈的小行星吸引过去的原因，因为木星是太阳系最大的行星，相对于内圈的行星，它的引力要大得多。

也有少数小行星非常特殊，它们远离小行星带，近的跑到了地球轨道内侧，远的则跑到了土星轨道的外侧，特别是有些小行星距地球很近，称之为近地小行星。我们真正关心的是这些近地小行星，它们比小行星带的小行星对我们的威胁大得多。

虽然自有文字以来，人类还没有过小行星撞击地球的记录，但面对那么多我们周围的小行星，以及我们对宇宙天体的观测经验，还是认为小行星是十分现实的威胁，它相比前节所说的宇宙的威胁以及太阳演变为红巨星的威胁似乎就近在眼前。而且如果真正有一颗足够大的小行星撞击地球，则完全有可能灭绝人类：即使一颗比较大的小行星撞击地球，也有可能给人类带来极大的危害，因此，几个主要的大国都有相当大的投入用来观测和研究小行星。例如美国国会就要求美国宇航局必须对所有直径超过1千米的小行星进行记录并分类。

目前我们已经发现并有编号的近地小行星接近3000颗，其中直径超过1千米的约1100颗，而最大的则是著名的爱神星。

爱神星的轨道处于地球和火星之间，直径22千米。像这样的一颗小行星真的撞击地球，将会极大地影响全球的生态，许多物种都会遭到灭绝，人类的生命不仅会遭受很大的毁灭，而且人类的文明成果也会遭到极大的破坏。好在我们对这颗小行星已经有充分的了解，由美国宇航局发射的专门探测爱神星的NEAR-苏梅克无人探测器，于2000年2月14日进入环绕爱神星的轨道，在成功地进行了一年的近距离探测后，又于2001年2月12日顺利地着陆爱神星，对其进行了非常成功的研究。

然而，并不是所有的近地小行星我们都像爱神星那么了解，尤其是那些体积很小的小行星，我们对其情况掌握得更是很不充分。例如：2004年3月

18 日，小天体 2004FH 从地球上空 4.3 万千米（相当于月地平均距离的 1/10 强）飞过，天文学家在飞越前 3 天才发现它，这颗直径 30 米的天体如果刚好撞在一座中型城市，这座城市必定会被毁灭。当然，这种毁灭还远不足以灭绝人类。

有些距地球极近的小行星要是真的撞上地球的话，是有可能带来更大的危害的。据观测分析，小行星（29075）1950DA 将会在 2880 年从地球表面很低的地方飞过，如果其轨道稍有小的变化便有可能撞向地球，这颗直径达 1.4 千米的小行星要是撞上地球，给地球带来的灾难可以影响全球的生态，几万平方千米范围的大量生物（包括人类）将大部分被毁灭。好在还有 800 多年，我们还有足够的时间对这颗小行星的轨道进行重新评估，也有足够的时间来应对它的撞击。

（二）彗星撞击

彗星由岩石、冰冻的水和二氧化碳、尘埃以及各种杂质组成，是一种质量较小的天体。将彗星的物质完全压缩在一起，大彗星的直径也不过数十千米。

彗星的核心部分称为彗核，外围的云雾状包层称为彗发。当彗星接近太阳时，强劲的太阳风和太阳的辐射压力将彗发推成长长的彗尾，彗尾的长度短则数万千米，长则上亿千米。彗尾物质非常稀薄，其密度仅有地表大气的数亿亿分之一。

彗星的运行轨迹很难把握，不仅有椭圆状轨道，还有抛物线和双曲线轨道。而且，彗星的轨道很容易受到途经的行星和远处的恒星的影响，因此，一些彗星的轨道不断地变化，有的彗星一去不复返，还有一些新的彗星莫名地来到太阳系。

太阳系中的彗星很多，但科学家观测到的只有 1600 多颗，而且只有少部分彗星的轨迹已经被掌握。彗星的运行周期差距也非常大，短的只有几年或者 100 多天，长的可达几千年甚至上万年。

彗星本身是不稳定的，每一次掠过太阳时，太阳风都会将它的物质吹散一部分到太空。于是，彗星的质量越来越小，最后只剩彗核，而一些完全由冰块和尘埃组成的彗星还有可能最后完全消失。

彗星也有可能被太阳或者行星的引力裂解，著名的比拉彗星就是一个例子，它绕太阳的公转周期为 6.6 年，1846 年 1 月 13 日比拉彗星突然分裂成两颗，以后它们再返回时也是以两颗彗星同时返回，但在 1859 年之后，它们则消失了，而后，在它们的轨道与地球轨道相交的地方却出现大的流星雨，这说明比拉彗星被彻底瓦解了。

大的彗星在撞击地球时，对人类的威胁是显而易见的。截至目前，有记录的最大的一次彗星撞击是在 1908 年 6 月 30 日发生的。这天早晨，在俄罗斯西伯利亚的通古斯上空发生了一次剧烈的爆炸，在 1000 多千米之外都能看见巨大的爆炸火球，也能听到爆炸声响，爆炸的冲击波将几百平方千米范围内的森林全部推倒并燃烧，森林的动物完全死光，包括一大群在此觅食的驯鹿。所幸这里荒无人烟，因而没有人员死伤。科学家之后考察这里时除发现烧焦的土地以及死去的动物之外，没有发现任何陨石与陨石坑，因此推断，这是一颗完全由水物质组成的彗星，这颗彗星在进入地球时，与大气发生摩擦产生极高的温度，它猛烈的蒸发使彗星在距地面 10 千米左右的上空发生了剧烈的爆炸。

相比较大的小行星，彗星的撞击对人类的灾难性影响稍小一点，但大的彗星撞击，也足可以使人类整体遭受巨大的损失，但却不足以灭绝人类。

近地彗星比近地小行星少得多，而且它们一般都有长长的彗尾，也便于观测。今天我们已经观测到的近地彗星有 50 颗左右，这一数字远远低于近地小行星，似乎彗星撞击地球的概率要小得多，但其实不然。彗星最突出的特点就是它极易受太阳与大的行星的扰动而变换轨道，而且在太阳系最边沿的彗星都有可能莫名其妙地跑到太阳系内侧，所以彗星撞击的概率甚至比小行星还要大，且防不胜防。因此，近年来科学家对彗星的研究越来越重视。

（三）对地外天体撞击的综合分析

大的地外天体撞击地球的概率是非常小的，但若真是一颗足够大的小行星撞击地球，整个人类都有可能惨遭灭绝。因此，我们不能因为这样的事概率小就去忽视它，因为人类只要赶上这么一次，其损失就不可能再去弥补，况且，这样的撞击非常现实地存在着。

到底地外天体的撞击对人类的威胁有多大呢？许多科学家对此都进行过深入的研究，但观点却相差较大，不同的人有不同的结论。在综合了多种不同的观点后，我们归纳出如下的结论。

第三节　地球的威胁

从太空看，我们的地球是一颗美丽的蓝色星球，它鹤立鸡群，与众不同。在目前人类的太空视野范围内，地球是唯一的一颗生态星球，也是唯一的一颗文明星球，它的美丽是独一无二的。

地球的主要组成成分是金属与岩石，而它的表面却主要是海洋，海洋的面积超过地球表面积的70%，陆地面积则不到30%。地球不是一个完全规则的球体，它的赤道半径约6378千米，比极半径要大21千米。地球表面的最高山峰是珠穆朗玛峰，海拔高度8844.43米，海洋最深处是马里亚纳海沟，深度约11000米。因此，地球固体表面总起伏约20000米。

地球内部由地核、地幔和地壳构成，外部则由水圈、大气圈和磁层构成，地球内外各个不同的部分组成了地球的整体。

地球对于人类就像母亲，它孕育了人类，哺育着人类。但地球却远不是"慈母"，地震、火山、洪水、狂风不知夺去过多少人的生命，不知让多少人无家可归，并为此痛苦、悲伤。我们深知地球对于人类的重要，深感人类对地球独一无二的依恋，离开了地球人类就无法生存。正因为如此，我们必须考虑地球对人类生存的影响。

一、板块运动与地震、火山

早在19世纪，人们在大西洋海底铺设电缆时就发现，大西洋的中部海底比两侧要浅。之后通过对大西洋的考察进一步了解到，大西洋中部海底确实存在一条隆起于深海的中央海岭，亚速尔群岛、阿森松岛就是中央海岭露出水面的部分。之后科学家在对太平洋底进行回声测探时也发现，在东太平洋海底有一条很长的平顶海山。

20世纪50年代，人们对于海洋的研究更加深入，科学家们最后确认，在世界的各大海洋中，存在一条连贯且长达六七万千米的海底山脉，由于这条山脉在大西洋与印度洋的部分正好位于大洋的中部，因此称为大洋中脊，前面提到的大西洋中央海岭与太平洋的平顶海山都是大洋中脊的一部分。大洋中脊的总长可以绕地球两周，地球上的陆地山脉无一可以与之比拟，只是它深藏于海底，人们无法看见。

在对大洋中脊的进一步研究中发现，一般而言，大洋中脊的顶部都有一条很深的裂谷，它可深达 1000 至 2000 米，把中脊从顶部劈裂为两半，这一现象在大西洋的中脊山脉中尤为明显。而且在中脊附近常有地震与火山活动。通过地震波的测定，科学家们发现中脊处地幔顶部的地震纵波波速小于一般地幔顶部的纵波波速，这说明在大洋中脊之下是较热而轻的地幔物质，正是这种物质的不断膨胀升涌，造成了大洋中脊的隆起。

对海洋的进一步了解还在于对大洋海沟的探测上，世界上最深的海沟的深度比最高山峰的高度还要大 2000 米以上。在各大洋的海沟中以太平洋沿岸的海沟分布最为普遍，落差最为急剧。

在总结了大量的地质勘测与研究资料后，科学家提出了海底扩张说。他们认为，地球岩浆的上涌是海洋扩张的动力，大洋中脊的顶部就是地下岩浆上涌的出口，上涌的岩浆在大洋中脊处将洋壳撕裂，并不断地将洋壳推向两侧，而岩浆冷却后又不停地将撕裂口充填上，海洋以大洋中脊为中心向两侧扩张，大洋中脊的隆起，正是上涌岩浆导致的热膨胀的结果。

具体分析大西洋的中脊海山可知，正是地底上涌的岩浆在大西洋中脊的膨胀，把大西洋的洋壳一分为二，西侧是西大西洋和美洲，东侧是东大西洋和非洲与欧洲。不断上涌的岩浆推动着两侧洋壳，使西大西洋洋壳与美洲不断地往西移，东大西洋洋壳与非洲和欧洲不断地往东移，于是，大西洋越来越宽。

那么，大西洋中脊推出的空间由谁来承接呢？也就是说，大西洋变宽的同时，一定有其他地区会变窄，变窄的区域是哪儿呢？我们可以从地球另一侧的太平洋找到答案。当大西洋中脊处上涌的岩浆推动大西洋扩张的同时，太平洋中脊处的上涌岩浆也在把中脊两侧的洋壳推着移动，但太平洋洋壳移动的结果与大西洋则不同，由于再没有空间容下太平洋洋壳，于是，在洋壳与陆地的交界处，洋壳选择了向下俯冲，正是在各海沟处，洋壳俯冲进入了地底，并被地幔高温熔化为岩浆。因此，太平洋中脊处的岩浆推动洋壳向两侧移动时，太平洋不仅没有变宽，反而要承接大西洋扩张后的空间，所以，相反却不断地缩小变窄了。

正因为上述原因，我们可以看到，大西洋两侧很少发现有海沟的存在，而太平洋周边则遍布着海沟。

海洋扩张说是大陆漂移说的继承和发展，在此基础上，人们更进一步提出了板块构造说。科学家认为，地球的岩石圈有几条明确的裂隙，它们以大洋中脊、海沟或者断层作为标志，将地壳分割成许多单元，形成一个个相对独立的板块，这些板块漂浮在地幔的软流圈之上，并在地球内热的驱动下不停地移动，它们张裂，或者碰撞、挤压，形成高山、峡谷和大河，或者海岭、海沟和岛弧。

地震、火山与板块的构造和运动密切相关，从历史上地震与火山的分布可以看出，板块的分界线与地震和火山的分布是一致的。例如，地震多发的中国台湾省与日本的琉球群岛，就是由于菲律宾板块与欧亚板块碰撞所致，而碰撞形成的北吕宋海槽以东则是吕宋火山弧。地震频发的美国旧金山地区，则是由于太平洋板块与美洲板块作用的结果。

地震与火山给人类带来的灾难是持久的，也是巨大的。以火山爆发引发的灾难为例，公元79年8月24日，位于意大利南部的维苏威火山突然爆发，猛烈的灼热气体连同熔岩一起冲上云霄，刹那之间山脚下繁华的庞贝城被火山喷发物掩埋。一千多年后人们偶然中发现了这座被埋没的城市，在进行发掘时，还可以看到这个城市的居民的死亡姿态，他们的恐惧和毫无准备的样子清晰可见。1902年加勒比海马担尼克岛上的培雷火山爆发，4月25日火山爆发之初，火山灰和蒸汽直射天空，伴着火山引发的隆隆巨响，蔚为壮观，距它10千米外的圣彼埃尔城的居民，每天都兴致勃勃地观赏这难得一见的景观。然而，5月18日火山猛然发怒，喷发高度突然升至数百米，火山灰夹杂着大量的有毒气体，以排山倒海之势压向圣彼埃尔，这座繁华美丽的海港城市顷刻间成为一片火海，除一名修鞋匠和一名囚徒之外，全城28000人全部葬身于这场灾难。事后了解到，这名囚徒是被关在密闭的半地下室才幸免于难，而看守他的警察则无一幸免。

板块活动导致的地震破坏力更强，如1923年著名的日本关东地震，造成14.3万人死亡。而百年以来造成伤亡最大的是中国的唐山大地震，这次地震发生在河北省的唐山市。1976年7月28日是极其炎热的一天，午夜，人们从热浪的烦躁中感受到一丝凉风的呵护，刚刚进入梦乡，凌晨3时42分，7.8级的地震顷刻间摧毁了唐山这座工业城市。地震造成房屋倒塌，路基塌陷，桥梁毁坏；附近的大型煤矿矿井塌方，巷道下沉，支撑倒塌，设备被淹，采空区塌陷；有的地方剧毒气体扩散，易燃物品燃烧爆炸。这次地震共造成24.2万人死亡，16.4万人重伤。

地震与火山的爆发还会引发海啸与火灾。1923年的东京大地震刚好发生在中午烧饭时分，地震使得炉子倾倒，瞬时导致二三百处起火，又逢狂风大作，火借风势，导致十多万居民葬身火海。

有记录以来伤亡最大的一次海啸发生在2004年12月26日。当时，在印尼苏门答腊岛附近的印度洋海底，发生了里氏8.9级的强烈地震。地震引发的海啸导致印尼、斯里兰卡、印度、泰国等十多个国家受灾，连远在彼岸的非洲东海岸都受到了影响。在海啸所波及的地区中，许多都是著名的旅游胜地，此时又正是旅游旺季，来自世界各地的旅游者正云集海滨，却不料灭顶之灾猛然而至。海啸导致的死亡与失踪人数最终超过了22.5万。

但是，地震与火山不论给人类带来过多大的灾害，也不论还会给人类再带来多少灾害，这些灾难主要是影响人类个体与群体的生存与幸福，它们终究不可能给人类的整体生存与幸福构成威胁。

相反，我们应该更客观、科学地认识板块活动。没有板块活动就不可能形成高山与河流，没有高山与河流的地球就无法形成生态循环，那样的地球将缺乏生机，没有活力，生物在这样的环境下也难以得到发展与进化。

天文学家在对太阳系的各大行星以及它们的卫星进行研究后认为，地球是太阳系中唯一存在板块运动的星球。以我们的卫星月球为例，它与地球差不多同时期形成，我们可以看到它表面密密麻麻的陨石坑，那都是三四十亿年前形成的。地球也曾处于与月球相同的环境，但地球表面那些最初形成的痕迹早已难以寻觅，因为它绝大部分表面都已经更新。正是只有地球才独有的板块运动，才使得一个历经了46亿年的地球，仍然活力无限，也许这正是地球之所以成为生命星球与文明星球的重要因素。

事实上，板块运动在给人类造成灾难的同时，也在造福于人类。许多重要矿床的形成就与板块运动密切相关，板块运动导致岩石圈、软流圈、水圈、大气圈之间物质与能量的交换，正是这样的交换形成了可供人类使用的各种矿产。

二、气候变化与冰期

地球的正常气候变化很有规律，冬天寒冷，春秋温暖，夏季炎热，这是因为地球各地受太阳光照射不同所致。即使在赤道这样气温差别比较小的地区，也有雨季和旱季之分。常常有些年份气候有些反常，或者炎热的天气增多，或者寒冷的季节加长，每逢这样的情况都会给人们带来一些麻烦，如全球气温升高有可能造成洪水泛滥、飓风袭扰、疾病流行，或者农业病虫害增多；全球气温降低有可能造成农业减产、牲畜冻死、交通阻塞、雪崩伤人，等等。但是，这些对于人类的整体生存都无碍大事，今年农业减产明年有可能就会丰收，而一般的疾病、洪水、雪崩之类的灾害远不可能危及人类整体。至于四季气候的变化，更是有益于人类，这样的变化不仅可以丰富人们的生活，而且春种秋收，辛苦了大半年后冬季人们可以坐在火炉边安享一段闲静的时光，我们的祖先一直就是这样过来的。

然而，任何事物都有一个度，超过一定的限度，本来好的东西就有可能变成灾难。如果一冷就达数万年，或者一热就达数万年，情况就不同了。我们地球的表面不仅有一年四季的变化，而且总患长冷长热的毛病，甚至有时长冷或者长热达数千万年，甚至上亿年。

7亿多年前地球曾经历过一次十分寒冷的日子，在长达几千万年的时间内冰雪覆盖了大半个地球，连赤道附近都有冰川的痕迹。而1亿年前，地球又经历了一段十分炎热的季节，在几千万年中，两极冰雪融化，南极洲与格陵兰岛温暖如春，恐龙也在这里漫步。

地球就是这样经历着时冷时热的变化。科学家在对地球的深入分析中发现，这种变化似乎很有规律，大约每隔2.5亿年左右就有一段很长的寒冷期，他们将这种寒冷期称为冰期。事实上，冰期的气温也不是一成不变的，每一个冰期又可分为若干个小的冰期，为了加以区别，一般称前者为大冰期，后者为冰期，而在两个冰期之间的较为温暖的时期称为间冰期。目前，我们就是处于"第四纪冰期"这个大冰期中的一个间冰期阶段。

在第四纪大冰期以来的200万年的时间中，可以分为几个冰期与间冰期，由于我们处在间冰期阶段，因此没有感受到冰期的严寒。

距我们最近的一次冰期始于这之前1.8万年，止于前1万年。那时，北半球的格陵兰岛、整个加拿大、阿拉斯加和美国北部、全部西伯利亚和冰岛以及欧洲靠北的大部分地区全部被冰雪覆盖。由于大量的海水变成冰雪，导致海平面下降达150米，白令海峡消失，北美与西伯利亚连为一体；在亚洲，中国东部的黄海、渤海全部露出海底，朝鲜海峡与对马海峡也不复存在，日本列岛与欧亚大陆相连，印度尼西亚也与亚洲连在了一起；在西欧，海水退出英吉利海峡，英伦三岛成了欧洲大陆的一部分；而澳大利亚则以陆桥与亚洲大陆连接了起来。

关于为什么地球会交替地出现冰期，科学家对此进行了长期的研究，观点很多，而且有很大的差异。例如：有人认为，喜马拉雅山脉从海底的隆起，使空气中大量的二氧化碳与从海底升上海面的岩石发生结合，这是200万年来大气中二氧化碳含量降低，全球气候变冷的重要因素之一。还有人认为，在太阳环绕银河系中心运转的轨道上有一片物质比较稠密的星际云，每当太阳穿越这片星际云时，星际云就会遮住一部分太阳的光辉，虽然在地球上很难用肉眼看到星际云对太阳光线的影响，但它却足以改变地球表面的温度。持这一观点的理由是，大冰期的周期刚好与太阳环绕银河系中心的周期相吻合，都是2.5亿年。如此等等。

但是，目前任何一种观点都还不能够全面地解释冰期的根本原因，也还不能够说服所有的人。很可能冰期是由多种因素综合作用的结果，其中也包括那些我们也许还没有认识到的因素。

地球上大的气候变化周期，对于人类以及地球整体生态的影响是很大的，但是，却不可能影响人类的整体生存。

全球气候是一个渐变的过程，而不是突变。不论是由冷变热，还是由热变冷，其间都至少要历经长达千年的过程。在冰期来临时，冰盖首先覆盖两极，然后不断从高纬度地区向低纬度地区发展，南北两个半球的高纬度地区都将不适合人类居住，也不适合农业耕种。但是，随着全球冰雪的不断增加，海水则会不断后退，许多浅海将露出水面，成为可供农业耕种和人类居住的地方。而较冷的海水更易于溶解氧，因而更有利于海洋生物的生长，南极地区之所以成为鱼虾的天堂，原因就在于此。鲸鱼、海豹、海象、企鹅能够生存于极地，也是依赖了丰富的海洋生物作为食物生存的。

当气候不断变得炎热，两极冰盖融化，海平面上升，海水不断侵蚀沿海低地，似乎可供人类生存的空间变小了，可供耕作的农田变少了，其实并不如此。随着冰雪融化、气候变暖，南极大陆与格陵兰岛都会变成适合耕种和居住的地方，而西伯利亚北部、加拿大北部，以及斯堪的纳维亚北部，这些原本环境恶劣的地区，都会变成气候宜人的好牧场和好农庄。陆地的增加还包括原来长期被上千米厚的冰盖压沉海底的土地。冰雪融化后，它们会不断上升，最后升为陆地。而且气温升高适合陆上植物的生长和陆地动物的繁衍。

由此可以看出，气候的变化可以使各方面基本保持平衡，不论气温升高还是降低，可供人类使用的陆地面积不会有太大的改变，地球的生态环境也不会受到太大的破坏。

如果我们把情况考虑到极致，像7亿年前的冰期那样，连赤道附近都有冰川存在，人类的整体生存也不会受到危及。今天科学技术的发展已经可以做到，在寒冷的冰雪冬天都可以运用温室大棚生产出新鲜的蔬菜与水果，仅凭这一点，我们就有信心认为，冰期不可能危及人类的整体生存。

事实上，正是第四纪冰期的200万年来，人类从灵长类到能人、直立人，并最后完成了向现代智人进化的里程。为了抵御冰期的严寒，动物身上进化出厚厚的皮、长长的毛，而人类身上的体毛却越来越少，因为他们学会了用兽皮做简单的衣服，学会了用火来取暖。

我们勇敢的祖先，面对严寒，他们没有选择非洲赤道温暖的求生环境，而是走向亚洲、走向欧洲，虽然这里更为寒冷，条件更为恶劣，但人类的祖先勇往直前。

正是冰期的寒冷，导致了冰雪覆盖南北两个半球的高纬度地区，海洋水位下降100多米，使澳大利亚与亚洲大陆的陆桥形成，使白令海峡消失，于是，人类通过陆桥进入了澳大利亚，又越过白令海峡进入了美洲，从此，人类的足迹遍布全球。

在寒冷的第四纪冰期里，许多生物都经受不了严寒的考验逐一灭绝了，而人类却在与大自然的抗争中不断发展壮大，完成了地球生物史上最伟大的进化。那样原始、那样艰难的条件都没有毁灭人类的祖先，我们没有任何理由相信面对下一次冰期，已经拥有高度智慧和先进科学技术的现代人类，会屈服于严寒而遭受灭绝。

38亿年前地球上就有了低等生命，5.3亿年前大型复杂生命出现在海洋，

4亿年前各种生物全面来到陆地，这期间地球经历过多次冰期，由于不适应环境，许多物种遭受灭绝，但是，生命却一直延续到今天，从未完全间断。而今天的地球拥有从来没有过的智慧与文明，仅从这一点便可以佐证，冰期没有什么可怕的。

三、地磁消失

太空中充满了宇宙射线，宇宙射线是来自宇宙空间的各种高能粒子，它们以接近光速的速度无时无刻不在攻击我们的地球。如果人类或者其他生物直接受到宇宙射线的攻击是非常危险的，那些高能粒子可以直接穿透人体细胞，不仅会杀死细胞，还会杀死或者改变人类遗传基因。

但是，通常我们并没有感到宇宙射线的伤害，原因是地球表面有三层阻挡宇宙射线的屏障。第一层屏障是地球表面的大气，这也是最有力的一道屏障。当宇宙射线以极高速度"探访"地球时，必然要与大气中的分子和原子发生撞击，每次撞击，能量都会受到消耗，当粒子最后到达地表时，能量已经变得很低，对人体的伤害能力也就非常小了。

另外一道屏障是地球的磁场。当宇宙射线穿越磁场时，需要用能量克服磁场的作用，一些能量较低的宇宙射线在还没有穿透磁场时，便被地球磁场所俘获，而一些能量较高的射线若能穿越磁场到达地表其能量也受到了很大的损失。地球磁场对宇宙射线的屏障作用，仅次于大气层对地球的保护。

地球上空还有一层对宇宙射线的屏障，这便是主要来源于太阳的行星际磁场，这一磁场在地球磁场外围又形成了一层屏障，它包裹着地球，其作用与地球磁场的作用是类似的，可以消耗宇宙射线的能量。

我们这里要说的是有关地球磁场的问题。地球磁场对于地球生命的保护是很重要的，但在较长的时间尺度内考察，地球的磁场并不稳定，它时强时弱，有时南极变北极，北极成南极，又有时磁性完全消失，使地球完全失去磁场的保护。要思考地磁消失对人类的影响，首先必须了解地磁场形成的本质。

在物理学中我们都知道电和磁是可以相互感应的，并称之为电磁效应，即电可以感应磁，磁也可以感应电。在地核物质中有一部分是熔融状的铁镍金属，受地球较快的自转作用，液态的铁镍金属在地核中以旋转的方式运动，这就好比一股巨大的电流在地底流动一样，这股电流必然会产生强大的磁场，这就是地球磁场。

在对古地理进行研究后发现，地磁场以这样的规律在变化：地磁极的位置与地轴极的位置相距不会太远，地磁场强度在经过最强点后会慢慢转弱，到一定点后磁场会短暂地消失，而后磁场又会恢复，并逐渐变强，但磁极方向则会颠倒过来，即原来的北极变成了南极，原来的南极则变成了北极，如此往复。在过去的 70 万年间，地球的磁场方向一直是今天这样的，但再过去的 45 万年则是反过来的。在对最近 1 亿年的地磁场进行研究后发现，平均 40 万到 50 万年地磁极就会翻转一次，最短的翻转时间仅 5 万年。

对于磁极翻转现象现在已经有合理的解释，这是因地核的熔融态铁镍金属流动方向发生变化所致。地核的铁镍熔液不会总朝一个方向流动，当流动方向反向时地球的磁极自然就会翻转过来，而流动方向改变过程中的临界停顿点，也就是地磁消失的那一较短的时期。由于地核的铁镍熔液流动方向受地球自转方向左右，因此磁极不论朝向何方，均不会偏离地轴两极太远。

那么，当地磁场处在一个短暂的消失阶段，地球完全失去了地磁场的保护将会是一种怎样的情况呢？有一点可以肯定，在正常情况下，有地球大气层的保护，宇宙射线与太阳粒子不可能在短暂的地磁消失阶段给人类致命的杀伤力。因为在人类进化的 600 万年中，地球磁场曾多次短暂地消失过，人类的进化至少没有受到大的影响，地球上的生物也没有受到大的影响。科学家通过对地球大气阻挡宇宙射线和太阳辐射的研究，也得到了相应的证明，这就是短暂的地磁消失，在正常情况下对人类生存的影响不会是决定性的。

可是，非正常的特殊情况会是怎样呢？在人类生活于地球的未来几十亿年中，许多特殊情况都有可能出现。

宇宙射线的最主要来源是银河系中的超新星爆发，一颗有相当规模的超新星爆发所释放的宇宙射线的强度，是太阳这样的恒星释放射线的许多亿亿倍。那么，如果一颗超新星在距我们并不远的范围内发生爆炸会发生怎样的情况呢？

研究表明，只要超新星的爆发距离地球超过 25 光年，有地球大气、地球磁场和太阳磁场的保护，这样的高强度宇宙射线也不会很大程度地危及人类的生存。可是，如果此时刚好赶上地磁场短暂的消失，情况就要严峻得多，因地磁场的消失，地球将会遭受太阳粒子与宇宙射线的双重攻击，仅有地球大气与太阳磁场将不足以抵御这样的攻势。因此，这一安全距离看来要提高到 30 光年左右。而且，从今天地磁场的变化情况可以知道，在今后的 1 万年内，地磁场免不了有一次短暂消失的过程。

在未来 1 万年内，最有可能爆发的距我们较近的超新星是参宿四，但它距我们在 600 光年之外，即使它的爆发刚好与地磁场短暂消失吻合，如此大距离产生的宇宙射线，我们地球的大气和太阳磁场完全可以把它消解到足够安全的范围。

实际上，在 30 光年范围之内我们并没有发现超新星爆发的可能，而且按科学家计算的超新星爆发的概率，在 30 光年范围内爆发超新星的机会上百亿年才可遇一次，而这一次又刚好赶上地磁消失，其机会实在是太小太小。

如果真的那么碰巧，我们也不必害怕。第一，有地球大气与太阳磁场这两道屏障，这样距离内的超新星爆发构成的宇宙射线，经过削弱后不会对人类的整体生存构成威胁；第二，超新星爆发产生的强宇宙射线持续时间不会很长（也就两三个星期），而且超新星爆发事先应有征兆，只要做好妥善安排，完全可避免强宇宙射线的伤害，因为我们居住的房屋的外墙和房顶都是可以阻挡宇宙射线的屏障，只要不暴露于室外，注意对所住的房屋进行适当处理，就不会被强宇宙射线所伤害。

第四节　地外生命的威胁

地外生命是指除我们地球人之外的其他星球的智慧生命，也就是我们通常所说的外星人。外星人入侵是人们热衷谈论的话题，许多科幻电影借人们的好奇心，更是大肆渲染地外生命入侵的危险。那么，如果真的有地外生命入侵，无疑对于人类可能是一场毁灭性灾难，因为在地外生命眼中，地球人完全是另类生物，也许正如人类对待普通动物一样，他们对于人类也不会给予任何同情和人道，屠杀的残忍性甚至超过希特勒针对犹太人。当然，也可能地外生命会很友善地对待地球人，他们来到地球并不是为了占领，而是为了旅游和友谊，或者是因为好奇。但不管怎样，在对待地外生命的态度上，提防地外生命的入侵与杀戮，远远比寄希望于地外生命的友好重要得多，决不能一厢情愿想当然地寄希望于地外生命对我们的友好。

无疑，迄今为止我们并没有发现地外生命存在的任何证据，在对地球的各种考古发掘和地质勘察中，也没有任何确切的证据证明地外生命曾经造访过地球，一切关于地外生命的问题，只是停留在人们的主观想象中。

即使如此，我们也有充分的理由要求自己，站在人类亿万年的长远角度，对于地外生命的威胁认真对待。

由于至今为止，我们所了解的智慧生命只有地球人，除了从落入地球的个别陨石中发现有微生物的痕迹之外，再没有任何其他的地外生命存在的线索。因此，只能通过研究我们地球人，以此来推断地外生命存在的可能、地外生命有可能存在的宇宙区域，以及地外生命对我们有可能形成的威胁。

一、地球生命的孕育

通过对太阳系各行星与它们的卫星进行近距离观测，以及较深入和全面的科学分析可以确认，至少在太阳系，仅仅只有我们所在的地球才有复杂生命生存的条件，也只有地球才有复杂生命的存在。那么，是什么赋予了地球创造生命的力量呢？

天体撞击是地球形成要经历的必然过程。许多小行星、陨星和彗星的内部都含有水分子，当它们相互撞击并形成更大的天体时，这些水分也相应地被带到了这个天体上。撞击导致的火山和岩浆流所产生的高温将水分蒸发，并伴随着二氧化碳气体喷向天空，地球早期的大气主要成分便是二氧化碳。

二氧化碳是不能哺育复杂生命的，而且还会产生温室效应。在海洋形成后不久，海洋中就有了微生物。最早的微生物诞生于约 38 亿年前，也就是说在地球形成仅几亿年后就有了简单生命。之后，大量的藻类生物出现了，正是藻类生物吸收了二氧化碳并且放出氧气。

这种吸收二氧化碳释放氧气的过程长达 30 多亿年，因为地球上需要氧气的地方太多了，如氧遇到大部分金属都会产生氧化反应，氧化铁、氧化铜、氧化铝都是这些元素与氧的结合物，藻类生物释放的氧气首先要满足这些氧气的消耗者。

5.3 亿年前是地质年代中被称为寒武纪的年代，地球上出现了大量的复杂生物，这些生物似乎是同时出现在了广阔的海洋中，这一现象称为寒武纪生物"大爆炸"。我们知道，动物是需要氧气才能够生存的，因此，寒武纪一定是一个氧气生产与消耗产生顺差的年代。多余的氧气正是催生寒武纪生物"大爆炸"的先决条件。

然而，此时的生物一直仅存于海洋中，陆地则是一片死寂。又过了 1 亿多年，大约距今 4 亿年的时候陆地上才出现生物，而且动物与植物是同时来到陆地的。

如果说动物必须有氧气才能生存的话，植物的生长却是吸收二氧化碳放出氧气，因此，早在海洋生物出现后不久，陆地就应该有了植物，然而，为什么植物与动物选择了同一个时间才从海洋姗姗来到陆地呢？科学研究已经表明，地球大气上空的臭氧层也正是在距今 4 亿年的时候形成的，这一时间与生物走上陆地的时间刚好吻合，这是一种巧合吗？

太阳的光辉被形容为生命的第一元素，如果没有阳光的照耀与温暖，生命便不可能出现；但是，太阳释放出的毕竟是核能，它的光辉中不仅有我们所需要的温暖，还有很大一部分是对生命杀伤力极强的射线，如紫外线、X 射线、γ 射线等。如果宇航员没有防护装置，在太空面对太阳时会很快被太阳射线杀死。

大气是一种吸收有害射线的保护层，但是普通的含氧大气层对于有害射线的吸收是远远不够的。在 4 亿年前，由于氧气的收获多于消耗，在地球的上空形成了臭氧层。臭氧对于有害射线的吸收能力特别强，虽然它相对大气的比例很小，但这已经足以抵御有害射线对生命的伤害。没有臭氧层的保护，一切生命只能永远躲藏在海洋中，依赖海水的保护生存。

我们有一个很好的生命"盾牌"，作为卫星的月球环绕地球运转，不知为地球挡驾了多少外来天体的袭击。同时，在地球的外围有一系列的大行星与地球一样围绕着太阳旋转，如木星、土星、天王星和海王星，它们的质量比地球大得多，正是它们的巨大引力把太阳系内圈的小行星吸引出去，而地球作为一颗较小的行星，则可以避免被地外天体撞击的麻烦。曾有科学家断言，如果太阳系没有这些地球的保护者，地球上也许永远不会孕育出智慧生命。因为，智慧生命孕育的时间十分长，要是每当智慧生命快孕育成功时就来一次较大天体撞击的全球性灾难，过去的所有努力便会前功尽弃。

近年，人类在对宇宙的探索中，重点对我们的邻居火星和金星进行了研究。人类的探测器已经登陆过这两颗星球，也近距离地多次在空中对它们进行过观测。

观测结果表明，虽然火星离太阳的距离只比地球远三分之一，但是，火星表面的平均温度却低于 $-60℃$。火星的直径只有地球的一半，它的质量只有地球的不到十分之一，如此小质量的星球是很难抓住外围的空气的，火星表面只有一层极其稀薄的空气，密度还不到地球表面大气密度的百分之一，主要成分为二氧化碳。因此，火星的环境是不适宜生命存在的。

金星是和地球条件最相似的一颗行星，它的直径只比地球略小一点，质量是地球的 80%，离太阳的距离只比地球近了四分之一。然而，如果把地球比做天堂的话，金星却是实实在在的人间地狱，它表层温度高达 500℃，没有水，一层厚厚的二氧化碳大气比地球的大气压高了 9 倍。在金星表面，到处都是被火山岩浆侵蚀过的痕迹，任何生命都不可能在那里存活。但是，我们却在金星表面发现了曾经有浅海存在的痕迹，这些浅海大约是在 30 亿年前消失的。

为什么像金星这样和地球条件如此相似的星球，都无法形成孕育生命的条件呢？而且，仅就简单的自然环境而言，如此相近的两颗星球其环境竟有天壤之别。人们在对此进行深入研究后作出了很多解释，大家对其中两种观点认同度较高。第一种观点认为，金星比地球距太阳近四分之一，在 30 亿年前，当太阳温度升高时，将金星的海水蒸发到太空中去了。也就是说，正是因为金星和地球离太阳相差仅仅四分之一的这一距离，彻底改变了两颗星球的命运。

另外一种观点认为，这两颗星球不同的命运主要并不在于与太阳的距离，而是金星自转太慢，不能产生磁场，而地球中心的金属岩浆受较快自转速度的作用使地球产生了磁场，这就为两颗星球后来的命运埋下了伏笔。这些科学家认为，磁场对于星球的演化乃至生命的孕育起着决定性的作用，它能够阻止太阳风和宇宙射线对生命的伤害。金星早期和地球一样也经历了小行星的碰撞，同样也一起形成了海洋，并出现了二氧化碳的大气层。但由于金星没有保护自己的磁场，太阳风和宇宙射线的极强杀伤作用，使藻类甚至细菌都无法在金星上生存，因此，金星的海洋中没有像地球一样出现藻类生物，因而没有一个吸收二氧化碳并释放氧气的系统。于是，二氧化碳的大气越积越厚，温室效应越来越强，表面的温度也就越来越高，以至海水全部被蒸发，直到今天温度高达500℃，成为名副其实的地狱星球。

火星也没有磁场，原因并不在于它的旋转速度，实际上，火星的旋转速度比地球还快得多，但由于它的体积太小，以致中心没有岩浆，因此火星没有磁场的保护。而且火星表面空气稀薄，缺乏阻挡太阳粒子和宇宙射线的有效屏障，如果火星上曾经有过复杂生命形态的话，也应该早被灭绝了。

航天员在太空观察我们居住的这颗行星的时候，发现地球是蓝色的，非常美丽，它与众不同，鹤立鸡群，就像沙漠中的一小片绿洲。几十年来，科学家们在进行了许多的探测与研究后，深感复杂生命形成的条件之苛刻。他们对过去的所有观测与研究成果进行归纳整理，在进行了一系列论证之后，很多的人将思路回归到了一个最简单的起点，那就是地球只是宇宙的一个偶然，即在茫茫宇宙中的一个极其偶然的星系的一个极其偶然的恒星周围的一个极其偶然的行星上，在漫长的宇宙时间的一个并不太长的若干亿年中，发生了一系列极其偶然的事件，正是这一系列的偶然，形成了一个极其适合生命孕育的环境，从而产生了一个创世纪的生命奇迹——人类诞生了。

然而，我们并不甘于这种解释，因为有一点科学结论是肯定的，只要有足够长的时间和足够的条件，物质的运动就一定可以孕育出生命，乃至像人类这样的智慧生命，只不过这样的时间要求太长，这样的条件要求太苛刻，

97

以至我们还不能准确预知，在宇宙的某一个方位是否还会有生命创造的奇迹。

二、孕育智慧生命必备的条件

（一）有可能孕育智慧生命的恒星系统

智慧生命的孕育所需要的条件是极其苛刻的。首先，必须依托一颗稳定、和善且持久燃烧的恒星。同时，所需要的行星必须具备许多许多的条件，也需要许多许多次的偶然机会，还需要很长很长的拓荒孕育时间。依我们目前的能力而言，还远远不可能就这一系列的条件，对太阳系外星球进行逐一论证。但是，我们却可以开列出一些必备的条件。需要说明的是，这些条件是必要条件，但并不是充分条件，没有这些条件肯定不能够孕育出智慧生命，而有了这些条件也并不一定就能够孕育出智慧生命。因为，智慧生命的孕育还有许多我们并不完全了解的因素。那么，首先让我们来分析孕育智慧生命所必备的恒星条件。

孕育智慧生命所依托的恒星必须符合以下几方面的条件。

（1）必须是正在进行氢核聚变的恒星。只有这样的恒星燃烧才比较稳定。

（2）大恒星系统不能孕育生命。恒星质量越大，其引力导致的内部热核反应越剧烈，恒星停留在主星序上的时间越短。例如，一颗相当太阳质量 1.2 倍的恒星在主星序上的时间仅 30 多亿年，按地球人的孕育期（即 50 亿年），这样仅仅略大于太阳的恒星都是不合格的。

（3）一颗较小的恒星周围也不可能有智慧生命的存在。恒星越小，发出的光和热也相应越小，一颗发光发热太小的恒星，其行星必须与它靠得很近才能够获得生命所需的光辉。但是，当行星太靠近恒星时，恒星的引力则会使行星的自转速度极大地减慢，从而使一个面长期面对恒星，接受恒星的烘烤，而另一个面则长期处于黑暗的寒冷之中，在这样的行星上也不可能会出现复杂生命。

另外，当一颗恒星小到只是红矮星时，红矮星表面很不稳定，经常会产生巨大的耀斑，放射对生命极具杀伤力的射线，这样的恒星系统是不适合生命生存的。

（4）一颗完全合适的恒星还必须经历数十亿年稳定燃烧的历史。因为智慧生命本身就需要几十亿年的孕育时间。

（5）由于智慧生命生存的行星必须是固体的星球，必须有碳、氮、氧、铁、硅等元素，而且生命本身就离不开碳、氧、氮等重元素。由于重元素是由大恒星生产出来的，所以只有第二、三代之后的恒星才可能孕育生命。

（6）在宇宙中存在许多双星和三合星，也就是两颗或者三颗恒星靠得很近，这样的恒星周围也不可能产生生命。因为在这样的系统中，每颗恒星都会用自己的引力干扰系统中的行星，导致行星非常不稳定。

（7）不能跟大恒星靠得很近。因为大恒星演变的晚期会以超新星爆发的形式终结自己的生命，智慧生命在还没有进化到高度文明的时候，是没有能力防范超新星爆发带来的强烈热辐射与宇宙射线危害的。另外，也不能靠近中等质量的密近双星，因为中等质量的密近双星也会形成超新星爆发。

（二）有可能孕育智慧生命的行星

有一颗合适的恒星，只是具备了智慧生命孕育的一个条件，还要有一颗合适的行星，这是孕育智慧生命必备的另外一个条件，这一条件比恒星需要具备的条件很有可能还要困难。以太阳系为例，所有的行星中仅有地球具备智慧生命孕育的条件，连各项条件很接近地球的金星和火星都根本无法满足生命生存的环境，那么，行星必须满足怎样的条件才能具备孕育智慧生命的需要呢？

（1）行星必须足够大，可以"抓住"大气。

（2）行星的大气必须是二氧化碳和氧气，并应该还有氮气。它们构成了生命的必备元素。宇宙中大量存在的是氢和氦，有二氧化碳或者氧气的行星是不多见的。

（3）行星必须是一颗以金属元素为主的星球。在天文学看来，除了氢和氦之外的重元素都被认为是金属元素，只有金属星球，才可能是一颗可供生命立足的固体岩质星球。宇宙中这样的星球是极少的。

（4）这颗行星必须是在距离恒星合适的位置。稍远，获得的恒星光辉不够，过于寒冷；稍近，获得恒星的光和热又太多，过热也会杀死生命。

（5）行星环绕恒星运转的轨道偏心率不能太大。如果偏心率太大，呈扁椭圆轨迹，近日点距恒星太近，非常热，而远日点距恒星又太远，非常冷，生命将无法在这样的环境下生存。

（6）行星的自转轴不能太倾斜。如果太倾斜，就会像天王星那样躺着旋转，因此，任何一个面都总是半年白天半年黑夜，这实际上也是半年夏天半年冬天，在夏天里阳光直直地烘烤达半年之久，温度高达数百摄氏度，在冬日里，半年时间没有丁点光线，温度低达零下 200 多摄氏度，生命在这种环境下是不适合生存的。

一颗行星上要孕育出复杂的生命还有许多别的条件，有些是必需的，有些则可能是必需的。根据对地球以及太阳系的类地行星的研究，这些条件包括很多。例如：一般认为，行星上应有水就是必需的，没有水的星球生命将无法生存。（但关于这一点现在也有不同的看法，地球生命的代谢是氧气-水体系，有人推测有些星球上的生命也许会是氮气-液氨体系，或者别的什么物质体系。）又如：具备合适的磁场可能是必需的，因为磁场能够防止宇宙射线和恒星释放出的有害射线对生命的伤害。

三、地外生命在何方

（一）地外生命有可能存在的方位

根据以上所列孕育智慧生命所需要的恒星条件和行星条件（尽管它们只是必要条件并不是充分条件），让我们来看一看太阳系周边宇宙的情况。我们不妨以 15 光年为界进行分析，因为超过 15 光年，即使我们今天最快的飞行器都要飞 10 万年以上。

那么，在这一距离范围内有 30 个恒星系统，其中有 10 个双星，1 个三合星，因此共有 42 颗单星。仅从恒星条件看，完全符合孕育智慧生命的几乎没有，勉强符合的只有距我们 11.68 光年的鲸鱼座 τ。鲸鱼座 τ 是一颗单星，与太阳一样，都是 G 型星，是一颗黄色星球，但太阳的光谱型为 G2，鲸鱼座 τ 的光谱型则为 G8，因此比太阳稍冷，而且它停留在主星系上的时间也跟太阳差不多，大约是 40 亿~60 亿年。以上条件似乎已经很符合孕育生命的恒星条件了，但是，鲸鱼座 τ 却是一颗贫金属恒星，它的金属性仅为太阳的 30%，这说明它的周围很难有固体岩质行星。

由此可见，甚至在没有考虑行星指标的条件下，仅恒星指标一项就几乎完全排除了我们周围存在智慧生命的可能。

当然，今天我们可以确定的太阳系外行星少之又少，从 1995 年第一次发现太阳系外行星以来，至今只发现了 200 多颗，而且基本上都是大质量的类似木星那样的含氢和氦的行星。就是对这些行星，我们也还远没有达到深入观测和研究的程度。2007 年 4 月，欧洲南方天文台宣布了一个发现，在距我们20.4 光年的红矮星"格利泽581"的周围发现了一颗质量约为地球 5 倍，可能有液态水存在，且可能是固体岩质星球的行星。这是迄今为止我们所发现的最类似于地球的行星，它距我们不仅较远，而且我们对其了解得也极少。

我们几乎不可能采用行星的指标去确定地外生命所在的宇宙方位，仅仅只能利用恒星指标进行研究。但有一点应该是可以肯定的，这就是行星的指标应该比恒星指标更为严苛。

（二）寻找地外生命的行动

1972 年 3 月 2 日，由美国宇航局发射的宇宙探测器"先驱者 10 号"成功升空，它的任务是探测木星之后飞出太阳系，寻找地外生命，传递地球人的信息。1983 年 6 月 13 日，它在越过海王星之后成为人类历史上第一个飞出太阳系的人造飞行器。"先驱者 10 号"上带着一张镀金铝板，镀金铝板上利用多颗中子星定位，标着太阳系与地球的宇宙方位，以及一男一女两个地球人，并采用两个圆圈表示最简单的物质分子是由两个氢原子构成的。这是一张地球人的名片，这张名片可以保存 10 亿年，它随着"先驱者 10 号"一直飞向金牛座，大约 200 万年后抵达金牛座的恒星毕宿五。

1973 年 4 月 6 日，"先驱者 11 号"随之踏上征程，它的目的地是天鹰座，大约 400 万年后到达这个星座的恒星。1977 年 8 月 20 日和 9 月 5 日，美国宇航局先后发射了"旅行者 2 号"与"旅行者 1 号"两个探测器，它们的目标分别是天狼星与蛇夫座。这些探测器都带去了地球人的信息与我们的问候。

向太阳系外发送探测器只是我们向地外生命传递信息的方法之一，更多的是通过电波向地外生命发送信息。

2003 年 7 月，在美国宇航局等权威部门的支持下，来自全球 52 个国家的逾 9 万封"电子问候"，从地球飞向 5 颗类似太阳的恒星。

早在 1962 年 11 月，苏联的叶夫帕托里亚天文台就最先向地外生命发去了问候的信息，它采用普通的电报码向宇宙深处发出了"和平、苏联、列宁"的简单词。

1974 年 11 月，在波多黎各阿莱西博，目前全世界最大的射电望远镜落成。为了表示庆祝，用这台望远镜向武仙座 M13 球状星团发射了长达 3 分钟

101

的电报问候。此后，叶夫帕托里亚天文台又分别于 1999 年和 2001 年两次向地外生命发去问候，而且还将一场电子琴音乐会的演奏发向了太空，希望地外生命也能听到地球人美妙的音乐。

人们对地外生命一直都有浓厚的兴趣，不仅热衷于把我们的信息发送给外星人，同时也千方百计希望获得地外生命的信息。

2003 年 3 月，美国科学家从数十亿个宇宙无线电讯号中筛选出 150 个，采用阿莱西博天文台的天文望远镜，对这些信号源进行了连续三天的观测，但其结果并没有告诉我们地外生命的确切信息。1960 年 5 月，美国天文学家实施了一项"奥滋玛"的观测计划，他们用射电望远镜对准鲸鱼座 τ 连续观测了 3 个月，但一无所获。

几乎每个天文台都将探寻地外生命作为自己的工作内容之一，但是至今为止都没有获得地外生命存在的任何可靠的证据。

我们知道，UFO 现象始终是一个尚未解开的谜团。自古以来我们都有不明飞行物的记载，关于这些不明飞行物，许多人都认为是地外生命造访地球的证据，但却没有任何人有足够的证据证实自己真的见过外星人。

当然，也有人声称见过外星人，甚至被外星人劫持过。但仔细分析便可以发现，几乎所有声称被外星人劫持者或者与外星人相处者，都是社会中下层人士，或者是知识水平比较低的农民与市民。难道高度智慧、且可以实现恒星际旅行的地外生命，在横越百万亿千米的茫茫太空后，仅仅只是单一地愿意与这样的地球人打交道吗？理智地分析，像这样的事件应该是虚假的成分远多于真实的成分。

四、对地外生命的再认识

虽然我们现在还没有确切的地外生命造访的证据，虽然我们深知智慧生命孕育条件之苛刻，但是应该肯定，宇宙中一定会有智慧生命的存在，理由是我们的宇宙极其浩瀚，即使概率再小的奇迹都会有可能发生。

试想，按现代天文学的观察与推测，银河系拥有 2000 亿颗左右的恒星，宇宙中又拥有 3000 亿个星系，那么，宇宙中的恒星便可达百万亿亿颗之多。自 150 亿年前宇宙诞生以来，恒星的演化至少已经有四五代以上（第一代恒星系统不可能孕育生命），如此漫长的年代里，如此多的机会，即使智慧生命孕育的条件再苛刻，也不可能仅仅只诞生我们地球人类一种智慧生命。

然而，即使这样，地外生命造访地球的可能性也不大，威胁地球人的可能性更小。其理由还是智慧生命孕育的条件实在太苛刻，在距我们地球数十、数百甚至数千光年范围之内的星球上孕育出智慧生命的可能性都是极小的。而且这样的智慧生命如果真的出现的话，他们旅行至地球的可能性同样极小。因为，如此遥远的距离，按今天人类所知的手段，许许多多的问题都无法解决。

仅就解决星际旅行所需要的动力就是一个大问题。阿波罗登月计划的宇宙飞船只有40多吨，但运载火箭的发射质量却超过2000吨，多出的部分基本都是推进剂燃料。也就是说，需要30多节列车车厢的推进剂才能把40多吨的飞船送到月球。可是月球离我们才38万千米，而距我们最近的恒星比邻星都要比它远1亿倍以上。

同时还必须考虑，恒星际飞行需要数十万、数百万甚至数千万年的时间，在这样的旅行中，有一系列的技术、生理、心理的问题需要解决。而且，作为智能人，要进行这样的旅行也缺乏足够的动机，因为，在这样的旅途中将会伴随数万代甚至数百万代生命的再繁衍、再进化。实现这样的造访，其意义与付出很难相匹配。所以，如果这些智能人真的存在，最大的可能也就是和我们地球人一样，向地球发一个探测器，或者发一个电子邮件，以满足他们的好奇心而已。

当然，一定会有人提出相对论中那个关于时间与速度的公式。那么，如果爱因斯坦的这一公式完全正确的话，则能更进一步证明这种太空超长距离的旅行的不可能，因为根据这一公式我们可以看出，时间、速度与重量的关系是相互关联的，当物体接近光速时，时间变得极慢，但是，物体的重量却会变得极大，当运动速度达到光速时，物体的重量会达到无穷大。也就是说，人类想要进行这样的旅行，在速度还远没有达到光速时，自己的骨头就把自己的身体压碎了。同时，也没有任何动力能够加速如此重的飞船——这一点已经从高能粒子加速器在加速基本粒子的试验中得到证实。加速器在加速一个质量极小的基本粒子时，速度越快，增加能量后能够提高的速度越少；当接近光速时，再怎么增加能量，速度也不能继续提高而达到光速。

我们还常常从科幻电影中看到通过"虫洞"实现时间旅行的故事。那么我们是否真的可以实现这样的旅行呢?

虫洞是根据广义相对论和量子理论提出的一个推论。按照这一推论,可以将时间和空间卷曲,因而能够在遥远的距离之间创造或者找到一条极近的途径;在相距遥远的未来或者今天与过去之间,能够创造或者找到一个快速到达或者反向到达的时间。由此,人们提出了时间旅行,以及制造可以随意改变距离和时间的时间机器的设想。

实际上,虫洞还是一个很不成熟的推论,根据虫洞的设想,许多问题都无法解释。例如:虫洞允许旅行到过去,所以有人提出,如果一个人旅行到过去,在自己的母亲还没有生出自己来就将其杀死,会是怎样的情况呢?又如:虫洞允许宇航员在还没有出发时就已经回到了地球,这显然是违背逻辑的。

在这方面一直走在学术最前列的霍金,在《时间简史(插图本)》一书中也坦言承认,时间旅行的可能性是一个还没有结论的问题。

近百年来,我们一直致力于在地球这个经历了数十亿年沧桑的生命星球上找寻地外生命留下的确切痕迹,结果都是否定的。

既然 38 亿年前地球就有能力孕育简单生命,也就说明那时的地球已经具备了生命生存的基本条件,如果地外生命想占领地球,想向地球殖民,或者想到地球旅行度假,也早该来到了地球。

我们知道,宇宙诞生于 150 亿年前,考虑在宇宙形成的初期,最早的一批恒星系统不可能有孕育生命的条件,那么,有条件孕育智慧生命的第二代恒星系统最晚在 100 亿年前也应该出现了,再考虑智慧生命的孕育需要 50 亿年的时间,因此,宇宙中最早的智慧生命在 50 亿年前早该诞生了。

50 亿年对于一种智慧生命的发展是一个极其漫长的时间,在如此漫长的岁月中,不论怎样的技术手段都应该能够创造出来,为什么地外生命一直没有造访地球呢?可能的原因只有两点:

其一,宇宙的固有自然规律决定了恒星际的长距离旅行本来就需要极其漫长的时间,并且要克服极其困难的条件,以至于任何智慧生命都不可能逾越这一规律,去进行长距离的恒星际旅行。加之智慧生命诞生的条件又极其苛刻,只可能是极偶然地出现于宇宙中的极少数个别星球上,这就决定了离地球再近的外星人星球，距地球也是足够的遥远，使得任何地外生命都不可能具备造访地球的条件。

其二，当自然孕育出任何一种智慧生命的同时，很可能同时也赋予了这些智慧生命固有的缺陷，这种固有的缺陷，使得任何地外生命还没有来得及实现长距离的恒星际旅行之时，就自我毁灭了。也有可能地外生命会因某种原因主动停止发展太空飞行的技术，因而始终没有获得恒星际旅行的能力。（关于这一点，本书后面的章节中还有阐述。）

虽然外星人入侵地球的可能性极小，几乎可以肯定应该忽略不计，但是，还是不应该回避这一问题——有两点思考可供参考：

第一，任何大的事件的发生事先都有征兆，地外生命的入侵也应该有先兆，我们会有相应的准备时间。这是专门针对地外生命特定的准备，兵来将挡，水来土掩，自古如此。静观变化，从容应对，誓死捍卫地球家园，也许是我们唯一能做的。

第二，在今天的现实生活中过多地研究外星人入侵，或者为防止地外生命入侵做过多的准备，是一件非常愚蠢的事。因为，如果真有地外生命入侵，我们今天毫无目标的所有的准备都会是白费工夫。我们知道，人类历史不过5万年，进入工业社会并致力于科学技术的发展仅200多年的时间，而今天的科学技术已经达到了极其发达的程度，真正有实力入侵地球的外星人，其文明程度应该比地球人领先数十亿年，数十亿年的差距，怎能够用千年、万年或者亿年追赶上?! 并且我们根本不知道对方拥有什么、使用什么，这样的准备和追赶完全是无的放矢。况且，38亿年前地球就具备了生命生存的环境，但38亿年来一直都没有地外生命造访的先例，而数万年对于人类都是十分漫长的岁月，面对一个数十亿年都不可能确定的威胁去准备和投入实在没有这种必要。

另外，在这里要特别强调的一点是，我们一直致力于观测地外生命，又一直在向太空发送信息，并将多个探测器送出了太阳系，带去了人类的信息。其实，这样的行为是不理智的。应该说，观测地外生命的信息并无什么问题，但是，向地外生命发送信息很有可能就会给我们惹来大麻烦。

根据之前的分析，地外生命来访地球的可能性极小，这一结论意味着两个方面的问题：一方面，如果真的联系不上地外生命，我们所有的努力都只

105

是徒劳，我们所有为此投入的巨大资金都是纯粹的浪费，假如说只是为了满足好奇心的话，这样的代价也太高了些。另一方面，如果地外生命真的能够接收到我们的信息，并借助不知比我们先进多少倍的科学技术来造访地球，等待我们的极有可能是整体灭绝的命运。

曾有人说，只允许我们探测外星人的信息，而我们不把信息发送给他们这样不够道德。持这种观点是非常幼稚的，我们观测地外生命的信息只是出于好奇，或者纯粹出于善意。然而，我们却根本不可能了解地外生命对我们是持何种态度。

根据人类以及动物界的生存规律可以判断，强者总是会蔑视并欺凌弱者，高文明者总是鄙视低文明者。一种可以造访地球的高文明生物到达地球时，多半不会把我们当"人"看（况且我们本来就不是同一物种），随意杀戮我们，甚至把我们当成他们的食物都是极有可能的。如果真的到那一天，我们人类的末日也就降临了。

第五节　进化规律的威胁

一、遗传、变异与进化

一个男人可以产生精子，精子是细胞；一个女人可以产生卵子，卵子也是细胞。当一个精子细胞同一个卵子细胞结合时，一个新的细胞便形成了，这就是受精卵。受精卵作为一个细胞可以分裂成两个与自己完全一致的细胞，这两个分裂的细胞各自再分裂，变成四个与自己完全一样的细胞，然后四个又分裂成八个，就这样一再分裂，最后形成了一个活生生的人。

生命的形成是细胞分裂的结果，人是如此，任何生物都是如此。那么，为什么人又各自不同，动物个体千差万别，每种植物千奇百怪呢？决定生物特性的秘密就藏在生物细胞的内部。

在细胞中有一种称为脱氧核糖核酸的物质，即 DNA，它的基本单位为脱氧核苷酸，生命的遗传密码正是存在于 DNA 中。简单划分，细胞的结构由外围的细胞质与中心的细胞核组成，在细胞核中有一种十分重要的物质，这就是染色体。染色体是 DNA 的携带者，它总是成双成对地出现，一半来自父本，一半来自母本，因此，生命的性状一半由父本决定，另一半由母本决定。我们人类一共有 23 对染色体。

DNA 分子是由两条长链组成的双螺旋结构，就像一个螺旋形的梯子拧在一起。梯子的扶手由磷酸和脱氧核糖组成，这是 DNA 的主干；横档由碱基对组成，生命的遗传密码就刻在梯子的横档上。我们通常所说的决定生命性状的"基因"则是 DNA 的各个片段。根据人类基因组计划的初步成果，估计人类的基因有 3 万至 3.5 万个。

DNA 双螺旋的两条长链，其结构组成是完全一致的，但方向则是反向的，即两条链的首尾是反向的，它们呈右手螺旋状缠绕在一起。在细胞分裂时，DNA 分子的两条长链被拆分开来，形成两条单独的链，每一条链与其他的脱氧核苷酸形成配对，组成一个新的双螺旋，这种新的双螺旋与原来的双螺旋完全一致，因此便有了两条与原 DNA 一模一样的 DNA 分子，这就是DNA 的自我复制功能。

我们说 DNA 在自我复制时，新形成的双螺旋与原来的双螺旋完全是一模一样的，这样的复制结果几乎百分之百的准确。然而，所有的事都不是万无一失的，在无数次的复制中极其偶然地出现一次复制的错误也是可能的，这种情况称为"变异"。

我们在牧场有时会发现，牛、羊产的崽偶尔会出现一个怪胎，这就是动物的变异。在庄稼地中，偶尔也会发现一株与众不同的庄稼苗，这也是变异。这种现象在人类中也会出现。

事实上，一切生物都有变异现象，有些变异能遗传给下一代，有些则不会遗传。变异大多数对于生物是不好的事，它所产生的个体比正常的个体生存能力差。例如我们所说的癌症，就是身体细胞中出现不利变异的结果；我们所说的放射病，就是高能射线穿入细胞核，破坏了细胞核中 DNA 结构，从而产生变异的结果。

在生物的变异中，也会极其偶然地出现一次变异个体不仅生存能力不差，反而更加强壮的情况，如果这种变异可以遗传，一个更具生命力的群体便形成了，这就是我们所说的进化。地球从早期出现最原始的生命后，发展到今天，万物争鸣，生机勃勃，就是进化的结果，我们人类也是进化的产物。

生物也有反向进化的情况，这就是不利的变异成为一种生物的普遍现象，而且这样的变异还可以遗传。这种情况也可称为退化，退化会导致这一物种越来越不适应环境，越来越没有生存能力，在经过一段时期的挣扎后就会灭绝。

任何物种都处在进化之中。根据进化论的观点，地球上的一切生物都源于同一祖先，这些原始生命由于处在不同的环境中，发生了不同的变异，于是分化出动物、植物和真菌。这些生命继续进化，强壮者生存下来，弱小者则被淘汰，这一规则被称为"物竞天择、适者生存"，或者称为自然选择规律，这是进化论的一条最重要的规律。

二、物种灭绝的原因

目前，世界上记录在案的生物物种约有 200 万种动物，27 万种植物，3.5 万种微生物，加上还没有记录在案的物种。科学家估计，生物物种总数应高达 1000 万至 3000 万种。但是，地球上曾经存在过的物种比这要多得多，基本可以肯定，今天地球上的物种数量还不到曾经存在的物种数量的 1%，而其他 99% 以上的物种都已经灭绝。

过去地球生物的大灭绝都是自然力量主导的结果。地球上的生命已经存在了约 38 亿年，其间虽然经历了多次大的灭绝，但是生命从来没有间断过。从寒武纪生物大爆炸以来，地球生物经历过五次大灭绝，最大的一次集群灭绝事件发生在 2.5 亿年前的二叠纪与三叠纪之交，当时有 90% 的水生生物与 75% 的陆生动植物消失了。这也说明，在灭绝事件中也还有不少的物种保存了下来。

由此可见，地球自有最早的生命以来，其环境从来没有恶化到使所有的生物都无法在这里生存的程度，即使在生物大灭绝时期，也只是部分生物不能适应当时的环境。

通过对物种灭绝进行研究可知，物种的灭绝总跳不出以下三个因素。

（1）环境因素

环境因素是指由于自然环境发生变化导致物种的灭绝。地球的环境受多种因素的左右，例如火山、小行星或者彗星撞击、地磁消失、全球的周期性气候变冷或者变热等等，这些都能够使地球的环境发生很大的变化。在环境变化后，一些生物本身就能适应新的环境，还有一些生物虽然并不能适应新的环境，但在环境缓慢变化过程中，进行了适应环境的相应进化，这样的生物便能生存下来。如果以上两个条件都不具备，这一物种就必然会灭绝。

环境因素是物种灭绝的最主要因素，尤其是在大规模集群灭绝中，环境因素的作用更加突出。在对五次生物大灭绝进行研究后发现，每一次大灭绝的主要原因都在于环境因素，即自然环境的变化。

自然环境大的变化导致集群灭绝，其原因是很好理解的，因为一般的生物其身体都裸露在自然环境下，对自然环境非常敏感，自然环境大的变化必然导致一部分生物无法适应新的环境，尤其是在环境剧变的情况下，其灭绝作用更加显著。

（2）物种竞争

物种竞争是指强势物种淘汰了弱势物种引发的灭绝，或者因为相互依存物种的减少和灭绝而引发的灭绝。物种竞争也包括物种的种内竞争导致的灭绝。

物种竞争一般只作用于常规灭绝，不会因此导致集群灭绝。

（3）物种退化

物种退化是指外部环境没有发生变化，或者没有发生有可能影响物种生存的变化，但某些物种却发生了不利于继续在这一环境下生存的变异，而且这种不利变异是可遗传的，并且是这一物种整体的变异。

当一个物种的退化形成一种不可逆转的趋势后，这个物种将会越来越难生存，不断遭到淘汰，以至最终灭绝消失。物种退化一般作用于常规灭绝。

三、进化规律对人类的威胁

进化规律作用于任何物种，也包括人类。那么，所有的物种都在接受无情的进化规律，并呈现出有生有灭的现象时，这是否预示着人类最终也将会因自然力量的作用而走向灭绝呢？

（1）环境因素对人类的威胁

普通生物适应环境的方式是非常简单的，由于完全处于裸露状态，如果全球气候变冷，动物的进化方向肯定是皮变厚、毛变长；如果全球气温变暖，动物的进化方向必须是皮变薄、毛变短，如果不能完成这样的进化就会被灭绝。

同时，物种之间存在食物链关系，一个物种灭绝必然会导致一批以此作为食物的物种减少和灭绝。因为动物对食物的加工方式仅仅只有嘴的咀嚼，所以不可能将一些不能食用的物种变得可以食用，虽然消化系统也可以进化，但能够完成这种进化的物种只是少数。动物获取食物的途径完全是大自然的简单赐予，不可能对食物进行家养和驯化，大自然的些许变化对动物的食物获取都会造成很大的影响。

人类已经从根本上摆脱了动物的处境。由于人类的智力已经达到了一个绝对的制高点，并掌握了任何物种都望尘莫及的科学技术，因此，人类在与自然环境打交道上采取的是一种完全不同的方式。

人类已经完全摆脱了必须依靠裸露的肢体适应自然环境变化的处境，这一点早在许多万年之前人类学会将兽皮披在身上、采用火来取暖时就已经有了根本的改变。然而，今天一切变得更加无比乐观，我们完全可以通过增减衣服适应室外的气温变化，在室内更是可以通过火炉、暖气和空调调节温度，在极高或极低温度的环境还可设计出特殊的服装和设施开展工作。

而从环境对人类食物的影响看，粗略算来，我们的优势也是任何动物无与伦比的。早在数百万年前人类便可以利用石头砸碎坚果吃食其中的果仁；而后又学会使用火，使一些不能生吃的食物变得可以食用；一万年前人类学会了驯养家禽、"驯化"植物，由此已经远远超过其他动物。

但是，这一切早已不能与今天的人类相比，现在我们可以通过温室大棚在严寒的冬季吃到各种新鲜蔬菜、水果和粮食；可以通过改变农作物的基因，培养出抗寒、抗暑、抗旱、抗涝、抗病虫害的粮食作物；至于对所食用的各种动物的圈养，更是可以让那些家禽、家畜享受夏日的荫凉和冬日的温暖。

同时我们可以看到，人类属于杂食物种，植物和动物都可以成为其粮食，生吃和熟吃都能够接受，这就使得人类在应对自然环境变化时，面对自己的食物问题显得更加能够把握。

那么，是否环境变化对人类就没有决定性影响呢？当然不是。实际上，本章的前面几节所讨论的大部分都是有关环境对人类的影响，宇宙的威胁、太阳系的威胁以及地球的威胁，这一切对人类造成的威胁基本都是环境的威胁。但是，能够导致人类整体灭绝的环境威胁，必定是足以导致全球生态遭受彻底崩溃的力量，而远非是一般意义的环境变化。那么，最近的一个人类利用今天所掌握的手段确实无法逃避的灭绝性威胁，便是太阳演变成红巨星，然而，那是一个极其遥远的威胁，今天考虑那个威胁实在为时太早。

（2）物种竞争对人类的威胁

强大的恐龙曾经长期统治地球。我们不妨作这样的假设，如果在今天，地球上同时生存着人类和恐龙，是恐龙统治人类还是人类统治恐龙呢？我想答案是十分明确的，一定是智慧的人类统治庞大的恐龙，而不会是相反。

一个赤手空拳的人，在野外别说遭遇恐龙，即使遭遇一只狼，恐怕都会被它撕碎。然而，群体的人类，尤其是掌握了高科技手段的高度智慧的人类，其强大却是无与伦比的。

完全可以肯定，今天地球上的任何物种在生存竞争的道路上都不可能灭绝种群数量达60多亿的人类，而从进化的角度看，人类也决不会允许任何别的物种进化发展到足以对自己的整体生存构成威胁的地步。这一点对于动植物的威胁是自不待言的，因为地球上的动植物都在人类的掌控中，也许它们

111

较小的发展与变化甚至较大的发展与变化人类都难以察觉，但这种发展与变化大到可以较大地威胁人类的生存时人类是一定会被发现的，而且人类凭借其强大的力量完全有能力控制其发展。

对于生物进化的威胁，掌控难度最大的是微生物，这是因为微生物极其微小，且数量极其巨大，一种新的病毒和病菌完全可以出其不意地攻击人类，其中最可怕的就是恶性传染性疾病。

但是，从我们今天所掌握的传染病防控与诊治手段看，完全可以将其控制在一个有限的范围内，并使之不至于对人类造成太大的伤害。

关于这样的能力是有事实作为依据的。中世纪后期的黑死病曾使欧洲一半的城市人口死于非命，但米兰却免遭了这一劫难，因为米兰主教命令，凡一家有得病者，不论死活，都用围墙将其房屋围住，并一律埋掉。以后科学发达后知道这一有效办法就是隔离，是防止传染病流行的最有效的手段。

2003 年，在中国爆发了一种极具传染性，且死亡率极高的恶性传染病SARS。由于交通的发达，仅 2 个月时间该病就传遍了五大洲的 30 多个国家，人们谈 SARS 色变。但各国采取有力的检查与隔离手段，在并没有有效的药物治疗的情况下，只用五六个月时间就遏制了 SARS 的传播，最终传染人数不到 1 万，死亡人数不到 1000。如果这是在 100 年前，其危害必定会超过今天上万倍。

事实上，目前我们掌握的抗生素等药物已经可以在很大程度上医治多种新的疾病。当时对 SARS 的治疗完全采取的是头痛医头、脚痛医脚的办法，虽然远不能称为特效，但也能够应急。由此可以肯定，有上述我们已经掌握的现代手段，微生物通过进化带来的疾病虽然必定给人类造成死亡与危害，但不至于灭绝人类。

（3）物种退化对人类的威胁

这里说的物种退化指的是人类自身的退化，也就是说，人类会不会因为不可抗拒的自身基因变异，退化为完全不适应再继续生存下去的物种，从而导致灭绝呢？例如，不能再继续繁衍；或者智力变得越来越愚笨，最后演变成普通动物一样的物种，并因此而灭绝；或者还有一些别的什么不利于继续生存下来的退化。

根据进化论的原理，使用越多的器官会进化得越发达，人类是唯一主要用脑去适应环境的生物，由于对脑的大量使用，人类的智力必然越来越发达，这一结论从理论上是完全受到支持的。而且就创造力而言，事实上人类的创造力过去一直呈增长趋势，至今还看不出任何停滞和倒退的迹象。只要智慧不发生大的退化，人类就完全有条件继续主宰地球，并比其他物种更能适应各种环境。

其实，即使万一人类在未来的某一天出现智力的退化，甚至身体的许多重要方面都出现退化也不可怕，以今天我们掌握的基因再造技术作为基础，只要稍加发展，人类完全可以拯救自己。所谓基因再造技术，就是采用酶将DNA上的基因进行剪切、粘贴与修复，从而按照自己的意愿创造出符合自己要求的生物。这一技术目前已经得到广泛的应用，科学家可以把棉花变为红色、黄色、棕色，可以培育出无籽西瓜与无籽葡萄，可以让青蛙长出六只眼，可以让老鼠不长尾巴。这一切都是基因再造的结果。

只要愿意，人类完全可以在不久的将来对自己的基因也进行再造。尤其是今天我们已经看到，人类基因组计划正在对人类DNA的30亿个碱基对以及由此组成的3万多个基因进行全面的研究、排序，并已取得初步成果，在不远的将来，就会将人类的所有基因结构，以及所代表的人类生命密码完全摸清。那么，只要在此基础上稍加努力，便可以随意、自如地再造人类自身。

我们十分欣慰地看到，仅用今天人类掌握的各种技术，就已经成功地拯救了许多濒临灭绝的物种。例如：英国科学家启动了冷冻储存濒危生物物种DNA的计划；中国科学家对濒危植物紫杉进行了成功培育，并成功保护了濒危动物大熊猫，等等。

有一点是可以明确的，任何物种的变异，都不会同时出现整体跳跃式突变，如果有一天人类真的发现自身的基因开始出现退化，完全有能力依靠早已掌握了的生物工程技术，成功地阻止这种不利变异的蔓延，而且也有完成这些工作的准备时间。因此，物种退化的因素不可能导致人类的灭绝。

综上所述，以太阳在50亿年后演变为红巨星为界，在这之前自然界并不存在我们无法应对的灭绝人类的因素。因此，仅从自然给予人类的机会而言，人类还有极其漫长的未来。这一点从其他物种的生存历史所获得的启示也可得出相同的结论。比如：6500万年前，恐龙以其强大在地球上生存了1.6亿年。人类比恐龙还要强大得多，智慧的人类再也不用赤身裸体地面对自然气候的变化，再也不用赤手空拳与猛兽搏斗，对食物的获取再也不是仅仅靠大自然的简单赐予，而是主要靠创造性地获得，如此强大的人类其生存能力比恐龙要强得多自然是理所当然的。而人类完成其进化仅仅 5 万年，相对恐龙其历史只是刚刚开始，还能够拥有亿万年的未来的这一结论，其简单的逻辑推理也应是情理之中的。

第四章　普遍认定的自我威胁

人类的自我威胁是与外在威胁对应的。它是危及人类的另一半因素。人类是一种智慧型动物，同时又是一种情感性动物，我们有能力辨别许多复杂事物，但又很容易受自己的情感左右而做出非理性的事来，从而影响自己价值的实现。

关于自我威胁我们自己一直都有认识，但这些认识远远不够深刻和客观。这里所阐述的自我威胁，只是人们已经普遍认识到了的部分，我们可以通过对这些因素的分析获得启发，寻找出真正对人类的整体生存构成重大威胁的自身因素。

第一节　自相残杀

人类的智慧早已远高于任何动物，但却保留了动物的许多不好的特性。尤其是种内竞争、自相残杀的动物特性，在人类身上同样有着突出的表现。而且，人类的自相残杀不论从杀戮规模还是杀戮的残忍性都远高于任何动物。战争与犯罪杀戮便是人类自相残杀的主要形式。

一、战争

稍有常识的人都知道，自有人类以来就有争斗，自有人类社会以来就有战争。只要翻开历史书，从头到尾都是战争，人类的远古传说是战争，有文字记载的历史也充满战争。因此，人类社会与战争相生相伴是一个基本的历史事实。

根据进化论的思想，物种都有种内竞争，动物争斗往往斗不赢的一方见势不妙便逃之夭夭，胜者一方不会穷追不舍，也可能有死亡，但那只是个别情况。人类的争斗显然有别于动物，由于人类的智慧远高于动物，常常会把这种同类竞争发挥到极致。人类会合理地预测未来,对敌人常采取先发制人的攻击;人类会根据敌人的力量,组织优势的兵力参与战争,战争群体的规模远不是动物可以比拟的;人类会制作武器,杀戮的手段要远远超出动物的嘴咬爪抓;人类有远超过动物的复杂心理,许多仇恨世代传承,难解难消。

当然,人类也是由普通动物进化而来的,最早的争斗与动物并无多少差别,随着人类社会以及科学技术的发展,于是便有了战争。

总结人类战争的发展历史,可以将战争的基本发展趋势归纳为三点:一是战争的规模越来越大;二是战争的残忍性越来越高;三是战争的武器越来越先进。

由于有文字记录的历史只有约 5000 年,最早的战争规模有多大只能凭经验估计。一个部落充其量不过几千人,战争的规模一般应该只有几百人,顶多可能也不过千人左右,这时的战争如果死伤一二百人可能就是天文数字。

但国家形成后情况便大不相同了,最早的城邦国家一般为三五万人,能够调动的参战人员应该可达数千,也许大的城邦可以使参战人数达到上万,因此,大的战争双方投入的军队总人数便能超过万人以上,战争的死伤应该可达千人以上,如果死伤只有一二百人,这便是一场并不激烈的战争。

国家规模在不断扩大,战争是很重要的原因。战争的目的除了抢夺财富之外,更重要的是征服与兼并,统治者希望通过这样的征服与兼并扩大国家的规模,因为国家规模越大,便意味着实力越强、财富越多、资源越丰富,这本身就决定了下一次战争的制胜能力。而随着国家规模的不断扩大,战争的规模自然也就越来越大,越来越残酷。

2000 多年前,秦始皇统一中国的战争各方投入的军队数量超过百万,战争中死伤人数以十万计。亚历山大的东征,各方投入的军队数量也达到了数十万。

由于战争是生死攸关的大事,任何国家都会把最先进的技术首先用于战争。最早的战争发生在新石器时代,人们用于战争的是石刀、石斧,弓箭的箭头采用的也多是燧石。进入青铜时代后,由于青铜稀少,真正用于农业耕作等生产领域的青铜并不普遍,但青铜却广泛用于战争,剑、矛、盔甲许多都是采用青铜打造。同样,车轮发明之后,战车也就随即在战争中采用了。

秦始皇与亚历山大时期,铁的冶炼技术已经比较发达,当时的刀、剑、矛、箭头、盔甲都普遍采用了铁，攻城采用云梯、冲车，战车被大量使用。

在漫长的冷兵器时代，战争不仅表现出了规模越来越大、越来越残酷，以及武器越来越先进这样的基本趋势，而且还表现出了时间越来越长这一冷兵器时代独有的特点。

冷兵器时代，由于战争武器的效率非常低，一刀砍下只能杀伤一人，弓箭命中后也不过死伤一人，加之交通工具最快的只是战马，马奔跑的速度有限，途中还要休息、吃草、饮水，战斗向前推进的速度便必然会受到限制。随着战争规模的不断扩大，武器的低效率和交通工具的低速度，决定了一场大规模的战争持续的时间必然会很长。如十字军东征历时近200年，而蒙古人的征服则连续不断地打了90年。

随着火药被广泛地应用于战争，战争的特点便发生了许多相应的改变。这种改变是逐步发展的，如果只用火铳、石弹炮，或者铅弹炮、铁弹炮，战争特点的改变也不会很大。当火炮采用爆炸弹后情况就不一样了，因为爆炸弹可以杀伤一片，而且炸弹又不能保准不落入平民区，因此，战争的平民伤亡和武器的杀伤效率便大大提高了，这就决定了战争变得更加残酷，战争的时间则缩短了。

从战争史的记载我们可以看到，进入火药时代之后，即使大规模的战争，时间也不过二三十年，那种长达一二百年的战争再没有出现。

工业革命后，科学成果与技术发明大量涌现，这些发明创造自然总是优先用于战争，战争除了残酷性与短期性表现得更加明显之外，其规模迅速扩大。

在人类纪元进入20世纪后，世界大战的技术条件完全成熟了：1844年电报被发明，1876年电话被发明，于是世界大战的通信条件已经具备；1886年汽车被发明，1903年飞机被发明，于是世界大战的交通条件已具备。当这些条件都具备之后，按照人类的本性，世界大战也就非打不可了。

1914年7月爆发的第一次世界大战，被卷入的国家达33个，涉及全球各大洲，受战祸波及的人口达15亿，占当时全球人口的三分之二以上。在"一战"中，交战双方动员兵力达7300多万，直接参战部队2900多万，死亡人数1000多万，受伤人员2000多万。如此大规模的战争又造成如此大的伤亡，要是在冷兵器时代至少要打100年以上，但第一次世界大战只打了4年多。

117

在"一战"结束后仅21年，规模更大、更加残酷的第二次世界大战就爆发了。"二战"共进行了6年，参战国家达60多个，殃及人口17亿，全球各大洲都被战争波及。战争中，双方动员军力达1.1亿，因战争死亡5500万人以上，受伤人员超过了死亡人数，从战争规模到伤亡人数都再次创下了空前的纪录。战争中除了广泛地采用枪、炮、坦克、军舰、潜艇、航母之外，化学武器、生物武器和核武器都被采用。战争的残酷性表现为大量的平民被杀，战争总的死伤规模空前，战争的后遗症严重。

"二战"之后虽然再没有爆发世界大战，但局部战争始终不断，因战争死亡的人数已经超过2000万，这一数字相当第一次世界大战死亡规模的2倍。

由于科学技术的继续发展，人类已经可以飞上太空；核武器早已不是停留在研制阶段，掌握核武器的国家也早已不是美国一家，按简单计算，全世界的核弹头其爆发威力可以多次毁灭人类；随着基因工程的发展，基因生物武器也随之出现，且甚至比核武器的杀伤力和危害性还要大；而各种精确制导导弹则可以把这些有着巨大毁灭力的弹头发送到地球的各个角落。

仅以现在的战争技术手段而言，如果真的爆发第三次世界大战，战争规模必定更大，战争残酷性必定更高，战争周期必定更短，而且，战争几乎可以肯定会被引入太空。如果核武器和基因生物武器都用于战争，死伤人数应该是以数十亿计，而且能够在几个月甚至更短的时间内完成这样的毁灭。

二、犯罪杀戮与恐怖主义

犯罪杀戮可以分为多种情况，如谋财害命、仇恨报复等。恐怖主义则是犯罪杀戮的一种极端形式，它不仅具有杀戮规模大的特点，而且对社会秩序的破坏作用非常大。尤其是在当代历史上，恐怖主义对世界的危害性已经变得越来越严重。因此，在这里阐述犯罪杀戮时，将主要讨论恐怖主义。需要说明的是，有些恐怖主义行为很难区分是战争还是犯罪（如一些涉及集团对立而进行的有组织的恐怖袭击事件），但为了便于叙述，这里不妨将其统一划分在犯罪杀戮一类。

自有人类社会以来就有恐怖主义，历史上经常出现的行刺事件就可归类于恐怖主义，但恐怖主义却远不止是采取刺杀手段，爆炸、劫持人质、武装袭击等手段都是恐怖主义者常采用的手段。

　　造成大规模伤亡的恐怖袭击在古代并不多见，准确地说，大规模的恐怖袭击频繁地发生，只是近几十年的事，特别是近十多年来，不论是参与者的人数之多，还是造成的伤亡规模之大和袭击之频繁，都突然变得非常严重，而且恐怖主义已经成为影响世界安全的主要因素之一。

　　分析恐怖袭击的案例，我们发现，当代恐怖主义主要表现出以下四个特点。

　　①寻求最大的杀伤、最大的轰动。往往恐怖主义者所实施的恐怖袭击总是力争尽可能多地杀死无辜平民，并希望这样的恐怖袭击产生巨大的轰动效应，而且越大越好。

　　②采用最极端的手段。只要恐怖分子有能力获得杀伤力最大、方式最残忍的手段，便是他们袭击时的首选手段。

　　③恐怖分子置个人生死于不顾。许多恐怖袭击采取的是自杀式攻击的方式，袭击者根本不考虑自己的生死。

　　④违背人类道德公理，目标对准最弱小者。往往只要稍有良知的人都认为应该保护的对象，却反而成为恐怖分子杀戮的首选。

　　在著名的"9·11"事件中，19名恐怖分子在美国同时劫持了四架民航飞机，分别用两架撞击了纽约世贸中心大楼，使这座纽约最高建筑轰然倒塌；另一架则撞击了美国国防部所在地五角大楼；还有一架原计划撞击总统府白宫，但中途因不明原因坠毁。袭击造成3000多人死亡和失踪。

　　东京地铁投毒案，邪教组织奥姆真理教在地铁高峰期将沙林毒气释放入地铁，导致5500人受伤，12人死亡。

　　2004年9月，30多个车臣恐怖分子在俄罗斯北奥塞梯的别斯兰市第一中学，趁新学期开学之机，劫持了1200多名人质，在这次绑架事件中，恐怖分子共杀死330多名人质，另有500多人受伤，伤亡者大部分都是儿童。

　　恐怖袭击的起因主要在于政治目的和金钱类的经济目的，以及仇恨与心理变态，其中以仇恨、心理变态和政治目的的恐怖袭击最为残酷，规模最大。

　　可以导致恐怖袭击的仇恨，有对个别人的仇恨，也有对社会的仇恨、民族的仇恨、宗教的仇恨和国家的仇恨。以仇恨为目的的恐怖袭击，有时又与恐怖分子的心理变态有关，典型的如对社会的仇恨往往就是因犯罪者的心理变态所致。那么，这类恐怖袭击通常只是个别人单独的行动，在实施恐怖袭击时很少有大规模的集体组织，犯罪者或者拿刀在大街上砍杀、或者劫持飞机、或者炸毁大楼，但这都是孤立的事件，虽然危害很大，相比其他有组织的恐怖袭击一般危害性则小一些。

然而，即使这样，如果犯罪者一旦获得特殊的杀戮武器，这种孤立的恐怖袭击便会随着武器本身的毁灭能力的增强，使破坏性变得非常大。因为这些恐怖分子都是亡命徒，他们袭击的动机常常是要以自己的生命报复整个社会，他们的仇恨已经演变成了不顾一切地毁灭可以毁灭的所有一切的冲动。极端地说，如果他们能够掌握一种可以毁灭全世界的手段，这种手段一定是他们最愿意也是最优先采用的，因为他们仇恨的是整个社会和整个世界。

国家、宗教和民族仇恨往往与政治目的联系在一起，犹太人在建国之前，在巴勒斯坦地区频繁地制造恐怖袭击事件，其恐怖袭击的动机既有民族与宗教仇恨，也希望以此引起国际社会的关注，从而达到建立犹太人国家的目的。巴勒斯坦人在以色列占领区频繁地制造自杀爆炸和武装袭击事件，国家、民族、宗教仇恨与政治目的也都包含在其中。

通过对各种以国家、民族和宗教仇恨，或者政治目的作为动机的恐怖袭击进行分析，可以看出，凡是这样的恐怖袭击都表现出这样的特点：组织规模大，组织方式严密，袭击手段杀伤性强，破坏力和震撼力也都非常大。前面说到的"9·11"事件和别斯兰市第一中学人质事件，都属于这样的恐怖袭击类型。

大规模恐怖袭击在近年之所以突现出来，并且危害越来越大，其原因除当今社会国家、民族与宗教之间的矛盾被激化之外，关键在于工业革命以来的科学技术发展，给大规模恐怖袭击创造了条件。

工业革命之前，杀戮手段很原始，杀伤效率非常低，工业革命之后，科学技术发展非常快，而人类社会总是会把最先进的技术与材料首先应用于屠杀手段，因此，各种新的武器层出不穷，且各种其他的新的科技产品也为恐怖袭击提供了可利用的条件。

例如：生物毒素、化学毒气、烈性炸药都是科学技术发展的产物，采用这样的武器制造恐怖袭击，比采用冷兵器制造恐怖袭击其效率自然要高出许多倍。又如，恐怖分子频繁地劫持或者炸毁飞机，飞机成为恐怖分子最容易攻击和利用的对象，而飞机也是科学技术发展的产物。

由此可见，只要有国家、民族和宗教的存在，有组织的大规模恐怖袭击就不可能根除；只要有科学技术的发展，恐怖袭击的杀伤规模和残酷程度便会越来越严重。

但是，很可能未来危害性最大的恐怖袭击将不会是出于政治目的，也不是出于国家、民族和宗教仇恨，因为，这样的恐怖袭击目标都很明确，恐怖分子只会选择特定的敌人，而不会针对自己视为亲人的本国家、本民族和本宗教的人民，因此，他们所袭击的范围总会留有一定余地。

然而，随着科学技术更进一步发展，当许多高科技的大规模杀伤手段轻而易举就可以被普通人获得，也可以轻而易举就能够被普通人使用的时候，那些以仇恨社会为动机的恐怖袭击便必将会成为破坏性和危害性最大的恐怖袭击类型。因为，仇恨社会的心理变态者任何时代都不在少数，他们仇恨的目标是全社会，其袭击的范围没有任何的界限，他们甚至连自己以及自己的父母、妻子和儿女的生命都可以不顾，因而，在连这样的人都能够很容易引爆大规模杀伤性武器的时候，这种出于对社会仇恨的恐怖袭击的可怕性就是可想而知的了。

第二节　环境问题

环境问题是现在的问题，更是未来的问题，它关系着我们的子孙后代能否长期安全、幸福地生活在地球上。

环境问题是随工业化而产生的，而后变得越来越严重，涉及的方面越来越多。这里仅就人们意识到的一些最重要的方面加以阐述。

一、臭氧层破坏

在对地球演化历史进行的研究中我们知道，早期的地球生物一直都生存在海洋中，直到 4 亿年前生物才从海洋走上陆地，这与地球上空臭氧层的形成是同一时间。因为，正是臭氧层的形成，使生物在陆地上避免了各种宇宙有害射线的辐射——特别是来自太阳紫外线的辐射，从而使生物得以在陆地上生存。

一般的氧气由 2 个氧原子组成；而臭氧则由三个氧原子组成，它存在于距地球表面大约 10～50 千米之上的同温层中。臭氧层的产生，是海洋微生物在 30 多亿年的时间中，不断地吸收地球原始大气中的二氧化碳及其他有害气体，并大量放出氧气后的副产品。因此，地球生命的原始拓荒过程是极其漫长的。

地球大气中氧气和氮气加起来约占 99%，另外的大约 1% 的气体包含了许多的种类，我们常说的二氧化碳就是其中的主要成分之一。臭氧在大气中的含量是非常少的，一个形象的比喻，按照地球表面大气的密度计算，地球拥有的全部臭氧要是覆盖地球表面，仅仅只有几毫米厚。

宇宙中的射线许多是对生命有害的，特别是我们的恒星太阳，在给予地球生命光和热的同时，也辐射出了许多对生命有害的射线。假如人类在外太空飞行，如果没有对这种辐射的防护措施，很快就会死亡。这些有害射线在辐射到地球表面之前却遇到了一个有力的"狙击手"，这就是同温层的臭氧。对生物伤害最大的是太阳释放的紫外线，但是，紫外线在经过同温层时 99% 都被臭氧层吸收了。我们今天能够安全地生活在地球上，与臭氧层的存在密不可分。

但是，地球艰难的早期生命拓荒，用了 30 多亿年才形成的臭氧层，近年却遭到了人类严重的破坏。1956 年到 1957 年，英国科学家首先发现南极上空出现了臭氧层空洞。在以后的观察中发现，臭氧层空洞正在快速扩大，而且已经覆盖了整个南极大陆，并延伸至南极圈周围的海洋。

在南极上空出现臭氧空洞的同时，1987 年科学家又发现北极上空也出现了臭氧层空洞，通过之后的观测，北极上空的臭氧层空洞与南极上空一样，也有扩大之势。

臭氧减少的主要原因现已查明。20 世纪 30 年代，美国杜邦公司发明了氟利昂，由于它不燃烧、无毒、非常稳定，对金属没有腐蚀作用，因而被广泛地应用于制冷行业的各个领域，同时还用于发泡剂、喷雾剂、清洗剂和消毒剂等多个方面。但正是氟利昂的稳定性，使之成为了臭氧杀手。

氟利昂作为制冷剂可分为两类，一类是氯氟烃，另一类是氢氯氟烃。制冷时排放出的氯氟烃由于非常稳定，在向空气上方飘散时不会被分解，可以一直到达同温层。当进入同温层后，由于遇到了未经过滤的紫外线的强烈刺激，氯氟烃中的氯被分解，分解出来的氯原子与不太稳定的臭氧结合，生成氯氧化物和氧气，因此臭氧层遭到了破坏。

但是，这种破坏只是刚开始，生成的氯氧化物与游离的氧原子再结合便生成氯与氧气，而氯又与臭氧结合生成氯氧化物，如此反复，从而产生连锁反应式的恶性循环。据估算，一个氯原子可以破坏 10 万个臭氧分子，而且这种破坏力可以持续百年。

鉴于上述原因，1987 年，联合国环境规划署在加拿大的蒙特利尔召开专门会议，并签署了《关于消耗臭氧层物质的蒙特利尔议定书》，提出了限制生产和使用对臭氧层造成破坏的氯氟烃等 8 种产品的要求。以后对这一议定书进行过几次修订，全世界的主要国家都参加了这项条约。因此，《关于消耗臭氧层物质的蒙特利尔议定书》被认为是人类就环保问题进行的最为成功的一次合作。

但是，即使目前便停止向大气中排放氯氟烃等臭氧破坏物质，人们估计，臭氧层空洞的减少并最后弥合，在较为理想的情况下也要到 21 世纪的中后期。

况且，这一点我们还不能完全做到，除了像火山爆发喷发出的大量对臭氧层有破坏作用的气体人类无法控制外，就不在《关于消耗臭氧层物质的蒙特利尔议定书》限制范围内的工业产品而言，它们对臭氧层的破坏虽然比限制目录内的产品小一些，但也绝不可忽视，因此，臭氧层空洞的弥合可能还有更长的路要走。

二、全球气候变暖

全球气候变暖是当前人们最关注的环境问题。研究表明，几千年来全球气温一直比较稳定，但近 100 年来，地球的温度在持续升高，这种上升的速度是之前从来没有过的。一系列观测结果显示出的严重性，使这一问题引起了世界的普遍重视与担心。

首先，南极陆缘冰层在缩小，巨大的冰山从南极冰架崩裂的速度加快。同时江河源头的冰川在迅速退缩。如发源于青藏高原的长江与黄河，近十多年来，源头冰川后退达千米；著名的阿尔卑斯山拥有迷人的雪景，而近年，这里已经开始出现滑雪道缺雪的情况。

格陵兰和北冰洋冰缘同样有明显后退的趋势，近年夏天甚至在北极顶还发现了融化的长长的冰水带。

由于气候变暖，俄罗斯西伯利亚北部的永久冻土已经开始解冻，同时，美国阿拉斯加的永久冻土层和加拿大伍德布法罗国家公园的永久冻土层也在开始融化。

全球气候变暖给人类带来的危害是多方面的。以气候变暖对冰川的影响为例，由于冰川消融，将会导致连年的洪水，而后便是严重缺水，因此必然会给依靠各大江河生存的人民带来各种生存的危机。

冰川的融化还会导致海洋水位升高。据荷兰科学家估计，由于沿海人口密度远高于内陆，如果海水升高一米，全球将有 10 亿人的生存受到威胁，而一些低地势的岛国，如瑙鲁、塞舌尔、库克群岛、马绍尔群岛、马尔代夫等，则会面临国土整体消失的危险。如果真的像有的科学家预测的那样，到本世纪末海平面要上升 2～3 米，这些国家的人民将会面临怎样的处境是不言而喻的。

由于全球变暖，还会出现过去从来没有遇到过的一些自然灾害现象，我们经常提到的厄尔尼诺现象与拉尼娜现象就属于这类自然现象。

全球气候变暖还会对人类的身体产生直接影响。由于温度和湿度升高适合寄生虫、细菌和病毒的繁衍，因此，全球气候变暖会导致传染性疾病大为增加。历史上多数瘟疫的流行都源于炎热的夏天，尤其是热带雨林国家，受这种传染性疾病的袭击更加严重。

地球的气温主要决定于太阳，阳光之所以能够温暖地球，使地球刚好适合人类的居住，主要是因为地球表面有一层较厚的大气。太阳的温度能够留在地球表面，要从理论上全面分析，这是一个复杂的过程，但是我们可以通过以下叙述使之简单化：太阳光辐射到地球表面后一部分被地球吸收，另一部分被地球反射回太空，当地球再辐射阳光时，太阳光的性质发生了变化，那就是产生了红外线，这是热的根本。如果这样的红外线全部留在地球表面，地球表面将会非常炎热；但若被全部反射回太空，地球则会变成冰冷的世界。要保证地球表面温度宜人，就要恰到好处地留住一部分辐射，放走一部分辐射，就像睡觉盖被子一样，不能太厚也不能太薄，地球表面的大气就是这床"被子"。

地球大气的主要成分是氮气和氧气，它们是通透的，对光没有阻挡作用，任其进出，另外的部分包含了各种气体，有一些也是通透的，不影响光的进出。但是，还有一些则不是，如二氧化碳、甲烷、臭氧以及水蒸气等，它们不仅能够吸收红外线，还能在阳光照射后再产生红外线，这就使得地球低层大气和地表温度升高，这些气体被称为温室气体，它们虽然在大气中的含量很少，但是作用极为重要。今天地球的平均气温约为15℃，如果地球的大气中没有这些温室气体，表面平均温度将会降至-20℃，如果全都是二氧化碳类的温室气体，表面温度就会上升到200℃以上，不论是何种情况，地球的整体生态都会遭到彻底破坏，人类将无法在这里生存。

地球气温变化的原因是多方面的，自然的原因往往是缓慢的，并能达成某种平衡，但是，工业革命200多年来，我们大量地燃烧石油、煤炭、天然气、木炭和木柴，以及森林、草原的火灾，这些都会释放出大量的二氧化碳，以致产生二氧化碳的速度与植物吸收二氧化碳的速度不能平衡，于是空气中二氧化碳的浓度越来越高，从而产生了温室效应。

温室效应的现象还在恶化，地球温度升高导致永久冻土层融化解冻，使冰冻层下的大量甲烷气体进入大气，而甲烷的温室作用比二氧化碳要大得多。

在科学家的强烈呼吁下，减少温室气体的排放、防止全球气候继续变暖的问题终于得到全世界的普遍重视。联合国为此多次召开会议，并于1997年12月，在日本京都形成了限制温室气体排放的《京都议定书》。

《京都议定书》是关于限制温室气体排放量的成文法案，它规定了限制温室气体排放的有关要求，并对参与公约的工业化国家都分配了减少排放温室气体的配额。

但是，由于各国的私自利益所致，《京都议定书》的启动遇到了相当大的阻力，特别是一些温室气体排放大国，对此采取消极甚至抵制的态度。如美国作为最大的温室气体排放国，现政府却以其严重影响美国经济发展为由，一直拒绝批准。

三、酸雨与空气污染

19世纪50年代，人们在工业城市曼彻斯特的雨水中发现有硫酸存在，科学家称这种雨为"酸雨"。以后这一名词被广泛使用，并加以扩展，如酸雾、酸雪、酸冰等。

一般雨水呈微酸性，这是因为空气中有二氧化碳的存在，它遇水生成碳酸，碳酸呈微酸性，这是正常情况。而在对各国雨水的检测中所普遍发现的酸雨现象，其酸度超标却达10倍左右。

酸雨的出现是空气污染所致，它是工业化的产物。工业革命以来，大量的工业生产与工业产品的使用，导致大量燃烧石油、煤炭和天然气等化石燃料，而这些燃料中的一些杂质在燃烧时生成二氧化硫和氮氧化物排放到空气中，再遇雨水便转化为硫酸与硝酸，进而形成酸雨。

酸雨的危害是多方面的。近几十年来，人们发现西欧和北美的很多湖里无鱼，对湖水检测后发现，湖水的酸性远远超过正常值，正是酸性湖水导致了鱼和虾不能在湖里生存。中欧的森林在酸雨的侵蚀下变得枯萎，俄罗斯的大草原也因酸雨的侵蚀大量消失，这是因为酸雨过滤了土壤的养分，使土地的肥力降低。酸雨对农作物的直接化学破坏作用同样非常明显。

当酸雨的浓度达到一定程度后，铅和铝以及镉这样的金属将可溶于酸，于是，酸雨通过饮用水进入人的身体，便对人类健康造成影响。这种影响还可以通过另外的途径进入人的身体，那就是鱼类生活在被酸雨影响的湖水中，这些金属沉淀在鱼的体内，当人们吃了这些鱼后产生中毒。

酸雨的危害还表现在对建筑材料的腐蚀方面，金属材料、油漆、大理石都是被腐蚀的对象。

空气污染还不只是导致酸雨，从而对人类构成危害，向空气中排放烟雾和粉尘，都属于对空气的污染，这类空气污染对人类也有危害。

酸雨与空气污染曾长期困扰早期的工业化国家，随着中国、印度和东南亚这样一些发展中国家近年来致力于自己的工业化进程，酸雨的污染有从发达国家向发展中国家转移之势。

酸雨与空气污染问题已经越来越引起世界的重视，许多国家将酸雨问题列为重大科研项目，联合国也多次召开会议讨论酸雨与空气污染问题，并形成了许多有益的宣言和公约，如 1979 年联合国欧洲经济委员会签署了《长程越界大气污染公约》，并于 1983 年生效。这是世界上第一个关于大气污染的区域性公约，在控制酸雨污染方面无疑有积极的意义。

但是，从可以预见的未来看，只要工业生产规模还在不断扩大，只要工业产品的使用规模还在不断扩大，所有的控制措施都只是缓解危害的严重性，却不可能从根本上改变酸雨与空气污染的危害。

四、生物多样性丧失

今天，地球上的生物物种大约有 1000 万～3000 万种，已经被我们描述和鉴定的大约有 230 万种，而大部分生物是还没有分类的。这些生物构成了地球的整体生态链，每一物种都是生态链中的一环，它们的存在，是地球生态系统得以维持的基础。

按照生物进化规律，现存的物种在不断地消亡，新物种又在不断地兴起，这是自然的过程，也是正常的过程。但是，当人类参与进来后，这一切就被改变了。人类正在破坏生物的自然进化，使生物的多样性正在丧失。

生物多样性的重要意义首先表现在其生态价值上。世间万物都相生相克，植物的生长要从土壤中吸收水分，并吸收空气中和溶解于土壤水分中的二氧化碳和无机盐，在光照下产生光合作用。在土壤和空气中物质减少的同时，植物的根在土壤中活动，改变土壤的物理性状，并向空气中释放氧气和水分，使得大气层的氧气得到补充和平衡，并可以保持空气的湿润。一个成年人每

127

天呼吸需要 0.75 千克氧气，如果没有植物的造氧功能，人类便无法生存。

植物是食草动物的食物，食草动物又是肉食动物的食物，最后起分解作用的是细菌类微生物，它们把动物的尸体和植物的落叶、残枝等复杂的有机物分解成简单的无机物，如二氧化碳和水，而这些无机物又再被植物作为养分吸收。生态就是在这样的循环中获得平衡的。

每一种生物在生态循环中都扮演着自己的角色，有些角色是独有的，其他生物无法替代，这样的生物遭受灭绝，或者数量锐减，生态平衡就会遭到破坏。有关研究机构的研究结果表明，一种生物物种的灭绝，会危及 20 种生物的生存。可见，生物多样性对于生态循环有着重要的意义。

生物多样性的意义还表现在其经济价值与药用价值上。人类生存的主要必需品都在于生物的多样性，人类的衣、食、住、行如果离开了生物就不可能维持。同时，许多药物也直接源于动植物，或者从其中提取。因此，如果没有生物的多样性人类将无法生存。

生命起源于海洋，但是，当生物来到陆地后得到了极大的发展，陆地的现存生物量占了全球生物总量的 99% 以上。陆地的生物多样性主要处于热带森林，世界物种的近 90% 生活在热带森林。在国际鸟类组织对鸟类的研究中，发现 75% 的鸟类的繁殖地在热带。因此，对森林的保护，特别是对热带森林的保护，是保护生物多样性至关重要的方面。但是，今天全球森林面积每年减少要超过 8 万平方千米，且其中 80% 是热带森林。这些森林的减少，导致许多独特生物物种正在迅速减少。

人类对生物物种多样性的破坏，还表现为大量使用农业杀虫剂，以及空气污染、水污染和其他各种工业垃圾污染。农药在杀死害虫的同时会波及到鸟类和青蛙。对死去的鸟类进行解剖，发现很多死因是农药所为，甚至在南极的企鹅身体内也发现有 DDT 的含量。

许多河流和湖泊在受到氮、磷等人造有机物的污染后，藻类大量繁殖，消耗水中的氧气，并产生硫化氢等有毒气体，导致水质发臭，使其他水生生物和鱼类无法生存，这就是我们常说的水质的富营养化。水质富营养化的情况同样发生在海洋，这就是赤潮。近 20 年来，赤潮频繁出现在世界各地，造成沿海鱼、虾、贝类大量死亡，沿海渔民损失惨重。

人类对野生动物的捕杀也是生物多样性丧失的重要原因。非洲各国政府虽然在遏制象牙和犀牛角的贩卖和走私方面作了许多努力，但是，对野生象和犀牛的捕杀一直禁而不止。走私珍稀野生动物一直是国际犯罪的一个重要方面。而在一些东亚和东南亚国家的酒店餐桌上，野生动物一直受到吃家的青睐。

自 5.3 亿年前寒武纪生物大爆炸以来，地球上出现过五次生物大灭绝，每一次大灭绝的原因都在于自然力，如冰期的来临、小行星撞击、气候变暖或变冷、火山活动频繁等。上一次大灭绝发生在 6500 万年前，而后不久，生物物种曾达到过一次高峰，今天看来，其间虽然有许多新生物种的补充，但是现在大多数的物种却已经消失。种种迹象表明，地球生物正在经历第六次大灭绝，而这次大灭绝的全部原因都是在于人类的活动。

科学研究表明，人类干预下的物种丧失速度比人类干预前的自然灭绝速度要快得多，尤其是工业革命以来，物种灭绝的速度更是前所未有的。2007年 10 月联合国环境规划署发布的《全球环境展望》中指出，目前是人类有史以来生物多样性变化最快的时期，物种灭绝的速度是化石记录的物种灭绝速度的 100 倍。工业文明给人类带来了极大的物质财富，但是，地球生物物种则受到了毁灭性的打击。

2006 年 7 月，由 13 个国家的科学家在《自然》周刊上联名发表文章，文章指出目前地球上有 12％的鸟类、23％的哺乳动物、25％的松柏纲植物和32％的两栖动物濒临灭绝，在未来 50 年内，这一数据将会增加 15％到 37％。

人类迄今为止见到的最大的动物种群是旅鸽，这种动物生活于美洲，是一种群居的迁徙性动物，种群数量达 50 亿只。人们见过的最大一群旅鸽数量达 2 亿只，飞翔在天空，宽度达 2 千米，长度则有 20 千米，密密麻麻，遮天蔽日，蔚为壮观。就是这一数量极为庞大的物种，仅仅在几十年的时间内就因为人类的活动灭绝了。

19 世纪 70 年代，随着美国西部的开发，大量的移民涌向北美西部，导致森林被砍伐，旅鸽的栖息地不断被侵蚀。人们还猎杀旅鸽作为食物，甚至用来喂猪，或者仅仅就是为了娱乐。用枪打、用炮轰、用药物下毒，各种手段无所不用其极。三四十年后，当突然发现再也见不到旅鸽群时，只剩下动物园中的十几只旅鸽了。人们终于开始忏悔自己的罪过，将各个动物园中的旅鸽集中起来精心喂养，但旅鸽是一种依靠庞大种群在集体迁徙状态下生存的动物，根本不适合关在鸟笼中小数量的生活。

　　最后一只旅鸽叫玛莎，它的老死是 1914 年 9 月 1 日中午 1 点钟，人们记录下了这个准确的时间，并为它建了一个墓，墓碑上是这样写的："由于人类的贪婪和自私导致了旅鸽的灭绝。"这是人类为一种动物的灭绝第一次真正感到悲伤。

　　保护生物多样性问题正在不断地得到国际社会的广泛重视，在联合国召开的多次会议上，保护生物多样性都成为重要议题，尤其是 1992 年在联合国环境与发展大会上，各国正式签署了《生物多样性公约》。

　　《生物多样性公约》是一个具有法律约束力的全球性协议，公约第一次取得了保护生物多样性是人类的共同利益和发展进程中不可缺少的一部分的共识。

　　但是，由于各国对《生物多样性公约》的认识与重视程度不同，贯彻力度差异也很大，加之很多根本性的问题还没有得到解决，例如，森林、草原、湿地还在遭到破坏，各种污染还得不到根治，等等，因此，到目前为止，生物多样性丧失的大趋势还没有多大改观，而且从可以预见的将来看，其形势也是不容乐观的。

第三节　资源问题

一、不可再生资源枯竭

地球上的许多资源都是可再生资源，如淡水在使用后流入大海，阳光使海水蒸发，变成雨水后又可供人们使用；动物取食于植物，吸入氧气后再呼出二氧化碳和水；种子发芽后，通过太阳的光照，把二氧化碳和水合成为自己的枝叶，并释放出氧气，自然界便是这样循环的。因此，水和植物都是可以再生的。实际上，人类作为食物的动物，归根结底也是可以再生的。而且，风能、太阳能以及水力发电等能源都是可再生的。

事实上，人类对这些可再生资源的使用是无节制的，但即使过度地使用，一旦有所觉悟，通过一段时间的休养生息，一切还可以恢复。包括对于动植物，只要不斩尽杀绝，恢复还会有一定希望，这是可再生资源的特点。

但是，有一种资源情况则不同，只要使用过便不会再生，用一点便少一点，如煤炭、石油、天然气等化石类燃料，以及金、银、铜、铁、锡、石墨、云母、水晶等天然材料。这些资源称为不可再生资源。

很久以前人们就有资源枯竭的危机，但那是对个别资源或者区域资源的危机感，从整个人类社会而言，普遍的资源危机感只是近百年的事。

工业革命以来，随着工业生产的飞速发展以及城市的迅速兴起，对不可再生资源的使用迅速增加。最早冶炼钢铁是燃烧木柴或者木炭，由于工业革命之前铁的用量不太大，冶炼钢铁所需的燃料也就不会很多，所以，森林资源并没有因此而大量减少。工业革命之后钢铁用量迅速增加，大量的森林被砍伐，到后来森林的生长已经不能满足钢铁业的发展，当时，英国钢铁厂附近的山都变成了秃山，英国政府便推出了鼓励使用煤炭的政策。随着工业革命由英国向美洲和欧洲的其他地区传播，煤炭使用量急剧增加。

石油的大规模使用比煤炭要晚，第一次原油开采成功是在 1859 年美国的宾夕法尼亚州，但当时的石油还不被普遍重视，因为石油在当时的主要用途是提炼煤油供照明用，而汽油作为无用的副产品却被倒掉。但很快，石油的用途发生了戏剧性的变化，随着汽油发动机、柴油发动机以及 20 世纪初汽车的广泛使用，汽油和柴油成为了石油产品中的主要内容。同时，石油的需求量猛然增加，石油也因此慢慢取代煤炭，成为最主要的燃料。

石油使用后不久，人们就开始出现石油资源的危机感。因为石油一旦被大规模使用，其需求量便直线增长，而勘探储量的增加却始终不能满足高速增长的石油需求，以至在 20 世纪 20 年代人们便普遍估计，世界石油的总储量只能维持人类使用 20 年，即在 20 世纪 40 年代便会用完。但之后发现，石油的实际储量比人们估计的多，石油在 40 年代没有枯竭。

"二战"之后，在中东发现了大的油田，于是又有人估计，石油的储量还可以继续满足人类的使用需求，但这一时间不会很长，30 年后地球的储备中便再不可能有石油可供开采。然而，30 年早已经过去了，石油资源并没有最后枯竭。尽管如此，虽然今天已经进入了 21 世纪，关于能源的枯竭，特别是石油的枯竭还是已经进一步地成为了全世界共同关注的问题，因为石油已经成为人们生活中必不可少的东西，并成为了各国经济增长的必要保障。

随着全球经济规模不断扩大，以及全球人口的不断增加，不可再生资源的消耗速度也同样迅速提高，尤其是石油的消耗，增长之快更为突出。但是，地球总的石油储量却是有限的，于是，不可再生资源的合理、节制使用的问题提到了重要的议事日程，特别是像石油这样的资源，则已经被各主要大国作为一种战略物资，提高到国家安全的位置。

各种不可再生资源到底能够满足人类使用多少年，世界各国的许多部门都在致力于对此进行深入、细致的研究，并得出了各种不同的研究结果。综合多份这类研究资料，按照比较乐观的估计，可以对一些主要的不可再生资源作出如下评估：地球石油最终的可开采量只能满足不到 80 年的使用，而已探明储量只能使用 40 年。其他各种资源的已探明储量可供满足使用的年限为：煤炭，220 年；天然气，70 年；铁，170 年；铝，230 年；铜，65 年；铅，25 年；汞，25 年；镍，70 年；锡，25 年；锌，25 年；磷酸盐，95 年；钾盐，300 年。

上述的评估数据虽然不会完全准确，但是却能反映一个准确的结论，即继续按照现在的趋势发展下去，百年之内地球的不可再生资源将普遍面临枯竭，人类将无资源可用。

笔者个人的主观判断比上述估计要乐观得多。因为，一些金属材料和非金属材料是可以回收利用的，资源再利用技术的提高，无疑会延长资源的使用年限。再就人们最热衷于谈论的石油而言，除了石油原油之外，天然沥青还可以进行石油提炼，油母页岩也可以进行石油提炼，尽管它们的提炼成本要高，而且油母页岩在提炼时会产生大量灰尘，对环境有很大的污染，但它们毕竟可以接替石油供人们使用。另外，可能还有许多资源储藏是用我们今天对地球的认识还不可能判断的，很可能一些资源的实际储藏量要远远超过人们的想象。因此，笔者相信，在更长的时间内，资源不会枯竭，特别是一些金属与非金属材料，也许能够保证人类使用相当长的时间。

但是，再乐观的估计都是悲观的，以石油、煤炭和天然气等燃料为例，按现在的消耗增长下去，充其量可以保证使用几百年（大部分人可能都不会同意这种乐观估计），但是，几百年后我们的后代怎么办呢？

煤炭是远古植物被埋在地下后，在地压和地热作用下生成的，石油和天然气是远古的海洋生物被埋在海底后，通过地压和地热的作用生成的。不论是煤炭还是石油与天然气的生成，都需要数百万年以上的时间，而今天地球的这类资源的储量则是数亿年长期累积的结果。然而，当我们掌握了这些资源的使用和开采技术后，仅用几百年便消耗殆尽，今人怎么向后人交代？!

关于上述问题，现在一部分人的习惯回答无外乎两点：第一，可以利用科学技术的进步寻找替代产品，如利用核能替代化石燃料，利用合成材料替代金属与非金属材料；第二，可以通过科学技术的进步，到地外星球上去开采资源。

但是我认为，如果以上述借口作为无节制开采不可再生资源的理由的话，那是一种极不负责任的行为。首先，许多资源要做到完全替代是不可能的，它的一部分性能替代产品也许能够满足，但另一部分性能，替代产品却不可能满足；第二，使用替代产品多数都会使成本提高，在技术水平没有达到相当高的程度的时候，这种替代成本可能要高出许多倍；第三，如果考虑将地外星球的资源大规模地用于地球人类的建设与发展，可能还需要很长一段时间，以对那样的资源所抱有的幻想，而盲目地、无节制地使用地球资源，一旦地球资源用尽之时，这种资源又还接替不上，人类文明便会受到冲击。而且，一个地球仅供人类在工业文明阶段使用几百年，我们周围的星球又能够多满足人类使用多少年呢？太阳系的固体岩质行星只有 4 个，地球是最大的，

133

且水星、金星表面温度达摄氏数百度，根本无法登陆，唯一可能利用的火星，其重量只有地球的十分之一。而我们的卫星月球则更是小得多。

二、水资源危机

水是生命之源，没有水一切生命都不可能存在。其实，地球拥有巨大的水量，总计可达约 14 亿立方千米，即使平铺整个地球表面，都可达 2700 米以上的深度，但是，在如此巨大的水量中，淡水只占 2.7%，即 3800 万立方千米，其他都是海水。

而且，淡水大部分都是以冰的形式存在于冰川，它们占淡水总量的77.44%，其中南极大陆和北极格陵兰岛占了全部冰川储水的 97%，而南极大陆冰层平均厚度高达 1700 米，最厚超过 4000 米。除了冰川储水外，地下水占 22.01%，余下 0.55% 为江河、湖泊、土壤和大气圈中的水。人类比较容易利用的水资源主要是河流、淡水湖泊、浅层地下水、土壤水和少量的微咸水，这部分水在全球水量中所占的比例是极小的。

全球总的水蒸发量与降水量是均等的，约为 50 万立方千米/年，其中海洋水蒸发 43 万立方千米，海洋降水 39 万立方千米，另外 4 万立方千米输送到了陆地；而陆地的水蒸发量为 7 万立方千米，降水量则为 11 万立方千米，陆地获得的净降水量是由海洋水蒸发提供的。

陆地每年获得的净降水 4 万立方千米分配如下：每年流入海洋的水为 2.8万立方千米，还有 0.5 万立方千米的水流经无人区，或者人类无法利用的地方，可以被人类利用的只有 0.7 万立方千米。由于人类在 20 世纪大规模的水利建设，利用水库控制了 0.2 万立方千米的水，因此，实际上可为人类利用的水每年为 0.9 万立方千米。这一数字是地球总水量的 0.00064%，是地球淡水总量的 0.024%。

根据各国的经验估计，要维持一个中等发达国家的用水量，估计每年每人 350～450 立方米。由此可以推测，地球淡水可以供养 200 亿～250 亿人口。

但是，情况并不是这样，地球淡水可供养的人口远低于这个数字，今天60 多亿人的地球，我们已经常常感觉到水资源的危机。以非洲而言，非洲今天的人口为 8 亿，但无安全饮用水的人数就达 3 亿，即达 37.5% 的人无安全饮用水。而全球喝不到安全饮用水的人则达 14 亿，23 亿人的饮用水卫生条件没有起码的保障，并因此导致每天有 6000 名儿童死于卫生不良引起的疾病（联合国有关部门公布的数据）。那么，原因何在呢？

综合分析水资源匮乏的原因，我们可以归纳为如下几个方面：

首先，水资源分布不平衡。一些国家与地区水资源极其丰富，而另一些国家与地区却水贵如油。

如加拿大人均每年拥有淡水近 9.2 万立方米；非洲的刚果共和国人口不到 300 万，国土境内河流众多，特别是拥有流量很大的刚果河，使得刚果共和国人均拥有淡水量每年达 29.1 万立方米，排位世界第一。但是，中东地区的阿拉伯联合酋长国人均淡水拥有量每年只有 71 立方米，成为世界上最缺水的国家；至于科威特，则基本上没有自己的淡水资源。

同一个国家的淡水资源分布也极不平衡，如中国人均淡水拥有量每年为 2200 立方米，本来就属于水资源贫乏的国家，而北方地区的淡水资源人均只有南方地区的 25% 左右。首都北京的人均淡水拥有量不足 300 立方米，连中东和撒哈拉沙漠边缘的一些干旱国家的人均淡水拥有量水平都达不到。

第二，水质污染，无法使用。水质的污染主要包括工业污染、农业污染和生活污染，尤其以工业污染最为严重，世界上的许多河流已经变成了工业废水的下水道。目前，全球每年排放的污水达 4000 多亿吨，由此造成 5 万多亿吨水体被污染。

第三，水资源利用不合理，管理不善。尤其是农业灌溉用水，利用率低和管理不善对水资源总的影响最为严重——因为农业灌溉用水占了全球总用水量的 85% 左右。

第四，全球人口的增加是导致水资源危机的最主要原因。在 20 世纪，由于医药技术与医疗水平的提高，人口的增长是历史上从未有过的，为了满足人口增长所导致的粮食需求的增加，仅印度和中国在百年之内农业灌溉面积就提高了 5 倍，由此可以看出，世界的水资源已经不堪重负。

第五，全球气候变暖导致全球生态的变化。气候变暖导致了全球性的普遍干旱，与此同时，气候变暖导致的冰川融化，以及诸如厄尔尼诺现象、拉尼娜现象等各种气候的反常，使得全球在可用淡水总量已经减少的情况下，一些季节性的暴雨与洪水，不仅不能被人类利用，反而还会引发灾害。

水资源问题已经成为一个世界性的难题，联合国曾多次为此召开会议，

135

也采取了许多措施，但迄今为止还没有取得明显成效。

问题最严重的无疑是非洲，由于干旱、贫穷、战争、污染和城市的无序发展等多种因素，使得大部分非洲国家在改善人民的卫生饮水方面进展缓慢。据联合国有关部门的分析，撒哈拉以南非洲的所有国家中，除乌干达和南非之外，联合国提出的在 2015 年将缺乏洁净饮用水或卫生设施的人数减半的目标几乎全都不可能实现。

三、土地荒漠化

荒漠化是指因气候变异和人类的活动，以及其他原因所导致的干旱、半干旱和亚湿润干旱地区的土地退化。荒漠化土地不适合农作物以及其他植物的生长，我们常说的土地沙化、盐碱化等土地退化现象，都属于土地荒漠化现象。

土地的荒漠化问题是一个历史性问题，从卫星照片以及宇宙飞船上俯瞰我们的地球，曾经孕育了人类古代文明的地区，都是荒漠化最严重的地区。幼发拉底河和底格里斯河之间的美索不达米亚平原、埃及的尼罗河流域、印度的恒河流域以及中国的黄河流域，均是如此。

但是，追溯历史，全球性的土地荒漠化却从来没有像今天这么严重。据有关统计，仅人为因素，就已经导致地球陆地 15% 的面积遭到破坏，而全球遭受荒漠化侵蚀的土地已经达到 36 亿公顷，占陆地面积的近四分之一。

根据联合国粮食及农业组织 2002 年 1 月的统计，全球人均可耕地面积从 1990 年到 1999 年的 10 年间减少了 13%。

2006 年 6 月，联合国发表了一份《生态系统与人类福祉》的报告。这份由 95 个国家的 1300 名科学家历时四年完成的报告指出，由于气候因素和人类的活动导致的荒漠化，影响了生活于干旱和半干旱地区的 20 亿人口，全世界最贫困的人口中一半生活在这些地区，大约有 2.5 亿人已经直接受到荒漠化的影响。报告还指出，全世界的干旱与半干旱地区已有 10% 到 20% 的土地出现严重的沙化，而且，由于汽车尾气和工业污染造成的温室效应，将会使荒漠化现象在今后几十年变得更加严重。

土地荒漠化的成因主要有三个方面：其一为风蚀，即以风为动力的土壤侵蚀现象。其二为水蚀，即我们常说的水土流失，这是指以水为动力对土壤造成的侵蚀。由于植被减少，土质疏松，在遇到大的雨水时，表土被雨水冲走，从而土壤变薄，质地变粗，肥力下降。其三为土壤盐碱化，即在干旱和半干旱的低洼地区，地下水位不深的地方，由于长期水分被蒸发，水中的盐分不断地沉淀，当这些盐分堆积到一定程度，土壤就会盐碱化。

地球表面的土壤是因若干年的岩石风化和有机质的沉淀所致，一厘米厚的可耕地土壤，需要 20～1000 年的沉淀。但是，全球每年表土层却有大约 250 亿吨土壤被雨水冲走，再加上土地的沙化和盐碱化，使得大自然的土壤"制造"能力无法平衡人类和自然对土地的破坏，以致全球土地越来越不能够满足人类的生存需要。

土地荒漠化的原因首先表现在人类无节制地向大地索取。许多丘陵甚至高山的森林都被砍伐，将土地用于农业耕种，从而导致严重的水土流失。在过去的 20 年间，地球上消失的原始森林面积几乎等于此前所消失原始森林覆盖面积的总和。

草原的破坏与森林的破坏同样严重。这主要表现在两个方面：第一，很多草原被用于农业耕种；第二，在现存的草原上过度放牧，使得草原退化。在对各项数据的分析中还可以发现，发展中国家森林与草原的破坏，以及土地的荒漠化程度远高于发达国家。

137

土地盐碱化问题最严重的是印度、中国、巴基斯坦和孟加拉国等国。由于人口猛增，人均土地面积减少，这些国家不得不对现有的土地过度耕种，在本来不太适合耕种的土地上大量使用化肥和农药。如果在干旱低地上经过二三十年的这种耕种，土地必然盐碱化，从而无法再继续使用。

因温室气体的排放导致的全球气温升高同样是荒漠化的重要原因。全球气温升高会导致两种气候现象的出现：一是全球性干旱，这一气候现象对土地的负面影响是使得土地盐碱化程度提高，土地的风蚀加重；二是季节性的暴雨和洪水，这一气候现象对于土地的负面影响是将产生水土流失。而这两种气候现象都会导致土地的荒漠化。

土地的荒漠化问题已经直接危及到全球 110 多个国家，对人类的生存与幸福的影响是可想而知的。这一问题的严重性引起了国际社会的普遍关注与重视，联合国在此方面做出了多方的努力，并形成了《联合国防治荒漠化公约》。

　　但是，荒漠化问题迄今为止并没有因为国际社会的各种努力得到任何缓解，《联合国防治荒漠化公约》签署以来，为了推动这公约的履行，每一两年都要召开一次缔约方大会，但推进公约的履行工作其难度始终非常大——最困难的还是资金的落实与相应机制的建立问题。事实上，全球性的防治土地荒漠化的工作迄今为止并没有大的实质性进展。

第四节 人口与贫困问题

一、"人口爆炸"

20 世纪最后的 10 年，一个令全世界都不安的问题更加让人感到十分严峻，这就是人口的"爆炸"。全球人口十年中增长了将近 10 亿，也就是说平均每年新增人口将近 1 亿。

根据历史学家和考古学家的推测，人类在进入旧石器时代时数量仅为 12 万~15 万，进入农业文明时世界人口约为 500 万~1000 万，这一过程经历了 200 万年；18 世纪中叶进入工业文明时期，这时的世界人口已经接近 8 亿，从农业文明初到工业文明初经历了 1 万年；但是，今天的世界人口已经达到 67 亿，而工业文明仅仅 200 多年。这一增长趋势已经告诉我们，技术革命是"人口爆炸"的根源。

似乎可以推断，是技术革命带来的财富使人们有足够的食物和条件养活更多的孩子，因此，越富有的人孩子应该越多，收入越高的国家人口增长率肯定会越高，但是，事实刚好相反。

随着抗生素和化学药物的出现，以及医疗水平的整体提高，婴儿和儿童的死亡率大幅度降低，人的平均寿命普遍提高，然而，人们生育观念的改变却没有与之同步。

又由于农业科学技术的发展，使得粮食作物的生产越来越具有保障，以及世界慈善事业的发展，使得全球因饥荒导致大规模的死亡事件越来越少，而且 60 多亿人口的基数，纵使有百万人的饥饿死亡也不可能平衡人口每年近亿的增长。于是，人口的增长速度越来越快，以至被称为"人口爆炸"。

通过对世界人口的增长进行研究，可以得出两个非常明显的规律，即越是贫穷的国家人口增长率越高，越是教育水平低的妇女平均生育孩子的数量越多。

究其原因，工业革命将医药和医疗技术发展的成果传播到世界各地的时候，节育观念并没有随之被广大穷国和穷人所接受。这是因为医疗技术成果只要被社会所采纳，就可以收到相应的治疗疾病、减少死亡和延长寿命的效果，而生育观念是属于个人的事，只有让个人具备接受这种观念的条件，并接受这样的观念，才能产生相应的效果。

自有人类社会以来，人们一直面临着瘟疫、疾病和饥饿、战争的威胁，家庭要繁衍必须要有众多的生育，才可能在被自然淘汰后有少数的幸存者，从而保证家庭和个人血脉得以传承。这一思想在人们的心目中根深蒂固，很难动摇，在许多民族的文化中都包含了浓重的这种内容，要想改变非常困难。当人们接受了相当的教育后，就会对现今的医疗技术水平有更多的了解，也会对自己个人在传承子孙中应该做些什么有更清楚的认识。越穷，接受教育的程度自然越低，对应该怎样做也就了解得越少。

另外，越是穷人，个人的基本生活便越没有保障；越是贫穷的国家，社会保障体系便越不健全。一个人在生育孩子的时候，往往会考虑自己年老力衰、失去劳动能力时，如果社会还不能保障自己的基本生活，便需要子女来赡养，这也是多生孩子的动力。社会保障体系健全的富裕国家，或者未来生活有保障的较富人群，自然没有这方面的忧虑。

贫穷国家生育率高的第三个重要因素，是这些国家往往面对着许多的麻烦事，如动乱、战争和政局不稳等，因此，政府无暇顾及生育方面的教育与宣传。再加上一些穷人连饭都吃不饱，连避孕工具都无力购买，节制生育、控制人口增长也就无从谈起了。

人口问题在较早的时候就引起了国际社会的重视。因为地球的资源是有限的，人口如此增长，地球将不堪重负。关于人口问题，联合国曾多次召开会议，一些国家也采取了较为有效的措施，在控制人口增长上是有一定成效的。但目前人口还在以较快的速度增长这是一个基本事实。据联合国 2002 年发表的《2002 世界人口状况》预测，这一增长趋势一直会持续到本世纪中叶，到 2050 年世界人口将达到最大值 93 亿。

二、贫困与贫富差距扩大

"人口爆炸"与贫困是两个既有关联又相互独立的问题。

据统计，占世界人口约 17% 的 24 个发达国家，其国内生产总值占世界份额的 79%，而占世界人口 83% 的发展中国家，国内生产总值只占世界总值的 21%。19 世纪初，世界上富人和穷人的人均实际所得之间的比率是 3∶1，到

20 世纪初，这一比率扩大到 10∶1，到本世纪初的今天，这一比率已经超过 60∶1。

根据世界发展银行《2006 年世界发展报告》公布的数据，2004 年高收入国家的人均国民收入为 32040 美元，而低收入国家只有 510 美元，差距的比率是 63 倍。人均国内生产总值最高的国家之一挪威则达到了 52030 美元，而可怜的布隆迪只有 90 美元，差距近 580 倍。由此可见，世界贫富差距之大已经到了十分惊人的程度，而且这种差距还在继续快速扩大。

以世界上最贫困的撒哈拉以南的非洲为例，20 世纪 70 年代 GDP 实际增长年均为 3.3%，80 年代为 1.7%，90 年代为 2.2%，而同期高收入国家则分别为 3.4%、3.1% 和 2.4%，作为基数差距本来就非常大的两极世界，平均增幅再有差距，其绝对差距就是天壤之别了。而且，撒哈拉以南的非洲极少的这点经济增长，还被过快的人口增长所抵消了。按照人均 GDP 的增长计算，这 3 个 10 年分别为 0.5%、−1.2% 和 −0.4%，而高收入国家同期的人均 GDP 增长则分别为 2.6%、2.4% 和 1.8%。这就说明撒哈拉以南的非洲与高收入国家的相对差距和绝对差距都在加大的同时，本地区人民的绝对收入甚至还在减少。

为什么工业革命与科技进步不仅没有给大部分人带来富裕，反而给他们带来贫穷和失望呢？应该说原因是多方面的，但是最主要的直接原因只有两个：其一，世界贸易不平等。贫困国家的主要出口产品是以农产品和不可再生资源为主的初级产品，以及劳动密集型制成品，本来这些产品附加价值就非常低，加之世界贸易规则掌握在发达国家手中，贸易壁垒以及高额关税，使这些国家的出口越来越困难，在国际市场上占有的份额越来越低。

其二，科技创新能力缺乏。这一点比前者更为重要。工业革命以来，由于殖民主义、战争、内乱以及各种其他原因，今天的贫困国家一直都是落伍者，面对正在进行中的第三次产业革命，不论从人力、物力、财力还是其他方面，这些国家根本无法与发达国家相比，特别是在科技创新能力上，与发达国家尤其存在巨大的差距，这就必然导致贫困国家与发达国家的距离越拉越大。

贫富差距不只体现在国与国之间，在各国内部也同样表现得越来越突出。之所以如此，主要原因在于：其一，由于科学的迅速发展，以及信息技术的采用，从事生产更多的是依靠机械设备和科学仪器，而不是人的直接劳动。因此，发达国家在经济发展的同时，失业率却一直居高不下。其二，科学技术的迅猛发展，必然导致在竞争中获胜的企业其股东与高层管理者越来越富，而大多数人则相对越来越穷。对于失业者，在社会保障体系好的国家可以靠社会救济勉强维持生活，而在社会保障体系不健全的国家则会沦为赤贫阶层。

联合国一直致力于消除世界的贫困。在联合国确定的社会发展三大主题中，贫困问题被列在首位。联合国还专门提出了消除贫困的千年发展目标。为了落实千年发展目标，在联合国有关机构召开的资助发展国际会议上，又作出了提高对发展中国家官方发展援助的决定，由 22 个发达国家组成经合组织发展援助委员会，确定其官方发展援助到 2015 年应占各国国内生产总值的 0.7%。

但是，0.7% 的官方发展援助目标很难推动，到目前为止，仅有丹麦、卢森堡、荷兰、挪威和瑞典五国达到了这一标准，一些国家的官方发展援助不仅没有增加，反而还有减少，尤其是一些经济总量较大的国家，其援助比率最低，如经济总量排位全球第一和第二的美国和日本，分别只有 0.15% 和 0.2%，在援助国中排名倒数第一和倒数第三。

第五节 科学技术的困惑

科学技术在为人类带来物质享受的同时，又给我们带来了许多的麻烦，有些科学技术成果甚至严重地危及人类的生存与幸福，而且这种对人类价值的威胁是直接的，以至于人们不能不对科学技术的发展产生困惑，并进而产生反思。但今天人们的困惑普遍是针对一些具体的科学技术成果的，对科学技术的反思也只是针对具体的科技成果而展开的。

一、核武器

核武器是以爱因斯坦提出的质能关系式为理论依据研制的。根据质能关系式，仅 1 克物质就等同于 2 万吨烈性炸药 TNT 爆炸所释放的能量。

为了防止希特勒控制下的德国研制出原子弹威胁世界，美国总统罗斯福接受了以爱因斯坦为首的一批科学家的建议，正式批准了关于研制原子弹的"曼哈顿工程"计划，并于 1945 年夏天首批制造出了三颗原子弹。此时，第二次世界大战已接近尾声，这三颗原子弹一颗用于试爆，另外两颗分别扔在了日本的广岛和长崎。

原子弹不仅彻底摧毁了广岛和长崎这两座城市，其巨大的毁灭力还可用以下的数据说明：当时广岛有 28 万人，原子弹的爆炸当即造成 7.1 万人死亡，6.8 万人受伤，以后因辐射和其他后遗症死亡人数总共达到 12 万。约 20 万人的长崎当即死亡 3.5 万人，受伤人员达到 6 万；以后由于辐射和其他后遗症导致死亡人数总计达到 7.4 万，受伤达到 7.5 万。

核武器对人的伤害主要有光辐射、冲击波、核辐射、放射性沾染和电磁脉冲。除电磁脉冲外，其他四种伤害都能致人死亡。

核子武器爆炸的瞬间，中心附近温度高达数千万度，耀眼的光芒超过上千个太阳，灼热的温度可以将中心附近的钢铁都变为气体，数千度高温的巨大爆炸风暴，席卷之处一切生命都会被焚毁，巨大的冲击波瞬间可以摧毁数十千米甚至上百千米外的建筑和生命。

核辐射则是一种看不见的杀手，它是核爆炸释放出的各种有害射线，这些射线严重的可以当即致人死亡，轻的则会使人头痛、头晕、恶心、脱发、轻度出血、肠胃功能紊乱，而且核辐射对人身体有潜伏的危害，会导致癌症、白血病等。

放射性沾染是核爆炸时产生的大量放射性灰尘沉降到地面或漂浮在空气中所造成的，这些灰尘中含有各种放射线，对人体的危害与早期核辐射类似，只是作用时间更长，可以长达数小时、数天甚至数十天。

广岛和长崎的原子弹爆炸后，由于人们对核武器缺乏了解，许多人都是在找人和救治别人时遭受核辐射和放射性沾染导致伤亡的。

原子弹是利用核裂变释放能量的，继原子弹之后，各国又研制出了氢弹，氢弹则是以氢的核聚变释放能量的。氢聚变的优点是燃烧效率高，同等质量的氢聚变比同等质量的铀裂变释放出的能量高 4 倍，而且核聚变不受临界质量的影响，理论上可以将氢弹的爆炸力做得无穷大。

随着氢弹的试验成功，各国又成功地研究出了专门对付坦克类目标的中子弹、对付通信设施的电磁脉冲弹，以及对付坚固目标的强冲击波弹等，它们被称为第三代核武器。

144

今天，已经拥有核武器的国家除了美、俄、英、法、中这五个大国之外，印度、巴基斯坦和朝鲜也都试爆了核武器，而且以色列也默认了自己拥有核武器。其实，有能力成为有核国家的还有很多。据有关机构估计，全球有近 70 个国家具备研制核武器的技术能力与经济能力。

最早爆炸的三颗原子弹现在看来只不过是"小不点儿"核武器，它们的威力只有 1 万~2 万吨 TNT 当量，在今天的核武库中是非常原始的。迄今为止，最大的一次核试验是 1961 年 10 月 30 日苏联爆炸的一颗氢弹，其威力达到 5600 万吨 TNT 当量。有人估算，这一当量相当于自中国人发明火药以来的 1300 多年中，人类历史上所使用炸药总量的 3 倍。

到 1986 年，美、苏、英、法、中五个大国拥有的核弹头达到了近 7 万枚，总当量相当于 150 亿吨 TNT。按当时全球人口计算，平均每人可分摊到 3 吨。冷战结束后，核弹头有大量的销毁，但目前全球核弹头还有约 3 万枚。

如果核战争爆发世界将会是怎样的结局呢？科学家与各界学者对此进行过各种研究与讨论，基本上形成了一个共同的认识，并可以描述如下：由于爆炸的威力只可能是集中释放，核爆炸当量不可能均摊在每个人身上，因此，核战争不会灭绝人类，有一部分人会幸存下来。

　　在核武器大量爆炸之初，会造成数十亿人的死伤，核爆炸产生的大量浓烟、灰尘、碎屑将直冲云霄、遮天蔽日，从而挡住太阳的光辉，在持续数周甚至几个月之内，阳光照射将大大减少，全球温度急剧下降，导致普遍温度低于零下一二十摄氏度，这就是通常所说的"核冬天"。

　　"核冬天"将使地球的生态系统遭受严重破坏，粮食作物生长受到极大的影响，粮食的短缺和极度的寒冷导致许多人冻死、饿死。

　　由于能源、电力、供水、医疗、交通、通信等必备的生活系统遭到破坏，使幸存者处于惊恐和慌乱之中。随着时间的推移，人们变得越来越麻木、绝望。

　　由于核辐射以及放射性尘埃对人体内部组织的破坏，使大批人员的放射性伤害后遗症不断显现出来，医院人满为患，无法救治，大部分患者不得不在痛苦中挣扎着死去。核爆炸使大部分臭氧遭受破坏，随着黑暗的结束，人们将面对紫外线的强烈辐射，于是，许多新的病症将会使人类的生存雪上加霜。

　　人类文明将受到毁灭性打击，人类社会的恢复极其艰难，饥饿、寒冷、疾病和恐惧，使人们丧失基本的尊严，文学、艺术、音乐变得毫无意义，人类将进入觅食、求生的蛮荒时代，经过许多年后，人类的社会秩序才开始慢慢重新形成。还有人断言，核大战将使人类文明彻底毁灭，不再复苏。

二、生化武器

　　生化武器是生物武器和化学武器的统称。许多专家都认为，生化武器对人类的杀伤力实际上可以超过核武器，只不过核武器是在惊天动地的爆炸声中摧毁一切生命和建筑，而生化武器则是在悄然之中杀死生命但不会损坏建筑。由于生化武器比核武器造价低，而且易于携带，因此被称为"穷国的原子弹"，也是一些恐怖组织惯于采用的袭击手段。

（一）化学武器

　　历史上第一次采用化学武器的是第一次世界大战中的德国军队。而后，协约国针对同盟国的化学毒气，采取了以牙还牙的报复。此后，双方多次采用了毒气战。

　　化学武器的毒剂有许多种，性能也各有不同，但一般可分为三大类。

第一类为神经性毒剂。这类毒剂可以通过人体各个部分渗入人体，并迅速与人体胆碱酶结合使之丧失活力。它能抑制神经冲动，从而导致肌肉痉挛，进而使呼吸系统肌肉瘫痪，导致人与动物死亡。被称为现代毒剂之王的有机磷毒剂就属于这类化学毒剂。

第二类为糜烂性毒剂。这类毒剂能严重破坏人体肌肉组织细胞，人体任何与之接触部位都出现水泡和糜烂。遭遇这类毒剂攻击者，常会出现浑身糜烂，并有大面积的水泡，而且眼睛畏光，呼吸道黏膜坏死，令人苦不堪言，直至死亡。曾作为毒气之王的芥子气（双氯乙基硫）就属于此类毒剂。

第三类为窒息性和溶血性毒剂。这类毒剂的性能主要是破坏人和动物的呼吸系统，阻止细胞吸收血液中的氧气，伤害人的肺部，引起肺水肿，从而致人与动物死亡。光气和双光气就属于此类。

化学武器不仅是残忍的战争工具，而且战后遗存下来的化学毒气弹还经常祸害人们，这方面的情况常常可以见诸报端。如"二战"后丢弃于英国近海的化学武器达 12 万吨，由于年久，导致容器腐蚀，毒气泄露，使海洋生态遭受严重危害，其污染面积超过 10 万平方千米。而日军在中国遗留的毒气弹几乎每年都有发现，仅在东北遗留的毒气弹就达 200 万枚之多，并经常导致有人中毒受害。

（二）生物武器

与化学武器相比，生物武器的危害性、杀伤力和残忍度要大得多。

生物武器的核心是生物战剂。所谓生物战剂，是指各种传染疾病的病原体，它能够自行繁殖传播疾病。

生物战剂的起始用量很少，但是，传染疾病的病原体可以迅速繁殖，在不知不觉中侵入人体，一旦爆发，所造成的毁灭非常大，且影响极广，持续时间也非常长，不论是人还是动物，无论是军人还是百姓都很难幸免。使用这种武器，实际上就是人为地制造瘟疫。

生物战剂的成分是微生物，它结构简单，体型很小，一般肉眼都看不见。目前人们已经知道的可致病的微生物约有 160 种左右，但从危害性和传播性来衡量，可以作为生物战剂的主要有 4 类，即细菌、病毒、衣原体和立克次体。

对于生物武器的描述常常使人不寒而栗。据有关资料显示，在一定条件下，1 克感染 Q 热立克次体的鸡胚组织，分散成 1 微米的气溶胶粒子，可以感染 100 万人以上；12 个被鸟疫衣原体感染的鸡蛋可以使全人类受到感染；人只要吸入一个 Q 热立克次体就可能引起 Q 热感染。

生物武器危害时间很长。霍乱杆菌在适宜条件下可以存活 40 天以上，黄热病毒在适宜条件下可以存活 3~4 个月，而生物毒素只要在存活条件下，便随时都有可能导致疾病的流行，这样，其危害时间之长就难以预测了。

由于生物武器危害性实在太大，在人道上受到普遍谴责，而且生物武器在使用中有可能危及自己，因此目前为止，还没有大规模使用生物武器的情况。最典型的采用生物武器的事是日军"二战"中在中国干的，由关东军防疫给水部部队长石井四郎组建的 731 部队用活人做生物武器试验。日军并将生物毒素直接用于了战争，在长达 12 年的时间中，日军多次采用生物武器，造成大约 27 万中国人死亡。由于生物战剂有极强传播性，使得日军自己也自食其果，据说，因自己投下的生物毒素，造成了 1000 多日军的死亡。

由于基因技术的发展，现代转基因生物毒素的杀伤力已经远远超过了传统意义的生物毒素。转基因生物毒素是采用转基因技术，将不同生物毒素的 DNA 分子剪切后进行重新组合粘贴，从而形成新的生物毒素。转基因技术可以集所有生物毒素之长，也可以创造性地设计出各种新的生物攻击方式，并以此组合出具有各种针对性的攻击人类不同致命器官的超级生物毒素，或者组合出专门针对某一特定人种或者特定性别的生物毒素。

转基因生物毒素的杀伤力已经脱离了传统生物毒素杀伤力的概念，利用转基因技术改造的生物毒素，其杀伤力完全可以比过去最具杀伤力的生物毒素强千倍、万倍甚至百万倍。有人计算，只需要几百吨转基因生物毒素，就可以完全取代全世界现存的数十万吨的生物毒素。

三、互联网犯罪

1980 年 6 月 2 日午夜，位于奥马哈的美国战略空军司令部指挥中心的计算机突然发出苏联核潜艇和洲际导弹开始袭击美国的信号，同时，大型荧光屏上显示出遭核袭击时应采取的措施。值班军官立即按下报警按钮，并马上用暗语电话向战略空军司令部所属的所有战略部队发出"天鸟"的警报。

美国总统在第一时间已经掌握此情报。位于安德鲁空军基地的总统座机

"空军一号"已做好随时升空的准备。5分钟后，153个战略导弹发射分队进入阵地，1054枚洲际弹道导弹准备发射就绪，载存核武器的100架B-52战略轰炸机做好了升空准备，在以备地面指挥系统被摧毁后接替指挥的美国国家空中指挥所E-4型飞机已经起飞，所有军人在紧张地等待反击命令。但很快警报解除了，原来是计算机感染了病毒，显示的情况是错误的。计算机病毒给美国最高决策层开了一个玩笑。

1988年11月2日，美国国防部计算机网络普遍遭遇病毒袭击，所有计算机都陷入瘫痪，美军事指挥系统几乎失灵。人们在想，如果恰好此时美国遭遇战争袭击，会是一种怎样的情况呢？

1991年海湾战争正酣，一名荷兰少年闯入美国国防部计算机系统，并把许多国防部机密材料公之于众，而且还将计算机系统中的内容乱加修改。

1998年2月，18岁的以色列少年黑客成功地闯入美国国防部电脑系统，在两周之内获取了大量机密信息。

在这个信息化的时代，全世界的计算机每天都在遭遇病毒的袭扰，有些病毒能够同时造成数百万台电脑的瘫痪。

电脑黑客可以随意闯入银行电脑系统、企业电脑系统、各国军事首脑机关电脑系统，偷取军事情报、商业情报和银行密码。那些少年黑客们的动机也许只是为了出名或者好奇，如果他们真的将自己的本领用于犯罪，后果将不堪设想。然而，即使这些电脑病毒制造专家和电脑黑客完全是出于游戏、好奇和出名，实际上也早已经让世界的互联网系统损失惨重。

事实上，电脑犯罪已经普遍存在，那些互联网犯罪者通过电脑进行金融诈骗；设置骗婚陷阱、赌博陷阱；在电脑中装置逻辑炸弹，造成系统程序失灵。不论是国家机关，还是企业、学校、研究机构甚至个人家庭，都要将很大一部分精力和投入用于防范电脑黑客与电脑病毒的攻击；各国司法机构和警察与安全机构，已将更多的人力、物力和财力投入到应对互联网犯罪上；许多机构已经将反互联网犯罪作为一个专门的部门设置。

互联网犯罪与电脑恶作剧正在严重地危害人类社会，已经成为世界的一大公害。

第五章　人性与威胁

　　之前两章阐述了人类有可能遇到的外在威胁，以及已普遍认识到的自我威胁，本章将对人类受到的这些威胁进行总结，以便真正认清危害人类整体生存的最重要的因素，并寻求解决的办法。

　　外在威胁是一种客观存在，与人类的本性无关，与社会制度也无关，无论我们愿不愿意，也不论我们以怎样的态度面对，都不可避免地要承受这一切。但是，人类的自我威胁则完全不同，它在很大程度上取决于人类的本性，同时也取决于与人性有关的人类社会的社会制度，以及人类已经经历过的历史等多个方面。正因为如此，当我们总结人类所受到的威胁时，也就不能不首先认识我们人类自己的本性以及主要的社会制度，只有这样，才能够真正深刻地认识有可能危及人类整体生存的各种因素。

第一节　再认识外在威胁

　　通过之前的分析，我们不妨上升一个新的境界来看外在威胁问题，甚至可以跳出外在威胁本身，来关注人类未来的道路，由此获得对我们的未来选择有益的结论。

一、接受极其偶然的事件

　　我们知道，像疾病这样的外在威胁几乎是任何人都无法躲避的，人类个体的死亡更是早晚都会降临在每个人的身上，面对这样的威胁，最终只能坦然接受。但是，个体的死亡并不影响整体的生存，相反，如果只有生没有死，人类将不可能长久生存。因为无限增长的人类，早晚会因缺衣少食而灭绝。

　　接受人类的个体死亡是一个常识性的道理，即使多数人都不情愿或者害怕死亡，但都会接受每个人在年老体衰后因病去世的现实。然而，只要是正常心态的人，都不可能接受人类整体灭绝的结局，我们作为人类的一员，理所当然地把人类的整体生存价值看得远远高于其他一切。

通过之前的阐述已经明确，在各种外在威胁中，许多都涉及到人类的整体生存问题，如黑洞吞噬、微黑洞威胁、反物质星球威胁、恒星撞击、独立行星撞击、近距离的超新星爆发、宇宙终结、太阳演变为红巨星、大的小行星撞击、外星人入侵以及人类基因退化，等等。任何一种外在威胁让我们赶上，无疑都是人类的末日。那么，人类是否真的会有那一天呢？

可以肯定地确认早晚会降临到我们头顶，而且根据今天所掌握的科学技术手段还无法应对的危及人类整体生存的外力只有两项，一是宇宙的终结，二是太阳演变为红巨星。

根据现有的宇宙学理论，宇宙总会有终结的一天，但宇宙的终结太遥远了，那是许多万亿年之后的事。同时，今天我们对宇宙的终结给人类带来的灭绝灾难根本无能为力，尽管许多未来学家对于应对宇宙的终结也想出了各种办法，但那些都只是停留在科学幻想的阶段，要实现那些幻想，还没有任何可靠的科学根据，所以，与其这样还不如把问题留给未来比我们更具智慧的子孙们。

太阳演变为红巨星事实上也是足够遥远的，那是 50 亿年之后的事。虽然依靠我们今天的能力根本不可能防范这样的威胁，甚至在可以展望的很长的未来，也不可能具备这样的防范能力，但我们却可以祈祷，50 亿年后的人类应该具有相当高的智慧，通过未来漫长的发展与进化，人类势必已经具备足够的能力远离红巨星的太阳，在宇宙的其他安全之地建立自己新的家园。

在太阳演变为红巨星之前，事实上还有两种威胁是有可能危及人类整体生存的，一是大的小行星撞击地球，二是人类基因有可能出现退化。但对于这两种威胁，人类已经具备了防范的能力。一颗能够毁灭人类的小行星撞击地球的可能性，是数亿年发生一次，那么，以我们今天的天文观测能力再进一步发展，便可以准确地预报这样的灾难，而我们的核技术、宇航技术以及导弹运载技术，只要稍作发展，便可以拦截或者通过其他办法化解这样的天体撞击。

人类基因的退化发生的可能性也很大。由于长期的繁衍，人类难免会在有些重要器官上出现退化，从而导致无法继续生存下去。发生这样的灾难也许是在几百万年、几千万年后，也许是数亿年后，但这一天迟早会来临。然而，以今天我们掌握的基因工程技术完全可以作出再造人类基因的展望，如果真的出现退化的现象，通过改造人类基因，则可以做到使已经有数亿年生存历史的人类这一物种重新焕发出勃勃的生机。由此可见，我们的未来是极其乐观的。

但是，这里说在太阳演变为红巨星之前，人类并没有不能够预防的危及其整体生存的外力，这一分析是在排除了诸如黑洞吞噬、恒星与独立行星撞击、微黑洞与反物质星球威胁以及外星人入侵之后的结论。之所以把这一系列威胁因素都加以排除，是因为这些因素要么是纯理论的推测，并没有得到确切的证实；要么是即使现实存在，也是发生机会极其微小的事。这种机会之小，甚至超过了数万亿年一遇，对于在 50 亿年后便必须搬离地球的人类，是不必考虑它的威胁的。

然而，所谓数万亿年一遇只是一种概率分析的结论，不论其概率多么的小，总不能排除这一因素的存在，而且不论概率多么小，即使数亿亿年才有一遇的事，也有可能刚好是明天或者明年就会发生，这是概率规律的特点。因此，尽管我们可以十分肯定地下一个结论，即那样的事几乎完全不可能，但却不能够说根本不可能，只要概率不为零，就不能排除数亿亿年一遇的事会十二分凑巧地发生在眼前。

上述所列举的一系列危及人类整体生存的外力因素，利用今天的科学技术是根本不可能预防和躲避的，而且在可以预见的未来很长时间内，我们也不可能具备防范这种威胁的能力。如果真的那么巧之又巧，人类只能接受这种极其偶然的事件。

反过来，我们完全没有必要为了防止那种几乎不可能发生的外在威胁，大量地动用人力、物力、财力去刻意进行大规模的研究与投入，因为，这样的威胁只是从理论上存在的一种可能性极其微小的事，在太阳演变为红巨星之前，人类有许多的事需要去做，完全不必劳民伤财地去为一个几乎不可能发生的事大动干戈。况且，即使动用大量的力量，也基本可以肯定，从根本上是预防不了那样的威胁的。因此，用极其坦然的态度去面对那种概率极其微小，而处置难度又极其巨大的事，是唯一合理的选择。

二、确定合理的预警期

由于一些对人类的生存与幸福有着重大威胁的外力是注定要降临到我们头顶的，因此，我们便理应考虑对这些外力威胁的防范问题。那么，在十分漫长的未来，由于出现这样的外力袭击事件只是在极其个别和特定的时间点上，如果为了防范那些数十万年，乃至数千万年甚至数十亿年才会出现一次的袭击，长期一贯地消耗我们的巨大资源，明显是不合理的。况且，要是长期总在准备一件遥遥无期的事，反而会导致人们思想上的麻痹大意，更不利于真正实施好对这些威胁的防范措施。

因此，对于防范那些危及人类生存与幸福的重要外在力量，便应确定一个合理并且保险的预警期，以便在科学合理的时间段内，制定并实施一系列针对其威胁的切实有效的防范与应对措施。

需要强调的是，预警期必须是合理且保险的。例如，50 亿年后太阳演变为红巨星是一个明确无误的外在威胁，这一威胁是关系人类整体生存的，要应对这样的威胁，应留足的预警期可能要在 10 亿年左右。

之所以确定如此长的时间，是根据今天我们所掌握的科学技术手段和拥有的一切能力并将其引申后作出的综合判断（也许经过许多年后，科学技术有了进一步发展，这种判断会有相应的调整）。理由是，根据人类今天掌握的科学技术知识，要避免这种威胁，我们只能作出搬离太阳系、迁徙到其他星球，或者建立巨大的太空人造生存空间，或者将地球推移到一个安全的新的恒星附近的设计。然而，要实施上述设计，利用今天的科学技术手段是根本做不到的，要完成这一设想，或者要想提出更加合理的方案，还需要进行更加深入的科学技术研究，这种科学技术研究需要未来无数的科学技术成果作为铺垫，其科学与技术的高深程度，远远超出了当今我们已经掌握的一切科学技术知识。因此，要完成这一任务，仅从科学技术的准备时间就要留足亿年以上。

同时还应考虑，这是涉及人类整体的生存问题，不能够有任何的闪失，所以预警期理应留得尽可能的足够与充分一些。并且，太阳演变为红巨星虽然还有 50 亿年，事实上，在这之前的一段时间太阳已经变得不太稳定，它会经常出一些"毛病"，而太阳出一点小毛病地球生态就可能会出大毛病，因此，我们搬离太阳系的时间不能刚好选择在太阳演变为红巨星的那一时刻，而是要在这之前很久，即在太阳还处于稳定的燃烧期时就应该搬离太阳系。而且，我们说 50 亿年后太阳演变为红巨星，实际上这一时间的确定并不是百分之百的准确，还必须留足有可能误判的时间，否则，人类整体就有可能遭受灭顶之灾。

但是，对于其他一些威胁就完全不必考虑如此之长的预警期了。如应对小行星或者彗星撞击地球，事实上我们已经在对此保持密切的观测，如果发现有小天体可能会撞击地球，只要留足几十年的预警期便可以解决问题。理由是，依今天我们所掌握的科学技术手段，完全可以通过几十年的准备，制定并有效地实施一整套化解这种威胁的方案，比如用宇宙飞船把核弹送上小天体，将小天体的运行轨道改变，也许就是一个很合理的方案。对于这种方案的实施，实际上只需要几十年甚至十几年的时间。

关于应对基因的退化而留的预警期，应该确定在人类基因已经开始有明显退化迹象时。基因的退化不可能出现整个群体的同时突变，以整个人类作为考察对象，基因要是出现重大退化，一定首先是从个别人或者个别群体开始的。同时，也不可能一下子就退化到马上就不能生存下去的地步，应该是一个缓慢的不断退化的过程。这就给我们应对这样的威胁留下了可供准备的时间。

目前我们已经较好地掌握了基因再造技术，再进一步发展，完全可以十分精确、自如地使用这一技术；而人类基因组计划的进一步实施，不需要很长时间，便可以准确地了解人类所有基因的内部结构，以及所代表的遗传信息；另外，我们已经掌握了"克隆"技术、人工授精技术、基因冷冻与保存技术，而且还在继续发展。有了上述这一切作为基础，应对基因退化的预警期设定在人类基因出现明显退化迹象时应该是比较合理的。

应对地磁的消失要留下的预警期可能需要长一些，原因是对于地磁消失我们还不能十分准确地预测其具体时间。当然，地磁消失对人类带来的伤害肯定不如太阳演变为红巨星大，也没有小天体撞击地球和人类基因退化带来的危害那么大。而且地磁消失带来的危害不是直接的，也许实施相应的防范计划不一定必须动用那么多的投入，但预警期则应留得富余一些。

确定合理且保险的预警期，是充分保证人类生存与幸福的必然要求，预警期留得过长或过短，都不利于人类生存与幸福价值的实现。

三、反思深远原则

第二章中确定了本书全部的研究依据的两个原则，即"最大价值原则"和"深远原则"，其中深远原则是指我们的研究视野力争做到空间尽可能广阔，时间尽可能长远。由此，我们确定了把空间定位在整个宇宙的范围，而时间则定位在从宇宙的开始到宇宙的终结这一跨越亿万年的时间段。

根据之前的研究及所得出的结论可以看到，在50亿年之内没有不可避免的危及人类整体生存的外力因素，而50亿年之内的危及人类整体生存的外力因素，即使利用现今已经掌握的科学技术手段稍加发展都可以防范。这就告诉我们，人类完全可以在数十亿年之内，本着平和与坦然的心态，将更多的时间与精力用在自己现实的切身利益上，因为，需要我们去做的事很多，如果把过多的精力花在那些还遥遥无期的外在威胁上，是一种纯粹杞人忧天、劳民伤财的事，反而会影响人类价值的实现。

同时，这一结论的明确也特别提示了我们，在外在威胁方面，有足可以供人类长达数十亿年安稳平静生活的时间，这就间接地告诉我们，研究危及人类整体生存的主要注意力可以从外力因素转移出来，把重点放在人类自身的威胁上。

有了上述一系列的结论，再来反思深远原则便会发现，将研究的时间与空间确定得如此之长远和广阔，既不是为了研究我们在未来的亿万年应该做什么，也不是为了研究我们应该深入到宇宙的最深处做什么，而是通过以亿万年的时间长度与整个宇宙的空间广度作为参照与镜子，排除我们不必刻意去做的诸多内容，而最终把立足点放在这样一个现实的层面上，那就是：在今天或者不远的将来，我们人类应该围绕我们生活的周围世界切切实实做一些什么？以及应该谨慎地应对哪些有可能出现的现实问题？而通过上述方法所得出的结论，才是真正深刻、全面、科学的结论。

第二节　人性的弱点

一、人类进化还不完善

人类之所以有今天，完全是生命进化的结果。在进化的道路上，人类区别于动物的最大的特点，是人类以脑的进化作为开始并作为主要特征，也就是说，因为人类的智慧使人类得以适应自然，并最终统治地球。

进一步具体地分析动物进化与人类进化的区别可以得出更多结论。

从进化的角度考察动物对环境的适应，我们可以把动物的进化称为"普通进化"，普通进化表现在两个方面，第一是肢体，第二是本能。

首先，动物要想不被环境淘汰，必须在肢体的进化上满足环境的要求。这里说的肢体是除脑之外的所有其他的器官。为了抵御寒冷，动物进化出了皮和毛，纬度越高，动物的皮越厚、毛越长，这是由气候决定的；当被子类植物兴起和繁荣时，许多裸子植物灭绝了，一些以裸子植物为食的动物相继灭绝，因为它们的消化系统不能适应新的食物环境；威胁老鼠和昆虫的因素很多，它们随时都有可能丧失生命，为了存活下来，它们选择的进化方式是在繁殖器官上，这样的动物性成熟非常早，繁殖速度很快，一次繁殖数量也很多，这就使得它们在经过大量的死亡后还能旺盛地生存下来。

仅有肢体的进化是不够的，任何动物，即使肢体非常符合环境的要求，如果它对周围的一切反应迟钝、木然，就如同行尸走肉，也必然会被环境所淘汰。那么，在动物的进化内容中，还有一项与肢体进化同等重要的方面，就是本能。不论什么动物，都有一种本能，这就是求生的反应、交配的反应以及获取食物的反应，等等。

在适应环境的进化中，动物只有获得这种本能，加上与之相配套的肢体，才能生存下来。如果不能获得足够的本能，就会被淘汰。

人类在对待环境方面与动物的本质区别，就是人类能主动去适应环境，有创造和改变环境的欲望，而且能够主动不断增强自己驾驭自然和改造自然的能力。正因为如此，人类在进化的道路上，不仅有类似动物的普通进化（即包括肢体和本能的进化），还有一种动物所没有的进化，这就是"智能进化"。

除普通进化之外的智能进化，是人类不同于任何其他生物所独有的进化内容。智能进化也包括两个方面，第一是"创造力"，第二是"理性"。

创造力就是认识自然、改造自然的能力，以及主动适应环境的能力，因此，创造力便集中体现在人类对科学技术的掌握与驾驭的能力和水平上。

动物对食物的获取和享用是最基本和最简单的，它们追逐食物而走，但不懂创造性地获得食物，它们对食物唯一的调味方式是咀嚼，除此之外再没有别的手段。人类因为有创造力，原始人类在捕猎后就已经懂得烧烤的肉类比生吃味道要好，这种方法还可把许多不能食用的东西变得可以食用。对于食物的获取，人类很早就从简单的采集时代走了出来，开始对野生动植物进行驯化。今天，我们利用高科技手段，能够使农作物产量大幅度提高、品种大量增加，可供肉食的动物的生长与繁殖速度也大幅度加快。

动物完全依靠自己身体的机能，通过季节性地调节自己皮毛的厚度与长短来应对气候的变化。而人类在很早以前就学会了使用火，在寒冷的冰期，人类身上的毛发没有增多，皮肤也没有变厚，而是依靠火抵御了严寒；原始人类还有一种很重要的御寒方式，这就是利用兽皮缝制简单的衣服，因此，可以顶着寒风在野外猎取食物。而今天，各式各样的服装不仅可以御寒和装饰，还是一门艺术。

动物也有自己的巢穴，但它们建造巢穴完全是本能所为，且它们的巢穴非常简单。人类建造房屋依靠的则是创造力。最早的人类将泥土做成砖来盖房，屋顶则是茅草，而今天的建筑材料千奇百怪，数不胜数，人们将铁矿冶炼成钢材，将石灰石烧磨成水泥，将石英熔拉成玻璃，将岩石锯磨成石材，利用化工手段合成涂料和壁纸，于是，一栋栋装饰精美的高楼大厦拔地而起，而空调、暖气则使房间四季如春。

然而，人类最习惯于将最先进的创造力首先用于战争，在对同类的残杀方面从不手软。人类也习惯于将这种创造力用于对大自然的无节制索取，很少考虑大自然的承受能力，以及子孙后代的继续生存。人类在对自然规律的发掘上顽固地坚持勇往直前的精神，却很少考虑科学技术有可能给自己带来的致命报复，也不考虑这样的单向追求是否能够给自己带来真正的幸福。之所以如此，都是因为人类的理性进化程度太低所致。

动物是没有理性的，动物哺育幼崽，那是动物的本能；动物不食同类，也是自己的本能。理性则是人类独有的智慧，是人类从根本上区别于其他动物的重要方面。

当人们发现大量排放温室气体会导致全球气候变暖，并因此会带来许多灾难性后果时，各国聚集在一起召开专门会议，并签定限制温室气体排放的多边协议，这是理性所为；当人们认识到核武器的疯狂发展，必将会给人类带来毁灭，由此倡导了核裁军谈判，这同样是理性所为。

但是，人类的理性存在两大失衡现象，这里称为智能进化失衡现象，或者简称进化失衡。

进化失衡首先表现为人类种群内部的失衡。在人类种群内部，少数人理性程度较高，但大多数人理性程度较低；这样的失衡还表现为同一人类个体的理性水平波动很大，极不稳定。

第二大失衡现象就是人类理性的进化速度远远滞后于创造力的进化速度。人类创造力的进化经历过几次飞跃。几百万年前人类的祖先学会使用原始工具，尤其是之后学会对火的使用是创造力的第一次飞跃。大约在 1 万年前，人类从蛮荒进入文明时期，开始了人类创造力的第二次飞跃，这次飞跃人们习惯地称其为农业革命。

人类第三次创造力的飞跃是从 18 世纪中期开始的。第三次创造力的飞跃以蒸汽机的创造性应用为标志。蒸汽机以蒸汽作为动力，取代了人和动物的体力劳动，人们看到了机器带来的生产力的极大提高，体验到从繁重的体力劳动中解放出来的轻松与乐趣。由此似乎突然发现了科学与技术对于人类的难以替代的作用，以及潜藏着的巨大财富。于是，从认识自然内在本质入手，发掘一切可供使用的科技力量，以创造所需要的财富，成为人们的共识。这是人类创造力产生更高层次飞跃的内在动力，这次飞跃人们习惯地称之为工业革命。

工业革命以来，世界已经被彻底地改变了，在这 200 多年的时间里，我们创造的财富，超过了自有人类以来的几百万年间所创造财富总量的许多倍。我们在文学、艺术以及哲学等社会科学领域的成就自然可以如数家珍，但更值得感叹的是自然科学和技术领域的无数次突破，并由此带来的世界的巨大改变。

　　我们的认识空间最小已经深入到 10^{-10} 米的原子核内部，最大则可以推广至 130 多亿光年之遥的宇宙边缘。科学家通过对原子核内部的研究，发现了一种称为"强力"的力量，这种力可以释放出自然界最巨大的能量，于是，制造出的核武器轻而易举便可以毁灭一座几百万人的城市。科学家通过对电磁感应现象的揭示，能够将看不见、摸不着的电磁波作为"信使"，把各种信息在一瞬间传送到万里之外。生物学家通过对细胞核的研究，终于发现一种称为脱氧核糖核酸的双螺旋分子，它正是生物遗传基因的携带者，于是，他们让鲜花按自己想象的颜色开放，让动物按自己希望的形状生长……

　　从人类创造力的进化来看，经历第一次飞跃用了几百万年的时间，经历第二次飞跃用了 1 万年的时间，经历第三次飞跃仅仅 200 多年，而世界发生的巨变却远远超过了之前几百万年人类所创造与改变的历史与自然的总和。

　　从创造力的进化情况我们可以看出，每一次飞跃其间隔的时间都大幅度地缩短了，但是，每一次飞跃爆发出来的能量，都远比前一次飞跃所产生的能量大得多。这一点与传统的进化论思想是吻合的，这就是生物的形态级别越高进化就越快。

　　然而，创造力只是人类智能进化的一部分，智能进化的另一部分是驾驭这种创造力的"理性"。遗憾的是，人类理性的进化速度与创造力的飞速进化形成鲜明的反差，显得十分缓慢。

　　就创造力而言，动物与人类已经没有任何可比性，但从理性而言，人类却保留了许多动物的属性，在一些方面甚至连动物都不如。

　　最简单的例子，人类与动物一样保留了典型的种内竞争特性，同类相残是人类最不理性的一面。在人类社会形成之前，人们就将最先进的工艺技术首先用于武器，这些武器在对付野兽的同时也用来对付同类。当创造力把人类带入到文明社会后，捕猎野兽已经不是人类食物的必需来源，野兽的袭击也不构成人类的主要威胁。相反，人类的主要威胁变成了同类之间的相互屠杀，于是，人类最先进的技术和工艺便用来制作屠杀同类的工具。

　　自工业革命以来，人类的创造力便像火山喷涌一样能量无限地显现了出来，然而，人类的理性却还是没有随着创造力的发展获得相应的进化。在人类的创造力使科学技术的发展日新月异，科学技术成果爆发出的威力越来越巨大的情况下，掌控这些科学技术成果使用方向的人类的理性却还和几百年、

158

几千年之前没什么差别。

最先进的科学技术成果仍然还是首先用于杀戮的工具，科学技术为人类带来多大的财富也就同样带来多大的伤害和痛苦，这一趋势几乎成了固定的规律。科学技术在飞速发展，战争手段也在飞速发展。可以明显地看出，工业革命后，战争手段的更新速度一年超过过去一百年。

进化失衡现象充分说明了人类的进化还不完善，人性的弱点正是人类进化不完善的具体表现。

二、人类本性的弱点

人类本性的弱点是人类这一独有物种固有的特征，人性弱点与人类相生相伴，除非人类有重大进化。人性弱点的外在表现并不是固定不变的，时代不同、区域不同、群体不同，其社会环境也千差万别，各种因素都会影响人性弱点的外在表现形式，然而，即使千变万化，人性弱点的本质特征也不会改变。

那么什么是人性的弱点呢？笔者认为，一切不利于人类整体价值实现的人类本性的特点，都属于人性的弱点。但是，不利于人类整体价值的人性特点不在少数，要逐一加以阐述是一件非常复杂的事，而且也没有必要这样做，因为有一些人性特点对人类整体价值的负面影响很小，不值得一一加以列举。而以下阐述的各条，则是有可能在根本上影响人类价值实现的不利因素。由于这些人性弱点的存在，使人类的生存与幸福遭受严重的威胁，并将有可能最后危及人类的整体生存与整体幸福。对于这些弱点，我们是无法回避的。

（一）视界利益性

摆在人类面前的常常有三大利益矛盾，这就是眼前利益与长远利益的矛盾，表面利益与根本利益的矛盾，以及局部利益与全局利益的矛盾。往往长远利益、根本利益和全局利益并不能直观感受到，它们需要作一些深层思考才能够明朗，或者即使能够感受到，也不能马上享受到它们带来的好处。而眼前利益、表面利益和局部利益则一目了然，并且一旦获得，便能够立即得到这些利益带来的好处，我们称这些在视线范围内很容易感受到的利益为视界利益，也就是已经得到和随时可以得到的利益，或者说只要获得，便可以即刻感受到其发挥的作用的利益。

按理说，眼前利益包含在长远利益之中，表面利益包含在根本利益之中，局部利益包含在全局利益之中。如果长远利益、根本利益和全局利益受到损害，最终必定会波及到眼前利益、表面利益和局部利益，由此可见，长远利益、根本利益和全局利益的重要性必定高于视界利益，一旦两者之间发生矛盾，后者必须服从前者，这是符合常理的事。但是，情况常常相反，由于视界利益有一目了然、伸手可得的吸引力，于是，导致了多数情况下人们会毫不犹豫地选择眼前利益，放弃长远利益，选择表面利益放弃根本利益，选择局部利益放弃全局利益，这就是人类本性中的视界利益性。

一般人都会陷入这样的思维习惯：总是认为自己面对的问题比别人面对的问题重要；总是认为自己正在处理的问题比将要处理的问题更为重要；总是认为自己遇到的难题是无论如何都必须要解决的问题。正是因为有这样的心态，使得人们很容易受视界利益所诱惑。

（二）极端自私性

我们说一个人损人利己，只为自己不为别人，或者只想自己不想别人，那是一种自私的行为，但是，在人类的本性中有一种弱点，这种弱点把人性自私的特点能够发挥到极致，这就是损人不利己甚至损人也损己的事情总是有人做，而且这样的行为广泛地存在着。一般而言，这种极端自私的行为的初衷是为了自己而损害他人，或者只为自己而不顾及他人，但稍加分析，这种损害他人或者只为自己的行为，一定会即刻反过来危害自己，或者自己根本得不到任何好处。我们称这种人类本性的弱点为人性的极端自私性。

战争与人类历史相生相伴，而战争本身就是一种损人不利己的行为。因为战争的发动者在屠杀对方的同时自己也在被人屠杀，在掠夺对方财富的同时，自己付出的却是生命和鲜血的代价。

我们还可以设想，一个人只带着少量的水和食物穿越沙漠时，一定会合理地安排这些水与食物。而一群人同样带着不足的水和粮食穿越沙漠时，便总会有人多吃多占，而不顾群体的死活。事实上，当这些水和粮食过早消耗尽后，面对死亡的不仅是群体的其他人，他自己也必定逃脱不了死亡的命运。关于这一点，那些多吃多占的人并不是不知道，但只要他生存于一个群体之中，便不会理性地去做，这也是人类本性的极端自私性在作祟。

（三）自欺欺人性

为了给自己的不合理行为进行开脱，人们常常会编制一些自己乐于接受的理由，这些理由不仅是为了欺骗别人，更多是为了欺骗自己，使自己心安理得。这样的行为还表现在遇到危险或者遇到困难时，常常习惯去相信那些明显是荒谬的事物和观点，以此来麻痹自己。这种人性的自我欺骗特性，称为自欺欺人性。自欺欺人性是人类的非理性表现之一，它既在于能够安慰自己，也希望能够蒙蔽和欺骗他人。

人类的自欺欺人性一般会在以下几种情况下表现出来：第一，当遇上棘手的问题后，不愿付出更多的努力去解决它，或者遇上危险和困难时，为了寻找一种安慰以排解心中的恐惧；第二，每当自己的视界利益与自己的长远利益、根本利益和全局利益发生矛盾时，为了给自己选择视界利益寻找理由，或者开脱责任；第三，当做了亏心事，既无法向别人交代，也无法向自己交代时，为了开脱罪责。凡遇上述情况，人们会编出许多看似合理实际上根本荒谬的道理，或者愿意去接受那些看似可行实际上根本行不通的办法来欺骗和安慰自己，同时也希望欺骗和安慰别人。

人性的自欺欺人性不仅使人类不能够反思与改正自己的弱点与非理性行为，反而会使人性的弱点与非理性不断地得到加强。因为任何一个重大的非理性行为，往往都被自己的看似合理的理由得到解释，从而使人心安理得地去做那些与自己的整体价值相背离的事，并一步步将自己的命运推到危险的边沿。

（四）永恒争斗性

人类的争斗性源于人类的竞争心理，正因为这种同类之间的竞争心理，便有了人与人之间的相互忌妒、争强好胜、虚荣和同类相残。人的争斗性从婴儿开始感知周围的世界起便表现了出来，从此伴随于一个人生命的始终，同时，这种争斗性也伴随于人类社会的始终，因此，我们称人类本性的这一弱点为人性的永恒争斗性。

人类的非理性很大程度上产生于人性的争斗性，独立的人类个体往往会努力按自己的理性水平处理问题，但竞争的人群则完全不同。

大多数战争都是因人类的争斗性引起的，这种争斗性有国家、民族和宗

161

教之间的竞争和忌妒，也有领袖的虚荣心。同样，如果全球只有单独一个国家，温室气体的合理排放可能早就得到了实现，但当多个国家同时存在时，控制温室气体的行动便很难得到实质性实施。因为，多边谈判的任何一方都担心自己尽的义务过多而便宜了对方，于是，谈判便久拖不决。

人类的永恒争斗性反映在人类个体身上，从而导致每个人一生都背负着不停奋斗的重担。一个没有攀比的人，有基本的温饱便可满足生活的需要；但一个处于群体中的人，会时时刻刻注意别人怎样生活，内心深处总在与他人比较而担心落后，这就使得人的一生始终在打拼中度过，直至拖着疲惫不堪的身心走完人生。

（五）无穷欲望性

人类的欲望是无止境的，获得后还想获得，永远都不满足，而且很大一部分人近乎贪婪，我们称这一人类的固有本性为人性的无穷欲望性。

曾有人认为，要是处于物质极其充足的环境下，当每个人想要什么便可以得到什么的时候，人的欲望便会有填满的一天。事实上，这只是一种想当然的希望，世界可以满足人类所有的需要，但却不可能满足人类的贪欲，只要人类的本性没有出现重大的进化，人类得到满足的一天就不可能到来。

人类的无穷欲望性推动了物质财富的增长，推动了科学技术的发展，但带给人类的除了这些物质的东西之外，还有战争与犯罪、社会的动荡与不安、环境的破坏以及人们精神的痛苦，等等。

第三节　再认识自我威胁

人类的自我威胁均源于人性的弱点，人性的弱点则必然会导致一系列自我威胁的出现，而且，只要人性的弱点不改变，各种新的自我威胁也必然会随着新的不同环境的出现，以及新的时代的影响而显现出来。

人性的弱点是人类作为一个独一无二的物种固有的特性，在人类没有得到进一步进化之前，人性的弱点是不会改变的，而人类要有进一步进化绝不是一朝一夕能够完成的，那是一个十分漫长的过程。我们对未来的分析与展望，只能基于人性确实存在这些固有弱点，并不能指望这些弱点会得到根本的改变。

一、科学技术对自我威胁的决定性作用

前一章阐述了人们已经认识到的主要的自我威胁，以下通过对这些自我威胁进行分析将可以发现，每一种自我威胁与科学技术都有着密切的关系，不论这些关系是间接的还是直接的，但从整体来看，科学技术在自我威胁中的作用都是决定性的。

（一）科技加强效应

通过对之前列举的所有自我威胁进行分析可以看出，有一部分内容是自古以来人类社会就固定存在的问题，例如战争、恐怖袭击和贫富差距等。但是，从人类社会的全部历史分析可知，这些固定存在的问题，以及它们对人类生存与幸福的威胁，今天的严重性远远超过历史上的任何时期，而且，随着人类历史的发展，每一个问题都在变得越来越严重，这种危机每到一个关键时期，其加重趋势就发生突变，即其加重趋势的速度会突然变得很快，这个突变点，正是技术革命的突破点。这就意味着，正是科学技术加重了这种固有危机，我们把这一规律称为科学技术对自我威胁的加强效应，或简称为科技加强效应。

从战争的发展趋势可以明显地看到科技加强效应的作用。在人类刚刚开始脱离动物的特征时，人与人之间的打斗只不过是嘴咬手抓，战争的出现，以及战争规模越来越大、越来越残酷，这是工具被使用，以及战争武器越来

越先进、毁灭力越来越强所导致的。

回顾科学技术对战争的影响历史，从最初人类嘴咬手抓式的打斗开始，到可以预测的未来核战争，前者仅有极少伤残，而后者可达数十亿人的死伤；前者只会导致打斗的两个群体内部略有悲伤，而后者则会使整个人类痛苦不堪，其科学技术对于战争危害性的加强效应是可想而知的。

恐怖袭击也是随着人类社会的形成而出现的。恐怖袭击区别于战争的一个重要特点是，恐怖袭击是秘密进行的，它是由个别人或者少数人参与的行动，这种行动往往只是一次短暂的袭击，而且多数是一次性出手。冷兵器时代，杀戮手段仅限于刀、矛、剑、箭，兵器一次出手只能杀伤一人。由于这一特点，这时的恐怖袭击往往只会伤亡一人，或者少数几个人。

在科学技术发展到今天后，恐怖袭击的危害性发生了实质的变化。引爆烈性炸药，劫持飞机撞击摩天大楼，采用生化武器攻击，等等，这样的袭击可以导致数百、数千人的死伤。由此可见，科学技术已将恐怖袭击的危害性加强了许多倍。

贫富差距是随着技术的发展，以及由此带来的社会发展而出现的。在原始的采集阶段，每一个群体内部都实行平均分配，因此是没有贫富差距的。

技术革命推动了农业化时代的到来，导致了群体迁徙生活的结束，并有了剩余产品出现，这样便有了贫富差距的产生。工业化时代的到来，将贫富差距以更快的速度进行扩大。科学技术的发展与应用，使生产力水平得到数百倍、数千倍的提高，国家之间的竞争与企业之间的竞争越来越多地依赖科学技术的创新能力，在这样的竞争中，获胜的国家要远富于失败的国家，获胜的企业要远富于失败的企业。同时，企业内部的收入差距也越拉越大，企业主与高级经理层的收入远远高于广大的生产工人与普通员工。与此同时，由科学技术的发展带来的社会状态的改变，也加速了这一差距的拉大。

（二）科学技术直接造成的威胁

科学技术不仅对固有的自我威胁有加强的作用，科学技术的发展同时还会给人类的生存与幸福直接造成威胁。例如生化武器与核武器的研制成功就是科学技术发展的直接产物。

工业革命推动了科学技术的发展，同时也推动了战争武器的革命。化学武器、生物武器和核武器，作为目前最具毁灭力的杀戮手段，无一例外，都是科学技术发展的产物。杀戮手段的残忍性与毁灭力的每一步提高，无不渗透着科学技术的力量与作用，这一点是非常直观的。

互联网犯罪与科学技术的发展关系同样是直接的，电子计算机的出现是科学技术高度发达后的产物，互联网正是建立在电子计算机达到相当水平，并被普遍应用的基础上的。臭氧层的破坏是因为氟利昂的使用，氟利昂则是化学工业发展的产物。

全球气候变暖、酸雨以及空气污染，都与科学技术的发展有直接的关系。科学技术发展推动了工业化的进程，大量的工业生产，以及汽车、飞机和轮船等工业产品的大量使用势必造成温室气体、酸性气体与大量粉尘的产生与排放。

不可再生资源的无节制使用也是因工业化而引起的，没有大规模的工业生产便不可能有大规模的资源使用，也不可能生产出需要大量消耗各种资源的工业产品，而工业化正是科学技术发展的必然结果。

水资源危机的首要问题是人类对水资源的污染。对水资源的污染可以分为工业污染、农业污染和生活污染。在现代条件下，哪一种污染与科学技术都密切相关。工业生产中含有各种有毒物质的废水排放到江水中，使江河水质恶化，无法饮用；过去农业污染只是粪便和有机肥，而今天的农业污染则包含了各种农药和化学肥料；现在的生活污水，也有各种洗涤剂这样的化工产品，它们全部是工业化的产物，同样也是科学技术发展的结果。

土地荒漠化与生物多样性的丧失从表面上看与科学技术的发展没有多少关系，其实不然，土地荒漠化与生物多样性丧失都有一个共同的原因，这就是森林、草原和湿地遭到破坏。这样的破坏首先是由于世界的贫富差距加大，落后的国家急于赶上发达国家，在科学技术发展能力不可能与发达国家进行比较的情况下，这些国家便采取了饮鸩止渴的方式，对资源进行破坏式利用。同时，贫穷的发展中国家往往又是人口增长最快的国家，新增的人口就有吃饭的问题存在，为了解决这些人的吃饭与生活，国家在拿不出别的办法的时候，最终便选择了破坏式利用森林、草原和湿地。不论是贫富差距问题，还是人口膨胀问题都与科学技术的发展相关。

全球"人口爆炸"主要是两个因素综合作用的结果：一方面，现代医疗与医药技术的发展使得婴儿的死亡率大幅度下降，人类的寿命大幅度提高。

165

另一方面，世界贫富差距的加大，使得绝对贫困人口在不断增加，人们受教育程度不能提高，传统的生育观没有改变；而且，穷国的人民不能够享受可靠的社会保障，也逼迫着人们不得不多生育子女，以备年老后有人赡养；贫穷还使得一些人根本无力购买节育工具，所以没有能力采取避孕措施。不论是医疗与医药水平的提高还是贫富差距的加大，都与科学技术的发展有着密切的关系。医疗与医药水平的提高对于人类无疑是一件好事，但是，科学技术的发展又导致了贫富差距的加大，这便使得婴儿死亡率降低了，人类寿命增长了，而出生的人数并没有下降，最终结果就是人口迅速膨胀，地球不堪重负。

二、自我威胁的不可确定因素

（一）不可确定因素之一：科学技术的最终毁灭力

人类的最高价值是人类的整体生存，研究自我威胁，重点自然是聚焦于极端的自我毁灭。极端的毁灭无疑就是人类的灭绝，即整体生存的丧失。既然科学技术对自我威胁有着决定性的作用，科学技术会不会最终危及到人类的整体生存呢？

要知道科学技术是否会危及人类的整体生存，首先必须知道科学技术的最终毁灭力会有多大，如果不能够深刻地认识这一问题，也就不可能对自我威胁的最终严重程度作出明确的判断。

我们之所以不能够确定科学技术的最终毁灭力，是因为人类社会仅仅只是停留在今天，今天的人类刚刚完成自己的进化不到 5 万年，科学技术普遍影响人类社会只是从工业革命才开始的，从起点到现在仅仅只有 200 多年的历史。可是，人类的未来却还极其的漫长，如果我们甘愿接受自然的安排，人类还有数十亿年的历史，而按我们的希望，人类的生命之火最好永不熄灭。

可以肯定，今天我们所掌握的科学技术手段仅仅只会危及人类的部分生存与幸福，还不足以毁灭整个人类。常有人说，世界核武库的核弹头可以多次毁灭全人类，但这只是一种简单的计算，按照核弹头所折合的爆炸当量，如果均摊到每个人身上，确确实实可以许多次毁灭人类，可是，这种均摊的情况是不可能实现的，因为核弹的爆炸，是在一个点上集中释放能量，爆炸点的周围可能一切建筑都会被摧毁，一切生命都会被消灭，但距爆炸中心再远一些就可以安然无恙。即使按照核军备竞争最高峰时期，全球各国具有总量达7万枚的核弹，也远不可能将整个人类全部毁灭。就算再加上化学武器和生物武器，同样不可能做到这一点。况且，这些武器分别掌握在许多人手中，同时被使用的可能性几乎是没有的，而且一旦有这样的武器被使用，人们一定会采取各种办法来躲避其攻击，并会想办法阻止这些武器的多次使用。因此，以现有核武库的规模作出这些武器可以毁灭全人类的判断，只是担忧人类命运的人士的形容和呼吁而已，其实际情况与此是有相当差距的。

虽然如此，但我们却有这样的明确判断：未来的科学技术绝不只是停留在今天的水平上，一定还会有比我们今天了解的所有武器更具毁灭力的手段出现。那么，科学技术的最终毁灭力能否具备灭绝人类的能力，便是要研究自我威胁的极端毁灭力首先要弄清楚的问题。

（二）不可确定因素之二：人类能否理性地使用科学技术成果

我们还不能够保证的是人类是否能够理性地使用科学技术成果，真正做到每一项科学技术的成果都完全应用于符合人类整体价值追求的各个方面，而不是像今天这样，总是优先用于战争，或者其他有悖人类整体价值的领域。

纵观历史，仅就对科学技术成果的使用而言，人类几乎没有完全正义地应用过一项科技成果，不论是石器时代、青铜器时代、铁器时代，还是农业革命的诸多成就、工业革命的诸多成就和信息产业革命的诸多成就，几乎所有的科学与技术成果，只要在当时那个时代是最先进的，从来都是首先用于战争。在今天的世界，我们同样可以清晰地看到，许多国家都宣扬和平地利用核能，而在和平利用核能背后的用心便是寻求获得相应的核技术，稍进一步便可以获得核武器；一些国家总在宣扬和平地利用外层空间，其实，不论是资源卫星还是气象卫星，其用途稍加改变便是军事卫星。

200多年来，在科学技术的推动下，工业革命使人类改变世界的能力大幅提高，但人类理性约束自己的能力却没有随之增强。在过去的历史中，人类确实没有过很好地把握科学技术成果的使用的记录，而未来在此方面我们是否就可以变得理性呢？对于这个问题，我们现在很难给予肯定的回答，但有一点可以确定，那就是如果人类掌握的科学技术的最终毁灭力具备了灭绝人类的能力，那么人类就必须具备这种理性，而且必须用这种理性很好地把握科学技术成果的使用，否则等待人类的必将是自己灭绝自己。

167

（三）不可确定因素之三：人类能否准确地判断科学技术的性能

我们已经清楚地看到，科学技术的使用不慎给人类带来了极大的危害。例如，臭氧层的破坏是因为氟利昂造成的，氟利昂之所以会广泛用于制冷行业，是因为在杜邦公司发明氟利昂后，通过对其研究，发现它有着无毒、稳定、不腐蚀金属和不燃烧等特点，于是盲目作出了这种产品是作为制冷剂的最佳候选者的结论。殊不知，正是氟利昂的稳定性导致其可以随着空气一直飘然而上，直到进入臭氧层，并在紫外线照射后进行分解，变成了臭氧层的最大杀手。

杀虫剂DDT的盲目使用与此类似。DDT的效用被发现时，它被认为是一种只对有害昆虫有杀伤作用，而对大多数有益的生物以及对人类都没有毒性的神奇农药，其效用的发现者缪勒还因此获得了诺贝尔奖。因而，DDT很长一段时间在全世界被广泛地使用于农业、林业等领域，而且还成为家庭杀虫的必备之物。但是，在使用中问题便逐步显现出来了，DDT可以使鸟类的蛋壳变薄易碎，并致使幼鸟死亡，一些鸟类因此濒临灭绝；而且，DDT虽然不溶于水，但却可以溶于油，使之易于吸收，对人类和其他生物的毒性会增加许多，因此，后来不得不停止对DDT的使用。

由此可见，我们正是在不知不觉中走进了科学技术的禁区，正如同我们现在使用的许多科学技术成果也都是无意中发现的一样，科学技术产生的破坏与毁灭也常常是防不胜防的。这一事实也就告诉我们，科学技术能否灭绝人类，还应该弄清楚人类是否有能力做到完全准确地判断科学技术的性能。

（四）不可确定因素之四：人类能否控制对科学技术的发展

影响我们对自我威胁最终下结论的另外一个因素，是我们还不能够确定人类是否可以控制对科学技术的发展。按理说，不论科学技术有多大的毁灭力，至少今天它还不致有毁灭人类整体的能力，只要人类能够具备这样的理性，即当意识到科学技术的危害后便可即刻控制自己对科学技术的发展，在科学技术停止发展，或者有着十分安全的发展方向的情况下，科学技术最终也不会对人类的整体生存构成威胁，人类的未来还是乐观的，我们也可以依此对人类未来的行动作出相应的乐观安排。

但是，从科学技术过去的发展历史来看，情况并不容乐观。对于科学技术的发展与应用可以明确地分为两个阶段，即以工业革命为界，之前与之后是两个差别极大的不同阶段。工业革命之前，包括漫长的人类进化期，虽然人们已经初步感受到了技术给自己带来的好处，但这种好处是很有限的，究其原因，一方面科学技术研究成果的累积还比较少，另一方面科学还没有真正对技术发挥指导作用。因此，即使在科学技术的发展上总有进步，这样的进步也不是很快。

　　工业革命之后，情况发生了急剧的变化，这时，科学的成果已经有巨大的累积，而且，人们已经越来越明显地看到技术进步所带来的生产力的极大解放，以及科学与技术相结合爆发出的巨大能量。正是有了这样的了解，人们对科学技术的追求热情火山般地爆发了出来，几乎到了狂热与盲目的程度，人们毫不考虑科学技术的负面作用，也毫不怀疑科学技术发展的正义性，自始至终勇往直前，全无顾忌地冲向科学的纵深。由于有这样的基本历史事实，致使我们在这里对于人类在未来能否把握科学技术的发展方面，并没有信心。

第六章　人类自我灭绝之一

　　人类的灭绝是指人类的整体毁灭。通过之前的分析已经得出了这样的明确结论：就外力因素而言，以太阳演变为红巨星作为标志，在数十亿年之内人类不会有整体毁灭的危险。那么，在外在威胁被排除之后，能否确保人类生生不息就取决于人类自己了。通过之前的分析对此也有一个明确的结论，即人类会不会灭绝于自身的力量，完全取决于科学技术这一因素，因为要灭绝人类，只能依靠科学技术的力量，其他的任何力量都不可能灭绝种群极其庞大、且高度智慧的人类。

第一节　灭绝手段必然出现之一：哲学的推断

一、科学技术的不可思议性

　　科学技术的发展历史与人类自身的历史是紧密联系在一起的，翻开科学史可以明确地印证这一事实。人类最早的科学技术成果是对石器的使用与打制以及对火的使用，那种原始的创造发明，恰恰就是人类历史的开始。

　　人类的祖先经历了数百万年的发展，其间不知攻克过多少科学技术难关。任何一个时期，人们都有不可理解的自然现象，都有战胜自然、改造自然的欲望，也有对自然的敬畏之心。而科学技术所创造的成果却总是令我们惊叹不已。人类改变了不知多少世世代代都认为是不可改变的东西。有些科学技术成果就在人们已经获得之后都迟迟不敢相信，甚至包括在这个领域走在最前沿的科学家也会有这种心态。这一切都是因为科学技术的威力实在太巨大了，这种巨大的威力经常会远远超出人们的主观想象和习惯经验。

　　为了充分说明科学技术的不可思议性，让我们重点来介绍几件对人类影响深远的科学技术成果。大家会发现，有的成果即使用今天的眼光来看都是非常神奇的。

（一）电、电磁波及其应用

1844 年，美国国会架设了一条由华盛顿到巴尔的摩的电报线路，这是人类最早将电作为一种信息传媒。5 月 21 日是电报线路首次开通的日子，听说两地的信息可以通过一根电线进行沟通，人们感到非常新奇，里三层外三层将电报房围得水泄不通。好奇的人们纷纷议论与打赌，很多人认为电报再快也快不过一匹好马。当时，巴尔的摩正在召开民主党的全国代表大会，会议将总统候选人名单即刻便传到了华盛顿，围观者与美国政界大为震惊，不敢相信。

如果我们今天再来议论电报快还是马快会是一件让人捧腹大笑的事，电的速度接近光速，超过了快马奔跑速度的亿万倍，而且不受气候与地形的限制，也不需要中途休息。但是，在 19 世纪的当初，人们的通信传递方式一直都是驿马、舟船和自己的双腿，烽火虽然也能传递信息，但只能传递抽象的战争信息，却不能传递具体内容。由于世世代代始终如此，为马快还是电报快打赌便是自然的事。

电报的使用是因为有了电的发现，在了解电以及电流之前，人们根本不可能脱离以动物与自身的运动传递信息的概念。站在那个时代设身处地地思考，便很容易明白这个道理。

与电同等快的还有电磁波。今天，连一个普通的中学生都了解一个很简单的物理学道理，这就是电和磁可以相互感应，电磁感应可以产生电磁波，这是物理学的分支学科电磁学的基本知识。可是，发现这一规律并不容易，早期人们发现电和磁的时候几乎一致认为，电就是电，磁就是磁，这是两种不相干的东西。19 世纪初奥斯特通过哲学思考，认为电和磁之间应该有联系，以后经过多次实验，于 1820 年 4 月最早证实了电流的磁效应。之后，法拉第又在实验室证实了磁也可以感应电，并提出了电磁感应定律。麦克斯韦在总结了电磁理论后，于 1864 年提出了电磁感应可以产生电磁波的推论，这一推论后来被年轻的科学家赫兹在实验中所证实。这些就是电磁学理论建立的早期过程。

电的发现，以及电磁学的建立把人类带入到电器时代。由于有了对电磁感应的认识，才有了发电机与电动机，从而使得今天各种有关电的线路纵横大江南北。过去人们对天空的认识除了风便是雨、雪或者云雾，但今天我们却明确地知道，在天空中随处都有一种看不见、摸不着，却在发挥着巨大作用的物质，这就是电磁波。

借助电磁波，我们随时随地可以用手提电话与万里之外的朋友与家人对话聊天，就像面对面一样；我们打开电视机看着各种各样的娱乐节目与新闻，就如同看到真实的景物一样；航天器飞越了几十亿千米，深入到遥远的太阳系边沿，我们还可以在地球上对其进行遥控。而对于这一切科学技术的奇迹，今天的我们却觉得是那么的理所应当和顺理成章。

然而，试想一下，如果回到 200 年之前，我们的感受会是这样的吗？

我们常常在科幻电影中看到，许多年前的人通过时空隧道来到了今天，他们在看到电视中的影像时就像是见到了鬼神一样，惊慌失措、无比新奇。可以肯定，如果站在 200 年之前，绝大部分人都不会相信今天的一切会是真的。

事实上，即使我们今天已经充分地了解了有关电与磁的理论知识，但通过这些知识所进一步发掘出的科技成果还是会让我们感叹不已。

1883 年爱迪生在研制电灯泡时发现了一个有趣的现象，即把一块金属片与灯丝一起密封在灯泡内，如给金属片加正电压则灯丝与金属板之间有电流通过，相反则没有电流通过。20 世纪初，人们在这一研究成果的基础上发明了电子管，二极管可以起到检波作用，三极管则可以对信号起到放大作用。

电子管的发明为无线电通信与广播创造了条件，人们可以通过收音机接收无线电信号，音乐和新闻通过电磁波的形式在空中传播，不需要电线传递便能在收音机中播放出来，这一点是有线电话与电报都比不上的。

借助电子管，1945 年底科学家研制出了第一台电子计算机，它可以替代人脑进行计算。用机器代替人脑在这之前是一种多么神奇的事是可想而知的，而且更神奇的是用于计算的机器虽然由人制造，但它的运算能力却远远超过任何一个最聪明的人。第一台计算机是一个十足的庞然大物，它共使用了 18000 个电子管，重达 30 吨，放置它需要 170 多平方米的大屋子。它每秒钟可以运行 5000 次，在其工作的 10 年间，完成的计算量超过了人类有史以来全部的大脑运算总量。这一业绩在计算机发明之前能有几人会相信与理解呢？然而，短短 60 多年后的今天，再让我们看早期的计算机时，便会不约而同地认为那不过是一个原始的"小儿科"。

20世纪中叶，人们发明了采用半导体材料制作的晶体管，晶体管不仅与电子管具有同样的性能，而且还有体积小、重量轻、寿命长、成本低、耗能低以及不需预热等优点，于是，晶体管很快便取代了电子管，被用于无线电以及计算机领域。

半导体材料的应用经历了从晶体管到集成电路再到大规模集成电路三个阶段，一个电子管有半个拳头那么大，而最早的晶体管便可以做得像米粒那么小。后来，在一块芯片上将电子元器件与电子线路组合起来，便形成了集成电路。最初的集成电路可以在一块芯片上做几个晶体管，随着集成电路工艺的不断提高，如今，一块不大的集成块上已经能够包含数百万甚至上亿个晶体管。

晶体管取代电子管是无线电和电子计算机领域的一场革命，它极大地改进了产品的性能和特点。例如，采用电子管的收音机有箱子那么大，但现在的收音机可以做得比火柴盒还小。前面所说的第一台电子计算机需要几间房子才能装下，1996年，美国宾夕法尼亚大学为了纪念第一台电子计算机发明50周年，在一块芯片上充分复原了第一台计算机的计算功能，这块芯片只有7.44毫米×5.29毫米，还不到小拇指的指甲盖那么大，但却集成了174569个晶体管，完全具备那台30吨重的第一台电子计算机的计算功能。

仅仅经过60年的发展，如今一台巨型计算机的运算速度已经超过每秒万亿次以上，也就是说，这样的计算机只要工作一小时，便会远远超过人类有史以来的全部大脑计算量。这样的科学技术成就，站在百年前、千年前，那时的人类有可能会想到吗?!

（二）对核能的认识过程

目前，人类能够调动的最强大的自然力量是核能。今天，我们对核能的认识已经达到相当的程度，而且可以利用核能制造毁灭能力巨大的武器，还能利用核能进行发电，对于小小的一点物质中蕴藏着巨大的能量这一事实也早已经不感到奇怪，然而，仅仅在60多年前却完全不是这样的。

人类对核能的认识过程充分地反映了科学技术的不可思议性，同时也说明了人类对于科学技术的无比威力认识的局限性。甚至最杰出的科学家，对自己所研究领域的科学技术的威力也常常认识不足。

173

爱因斯坦的质能公式 $E = MC^2$ 是 1905 年提出的，当时，即使认为这一公式正确的人都认为这只是一个纯理论的等式，没有什么实用价值。虽然那时人们已经认识到太阳这样的恒星燃烧的就是核能，但还是认为，核能的大门无比沉重，只能通过宇宙天体的力量才能开启。

人类对物质基本粒子的认识经历了漫长的谬误过程，直到 19 世纪末，几乎所有的科学家都还认为原子是一个整体，是物质中再也不能细分的最小粒子。1895 年 11 月 8 日晚，德国物理学家伦琴在做阴极射线实验时，意外地发现了一种新的射线，这种射线穿透力极强，因对其不了解，所以称之为 X 射线。当伦琴公开发表上述研究成果后，科学界引起了轰动，人们开始重新审视原子是否可以再分的问题。

1896 年物理学家又发现铀矿石即使不用日光或其他射线照射，自身也会发出一种类似于 X 射线的穿透力很强的射线，这一现象后来被称为"放射性现象"。1902 年玛丽·居里在实验室提炼出 0.12 克纯镭，镭的放射性比铀强 200 万倍，它不经燃烧便能自发地产生热。根据计算，它所产生的热量相当于同质量煤的 25 万倍，只是因为释放非常缓慢，因此产生的能量使用价值不大。当镭放射完毕后变成氦和铅两种新的元素。

物理学家卢瑟福 1898 年在用镭检验 X 射线的实验中，发现了镭放出的三种射线，即 α 射线、β 射线、γ 射线，并于 1902 年提出了放射性现象是原子自行蜕变的过程的理论。原子的蜕变理论进一步冲击了原子不可再分的理论，这在物理学史上是划时代的。

在此之前，物理学家在对 X 射线的研究中发现，这种射线是一种高速度的粒子流，其粒子的质量为氢原子的 1/1841。这是发现的第一个比原子还要小的粒子，被称为电子。

1911 年，还是卢瑟福，在用 α 粒子轰击厚度只有二十万分之一厘米的金箔时，发现平均每 2 万个 α 粒子中有一个 α 粒子被弹了回来，显然被弹回来的 α 粒子肯定是碰到了什么相当致密的东西，而这一致密物在原子中所占体积一定非常小（其实这个东西就是原子核）。同时，卢瑟福还进一步推测，原子核中不仅有带正电荷的粒子，还有不带电荷的粒子，并将带正电荷的粒子称之质子，而将不带电荷的粒子叫中子，这一推测以后被证实。

物理学家们的研究与实验还在进行，目标并不是为了获取核能，因为，限于当时的核物理学的研究深度，对核能的想象还远不具备条件。

卢瑟福 1919 年在用钋元素中放出的 α 粒子轰击氮原子的实验中，发现氮原子核释放出一个质子后变成氧同位素，这是第一次实现人工嬗变。而后他又用 α 粒子轰击硼、氟、钠、磷等多种元素，都发现了从原子核中打出的质子，这说明原子核可分。

但是，α 粒子在轰击一些重原子核时却打不出质子，原因是 α 粒子带正电，而重元素的原子核中带正电荷的质子较多。由于静电的同性相斥作用，动能不足的 α 粒子很难将重元素的质子轰击出来，就像一个小孩子搬不动一块大石头的道理一样。

查得威克是卢瑟福的学生，1932 年他在用 α 粒子轰击硼和铍的实验中，发现了原子核的另一组成部分——中子。由于中子不带电，不受原子核电荷的排斥，而且质量又比电子大得多，因此能很容易地将核外电子冲开。中子的发现，其实已经距打开核能的大门只有一步之遥。

然而，就在中子被自己的学生发现后不久的 1933 年 4 月，卢瑟福还在伦敦大不列颠协会上关于原子核裂变的演说中坦率地阐明了自己的观点，他说："不能指望通过这种途径（即核能）取得能量，因为，这种生产能量的方法极其可怜，效率非常低，把原子的嬗变看成是一种动力来源，只是纯理论的推测。"

他的预言是非常悲观的。卢瑟福是原子物理学领域最伟大的科学家之一，是公认的现代实验物理和核物理学之父，他在核物理学上的伟大贡献和先驱者地位除了爱因斯坦之外很难有人与之相比。然而，就在已经站在了核大门门口，伸手就能推开这扇大门的时候，他却作出了一个如此悲观的预言。更有意思的是爱因斯坦竟然也认可了卢瑟福的预言。这一事实足可以说明，科学技术的巨大威力经常连最杰出的科学家都严重估计不足，更不说普通人了。

1934 年，约里奥·居里夫妇用 α 粒子轰击铝，产生了一种磷的同位素，这个同位素很快蜕变为硅元素，同时放出正电子，这一实验首次通过人工产生了放射元素。

受约里奥·居里夫妇的成果的鼓舞，紧接着费米尝试着用中子代替 α 粒子轰击原子核。当时，已知的元素只有 92 种，于是费米对这 92 种元素逐一进行轰击实验，当他用慢中子轰击第 92 号元素铀的时候，得到了一种化学性质完全不同、比铀还重的新元素。费米并不能解释这一结果，还以为是铀吸收中子后生成了一种超铀元素，但这种分析是错误的。

进一步验证和正确解释这一实验结果的是哈恩、迈特纳和玻尔，结论是：慢中子对铀元素进行轰击，使铀原子核在俘获一个中子后一劈为二，所谓的超铀其实是一种新的元素（钡），而在劈裂原子核的过程中要发生质量亏损，会释放出能量。这种劈裂原子核的过程以后被玻尔称为核裂变，于是核物理学有了一个新的名词。

这一创造性的解释是原子物理学上的一次重大突破，费米在此基础上进一步作出大胆推测：铀原子核在裂变时还可以放出一个或者几个中子，那么，这些新产生的中子将继续轰击其他的铀原子核，被新轰击的铀原子核又将放出更多的中子再轰击尚未分裂的铀原子核，从而形成"链式反应"，这种"链式反应"会在一瞬间完成，从而释放出巨大的能量。这说明费米已经完全道出了调出核能的方法与原理，核能能够被利用已经是很明了的事。

然而就在此时，同为科学巨匠的玻尔仍然还在断言核裂变的实际应用是不可能的，并开列了 15 条理由。耐人寻味的是，玻尔的理由同样得到了一大批科学家的支持。可见，科学技术是何等的不可思议，它把那些杰出的科学家们都给蒙蔽了。

这也难怪，根据计算，如果 1 千克铀－235 完全发生裂变，将会损失 1 克的质量。套用 $E = MC^2$ 的计算公式，这微不足道的 1 克物质在瞬间爆发时将产生相当于 2 万吨烈性炸药 TNT 的能量，威力之巨大可想而知。如此巨大的威力谁都会为之敬畏，包括那些站在金字塔顶端的科学巨匠，也很难接受人类可以调动它的结论。

费米的推测很快在几个实验室同时得到证实。实验结果是一个铀原子核裂变时可以放出 2～3 个中子。这样的实验结果是对"链式反应"判断的实质性论证。"链式反应"被证实，意味着核能完全可以调动出来，打开核大门的钥匙已经获得。

而后，科学家们说服美国政治家进行原子弹研究的过程同样是非常困难的，因为政治家们根本不相信这个"异想天开，毫无可能"的发明。包括最后大家请在科学界最具声望的爱因斯坦写信给罗斯福，爱因斯坦的建议最初也是被罗斯福否定的。

（三）转基因技术

自古以来，生物的遗传一直受自然的左右，人类的出现，以及任何动物与植物的出现，都是自然进化的结果，是无数代生物变异的产物。狮身人面或者牛头马面都只存在于神话中，如果说我们人类也能够像传说中的上帝与神仙一样随意创造一个物种，而且想要这个物种长成什么模样就可以长成什么模样，想让它具备怎样的特性就可以有怎样的特性，仅仅在数十年前可能任何人都不会相信。

但是今天，人类却借助科学技术拥有了在神话传说中只有上帝与神仙才具备的力量，人类已经可以按照自己的意志创造出新的物种，或者改造物种的特性，包括可以改变人类自己。

之所以会有以上的能力，是因为有了对生物遗传秘密的揭示。19世纪中期，孟德尔神父通过豌豆实验，发现在植物种子内存在稳定的遗传因子，物种的性状便是由遗传因子决定的。20世纪50年代，科学家揭示了DNA的双螺旋结构，并确认生物的遗传密码存在于DNA中（很少的病毒是由RNA携带遗传密码）。这一发现为人类左右生物的性状提供了可以想象的空间，于是，一大批科学家开始致力于这方面的工作。

DNA是复杂的长链状分子，决定生命性状的基因是DNA上的各个片段，每一个基因都决定着生物的相应特性。人类有3万到3.5万个基因，一个人的长相、肤色、性别、体形、性格、智力等一切特性都是由这些基因中的相应"成员"决定的。依此类推，所有生物的性状与自己的基因都有这种对应关系，改变生物的基因就会改变生物的特性。

上述发现，实际上已经从理论上证实了生物性状的可改变性，其道理不难理解，这就是将DNA分子中不需要的基因切除，将需要的基因粘上，并将粘贴好的新的DNA分子植入到合适的细胞中，再生长出的生物便是我们所需要的改变了性状的生物。按照这一思路，完全可以生长出狮身人面或者牛头马面的怪物，完全可以让水果长出李子味道却有苹果那么大，或者让豆角长得像黄瓜那么粗。

有了以上的理论作为基础，剩下来的就是技术问题。要改变DNA结构谈何容易，DNA分子只有百万分之二毫米长，而基因只不过是DNA分子上的一个个小片段，如此之小的基因怎样切割、怎样粘贴呢？这本身就是一个很难解决的技术问题。也就是说,重组 DNA 分子的核心技术就是要找到切割 DNA 分子的"手术刀"和粘贴基因的"黏合剂"。

但是,仅仅只通过几年的努力,重组 DNA 的核心技术就得到了解决。科学家发现核酸的内切酶具有限制性作用,可以充当切割基因片段的"手术刀";以后又发现了几种可以对 DNA 裂口进行粘贴与修复的酶,称之为"连接酶"。有了上述研究成果,而后,科学家于 1971 年第一次对 DNA 分子进行切割后又进行了粘贴,使之成为了一个不同的新的 DNA 分子,实现了基因的重组。

一种复杂的生命要完成其进化少则十多万年,多则上亿年。以人类为例,根据今天对人类进化历史的了解,人类最早与猿类在进化的道路上分道扬镳要追溯到 1000 多万年前,大约 600 万年前猿类才跨进人类的门槛,而人类完成其进化只是大约 5 万年前的事,也就是说人类这一物种的自然进化用了 1000 多万年。然而,利用基因技术要创造出一个新的物种仅需数十天或者数百天。

在过去无数代的传说中只有上帝和神仙才能创造万物,而今天,人类创造万物的能力已经完全可以与神话传说中的上帝和神仙相比,想一想真是不可思议。

二、反思人类对科学技术威力的认识

越是卓越,越是和大众保持着距离。人类对科学技术威力认识的最大特点就是思维的局限性非常强,人们常常不相信科学技术能够达到某种效果。与之对应的是,科学技术的巨大威力则总是会推翻人们曾经有过的所有想象与评估,给人以意想不到的惊喜或者是措手不及的打击。正因为人们普遍有这种心理,所以一些先知先觉的科学家与哲人,便常常会遭到嘲讽与耻笑甚至人身的迫害。

我们知道,现代物理学的奠基人与集大成者是爱因斯坦,爱因斯坦一生有许多科学成就,但他所有的成就都无法与相对论比,正是相对论革新了物理学的基本理论框架,解决了用牛顿力学无法解决的许多问题,并成功地预言了许多物理现象。

例如:针对水星近日点的进动现象,按牛顿力学分析,一直以为水星附近存在一颗新的行星，实际上多年观测并没有发现这颗行星，但根据广义相对论推导，太阳引力使空间弯曲，便很好地解释了水星近日点进动中 43 秒的差距；又如，相对论预言，在强引力场中光谱会向红端移动，以后在天文观测中就成功地印证了这一预言；还有，相对论预言，引力场会使光线发生偏转，爱因斯坦并精确计算出，星光在掠过太阳表面时将会发生 1.7 秒的偏转，这一精确的预言数据在以后的日全食观测中，也完全得到了证实。

相对论的一系列成功震惊了世界，诺贝尔奖评委决定将 1921 年的诺贝尔物理学奖授予爱因斯坦。但是，就在这一决定作出期间麻烦出现了，由于相对论的不可思议性，使得当时许多最优秀的物理学家都不能理解，并且对相对论持坚决的反对态度，特别是当时德国曾获得过诺贝尔奖的科学家反对的态度最为强烈，他们宣称，如果给相对论授奖，他们将退回已获得的奖章。在强大的压力下，诺贝尔奖评选委员会只得作出一个巧妙的回旋，让爱因斯坦作为光电效应理论的建立者而获奖，相对论则最终与诺贝尔奖无缘。

之前所说的大陆漂移说、日心说以及生物进化论的提出，都有过这样的遭遇。为什么会出现这种情况呢？

总结人类对科学技术的认识，可以概括出以下两个特点。

（1）对科学技术的威力严重地估计不足

人们对科学的认识与评估总会走向两个极端，处在任何一个时代，当回望过去的科技成果时，科技成果的神奇性会显得很淡漠。这样的成果获得的时间距我们越久远，我们就越对这些成果木然，而且会认为那一切都是理所当然的。因为我们每天都在与这些成果密切接触，而且科学理论已经揭示了那些成果的本质，依靠科学理论的指导，我们一眼便能看穿一切。正如了解了地磁的存在之后，便不难理解为什么磁针总是指向南北；当了解了光学原理之后，便不难想象通过镜片的组合可以看到肉眼不能涉及的地方；当领悟了机械动力学之后，便不难想象汽车的工作原理一样。但是，在这些基础的发现、理论和规律还没有被揭示之前，所有一切对于我们都是难以想象的。

与之相反，当我们前瞻未来时，对科学的认识态度完全是另外一种方式。我们常常会走进这样的狭隘区域，即很容易对人类过去取得的科学成就非常自信，并认为我们已经掌握了许多，即使未来还有许多科学的未知领域可供人们去探索，也会认为与我们现今已经掌握的东西相差不远。所以，我们总

179

是局限于用今天的眼光去衡量未来的科学技术的威力。有时，最杰出的科学家也会陷入这样的自我封闭之中，大多数科学家都习惯于认定自己所处理的科学研究结果是最终真理，但实际上，大部分的科学研究结果都只是阶段性真理，这些真理早晚会被更高一级的真理所取代。

正如牛顿力学建立之后，几乎没有人去怀疑它的绝对正确性，所有的人都把牛顿的理论捧为自然科学的圣经，包括那些最优秀的科学家。1900 年元旦，著名物理学家开尔文勋爵在英国皇家学会的新年庆祝会上有一个影响深远的发言，他在发言中自信地说：物理学的大厦已经建成，未来只需要做一些修补性的工作，只是在明朗的天空中还有两朵乌云，一朵是迈克尔逊—莫利关于光的传播介质的"以太"漂移实验，另一朵是与热体辐射有关的所谓的"紫外灾难"问题。开尔文万没有想到，正是这两朵看来并不起眼的"乌云"，动摇了经典物理学大厦的根基，并导致了一场物理学的革命，在这场革命中诞生了相对论和量子力学，从而使物理学从牛顿时代进入到爱因斯坦时代。

实践证明，牛顿力学从更大的宏观上，不能够解释宇宙中的许多现象，从更小的微观上，则不能够解决原子核内部的很多问题，它充其量只是一个有局限的近似真理，最终必然被相对论和量子力学所修正。事实上，今天的相对论和量子力学也远不会是最终真理，许多自然现象依靠相对论和量子力学还解释不了，许多物理学领域的科学研究课题也还不能依靠相对论和量子力学去指导，相对论与量子力学还在进一步发展和完善，而且早晚会被修正，也有可能会被推翻。

在科学史上，许多曾经被认为是绝对的真理都已经被推翻，在人类创造世界与改造世界的道路上，我们依靠科学的力量，不知实现过多少之前连想都不敢去想的计划。虽然我们曾经取得了许多，但是，我们总是对未来的科学发现与技术研究方面的成就，以及这些成就所能够爆发出来的威力严重估计不足。

那么，通过总结过去，作出这样一个评估应该是毫不过分的，即人类对科学技术的认识与了解还极其浅薄，科学技术真正的威力必然比我们过去所了解的高出许多许多，也许是远超亿万倍以上。因为，人类真正在科学研究与技术创新上倾注热情只是从工业革命开始的，距今仅有 200 多年，而人类的未来却不知道还有多少个 200 年,在那个十分漫长的未来历史中,人类不知还会发掘出多少神奇的科学规律,也不知还会创造出多少不可思议的技术成果。完全可以肯定,百年、千年、万年后的科学技术内容,绝不可能用对今天的科学技术的眼光进行评估和量度。

(2)理论突破是认识突破的关键

有人类文明史以来的绝大部分时间,科学与技术都是分立的,科学是单纯的科学,它主要是指理论的研究,偏重于揭示自然的本质规律,因此人们长期称科学为自然哲学。而技术则是工匠的事,单纯是指从事工艺的研究和创新。

在人类社会的整体文明程度还不是非常高的时候,科学与技术并不需要结合,人们的生产、生活以及社会需求方面的一切产品,通过直观的工艺改造与创新便能够满足要求,即使在工业革命初期也是如此。因此,在工业革命初期之前,绝大部分实际应用的科技成果都是可以直观想象的,所以,一种新的科技成果的出现给人带来的惊奇是有限的。

在人类的古代发明中,当时的炼丹术是不能用化学理论解释的,指南针也不能用地磁理论解释,而其他在当时情况下不能用理论解释的发明创造是非常少的,这些不能用理论解释的创造发明几乎全部都是人们的偶然发现。除此之外,绝大部分发明创造都可以依靠直观想象和有目的的研究开发而得到,这样的研究发明不论有多么复杂和奇特,人们都不难品味明白。

工业革命之后不久,科学与技术实现了结合,重大的技术发明许多都不是那种简单直观的内容,一切变得越来越复杂而又抽象。于是科学技术成了一个难以分割的统一名词,而且每一项科学理论实现突破,都自然会带来一系列的技术突破,同时也会带来一系列与之相关的科技产品的出现。这些新的技术与新的产品的神奇性与不可思议性,对于那些并不了解新的科学理论的人是难以想象的。就如同,不深刻地理解质能转换理论,就不可能想象一颗小小的原子弹能够释放出数十万吨烈性炸药的威力;不揭示出生物遗传基因的理论,便不可能想象自然界需要数百万年,甚至数千万年才能形成的生物物种,在科学家的实验室仅需几个月甚至几个星期便可以得到。

因此,在科学与技术实现联姻后的今天,我们对科学认识的每一次重大突破,都必然是借助科学理论的突破。例如:当从理论上认识了电磁感应规律后，科学家便可以联想出许许多多与这一理论相关的神奇发明，发电机、电动机、电报、电话和互联网等都是通过这一理论的指导研制出来的。

电磁波也是在这一理论的启发下发现的，当了解了电磁波的存在之后，科学家便想到了利用电磁波传递声音与图像，因此有了收音机、电视机、无线电报和移动电话；科学家还想到了利用电磁波传递控制信息，因此，对远在数十亿千米之外的航天器也可以轻而易举地进行远距离遥控指挥。如果没有理论的突破，无论如何都不可能有上述一系列发明的设想和发明的成果。同时，由于有了这一切，对于只是初通电磁理论，甚至只听说过有电磁波那么一回事的人，因为身边早已存在许多相关的产品，在得知又出现了新的电磁产品后，也不会觉得太不可理解，因为人们对这一切已习以为常了。

又如：遗传基因理论被揭示后，便很容易联想到对生物基因实现重组，由此，当科学家提出将西红柿培养得像西瓜那么大，让青蛙长出六条腿，让猴子长出两个脑袋时，人们都不会觉得有多么奇怪。而且还可以根据已经掌握的生物遗传学理论进一步联想，例如在不考虑伦理道德的情况下，可以通过对人类自身基因的改变，使人变得更美或更丑、更聪明或更愚蠢。

上述一切印证了这样一个事实，科学理论是指引科学技术的灯塔，在科学理论允许范围内可以推断的技术产品多半都可以经过人为的努力研制出来。

与之对应的是，当科学理论出现突破后，只要是在这一理论允许的想象范围，不论是过去认为多么不可思议的事，在新的理论条件下人们会自然地接受，也许认为神奇，但却可以理解。相反，如果理论上没有实现突破，所有与此相关的创造发明一般都容易被认为是根本不可能的事。

因此，科学理论的突破，是对科学技术认识突破的关键。科学理论不仅会从根本上限制科学技术的发展，也会从根本上促进科学技术的发展。同样，科学理论不仅会极大地限制人们对科学技术威力的客观认识，也会极大地促进人们对科学技术威力的客观认识。

三、推论：灭绝手段必然出现

在了解了对科学技术认识的一般特点后，便可以用这样的语言对科学技术进行进一步叙述：科学技术永远都是不可思议的，它的威力无比巨大，在任何时代人们都不可能对其进行准确的描述。这是因为，我们永远都只是站在某一个特定的历史点上，永远都有未来，有未来便意味着还有远没被揭示的科学规律和远未被发现的自然现象，只要人类没到尽头，科学就没有尽头，科学的不可思议性就总是存在。

我们应该承认这种不可思议性，更应该正确面对这种不可思议性。我们虽然不能够具体确定未来还会有多少科学技术成果出现，也不能够确定会有怎样的科学技术成果出现，但却完全可以得出一个非常准确的结论，这就是未来的科学技术成果的威力比之今天不知要强大多少倍，这些威力巨大的科学技术成果不仅可以造福人类，也可以祸害人类。

那么，以未来许多年之后的任何一个时刻为起点，虽然那时的科学技术能够产生的毁灭力比今天最具威力的核武器大出很多，也比今天最具威力的基因生物毒素大出很多，但却肯定不会是高不可攀的顶峰。因为，只要科学还在发展，就一定会还有比这更具毁灭力的手段出现，科学一直这样发展下去，科学毁灭力越来越大的趋势也就会一直这样延续下去，由此可以肯定，终究有一天，这种毁灭力会大到能够灭绝人类，即灭绝手段必定能够出现。

第二节　灭绝手段必然出现之二：根据现有科学理论的推断

人类依靠科学的力量已经创造出了一些极具毁灭力的手段，但不论是核武器、基因生物武器还是别的杀戮手段，它们都还不足以灭绝人类。

既然科学理论是指导技术实践的依据，是推动科学技术发展的动力之源，那么，虽然我们今天掌握的科技手段还不足以灭绝人类，根据今天我们已经掌握的科学理论，是否可以推断自然界中存在灭绝人类的科技力量呢？如果存在这样的推断，就说明即使科学理论再也不会向前发展，仅仅在技术上作出努力，大多数情况下人类也早晚都会掌握自我灭绝的手段，一旦条件具备，科学理论所推断出的灭绝力量便会被调动出来。

下面让我们仅仅从纯理论的角度，以今天已经掌握的科学理论作为依据，推断出几种能够灭绝人类的手段。

一、可自我复制的纳米机器人

纳米是长度的度量单位，它等于 10^{-9} 米，即十亿分之一米，大概是头发丝直径的五万分之一，是量度原子与分子尺寸的常用单位。

1959 年，诺贝尔奖获得者、著名物理学家理查德·费曼在题为《在底部还有巨大空间》的演讲中，首次提出了将来人类可以建造一种分子大小的微型机器，并认为这将是人类的又一次技术革命。当时，费曼的想法曾遭到过许多人的嘲笑，但之后的科学发展印证了费曼比那些嘲笑者更有远见。

1981 年，科学家研制出了扫描隧道显微镜，借助它，人们的认知世界终于深入到纳米的水平。1990 年，IBM 公司的科学家通过逐个地移动 35 个氙原子，在镍基片上写出了"IBM"3 个字母。这表明，纳米技术已经实现了可以搬运单个原子的目标。

我们身边的物质绝大部分都是以分子形式存在的，而分子则是由原子组成的，如果可以自由地搬运原子便意味着我们可以实现许许多多变废为宝、化"腐朽为神奇"的事。例如：可以搬动碳原子使之变为金刚石，钻石将唾手可得；可以把品位极低的金矿中的金原子一个个地挑选出来，金子将变得不再昂贵。

　　然而，依靠人工借助再精密的仪器去实现纳米技术目标都没有什么现实意义，因为针尖那么大的一点就包含着数亿个原子，一个人借助仪器即使一刻不停地搬运一辈子原子，这些原子即使全部变为钻石也没有多大的价值。要实现纳米技术所展示的那种极具吸引力的目标必须借助纳米机器人。

　　科学家设想，制造出一种分子大小的机器人，用这些机器人专门搬运原子，以实现人类的目标，这种机器人便称为纳米机器人。有了这一设想之后，科学家对纳米机器人的发展前景产生了更进一步的展望，例如：可以让这些纳米机器进入人的血管，去掉沉积于静脉血管上的胆固醇；用这些纳米机器人跟踪身体中的癌细胞，在癌细胞只有少量几个时便将其杀死；让纳米机器人将草地上剪下的草立刻变为面包；将回收的废钢铁立刻变为一辆辆崭新的高档小轿车等等。总之，纳米技术的未来实在太美妙了。

　　美妙的远不只是如此，科学家在进行纳米技术的研究时发现，纳米技术还能够改变材料的性能。1991 年，科学家在研究 C_{60} 的过程中发现了碳纳米管，管的直径只有几纳米到几十纳米，由于碳纳米管具有各种极优越的性能，被称为纳米材料之王。科学家于是想到，这样的材料将来在纳米机器人方面一定可派上大用场。

　　之后，科学家又研究出了一种分子马达，这种分子尺度的微型马达以三磷酸腺苷酶为基础，其能源就是为细胞内化学反应提供能量的高能分子三磷酸腺苷。分子马达的研究成功可解决纳米机器的核心部件，因为在分子马达上嫁接其他东西，便可变为一台纳米机器，纳米机器人也可以以此作为动力。

　　2004 年 5 月，美国化学家研制出了世界上第一个纳米机器人，这是一个双足分子机器人，其外形很像两脚圆规，腿只有 10 纳米长，由 DNA 片段组成，有 36 个碱基，这一机器人可以在实验室的盘子上"散步"。2005 年 4 月，中国科学家也研制出了能够在纳米尺度上操作的机器人样机。对于科学家而言，下一步便是让纳米机器人搬运货物，例如搬运一个原子或者一个分子。

　　相对于一个纳米机器人能够创造的价值而言，制造一台纳米机器人是十分昂贵的，因为纳米机器人实在太小了，虽然它能做的事很有意义，但其效率却非常低，因为即使一个纳米机器人十分辛劳地不断工作，一天工作下来其收获也只能以原子数来计算，哪怕数量很大，如搬运了上亿的原子，但加起来也极少。

　　于是，科学家想到了一个办法，这就是在编制纳米机器人程序的时候要同时给出两个指令：第一个指令当然是需要它去完成的那项工作，第二个指令则是要这个纳米机器人复制多个自己，目的是让众多的纳米机器共同完成那项需要完成的工作。因为纳米机器人具有搬运原子的本领，纳米机器人本身又是由并不多的原子所组成的，所以复制一个自己是非常容易的事。如果一个纳米机器人复制十个自己，十个便可复制百个，百个将可复制千个，千个又可复制万个……如此复制下去，万万亿亿个纳米机器人便可在很短的时间复制出来。因此，有了第一个纳米机器人后便可以万事大吉，因为由它反复复制的亿万个机器人会与它一道来完成人类指令的工作。

　　但是，一个麻烦的问题产生了，那就是这些纳米机器人要是一味地复制下去不知停顿怎么办呢？我们人类的身体，以及我们的地球都是由原子组成的，如果纳米机器人在我们身体内把我们身体中的各个原子都当成它们的生产材料，很快我们的身体就会被吞噬，如果纳米机器人永不停歇地复制下去，我们整个地球同样不需要多久就会被吞噬，如果这样的纳米机器人不小心被宇宙尘埃带到别的星球，同样会把别的星球全部吞噬。这是一个极其可怕的问题。

　　然而，有科学家很自信能够控制这样的灾难，他们认为能够设计出一种程序使纳米机器人在复制数代后自我摧毁，或者设计出只在特定条件下自我复制的机器人。例如：要是让这样的机器人专门改造垃圾，那么这些纳米机器人便只能在有垃圾的环境下自我复制，而且只会用垃圾复制自己，而在别的环境下，或者用别的材料决不复制自己。

　　这些科学家的想法虽然好，但实在太理想化了。一些更理性的科学家于是质疑这一想法，他们提出，如果这些机器人的程序出了毛病不终止其复制怎么办？如果有科学家在编制程序时不小心忘了加入这一控制自我复制的程序怎么办？如果有一个丧尽天良或者心理变态的科学家，在设计纳米机器人时故意不加入这种控制程序来危害人类和地球怎么办？以上的任何一种可能只要出现一次，便意味着人类必遭灭绝、地球必遭毁灭。

　　太阳微系统公司首席科学家比尔·乔伊是计算机领域首屈一指的世界著名科学家，他在1999年4月指出：若使用不当，纳米技术的破坏性可能比核武器还大，纳米机器人的复制如果失控，将可能成为吞噬整个宇宙的癌症，谁都不能保证纳米盒子不会变为潘多拉盒子，亿万只纳米机器人的无休止复制，将可以毁灭人类与整个世界。

　　一只蝗虫没事，亿万只蝗虫就可以毁灭一切。如果有朝一日真能制造出可以自我复制的纳米机器人，人类的末日也就临近了。尤其是在人类已经掌握了可以自我复制的纳米机器人的研制技术后，那些居心不良的科学家如果有意灭绝人类，会千方百计设计出各种不仅能自我复制，而且善于借助风和云雾快速传播，且复制速度极快的纳米机器人。无疑，那一天到来之日便是人类灭绝之时。

　　其实，人类离彻底掌握这样的技术并不遥远。纳米技术极具诱惑的实用前景使人们对纳米技术，包括纳米机器人的研究步伐没有过一刻的停步。尤其是几个科技大国，在这方面的研究上更是投入了巨大的力量。

二、推动较大的小行星撞击地球

　　6500 万年前，一颗直径约 15 千米的小行星撞击了地球，巨大的能量释放相当于 100 亿颗广岛原子弹爆炸，撞击使得地壳与地幔物质直冲天穹，以至大范围下起岩浆雨，而大量的撞击碎屑笼罩在地球上空，使地球长时间处于黑暗与寒冷之中。多数科学家相信，正是这次撞击导致了恐龙的灭绝。

　　根据科学家的计算，一颗直径在 100 千米以上的小行星撞击地球则可以导致人类灭绝。那么，我们是否有能力依靠科学技术的力量推动一颗这么大的小行星撞向地球呢？

　　太阳系中小行星大多集中在火星与木星之间的小行星带上，在这里的数十万颗小行星中有一部分其直径就超过了 100 千米。如果能够将其中一颗推动并撞击地球，便可使地球的整体生态遭受毁灭性破坏，从而导致人类的灭绝。那么，根据现有的科学理论能否推断出这样的可能呢？

　　要推动小行星撞击地球，第一项条件是能够接近小行星。

　　载人宇宙飞船飞上太空已有 40 多年的历史，现在人类已经登上了月球，而无人驾驶航天器则已经飞出了太阳系，人类的足迹向更远的太空延伸只是时间问题。早期，将航天器送上太空只能采用火箭（现在还是大量采用火箭），但是，火箭只能使用一次，成本很高，也不方便使用。为了节约成本，美国人研制出了能够多次往返于太空与地球之间，并将航天器送入太空轨道的航天飞机。现在的航天飞机虽然可以多次往返使用，但是点火起飞的程序仍然复杂麻烦，飞行速度和飞行距离也极其有限。

就像驾驶一架普通飞机一样，随时都可以方便启程，飞向火星、木星、土星以至更远地方的载人航天飞机已经在科学家现实的设想之中。毋庸置疑，这一未来的目标一定可以达到。那么，这样的航天飞机装上核动力或者太阳帆，能够连续飞行数亿千米也是在情理中的。这就说明，推动小行星的第一项条件（即航天器接近小行星）根据现有科学理论以及现已掌握的科学技术手段，进一步发展完全可以达到。

第二项条件是能否将小行星推动，并准确地撞向地球。

假如这颗小行星距地球达 2 亿千米，只要稍微偏转其角度，它接近地球的距离便会发生很大的改变，那么，利用核武器的巨大力量使小行星的轨道偏转，应该是轻而易举的事。实际上，要推动小行星并不难，但要使其精确地撞击地球则不容易，其间需要对其轨迹进行修正，而且要进行多次修正。要实现这个目标，最好的办法就是一艘飞船上能够携带多枚核弹，以便随时修正小行星的飞行轨道。

今天的核武器很重，但实际参与反应的核燃料却很少，主要的重量在核启动的装置上。现在，各国都在致力于核武器的小型化，以未来的眼光看，完全可以设想一件相当于数十倍广岛原子弹当量的核爆炸装置仅三五十千克重，加上经过改进后的导弹既轻便又准确，精确定位的导弹发射装置充其量不过上百千克，于是，一艘飞船便可以携带数十枚甚至上百枚这种利用导弹发射的核装置。

关于使小行星准确地撞向地球，还有理由设想，未来的智能电脑的计算能力十分惊人（如量子计算机或者光子计算机），完全可以准确地计算出一枚当量多大的核弹在一颗小行星的哪个部位爆炸，便可以使其准确地撞击到地球的哪个特定的地点。要能做到这一点，就能使操作起来更为方便容易。

实际上，地球本身有引力，只要将小行星推至一定的范围，地球的引力就会自动将其吸引过来，因此，不需要很精确的计算也能够将小行星推向地球。而且凭借地球的引力，可以使小行星不断地加速，最后导致撞击地球的威力极其巨大。

在科学技术继续发展的未来，如果有人妄图用这一手段报复自己的同类，人类的灭绝是很容易的。

三、超级基因毒素

生物武器被认为是比核子武器对人类生命伤害还要大的一种大规模杀伤性武器。由于生物武器借助其生物毒素杀伤生命，生物毒素可以自行繁殖，而且传播途径很多，因此用很小的剂量便可以形成大范围的杀伤，且危害时间很长。

对现代基因工程进一步进行发掘，并将其用于生物毒素的改造，可随心所欲地生产出具有超级杀伤能力的基因毒素。基因毒素可以根据需要，设计出各种有目的的杀伤能力，例如可以生产出专门致人脑部死亡，或者心脏死亡、肺部功能丧失、肾脏功能丧失或者别的什么器官坏死的专门性毒素，而且针对性可以达到百分之百的准确。

生物毒素有三大主要传播途径，即空气、饮食与人体接触。能够进行这样的推断：通过基因改造，在实验室生产出一种可以通过空气、饮食和人体接触同时传播、繁殖速度极快、目前尚没有相应的抗生素或其他可治药物的转基因生物毒素，而且该毒素潜伏期较长，当人类普遍感染后，毒素的毒性突然爆发，无药可治。如果这样的基因毒素真的生产出来，便可以导致人类的灭绝。

让我们再来了解转基因技术。转基因技术是将生物的 DNA 分子进行重组，剔除不需要的基因，组合上所需要的基因，人类可以借助这一技术，按照自己的意志改造出具有各种不同性状的生物。

利用再造基因的技术灭绝人类，就是对生物毒素的 DNA 进行改造，使这种毒素具备特别强的传播能力、特别强的生命力与繁殖力，以及特别强的攻击人类致命器官和破坏人类 DNA 中关键基因的能力。

不仅基因工程理论已经证明了这一技术的可行性，而且转基因技术事实上已经得到了大量的应用，科学家早已培养出了各种各样的转基因生物——包括细菌、病毒、植物和动物等。据报道，美国利用转基因技术，将一种病毒的 DNA 分离出来，与另外一种病毒的 DNA 进行结合，拼接成一种剧毒的"热毒素"生物战剂，且私下有人透露，如果均推至每一个人，这种生物战剂只需 20 克就可以导致全球 60 亿人全部感染死亡。

189

但是，由于全人类分散地居住在全球各个角落，生物武器的使用以目前的技术还不可能使人类整体受到致命的感染。要进行灭绝人类的推断，在改造生物毒素的基因时必须考虑以下两个因素。

（1）首先要考虑的是生物毒素的传播性，这是这一推断的关键。培育的毒素必须繁殖很快，适应所有的传播途径，潜伏期比较长，也许是二年、三年，以至每个人都在不知不觉中已经受到了感染。

（2）攻击人体不同致命部位的多种毒素同时采用，这些毒素的任意一种在微量感染后都可致人死亡，且任意一种都具备前一条所述繁殖快、传播途径广、潜伏期长的特点，使每一种致命性疾病都能得到充分传播。这样的考量是要将灭绝人类的可靠度多倍地提高，即使某些毒素出现问题，另外的任意一种毒素仍然可以灭绝人类。

今天的科学理论已经完全允许有上述设想，但要对生物毒素进行上述的改造还不具备这样的条件，因为科学家对人体的每种基因代表的信息还不充分了解，对各种毒素的基因信息也还不充分了解，因此，还不能特别针对人体的某种致命器官设计出特定的毒素进行致命的攻击。但是，科学家却正在进行这方面的深入工作，而且要完成上述工作并没有不可逾越的难关，需要的只是时间。

以上仅仅只是举了少数的几个典型的例子，其实，根据现有科学理论可以推断出的能够灭绝人类的手段还有很多。例如：可以推断出能够自我复制的超级智能机器人执行灭绝人类的程序，从而导致人类灭绝。因为可以肯定，智能机器人早晚可以研制出来，能够自我复制，而且智力远超过普通人的超级智能机器人的出现也是可以展望的，如果有心理变态的科学家（或者机器人出故障、或者别的什么原因）使这种机器人大量复制，并执行灭绝人类的指令，也会导致人类灭绝。

另外，还可以推断海洋与河流整体核燃烧，导致整个地球生态在顷刻间被彻底破坏，致使人类灭绝。这一推断的依据是：根据质能转换理论，任何物质中都蕴含着巨大的核能，按核聚变考虑，最容易调出核能的是氢元素，而海洋与河流中的水分子是由两个氢原子与一个氧原子组成的，因此，只要找到相应的办法便可以制造海洋与河流的核燃烧，从而使地球表面的温度达到千万摄氏度以上。若是如此，人类与一切生命都会化为乌有。按质能转换理论还可以推断大气与地壳的整体核燃烧，因为组成大气与地壳的物质中都具有巨大的核能。

综上所述，虽然人类现有的科学技术手段还没有达到自我灭绝的能力，但以现有科学理论进行推断，这种能力是可以具备的，如果我们不能有效地控制对科学技术的非理性发展，这种手段便早晚会获得。

191

第三节　灭绝手段必然出现之三：科学理论必然突破

科学发展到今天这样的高度，科学理论对于科学技术发展的指导作用是根本性的，科学在某一方面形成理论上的突破，必将带来一系列的科学技术的突破，而这一系列的科学技术的突破，又必将导致更多的科技产品与科技手段的突破性的革新和提高。

因此，再回过头来思考人类的自我灭绝问题，其实我们最担心的并不是根据现有科学理论进行的灭绝手段的推断，因为，根据现有科学理论要制造出灭绝人类的工具，其复杂性和操作难度往往较大，那些对人类持仇恨态度的人要想获得并使用这样的手段有可能不很容易。

最可怕的是科学理论会在某一方面有重大的突破，尤其是革命性突破，这种突破有可能产生的新的灭绝手段将是今天的我们无法想象的，它必定会包括这样的特征：获得和使用这样的手段会非常方便而且容易，且这样的手段威力极其巨大、神奇和怪异。

如果真的获得了这样的理论突破，在我们研究人类自我灭绝的手段能否出现的问题时，对其必然性的评估很可能就会像今天去推测人类是否有朝一日有能力登上火星那么肯定。如果真的到了那个时候，人类的灭绝就"指日可待"了。

一、科学的循环突破规律

首先让我们来定义两个名词。

（1）革命性真理。指一个全新的理论的诞生，这一理论的正确性几乎全盘否定了过去的主流理论，并使之成为谬误，那么，这一全新的理论就称为革命性真理。

哥白尼的日心说和达尔文的进化论就是革命性真理，它们是对一千多年来根深蒂固的地心说的全盘否定，是对神创论的全盘否定，这样的否定使传统的宗教神学无立足之地，从而彻底动摇了宗教封建愚民统治的根基。革命性真理的诞生，以及革命性真理被人们不断接受的过程，也是一次思想解放的过程，它对科学发展的走向，包括对人类社会的发展，都必将产生深刻、长远的影响。

因此，一个革命性真理所影响的绝不仅仅只是它本身所在的学科，它触及的范围必定会包括政治、社会、科学、文化、艺术和经济等人类社会的各个方面。

（2）革命性理论。对过去的理论或者过去的技术进行修正、归纳、总结、加以提高并使之系统化，从而形成一种全新的解释，由此将科学推至一个崭新的高度，这种针对科学理论和科学技术的全新解释，统称为革命性理论。

革命性理论不是对过去的主流理论的全盘否定（但有可能对过去的技术进行全盘否定），而是继承和发扬，它剔除了过去主流理论中的不合理部分，并糅合进更实际、更丰富的内容。革命性理论也有可能是对过去不系统理论的全面归纳、总结，在剔除其不合理成分后加以提高，使之成为一门完整的全新的学科。

相对论的建立就是一个革命性理论的建立，它不是对过去以牛顿力学为主体的物理学的否定，而是继承和发扬。遗传学的建立也是一个革命性理论的建立，与相对论不同的是，遗传学的建立是将前人的研究成果进行归纳、总结、提高，并使生物遗传成为一门全新的学科。

革命性理论的建立必然会促进一系列科学技术的革命，就如没有相对论就不可能有震撼人类的原子弹爆炸；没有遗传学作为基础，就不可能有之后的基因工程的诞生。

革命性理论与革命性真理并无从属关系，革命性真理不一定包括革命性理论，革命性理论也不一定包括革命性真理。革命性理论这一概念强调的是某一科学领域的理论成就，而革命性真理这一概念强调的是对人类社会的震撼力。

革命性理论又可分为重大的革命性理论和学科的革命性理论。因为现代科学已有许多的分支，每一个大的学科下面都有许多子学科，子学科下面又分许多二级子学科，依此类推，还有三级、四级子学科，等等。每一个学科都有可能产生革命性理论。

科学的发展呈波浪曲折的方式向前推进，虽然我们很难具体预言未来较长时间内会获得怎样的科学成果，但是科学的发展却是有规律可循的，科学的突破也明显地呈规律性，这是一种非直线的循环规律。这里，将其称为科学的循环突破规律，或者简称为循环突破规律。

循环突破规律可用"循环突破规律框图"表示。现在就让我们来结合下图对循环突破规律进行具体分析。

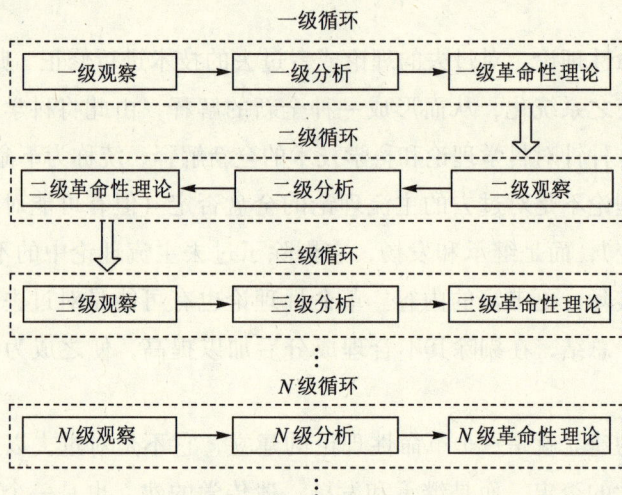

一级循环
| 一级观察 | → | 一级分析 | → | 一级革命性理论 |

二级循环
| 二级革命性理论 | ← | 二级分析 | ← | 二级观察 |

三级循环
| 三级观察 | → | 三级分析 | → | 三级革命性理论 |

N级循环
| N级观察 | → | N级分析 | → | N级革命性理论 |

194

（1）科学的循环突破，其规律首先表现为由若干级循环组成，每一级循环分为三个阶段，从"观察"到"分析"再到"革命性理论"的建立，科学最后实现突破的标志是革命性理论的建立。这里所指的科学，既包括科学理论，也包括科学技术，指我们所考察的科学对象——也许是指某个学科、某一专门技术领域，或者就是概括地指所有科学的总和。框图中的"观察"与"分析"同"革命性理论"一样，指的是科学研究的不同阶段和不同的深入程度。

（2）一级循环是人们对科学最早的思考、研究和总结过程。在这一循环中，一级观察是人们最初对自然的了解，作为智慧人类对这种观察会进行思考与归纳，这是最早的相关科学研究，称之为一级分析，在此基础上科学家将这些观察和分析进行总结、提高并系统化，使之成为一级革命性理论。一级革命性理论的建立是科学的重大突破，同时它又标志着科学的一级循环已经完成。

一级革命性理论将指导科学家对目标事物进行二级观察。需要强调的是，二级观察是在已经有了一级革命性理论指导下的观察，事实上已经是一种更加理性的观察，对于观察的结果科学家将进行二级分析，同样，这种分析也是理性的分析，二级分析既是在一级革命性理论的指导之下进行的，又是对一级革命性理论的检验和质疑。科学家在进行二级观察和二级分析之后，将对一级革命性理论进行修正、剔除、增补、提高并系统化，由此，一种新的革命性理论诞生了，这就是二级革命性理论，至此，完成了科学的二级循环。

二级革命性理论作为一种比一级革命性理论更完善、更全面、更深入的理论，又将指导科学的第三级观察和第三级分析，从而开始科学的三级循环。如此反复，一直将科学往前推进至第 N 级循环，并还将继续下去。

（3）循环突破规律所揭示的科学循环可以分为大循环和小循环，也可称为母循环和子循环。例如，电磁学是物理学的一个分支，不仅物理学的发展遵循循环突破规律，电磁学的发展同样符合循环突破规律。

但是，作为物理学的一个分支。电磁学的突破循环只能算是物理学的突破子循环，而电磁学一级循环的突破性成果即一级革命性理论，在近代物理学中只能作为一个阶段性成果，算作近代物理学三级循环中的"分析"的一部分。

同时，电磁学还有自己的分支。电磁学相对于物理学循环虽然属于子循环，但是，相对其分支学科和分支技术的突破循环，又是母循环。

（4）在科学的道路上没有跨越可言，循环突破的过程是一个渐进的过程，任何一个环节都是为之后的突破所进行的铺垫，因此，哪一个环节都不可缺少，不论是科学理论还是科学技术，都是如此。

正因为科学的发展没有跨越性，我们对未来科学进行展望时便很容易受科学现状的局限与迷惑，导致对科学在未来发展中所能爆发的巨大威力常常严重估计不足，总是习惯于用今天科学的威力作为简单的参考，去评估未来科学的威力。

（5）普通人和科学家在科学循环中的心理感受是不一样的，普通人更多的是以感性认识科学，而科学家则是以理性认识科学，因此，普通人在对科学发展的心理承受和理解上要滞后于科学家。

但是，不论怎样，一个革命性理论的诞生，开始总会有很大一部分人难以相信，甚至非常抵触，这不仅包括普通人，也包括了许多科学家。由于人们已经从心理上习惯了之前的主流理论，而革命性理论往往相对过去的理论具有一定的跳跃性，而且跳跃的幅度一般都会超过人们的经验，这就必然导致人们会怀疑革命性理论的正确性。革命性理论在诞生之初遭到怀疑与攻击是一个普遍现象，可以把这一现象称为人们对科学发展的跳跃不认同心理，或者简称跳跃不认同。

我们绝大多数人都有这种跳跃不认同心理，今天还有许多人都坚信人类现在掌握的科学理论已经是接近极限真理了，这便是跳跃不认同心理在作怪。但是，让人十分忧虑的是，就在跳跃不认同心理严重影响人们对未来科学的评估的同时，我们却发现有一种与之十分矛盾的现象正强烈地影响着当今社会对科学技术的毁灭性的警醒，这就是人们对不断涌现出的科学技术成果变得越来越麻木。

19世纪初，当照相技术发明时，照一张相要在阳光下一动不动地坐上几个小时，即使这样，新奇的人们也还愿意试一试。X射线刚发现时，人们奇怪万分，很快成为街头巷尾的议论话题，谁都想通过X射线看一看自己的身体内部结构，包括王公贵族也是如此。当电灯还处在试验阶段时，就已经把那些记者惊得目瞪口呆。然而，今天我们却看到，几乎任何一个创造发明或者任何一个新的科学发现却再也难以引起人们的惊奇与轰动，人们见得实在太多了，每天都有无数新的科技产品的面世，不需要多长时间就会不知在何种行业，或者哪一个学科有新的重大突破，对这一切人们早已经习以为常。

同时我们还发现，过去一项发明创造的出现，必定会引来全社会的普遍重视和关注，在议论其新奇的同时，还要展望这一成果的未来，并大量评论这一成果可能会引来的正反两方面的后果，因此，这一成果未来对于人类的作用总是能够讨论得非常透彻，不论正面作用还是反面作用都是如此。

但今天，人们连原子弹爆炸都经历过了，连宇航员登上月球都见识过了，哪怕再有更大的科技成果也早已引不起惊奇。而对铺天盖地、层出不穷的一个个科技新成果，在引不起很大新奇的情况下，也就不愿过多地去展望和评估其未来。也许有理性人士也会反复提醒其未来有可能会造成的危害，但由于熟视无睹，对此人们早已提不起多大兴趣。这种在接受科学技术的发展成果时表现出的全社会麻木的现象，我们称之为发展麻木。

发展麻木还源于这样一个因素：评估科学技术安全性的人一般都是科学家，而具体评估某一项科研项目和某一项科学成果的安全性的人又往往是从事这一研究的科学家本人，或者是与此相关的研究人员，如果对这一项目和这一成果的评估结果是正面的，不论是对于这些科学家个人的身份和地位的提高，还是对于他们有利于争取到研究经费，或者有利于将这些成果投入生产应用后其个人经济效益的获得等等方面都有好处。受人性的视界利益性所左右，科学家一般都会否认或者淡化研究项目和研究成果的危害性。

同时，由于资助其研究的企业（包括研究机构和学校）也希望通过这些科研项目和科学成果获得利益，因而也就自然会默认，甚至要求或鼓励科学家将其危害性进行否定和淡化。

然而，发现麻木必然导致危机麻木，当对一切科学技术成果都毫不思考地理所当然地接受之时，也必然会对科学技术成果的负面作用表现出麻木不仁。然而，灾难总源于麻木，在滔天巨浪到来之前，海面常常非常平静，但暗流却在海底涌动；当全社会都已麻木之时，一场毁灭性的灾难说不定就在前方不远。

二、科学发展的裂变式加速规律

生活在今天，人们常感到跟不上时代的脚步，总觉得知识不够用，总在承受一种必须保持不断学习的压力。因为，每当一觉醒来，我们会发现自己过去学过的许多知识已经老化，而世界却不知又冒出来了多少闻所未闻的新鲜东西，如果不去掌握就很难在社会上生存，因此，常常会无比感叹地说，我们赶上了一个知识爆炸的年代。

确实如此，今天这个年代是一个知识爆炸的年代，也是一个科学爆炸的年代，而且越是走向未来，这种爆炸的威力越是猛烈。之所以会出现知识与科学的爆炸，其根源就在于科学是在呈裂变式加速发展，对于这样的科学发展方式，可以总结为科学发展的裂变式加速规律，或者简称为裂变加速规律。

对于裂变加速规律，可以简单阐述如下：科学的发展必然导致各门科学理论和各项科学技术不断出现分支，而这些分支的科学理论和科学技术又各自遵循循环突破规律继续发展，它们的发展达到一定程度后又将再次进行细分，分支出更多的新的理论学科和技术门类，经过再次细分后的理论学科与技术门类同样会遵循循环突破规律继续发展。依此类推，从而使得科学的发展呈裂变式加速状态，于是形成了科学与知识的爆炸，而且这种爆炸的力度随着时间的推移必然会越来越猛烈。

　　以物理学为例，现代物理学最初主要是力学和天文学，经过裂变后细分为包括力学和天文学在内的电磁学、光学、热学、声学、统计物理学、粒子物理学、原子核物理学、固体物理学等。而上述每一学科之后又细分出了许多的二级、三级甚至四级子学科以及各种技术门类。

　　那么，让我们再回过头来看看今天的科学分支，可能任何人都难以精确地统计出到底细分出了多少学科，至于这些学科分支中所包含的技术门类，更是数不胜数。

　　站在科学的循环突破规律的角度观察，正是这一大堆细分学科，以及由它们派生出来的技术门类，各自共同不停地按照循环突破规律往前推进，从而导致大学科的成果数量极其巨大——因为大学科的成果是在相加了每一细分学科与技术门类所累积的成果之后的数量。由此预示的是，当一个更新的革命性理论诞生后，其巨大的爆发能量必然远远超出之前的革命性理论的爆发能量。

　　要特别提出的是，通过裂变所细分出的学科，还会影响并波及本学科之外的科学领域，这就会导致不知什么时候会诞生出一个完全独立的全新的科学学科。就像生物学的出现一样，它完全独立于物理学和以前的其他学科，属于一门全新的学科。而类似于这样的新的学科的不断出现，在已有的科学学科对人类整体生存的威胁已经防不胜防的情况下，还会带来怎样的危险，造成雪上加霜，谁都无法预料。

第四节　极端手段必然被使用

一、极端手段的"三增"规律

这里，根据杀伤威力的大小将杀戮手段划分为灭绝手段、毁灭手段和普通手段三类，那么，极端手段则是指一个时代最具杀伤力的杀戮手段。

灭绝手段是指能够造成人类整体毁灭的手段，灭绝手段使用后将不再有人生存，至少没有逃离出地球的人不可能再生存。

毁灭手段是指这一手段要是在人员一般密集的地区（而非高度密集的场所）直接攻击人群时，只要使用一次就必然会导致少则数千人、多则数千万人以上的死亡。毁灭手段如果是专门用于杀戮的武器，也可直接称为毁灭武器。

这一手段除了要求杀伤力非常大之外，指的是一次性使用而非多次使用达到的杀伤规模；指直接攻击人群的杀伤力，而不是攻击别的物体再间接造成的人员伤亡；而且这种武器的大规模的杀伤效果只是在人员一般密集的地区采用（如城市或者人员并非很稀疏的乡村），并不是人员高度密集的场所（如大楼、火车、大型运输船或者正在集会的广场），因为人员高度密集的场所一些普通武器也可形成大规模杀伤。

核子武器与转基因生物武器都是毁灭手段，因为它们只要在一个人员一般密集的地区使用一次，其大规模的杀戮效果便是确定无疑的。

有些手段也可以导致数千、数万甚至更多人的死亡，但并不能称为毁灭手段。例如用飞机撞击大楼导致数千人甚至上万人死亡，我们就不能说飞机是毁灭手段，因为飞机撞击的是大楼而不是直接攻击人群，是大楼的倒塌才导致了人员的死亡，而且大楼是人员高度密集的场所，并非人员一般密集地区。所以，在美国"9·11"事件中两架飞机撞击世贸中心大楼导致数千人死亡，我们只能说"9·11"事件是一次毁灭性事件，但不能说飞机是毁灭手段。

又如普通炸药在第一次世界大战和第二次世界大战中导致数千万人的死亡，那是无数次使用这种炸药的结果，而不是一次性使用，因此普通炸药同样不能算做毁灭手段。

当毁灭手段的威力大到能够整体毁灭人类之时，这种毁灭手段便最终演变成了灭绝手段。灭绝手段不要求一定是直接针对人群才会产生的杀戮效果，也不要求一定是只使用一次的杀戮效果，任何手段采取任何方式的使用，只要能够达到灭绝人类的效果，便可以称为灭绝手段。

事实上，我们可以看出，如果一种手段需要使用上百或者上千次才能灭绝人类，这种手段已经不是灭绝手段，因为任何人都有求生的本能（除极少数精神失常者），不可能坐等着让别人杀死，而且不论个人还是群体，都具有相当的智慧来防范各种手段的攻击，在一种杀戮手段被使用多次后不可能每个人和每个群体都毫无办法并毫不防范和抵抗。只有少量使用几次便可以灭绝人类的手段，才能够使人防不胜防，真正达到灭绝人类的目的，也只有这样的手段才能称为灭绝手段。显然，我们今天只掌握了毁灭手段，并没有掌握灭绝手段，因此，今天的极端手段便是毁灭手段。

为了区别于毁灭手段和灭绝手段，对于不具备毁灭和灭绝威力的手段，我们称之为普通手段。在人类过去的绝大部分历史中，极端手段只是普通手段，拥有毁灭手段只有 60 多年的时间（以原子弹的爆炸为标志），普通手段在这之前的历史里是极端手段名单中唯一的内容。

极端手段的"三增"规律是对极端手段必然发展趋势的揭示。所谓极端手段的"三增"规律，是指极端手段必然会在三个方面有不断上升的趋势，这就是极端手段的种类必然会不断增多，极端手段的威力必然会不断增强，掌握极端手段的人员范围必然会不断增大，对于这一规律也可简称为"三增"规律。不论极端手段是在灭绝手段阶段、毁灭手段阶段还是普通手段阶段，都符合"三增"规律。

人类的远祖刚能够直立行走之时，他们所使用的木棒与石头不仅用于追逐猎物，同时也会用于同类之间的打斗，甚至相互杀戮，而且这样的杀戮手段就是当时的极端手段。这类杀戮手段因其杀戮效率极低，自然划分在普通手段之列。

从人类刚脱离动物的灵长类，一直到原子弹的爆炸，几百万年前人类拥有的普通手段与 60 年前人类拥有的普通手段相比，其种类和数量却有天壤之别，从最初只有木棒、石头，之后有了石刀、石斧、弓箭，再后来来了刀、剑、矛，而后又有了火枪、炸药、大炮，最后有了导弹、坦克、军舰、飞机，等等。显然，是科学技术的进步与发展导致了极端手段必然不断增多。在极端手段由普通手段进入到毁灭手段之前，其种类已经是数不胜数。

当最早的毁灭手段原子弹的爆炸拉开了核能用于毁灭性战争的序幕后，人们马上联想到不仅核裂变可以释放核能，核聚变爆发的能量会更大，于是便有了之后的氢弹爆炸，因此氢弹被称为第二代核武器。而今天，中子弹、强冲击波弹等第三代核武器不仅早已充实了核武名单，而且第四代核武器也被纳入了各国的研制计划。

由此可见，仅从核子武器这一种毁灭手段看，其种类不断增多的趋势就是十分明显的。虽然核裁军谈判一直都在进行，但这种趋势一直都没改变。

不仅如此，当基因工程取得突破性进展后，它在造福人类的同时，即刻又被用于了杀戮，这就是通过改变生物战剂毒素的基因结构，获得超级生物毒素。于是，毁灭手段的名单中又多了一个新的名词，这就是转基因生物毒素。毋庸置疑，只要科学技术不停止发展，极端手段不断增多的趋势就不可能改变。

目前，人类还没有掌握灭绝手段，科学技术继续发展下去灭绝手段必然会出现，将来的灭绝手段也同样会遵循这样的规律。对于杀戮手段的巨大威力而言，现在的发展过程是正在从拥有毁灭手段到趋向获得灭绝手段的阶段，当第一种灭绝手段获得之后，便必然会陆续出现第二种、第三种灭绝手段，以至更多。这一道理其实非常简单。

极端手段在种类不断增多的同时，其威力也必然不断增强，这也是科学技术的发展必然会造成的结果。以普通手段而言，从最早的木棒、石块，到之后的导弹、大炮；以毁灭手段而言，从最早的原子弹（其威力相当一两万吨 TNT 当量）到最大的氢弹（威力达 5600 万吨 TNT 当量），其威力的增强趋势是显而易见的。这种发展趋势也是非常简单明了的。

那么，当毁灭手段的威力大到一定程度，且具有了毁灭整个人类的能力时，也就变成了灭绝手段。灭绝手段也有威力大小的不同，那些需要多人操作、十分笨重，或者操作技术难度很大、而且需要多次使用才能灭绝人类的灭绝手段，是初级的、威力并不强的灭绝手段。那些操作简便、一人便可以使用，而且极容易获得、使用一次便可以灭绝人类的手段，则是威力强大而且高级的灭绝手段。

201

　　只要人类不停止对科学技术的追求热情，必然会在一定的时间后获得初级的灭绝手段。然而，这只是灭绝手段发展的起点，随着科学技术继续发展，更高层级的科学理论以及相应的科学技术早晚会出现，由此产生的灭绝手段的威力一定会更强。只要人类在那时还没有灭绝，任何灭绝手段充其量都只能说是比较高级的灭绝手段，或者说是威力比较大的灭绝手段，而不能称为最高级或者威力最强大的灭绝手段。科学还在发展，更强、更高级的灭绝手段还在后面等待人们去发掘。

　　随着极端手段的种类越来越多，掌握极端手段的人员范围自然会不断增大，因为任何一种极端手段只要出现便必然会有一批人掌握。其原因还不仅如此，随着科学技术的发展，更高层级的科学理论指导下的极端手段在研制与生产上会越来越容易，这无疑就便于人们去获得。

　　以毁灭手段为例，世界上第一颗原子弹的研制计划称为"曼哈顿工程"，它的实施用了近4年时间，加上2年的前期准备，共用了6年时间，耗资达22亿美元，动员人员50多万，其中研究人员15万，占用的电力相当于当时美国全国电力的近三分之一。之所以有如此高昂的代价，是因为作为一种全新的武器，一切都要从零开始，包括各种相关的研究投入。

　　但是，今天核武器的制造已经简单得多，一个完全成熟了的理论和技术，使得许多核物理学家根据公开的资料和文献就能够设计出一种有效的核子武器，甚至连普通大学生都能做到这一点。40年前，美国有关机构的一项研究结果认为，两个普通的物理系的大学生，根据图书馆的公开资料，可以在三个月之内将原子弹的大致结构设计出来。科学家对核武器的制造同样描述得非常简单，就是：一个核物理学家加一名冶金学家加一名电子学家再加一名化学炸药专家就可以指挥一帮工人将核武器组装完成。

　　如果说核武器还算是一种投资大、制造复杂、受各种限制且被监控的力度较强，因而不易被个人掌握的毁灭手段的话，基因生物毒素则是一种很容易被个人掌握的毁灭手段。因为，一名高水平的生物学家在实验室就可以独立研制出转基因毒素，并且所用的原料以及所用的投入都很少，而且很难被监控。

　　前瞻未来，在灭绝手段出现的最初，也必然只是少数人或者少数国家能够掌握并拥有灭绝手段，但随着科学技术的进一步发展，灭绝手段也必然会越来越多、越来越易于获得，掌握灭绝手段的人员范围也同样会越来越广，只要那时人类还未灭绝，这一趋势就不会改变。

二、杀戮的类型及特点

亲眼目睹了"9·11"事件电视实况直播的人，对那一幕幕难以置信的场景应该都会终身难忘。事后人们不禁要思考，是什么样的动力使得那些袭击者铤而走险呢？他们又是怎样想到将飞机这样的普通运输工具变成一种大规模的杀伤性武器，并且组织得如此严密，策划得如此成功，竟然能够同时劫持 4 架飞机来实施自己的计划呢？

其实，了解古今犯罪与战争历史的人都很清楚，虽然像这样同时劫持 4 架飞机的事件并无先例，但是，大规模地自杀式攻击在历史上却屡见不鲜，至于个别的自杀式攻击，则是在任何一个时期都有出现。

我们知道，人类的自相残杀行为一般可以分为两类，一类是战争，另一类是犯罪。战争自人类社会形成之后便出现了，它是集团之间的冲突，并必然导致双方的死伤。战争一般表现为大规模的公开杀戮，但也不排除小规模的秘密屠杀。犯罪杀人是在违背国家法律与社会公理的情况下，罪犯个人或者由少数人组成的犯罪组织对他人的人身攻击。犯罪杀人既有隐蔽式的小规模杀戮，也有公开的大规模杀戮。

战争的发生、发展以及所采用的杀戮手段，在很大程度上受统治者的品性与思维方式左右，统治者凭借自己的统治地位以及对大局的把握能力控制着战争的方向，他们的心态与智慧，以及本性中善与恶的成分，是决定战争性质与特点的最大因素。

在人类社会中，犯罪杀人是最普遍、最经常的杀人行为，由于人类的本性中藏有恶的一面，而人类群体又十分庞大，这就必然导致总有一部分人会出于各种目的去剥夺他人的生命。

犯罪杀人的动机一般可以分为以下四类。

①谋财杀人。这类犯罪的目的是获得被害人的钱和物，抢劫杀人、绑架撕票均属于这类行为。

②仇恨杀人。即因为对某人或者某些人有深刻的仇恨，所以要夺去他们的生命。

203

③执行任务杀人。指犯罪人执行某个组织的指令，去杀害指定的目标。这类杀人，犯罪人幕后的组织是真正的元凶，这些组织有各种政府背景的组织，也有各种民族与宗教的组织，等等。

④心理变态杀人。这类杀人行为的犯罪人思想极不正常，有些是受邪恶宗教的影响，或者有精神与心理疾病，导致他们将杀人作为一种乐趣和享受，或作为一种潜在的责任和义务。他们为杀人而杀人，在杀人时，有时是清醒的，有时则是处在幻觉之中，所杀对象都是无辜者。

还有一种心理变态杀人者是由于生活中有了矛盾与挫折，或者是对某人和某些人心怀仇恨，从而把这一切转嫁为对某些群体或整个社会、整个国家、整个民族、整个宗教、整个人类的报复，他们杀伤无辜者的目的是为解心中的怨恨。

通过对杀人案例进行研究可以得出，最重大的杀人犯罪事件一般都出于两种动机，即执行任务杀人与心理变态杀人。总的来看，这两类杀人的案件比例虽小，但犯罪时的杀伤规模一般都比较大，对社会产生的恐怖效果也比较严重，而且受害人一般都是无辜者，他们与犯罪人无冤无仇，甚至素不相识。

犯罪学用另外一种方式对杀人犯罪进行了分类，并认为有两类犯罪杀人最可怕，对社会的危害性也是最大的。一类是系列杀人，指犯罪人在一段时期内多次频繁地杀人，并造成多人死伤。例如：2002 年美国的狙击手事件，就是在很短的时间内，罪犯利用带有瞄准仪的枪支连续多天杀死数人，造成全国上下都处于恐慌之中，严重地影响了人们的正常生活与工作；2007 年俄罗斯警方抓获的一名男子，在几年之内共杀死 60 多人，且多数是老年人；在 1981 年至 1986 年间，中国台湾省有一名罪犯，间歇性杀死近 20 人，导致台湾岛内人心惶惶，台湾当局也为之头痛。这些都是系列杀人。

另一类是集体杀人，指一次犯罪造成多人死伤。"9·11"事件就是典型的集体杀人。这一事件导致 3000 多人死亡，使全世界为之震惊，之后的阿富汗战争、伊拉克战争都直接或间接地由这一事件引起。2001 年中国石家庄的爆炸杀人案，一名罪犯在人们熟睡之中将一栋居民楼炸塌，造成数百人死亡，一时震惊全国，中央政府动员全国警力对其进行调查与追捕。

不论是系列杀人还是集体杀人，一般的犯罪动机都是心理变态和执行任务杀人。以上举例中，美国的狙击手事件、俄罗斯的系列杀人案、中国台湾的间歇杀人案以及中国石家庄的爆炸事件都属于心理变态杀人，犯罪者杀人的目的要么是杀人为乐，要么是报复社会，被犯罪人杀害的一般都是无辜者。"9·11"事件则属于执行任务杀人，这一事件由基地组织策划，而基地组织则是公认的全球最大的恐怖组织。

在对杀人罪犯进行心理分析时发现，当一个人在受到邪恶信念的驱使后会失去理智，他们什么事都能做出。关于毫无顾忌的犯罪杀人行为，一些犯罪人表现为公开杀人，他们在杀人后不仅不隐瞒，反而到处宣扬；另有一些犯罪人表现为极度轻视自己的生命，他们或者以自杀的方式攻击对方，或者在杀人之后再自杀，这些人对于死已经无所畏惧；还有一些犯罪人不仅轻待自己的生命，而且他们的杀戮之手还会伸向自己的亲人，父母杀死子女者、子女杀死父母者、兄弟姊妹相互残杀者在世界各地的杀人犯罪案例中都屡见不鲜。

有一些邪恶宗教鼓动信徒集体自杀，他们将自杀宣扬为一种解脱，并作为一种神圣的追求目标。例如：1978年11月，美国的邪教组织"人民圣殿教"教主鼓动信徒集体自杀，共导致900多人丧生，其中还包括一名国会议员，而教主本人则在蒙骗教徒之后逃跑了。1994年10月，基地设在日内瓦的"太阳圣殿教"，其教主同时在瑞士和加拿大导演了三起信徒的集体自杀事件，共造成53人死亡，教主本人也在其中。

世界上有许多这种鼓动人们以自杀方式追求解脱的邪教，每隔几年就有一次邪教制造的大规模自杀事件。像这类大规模的自杀行为，都可以从根本上追究为一种心理变态式的犯罪。

三、推论：极端手段必然会使用

所谓极端手段必然会使用，是指最顶尖的杀戮手段肯定会被使用，即使在一段时期内没有人使用，但从长远看，早晚也会被人使用。这里指的极端手段必然会使用并不是说每一种极端手段都会被使用，而是总有一种极端手段早晚会被使用。由于我们研究的是人类的整体生存问题，因此，其研究的最后落脚点是灭绝手段的必然使用，因为，灭绝手段只要被使用一次，便意味着人类的整体毁灭。

（一）任何时候都有一批敢于使用极端手段者

在人类历史的每一个时期，都有一批人心怀不同的杀人动机，随时都在制造杀戮事件，他们也许是发动战争，也许是犯罪，从杀戮规模上都各自有不同的杀戮期望值（以下简称期望值）。根据期望值的特点，可以将其分为两大类三种情况。

第一类为有限杀戮。所谓有限杀戮，是指相对整个人类而言，杀戮的人数是有控制的，他们并不想斩尽杀绝，这类杀戮又可以分为两种情况。

（1）小规模杀戮。指针对个别人或者数量很少的小范围的杀戮，这种情况主要是怀有各种犯罪心理的罪犯所为，战争杀戮有时也会出现这种情况。

（2）大规模杀戮。顾名思义，大规模杀戮就是要死伤许多人。这种杀戮可分为两种情况，一种是有明确目标的大规模杀戮，如针对某集团或群体（例如国家、民族、宗教和组织）的杀戮，战争是典型的这种杀戮行为，执行任务和心理变态犯罪也有这种情况。还有一种大规模杀戮则没有明确的目标，是为了杀人而杀人，这种情况基本上是心理变态者所为，他们要么是为了报复社会，要么是以杀人为乐，或者自杀时寻求更多人来"同行"。

第二类为无限杀戮。这类杀戮追求杀人越多越好，杀人者也在屠杀中与之同归于尽，或者杀了他人之后便自杀。这是一种典型的心理变态者所期望的杀戮目标，他们要么受邪教信仰所驱使，把死亡看成是一种解脱；要么有一种强烈的仇恨心理，而且这种心理已经演变成报复全人类的想法；要么精神错乱，处于一种完全的幻觉状态。

要实现不同的期望值所采用的杀戮手段是有区别的，对此可以具体分析如下。

首先让我们分析有限杀戮，其中小规模杀戮只需采用普通手段便可以完成，毁灭手段与灭绝手段肯定不会被杀戮者所选择。而大规模杀戮，既可以通过毁灭手段一次性完成期望目标，也可以通过普通手段的多次使用，或者集中使用实现目标。一般而言，战争由于是集团行为，会顾及使用毁灭手段的负面作用，不会轻易采用毁灭手段。但犯罪不同，一些犯罪者也许会对毁灭手段的使用有所顾虑，但很大一部分犯罪者则不会顾虑太多，犯罪人会采用自己所能获得的最具杀伤力的极端手段（包括毁灭手段，但不包括灭绝手段）去实现其杀戮目标。

对于无限杀戮，要完全实现杀戮者的期望值只有使用灭绝手段，在灭绝手段不能获得时，他们必然会寻求尽可能多地杀死无辜者，因此所选择的杀戮手段则是尽可能具备最大杀伤威力的工具。也就是说，杀戮者所寻求的杀戮手段是代表那个时代最具杀伤力的极端手段，而且只要获得，就一定是他们的首选。

极端手段很容易被一批杀戮者作为首选还出于这样一个重要原因：由于极端手段是一个时代最顶尖的杀戮手段，这就导致全社会对它关注度非常高，那些具有无限杀戮期望值的人，以及一部分具有大规模杀人期望值的人，当其杀人动机产生后，自然便首先想到了极端手段。

由以上分析可以看出，不仅人类社会的任何一个时期都有一批具有杀戮动机的人，而且总有一批具有杀戮动机的人，其杀戮期望值需要靠极端手段才能去完成，因此，他们一定会把欲获取的杀戮手段定位在那个时代最具代表性、杀伤威力与残忍性最高的极端手段上，并为获取这样的杀戮手段想尽各种办法。

需要强调的是，这里研究的重点是人类的灭绝问题，敢于使用灭绝手段的人必定是具有无限杀戮期望值者，这样的人肯定是社会上的极少数。而且还可以看到，人类社会所设计与制定的各种社会制度也在致力于减少这类犯罪者的出现。然而，由于人类这一物种自身具有本性的弱点，再好的社会氛围、再好的法律体系、再好的道德价值观，都只能是对社会的整体起到较好的约束，但却不可能百分之百地保证每一个人都是绝对理性、绝对不干极端坏事的。因此，社会制度，即使设计与制定得极其完善，也只能是减少具有无限杀戮期望值者的数量，而不可能根绝他们的出现。

（二）极端手段必然被敢于使用者获得并使用

对于各个不同时期的极端手段，拥有者不一定使用，敢于使用者则不一定拥有。然而，立足漫长的人类的未来历史，任何一种极端手段早晚都会被敢于使用者获得，而在拥有这种手段的人中，也早晚会出现个别敢于使用的人，包括毁灭手段与灭绝手段，都是如此。这里需要说明的是，所谓极端手段必然被敢于使用者获得，是指代表某个时代最顶尖的杀戮手段总会有一种能够被敢于使用者获得，而不是指每一种都会被敢于使用者获得。同样，所谓在拥有极端手段的人中，早晚会出现敢于使用者，也是指总有一种会被使用，而不是指每一种都会被使用。

极端手段必然被敢于使用者获得以及掌握极端手段者必然有敢于使用者，

这是一个问题的两个方面，前者是指一些急于使用极端手段的人但并不掌握极端手段，他们会为获取极端手段想尽千方百计，而且总有一天，这类人中的某些人会寻求到极端手段，并会使用；后者则是指在极端手段研制成功之后，总会有一批"法定"的掌控者，在这类掌控者中早晚总会有个别敢于使用者。这两个方面的任何一方面的情况出现，都意味着极端手段已经被使用。

就第一个问题而言，从历史上看，任何极端手段必然被急于使用者获得这是一个客观事实，不论是普通手段还是毁灭手段，都是如此。因此，我们同样可以对未来灭绝手段出现后的情况作出相应的推断。也许最早制造出的灭绝手段只会有少数人掌握，而且这些人并不是敢于使用者，但随着科学的循环突破，"三增"规律已经说明，灭绝手段的发展趋势将会是灭绝手段的种类不断增多、威力不断增强，以及掌握者的人员范围不断增大。因而可以推断，早晚有一天灭绝手段会扩散到敢于使用者手中。况且，敢于使用者并不是坐等灭绝手段自然扩散到自己手中，而是会想尽各种办法寻求这类手段，这就更加快了他们获得这类手段的速度。

就第二个问题而言，在普通手段和毁灭手段阶段，掌握极端手段者必然会有敢于使用者同样是一个基本事实。普通手段阶段自然是如此，而最早的毁灭手段原子弹的使用就是由其"法定"掌控者决定使用的。

当然，在从极端手段阶段进入到毁灭手段阶段后，此时的极端手段的"法定"掌握者极其有限，一般都控制在国家手中，而且只有国家的元首级人物才有法定的决定使用权。一般而言，这样的人都具有相当的理智，他们不会轻易使用这样的手段。然而，即使这样，在漫长的历史中也必定会有个别的国家领袖有敢于使用这些手段的胆量和冲动。

分析人类社会的历史我们可以看到，历史上曾出现过许多的暴君和昏君，因为那些统治者也是人，也有心理变态者，也有人性"恶"的一面。只是这些人平时隐蔽得更深一些，但是一旦他们性情爆发，常常比一般的心理变态者更加不择手段，更加失去理智。

那么，如果有一天灭绝手段出现，同样也只掌握在少数的国家元首手中时，肯定也照样会有敢于使用者。看到历史上许多国家元首连自己的生命和亲人的生命都可不顾，在失败时疯狂地摧毁一切，便不会怀疑这一结论了。

第七章　人类自我灭绝之二

前一章的分析实际上已经论证了只要没有合适的办法停止对科学技术的发展，人类便必然会因为科学技术的发展导致自我灭绝。因为科学技术有灭绝人类的能力，而且一旦灭绝手段出现终究会被人使用。

由于人类的整体生存无与伦比的重要，对于人类自我灭绝的论证依据应是越充分越好。那么，在这一章我们还将从其他角度进一步分析人类自我灭绝这一问题。

严格地说，任何生物都有生有灭，如果人类的自我灭绝是极其遥远的事，也许我们今天的担忧是不必要的，但如果这种灭绝就在为时不远，这一问题无疑便是高于一切的问题，因为没有任何一个问题比避免人类即将灭绝更加重要，包括目前国际社会最为关注的环境问题、资源问题、人口问题、贫困问题等，所有这一切问题与人类的整体生存相比，都变成了次要问题。所以，在本章我们还将专门就人类自我灭绝的时间问题进行讨论，并就其他一些与自我灭绝相关的问题进行研究与评估。

第一节　极端手段不可抵消

之前所有的讨论使我们得出这样的明确认识：我们今天拥有的极端手段是毁灭手段，未来还会出现灭绝手段，由于极端手段必然会被使用，在未来的岁月中，人类将会不断地受到毁灭手段带来的杀伤，因而始终生活在恐惧和痛苦中，直到有一天被自己创造出的灭绝手段整体毁灭。

人性有一个很大的特点：当憧憬美好时穷其所思，当思考危机时则心存侥幸。面对如此悲观的结果人们也许会想，是否任何一种手段出现后都会有一种反手段与之抵消呢？我们能不能找到一种万全之策，平衡毁灭手段与灭绝手段造成的危害呢？

　　自然规律确实有许多正反对应的现象。从牛顿力学我们了解到，当给物体一个作用力，物体就会给你一个反作用力；原子核带有正电，外层则有电子的负电与之平衡；根据宇宙大爆炸的理论，结合自然界物质的存在，科学家推断出必有反物质存在，神奇的是在之后真的发现了反物质；在化学中有化合与分解；在数学中有微分与积分……

　　由于有如此多的正反抵消或者正反对应与平衡的自然现象的存在，于是，许多哲学家和政治家都乐意炮制一种理论，这就是不论是什么有害的手段都不可怕，只要有一种手段出现，就一定能够找到一种可以与之抵消的手段，或者说是一种可以制约的手段，任何由人类调出的毁灭力量，人类都可以找出将其化解的相应的平衡力量，只要是科学技术造成的破坏，就总会有一种反破坏的科学技术将这种破坏抵消。就像盾可以抵挡矛的攻击一样，或者像青霉素、红霉素或者螺旋霉素可以医治各种炎症一样。

　　事实上，要从根本上抵消毁灭手段和灭绝手段都是不可能的，理由如下：

　　第一，任何一种手段出现后，要研制出一种反手段都需有一个过程。以对基因毒素的防范为例，正如一种新的病毒出现后要研制出一种医治的药物需要一个反复实验、研究的过程，如果真的受到了基因毒素的攻击，要针对这种毒素研究出一种相克的药品肯定不可能是一两天的事，那么，在这个求解反手段的时间段中必然有很大一批人会死亡，因而事实上毁灭已经发生了。

　　第二，有些手段是不可能有反手段的。在人类目前已有的两种毁灭手段即核武器和基因毒素方面，针对基因毒素的攻击，经过一段时间的努力可以研制出相应的治疗药物是可以假定的。但是，核武器就没有一种反手段可以与之抵消，原子弹爆炸时，在现有科学理论基础之上还不能设想一种反原子弹的使用可以使原子弹的能量得以消失。只要原子弹在有人群的地方爆炸就必然导致毁灭性杀伤，除非不让它爆炸。在未来越来越多的毁灭手段出现后，特别是灭绝手段出现后，肯定有一些手段是不可能有这样的抵消手段可寻找的。

　　第三，最理想的情况，即设定每一种手段都能够找到可以抵消的手段（其实这种理想情况是不存在的），但是，每一种手段的反手段的研制必定需要一段时间。随着毁灭手段越来越多，包括未来灭绝手段的出现，以及灭绝手段的越来越多，每一种手段从产生到找到抵消的反手段都会有时间差，这些时间差的累积将会使人类在一个很长的时间段里，暴露在没有反手段的保护之下。这就说明，即使最理想的情况，也只能是降低极端手段使用并造成危害的频率，但却不可能根绝这种危害。然而，当灭绝手段出现后，只要其危害人类一次，便会导致人类的整体毁灭。

第二节 无意的灾难

一、实验的不慎

实际上灭绝手段不一定必须被那些具有杀戮动机的人去使用才会给人类带来整体的毁灭，实验的不慎也有可能造成人类的灭绝。

我们知道，许多科学的发现都是在实验中无意获得的，在实验中所获得的科研成果并不是最初安排实验计划时所确定的研究目标，这样的事例在科学的发展中是常见的，由于科学技术本身具有不可确定性，常常那些无意的发现比最初确定的研究目标反而重要得多。

被称为 19 世纪末物理学领域三大发现之一的 X 射线的发现就属于这种无意的发现。19 世纪末，物理学界对阴极射线的本质问题存在普遍的关注，当时，许多物理学家都在从事这一课题的研究，包括德国物理学家伦琴。一次，伦琴在做这一实验时无意中将一包照相底片放在了实验仪器旁，实验结束后，伦琴发现，密封的照相底片竟然感光了，这在通常情况下是不可能的事。这一偶然的事件引起了伦琴的思考，此后伦琴又多次重复这一实验，证实了确实是一种过去不知道的射线穿透了包装纸，并称这一射线为 X 射线。

X 射线的发现具有极大的科学价值，X 射线的应用不仅为物理学的发展提供了一种有力的工具，而且为医疗技术的发展起到了重大的推动作用。伦琴本人也因发现 X 射线而获得首届诺贝尔物理学奖。

青霉素也是实验室的偶然发现。英国细菌学家弗莱明一直致力于防治伤口感染的研究工作，但他潜心研究多年却无成果。一次，他偶尔发现发霉的培养基的菌花周围出现了一圈空白，在这里导致伤口感染化脓的葡萄球菌不见了。

进一步研究发现，正是霉菌杀死了葡萄球菌，而且这种霉菌只对细菌有毒性，对白细胞则没有毒性，这说明它可以作为治疗人类疾病的药物，弗莱明将其称为青霉素。

青霉素在第二次世界大战中拯救了无数伤病员的生命，成为在"二战"中与原子弹和雷达齐名的三大发明之一，直到今天它也还是治疗各种炎症的特效药。弗莱明本人因此获得 1945 年的诺贝尔奖。

科学的偶然发明和发现不胜枚举。例如，牛顿就是在不经意中观察苹果从树上落下时发现了万有引力的。但是，却并不是每一次这类无意的发现都能够为人类带来好处，实验的偶然同样有许多带来灾祸的例子。

美国著名政治家、科学家富兰克林一直对电非常感兴趣，他通过观察莱顿瓶放电时发出的声响以及发出的闪光，便想到了天上的雷电，一直想搞清楚这两种电是不是同一种东西。为了弄清这一问题，他用绸子制作了一个风筝，又用细铁丝一头连着风筝，以此将雷电引下来，成功地证明了"天电"与"地电"的性能完全一致。

事实上，通过风筝"捉"电是非常危险的，富兰克林没有遇险只是侥幸，别人就没有这么幸运了。富兰克林的实验完成之后刚好一年，俄国物理学家利赫曼带领自己的学生做同样的实验时就被雷电击中，当场失去了生命。

富兰克林本人也在电的实验中差一点遇难。一次，富兰克林做一个采用莱顿瓶电死火鸡的实验，结果被当场击昏。他醒来后幽默地说："好家伙，我本打算电死一只火鸡，结果差一点电死一个傻瓜。"

科学实验造成灾难的例子很多。硝化甘油是一种烈性炸药，自发明后它一直被应用于矿山开采、道路建设等领域，但这种炸药很不安全，遇稍微的震动或稍高一点的温度就会爆炸，而且生产流程也比较复杂。诺贝尔一直致力于这一炸药的安全性研究，并试图简化其生产程序。协助他研究的还有他的弟弟。

1864 年 9 月 3 日，诺贝尔的弟弟带着几个技师希望通过更简单的方法生产炸药，不幸发生爆炸。他的弟弟和另外四人当场遇难，诺贝尔本人则因刚好外出躲过了这一灾难。

事发之后诺贝尔并没有放弃对硝化甘油这一炸药的继续研究，尤其是对其安全性能的研究。他发现硝化甘油可被硅藻土吸干，这种混合物可以安全地运输，于是他开始着手研究用此改进炸药与雷管，但就在实验中又因不慎导致再一次发生爆炸，诺贝尔被炸得浑身是伤，所幸保住了性命。

造成实验意外与不慎的原因是对未知科学不了解，正因为对未知科学不了解，在实验中任何科学家都不可能完全准确地判断实验的结果是怎样的，因此在科学实验中总会有一些偶然的成果被发现，同时也总会有一些灾难性的事故会发生。

随着对科学未知领域越来越深入的探索，科学将会向越来越高的层级发展，更高层级的科学技术所能爆发出的科学力量必然更加巨大，这种科学力量不仅能够造福人类，同时也能带来毁灭，当这一层级达到相当的高度后便会具备灭绝人类的能力。

毋庸置疑，科学家在制定研究计划时除极其个别的心理变态者之外，一般都不可能以灭绝人类的手段作为他们的研究目标。但是，科学研究的结果并不会完全按科学家的意愿行事，当执行一项科学实验计划时，原计划的目标没有实现，反而收获计划外成果的可能是完全存在的，同时，这样的实验不仅没有获得有益的成果，反而发生了毁灭与灾难的可能也是完全存在的。

那么，在未来漫长的科学发展历程中，随着我们的科学研究向更高层级实现突破，科学研究成果所能释放出的能量将越来越大，由于实验的意外与不慎而释放出灭绝人类的科学恶魔的可能同样也是完全存在的。

二、科技产品的不慎使用

不可确定性是科学技术的基本特点之一，许多科技产品即使我们已经研制出来了，甚至大量地投入了使用，但对这个产品的性能以及安全性都常常把握不准，现实中我们看到，科技产品在使用中造成重大的灾难的情况总是时有发生。所幸今天科学发展的水平还不算高，科技产品的不慎使用也许会给我们带来很大的灾难，但这样的灾难毕竟还有限，但当科学技术发展到相当高的程度后人类就有可能面临因这样的不慎所导致的灭绝。

科技产品的不慎使用所导致的灾难非常多，这里仅举几例。我们知道，臭氧层的破坏今天已经引起了全世界的广泛重视，由于臭氧层的破坏是因氟利昂的使用所引起的，目前全世界正在采取统一行动，限制并最后停止对氟利昂的使用。

但是，氟利昂最初由杜邦公司发明之时其使用前景却是被科学家极力推崇，甚至被神化过的。由于氟利昂无毒、不燃烧、稳定、对金属材料没有腐蚀作用，因而被广泛地用于制冷行业，同时还用于其他多个方面。然而，在使用之后却没料到正是它的稳定性导致臭氧层遭到了难以弥补的破坏。

因为氟利昂在制冷中排放出的氯氟烃非常稳定，能够随空气一直向上飘散而不会分解，直至进入同温层，在同温层由于遇到未经过滤的紫外线的强烈刺激，氯氟烃中的氯被分解，而分解出来的氯与不太稳定的臭氧发生反应，从而使臭氧遭到破坏。

臭氧层的形成是地球数十亿年原始拓荒的成果，是地球生命的保护神，我们仅一个科技产品的大意使用就给它造成了重大的破坏，且要弥补这种破坏甚至用百年时间都不一定能够完成，可见科技产品的不慎使用造成的灾难有多么的巨大。

对 DDT 的使用也是出于这样的不慎。瑞士化学家缪勒从 1935 年起便开始致力于杀虫剂的研究。他通过将 DDT 试验于蚊子、昆虫等，发现 DDT 有很强且持久的杀虫效果，而且这种化合物对人类和牲畜无害。于是，DDT 作为第一个被人类大量使用的有机合成杀虫剂，被大量推广应用。其效用的发现者缪勒还获得了 1948 年的诺贝尔医学和生理学奖。

然而，就在仅仅十年后，DDT 的负面作用便显现出来了。人们发现 DDT 在使用一段时间后那些有害昆虫便产生了抗药性，可此时那些害虫的天敌却已被杀死，因而病虫害反而变得更加猖獗。另外，鸟类从吃下的昆虫那里吸收了 DDT，蛋壳会变薄易碎，导致幼鸟死亡，因此 DDT 对生物多样性的破坏十分明显。同时，人类还直接受 DDT 的危害。经研究，DDT 具有与雌性激素相似的作用，可使男性的雄性功能发生退化，并影响生育。

因上述一系列的危害，各国相继停止了 DDT 的使用，但由于 DDT 不溶于水，毒性衰减速度很慢，虽然停止使用已达 20 多年，但 20 多年过去后，在鸟类和人类的身体中还时有发现 DDT 的存在，甚至在遥远的南极，在企鹅身体中都发现了它的含量。

科技产品使用不慎导致的灾难还包括对一些问题尚没有研究透彻，便盲目采取行动而产生的巨大毁灭或者灭绝力量的爆发。例如可燃冰如果开采不慎便有可能导致这样的灾难。

可燃冰是甲烷与水结合而成的水合物，它外表像冰，广泛地存在于海底与一些永久冻土层中。据估计，在全球 4000 万平方千米的海底都有可燃冰，占海洋面积的 10%。国际上普遍认为，全球可燃冰的总量相当于全球煤、石油和天然气总和的 2～3 倍，可满足人类 1000 年的能源使用，被认为是最具价值的未来能源之一。

　　但是，这一能源如果开采不慎便极有可能给全球带来毁灭性的灾难。由于一个单位的可燃冰可以产生 164 个单位的甲烷气体，甲烷气体的温室效应相当于二氧化碳气体的 20 多倍，而可燃冰开采难度非常大，极易泄漏，如果将一块可燃冰从海底搬到海面，在没有到达海面之前便已经挥发殆尽。可燃冰矿藏哪怕受到最小的破坏，都可以导致甲烷气体的大量泄漏。尤其是陆缘的可燃冰开采更是非常困难，一旦出现喷发，就会导致海啸、海底滑坡、海水毒化，而喷发的甲烷气体则会全部排放到大气中，全球气温便会因此而迅速升高。如果真的有一些国家在还没有研究成熟时便大量开采可燃冰，可能造成的灾难将不堪设想。

　　一个科技产品，当其研制出来之初，科学家一般都不可能完全准确地判断其使用的绝对安全性，这一科技产品越复杂，越处于科学成就的高端，其安全性能就越难判断。而与之对应的是，一种科技产品越是处于科学成就的高端，使用不慎带来的灾难（毁灭性）也就越巨大，这种巨大的毁灭力早晚会因科学技术不断向更高层级的突破，最后具备灭绝人类的能力。

　　由此可见，当科学技术发展到具备灭绝人类的能力之后，人类的自我灭绝不仅会因一些心理变态者具有目的性地对灭绝手段的使用而不可避免，实验中的不慎，以及对科技产品的不慎使用也有可能导致人类的灭绝。这一结论充分说明了这样一个道理：由于科学技术本身存在着不可确定性，当科学技术发展到相当高的程度后，科学技术的这种不可确定性必然会使得我们通过任何办法都无法摆脱人类灭绝的命运。因此，要避免人类的灭绝，唯一的选择只能是想办法在科学技术还不具备灭绝人类的力量之前就坚决停止其发展的脚步。

　　打一个形象的比方，假设我们的前方不远肯定有地雷，而且越往前走地雷越多，这是能够灭绝人类的科学技术"地雷"，若是我们能够明确地知道这些地雷所埋的准确位置，绕开它走就是安全的。但由于科学技术的不可确定性，使得我们并不知道它们埋在何处，且永远也不可能准确地判断它们所埋的准确位置，因此，只要往前走便总有一天会触雷灭绝，而要避免触雷便只有停止继续向前。

第三节 人类的灭绝时间

从根本上而言，人类作为一个生物物种总会有从生到灭的过程，自然的力量最终可以灭绝任何生物，人类也不会例外。根据第三章的分析可以知道，如果我们能够接受自然的安排，人类的灭绝应该是 50 亿年之后的事，那是一个极其遥远的未来，那么遥远的灾难完全不应该是由今天的我们去忧虑的事。

如果人类的自我灭绝时间也是同样的遥远，自然也完全不值得今天的我们去操心，甚至自我灭绝只是以万年计算，今天的我们要想袖手旁观也还勉强可以说得过去。但若是这样的危险只能以百年、千年计算，尤其若是今天不对其警醒，并果断地采取措施，之后要再想采取措施却已经难以弥补的时候，如果我们今天还不行动起来，那真正就是千古罪人。为此，我们应该对人类灭绝的时间有一个认真的分析。

当科学达到今天的水平后，技术的向前发展早已经不能依靠直观经验来处理问题，科学理论早已成为技术进步必不可少的指导。科学与技术的结合是工业革命不久后出现的现象，当时，虽然工业革命爆发出的巨大创造力使得各种各样的工业产品层出不穷地涌现出来，但很快人们发现，技术实践若是没有科学理论的指导很难再向更深入推进，只有依靠科学理论的指导，技术创造与技术发明才能成为一种理性的过程，生产力水平才能够得到快速的提高，更高端的科技产品才有研发出来的可能。于是，每当科学理论有新的突破，人们便习以为常地在新的理论中尽其所能地去发掘可以转变为科技产品的内容。

无数次的科学技术实践都反映了这样一个客观事实：每当一个中等学科出现理论突破，其产生的一系列科技产品就可以很大程度上改变人们的生活方式，而一个大的学科出现理论的突破，其产生的一系列的科技产品则可以改变整个世界，且这些科技产品既有造福人类的内容，也有祸害人类的内容。

鉴于上述原因，我们可以以科学理论的突破作为主线，来大致推断人类的灭绝时间。

实际上，依靠今天的科学理论已经可以推断出灭绝手段必然会出现，之前所阐述的无限复制的纳米机器人、推动大的小行星撞击地球、制造海洋与地壳的整体核燃烧等多种灭绝手段，都是根据今天的科学理论能够推导出的。但是，由于今天的科学理论层级还不太高，要按今天的理论研制出相应的灭绝手段，难度是比较大的，因此，对于依据今天的理论所产生的灭绝手段何时可以出现，还不能作出准确的判断，以下我们重点以科学理论的向前突破作为依据来进行相应的推断。

由于物理学在自然科学领域处于核心地位，这里便根据科学技术的循环突破规律与裂变加速规律，并以物理学的发展作为参照来分析灭绝手段的产生时间。

伽利略的成果是近代物理学建立的标志，也是近代物理学循环突破的一级革命性理论。按理说，伽利略的成果必然会指导科学技术有一个大的发展，人类社会也会因此有一个巨大的改变，然而，事实并非如此，这一成果的诞生并没有对人类社会即刻产生全面深刻的影响。究其原因，伽利略成果的诞生是在工业革命之前约一个半世纪，那时人们还没有认识到将科学理论应用于技术实践的意义，因此，这一成果虽然并没有即刻推动技术实践的长足发展，也没有即刻演变为一系列的科技产品，但这并不能说明近代物理学的一级革命性理论就没有巨大的威力。

牛顿力学是近代物理学循环突破的二级革命性理论。牛顿力学建立之后，其对人类世界的影响今天看来已是一目了然。这种影响是多方面的，其中最突出的影响之一体现在对技术实践的指导上，正是牛顿力学推动了工业革命向更深入发展，没有牛顿力学工业革命的深入发展是不可想象的。我们通常所说的第二次工业革命，就是指工业革命实现了科学理论与技术实践相结合的阶段，这是工业革命真正具备爆发力的阶段。在这一阶段，对技术实践具有最重要指导作用的一系列科学理论中，牛顿力学无疑是最重要的理论。

但是，牛顿力学对技术实践的指导作用，以至对人类社会的根本性影响并不是即刻便显现的，其间有约 100 年的时间差。这其中的原因一是要将理论应用于实践本身就有一个过程，任何理论要发挥指导作用都有一定的时间差；另外，牛顿力学建立之初，将科学理论应用于技术实践的思想并没有被人们理解，虽然牛顿力学建立之后半个多世纪便爆发了工业革命，但此时人们也还没有意识到将科学与技术结合起来的意义，直到又过了几十年人们才认识到理论的重要性。

那么，当今天我们已经清晰地看到工业革命给人类社会带来的深刻变化，以及这 200 多年来人类创造的财富远远超过之前数百万年创造财富总和的许多倍这一事实时，便不得不承认牛顿力学以至物理学领域的革命性理论所能爆发的能量是巨大的。

相对论与量子力学是近代物理学的三级革命性理论，这一理论诞生于 20 世纪初。由于这一理论揭示的科学威力极其巨大，要调动这样的威力其技术难度同样也十分巨大。但以原子弹的爆炸为标志，三级革命性理论从诞生到成功地应用于实践仅用了约 40 年时间，这其中的原因在于这时人们已经明确地认识到科学理论应用于技术实践的重要性和可能性。因此，对科学理论应用于技术实践从各个方面都投入了巨大的热情，同时，由于有明确且一致的认识，这时人们也敢于在此方面投入巨资。

近代物理学的三级循环实现突破所爆发出的威力的巨大性仅用两个例子便可以清楚地说明：其一，今天人类的足迹已经踏上了月球，进一步踏上火星已在计划与准备之中，而无人驾驶的航天器已经飞出了太阳系，并正向宇宙深处飞行。这一切是之前人们只能在神话故事中才能想象的。其二，今天的一枚氢弹爆炸当量已经超过 5600 万吨 TNT，这是一种怎样的概念呢？它说明一枚炸弹的威力相当于 100 万节火车（可以绕地球一圈）所载烈性炸药的爆发总量。而上述科技成就的取得，主要的指导理论就是相对论与量子力学。

根据以上的分析，如果近代物理学的四级循环实现突破，其革命性理论所指导的技术产品可以直接很容易地产生灭绝手段应该是情理之中的事。其理由是，三级革命性理论所指导出的科技产品其毁灭力已经极其巨大，这种巨大的毁灭力距灭绝人类所需的威力其实只有一步之遥，而且，根据三级革命性理论实际上已经可以推断出相应的灭绝手段，只是按三级革命性理论所指导的灭绝手段要研制出来其技术难度比较大，在短期内还不能判断是否能够产生而已，但从长远来看却是必定会产生而无任何疑义的。

那么，物理学作为一个在自然科学领域处于核心地位的大的学科，其四级革命性理论相比其三级革命性理论的威力必然会大出许多，在一个差不多已经接近具备灭绝人类威力，甚至再进一步深入发展便可以具备灭绝人类威力的基础之上，再大出许多的威力，这一威力自然一定可以具备灭绝人类的力量，而且轻易便可以具备这样的力量。

那么，今天距近代物理学的四级循环实现突破还有多长时间呢？

从代表近代物理学一级革命性理论的伽利略的物理学的创立到代表近代物理学二级革命性理论的牛顿力学的建立，期间相距不到 100 年，这是近代物理学二级循环的周期。从牛顿力学到代表近代物理学三级革命性理论的相对论与量子力学的建立，期间为 200 多年，这是近代物理学三级循环的周期。

于是，我们便可以依此来推测近代物理学四级循环的周期。任何科学理论要实现突破都不是一朝一夕的事，它是无数科学技术成果不断累积的过程，是无数科学家历经数代努力而水到渠成的结果。由于四级循环的革命性理论比三级循环的革命性理论高深得多，因此，成就这样的革命性理论所需要的中间成果应该要比成就三级循环的革命性理论所需的中间成果多得多，由此看来，似乎近代物理学的四级循环要实现突破需要的时间要比三级循环长得多。

然而，我们的思维不能仅仅如此孤立地考虑问题。我们知道，科学的累积呈现裂变加速的规律，随着科学技术的深入发展，科学与技术都在不断地形成分支，细分后的科学学科与技术门类又都在继续地细分，而每一个科学学科与技术门类都有一批科学家在从事研究，都在遵循循环突破的规律向前发展，都在不断地出成果。因此，科学与技术的成果的累积速度无疑便越来越快，这就弥补了更高一级科学循环实现突破要求科学成果累积量需要得更多，而产生这些科学成果所需时间似乎也需要得更多的这一差距。

物理学的发展也完全是遵循以上规律的，即便如此，我们还是可以考虑将近代物理学四级循环突破的周期设定得比三级循环更长些。那么，相对论的建立距今已有百年历史，参照之前的循环周期，在一个半世纪后物理学的四级循环可以实现突破应是合理的推断。再考虑将理论应用于技术实践的时间，于是便可以得出如下的明确结论：在不超过 200 年的时间之内灭绝手段必然可以出现。

显然，以上的推断是十分保守的，因为上述推断有几个明显的因素并没有考虑进来。首先，按现有科学理论所推断的灭绝手段通过进一步发展也许在这之前便会出现；另外，科学理论与科学技术在其他的学科与门类中同样在实现突破，物理学之外的领域同样极有可能产生灭绝手段，正如在今天的毁灭手段中核武器是物理学的成果，但基因毒素则是生物学的成果一样。那么，其他领域的灭绝手段也很有可能会在200年之内出现。

最早的灭绝手段也很有可能只会掌握在国家手中，或者是掌握在极少的善良者手中，但极端手段的"三增"规律告诉我们，随着科学技术的进一步发展，灭绝手段的种类将会越来越多，掌握灭绝手段的范围也会越来越广。不仅如此，灭绝手段的品种还将会越来越趋向于从只可能由国家这样的集团掌握，发展到能够被个人所掌握，且总有一天会流入到敢于使用者手中。

同时，只要科学技术还在发展，当科学理论的发展层级达到相应的高度之后，由此支撑的科学实验和科技产品同样可能会造成无意中的灭绝灾难。由于实验的不慎以及对科技产品的不慎使用而导致人类灭绝的可能，与有人故意使用灭绝手段给人类造成的灾难具有同等的风险性，因此，当灭绝手段诞生后，其灭绝力量的爆发是随时都可能出现的，这种灭绝力量的爆发途径有可能是那些心理变态者对灭绝手段的故意使用，有可能是科学家在实验中的不慎，也有可能是对科技产品的不慎使用。因此，一旦灭绝手段诞生之后，人类整体的命运已经是悬于丝发，要再想拯救人类已经是难之又难。

即使如此，我们还是不妨对灭绝力量的爆发估计一个时间：回顾历史上各个历史时期极端手段的使用时间，如今天的极端手段，核弹的使用是在核弹研发出来之后即刻便投入了战争，转基因生物毒素虽然还没被使用（是因为这一手段研发出来仅十多年），但终究还是会被使用。在此之前的极端手段，大多都是在研发出来后不久便投入了使用，而少数投入使用慢一些的，充其量其时间长度也不过几十年。

当然，灭绝手段与之前的极端手段是有本质区别的，因为使用者也会在对这种手段的使用中同归于尽，因此对这种手段，理性者或者自己本人并不想毁灭者是不会主动使用的。而且，由于这种手段对全人类具有绝对的危害性，当这样的手段出现之后，各个理性的权力机构对其的控制力度也会远远强于对其他极端手段的控制力度，这是这种手段不易被使用的因素，这一因素决定了这种手段出现之后一般而言被使用的时间会延长很多。

但是，随着时间的延长，另外一些因素又必然会使灭绝力量的爆发变得越来越容易。

其一，随着科学技术向更高层级的发展，新的灭绝手段不仅会越来越多地涌现出来，而且必然会呈现这样的趋势：

①在新的更高层级的科学理论的指导下，灭绝手段的研制会变得越发容易。

②在新的更高层级的科学理论指导下所研制的灭绝手段，其威力会更加巨大。最早的灭绝手段可能需要使用几次或者十几次才能灭绝人类，新的灭绝手段则只需要使用一次便可以将全人类灭绝。

③在新的更高层级的科学理论指导下的灭绝手段会变得越来越小巧，便于携带，也越来越方便使用，尤其是便于由单个人操作使用，就像最早的计算机需一间大房子才能容纳，而今天一个小口袋就能装下的小计算器便已经超过了它的运算能力一样。

这一系列的特点使得灭绝手段将越来越易于被个人获得，也越来越易于被单个人使用。

其二，科学理论不仅可以应用于杀戮手段的生产，也可以应用于民用产品的生产。由于科学技术具有不可确定性，因此我们不可能做到对于每一项科学理论的安全性都能够进行百分之百的准确判断。当科学理论发展到可以支持灭绝手段的生产之后，在这一理论指导下生产出的民用产品隐含的威力常常也是同等巨大的，而在这一理论指导下的科学实验其隐含的威力也照样是同等的巨大。那么，在这一基础之上科学理论如果再向更高层级发展，随着它可以爆发的威力会巨大得多，对其民用产品的不慎使用，或者科学实验时的不慎，便完全有可能在仅仅只是将其威力释放出来百分之一、千分之一甚至万分之一时，就足以将人类灭绝。

其三，随着时间的推移，即使对灭绝手段控制的力度再强，也难免会在某一段时间变得比较松懈。而与此对应的是，世界上任何时候都存在一批妄图报复全社会的亡命徒，这些亡命徒报复社会的欲望并不会因你对灭绝手段在控制松懈时就会减弱。相反，时间越长，越是有可能会在某段时间出现一些报复社会的欲望极强、寻求极端手段的欲望极强，且同时又具备相当强的获取极端手段能力的心理变态者。

上述各种情况都决定了，随着时间的推移，灭绝力量会变得越来越容易爆发。即使如此，这里还是将灭绝力量的爆发设定得长之又长，即从最初的灭绝手段出现后考虑需要 300 年灭绝力量才会爆发，那么，再加灭绝手段在200 年之内会出现这一时间，按此计算人类的灭绝在 500 年之内便可发生。

灭绝力量的爆发需 300 年这一时间完全是一个估算值，其依据是考虑人类历史上任何的极端杀戮手段的使用基本上都不会超过五六十年，而大致估算，平均一种极端手段从产生到使用应是在一二十年之内便会发生，那么，再考虑灭绝手段的使用比其他极端手段长得多，这一比例按 20 倍评估，因而便得出了 300 年这一结论。

这一结论无疑是极其保守的。简而言之，它仅仅只是考虑了最初的灭绝手段被使用的时间。显然，在最初的灭绝手段出现之后，随着科学技术的继续发展，还将会有许多各种不同的灭绝手段涌现出来，且这些灭绝手段会更容易生产、更易于获得、更方便使用，因此其灭绝力量毋庸置疑会更容易爆发，而这所有的之后的灭绝手段其灭绝力量的爆发都没有在考虑之列。

总体来看，人类在 500 年之内会灭绝的这一评估更是相当的保守了，因为，这不仅在于中间同时考虑了两重保守的因素：一是对灭绝手段出现的时间的评估是保守的，二是对灭绝力量的爆发的评估也是保守的。而且按照逻辑判断，试想，工业革命距今不过 200 多年，而 200 多年前工业革命爆发之初，科学技术是在几乎为零的基础之上起步的，发展到今天，宇宙飞船已经可以把我们送上月球，现代交通与通信技术已经把世界连成一个整体，大型计算机每小时的运算量远远超过人类有史以来所有的大脑计算总量，核弹与基因生物武器则将杀戮手段的毁灭力提高了数百万倍。在如此巨大的科学威力基础之上再发展 500 年——相当于两倍工业革命至今的时间长度，而在这段时间中的科学技术的发展是在知识总量已是非常巨大的基础之上的发展，是在科学研究手段与科学研究方法都先进得多的基础之上的发展，同时也是在人力、物力和财力在科技方面的投入远远超过从前的基础上的发展。那么，根据裂变加速规律可知，现在一年科学技术的发展量必将远超过过去一年的科学技术发展量，况且是两倍工业革命至今的时间长度，在科学技术的发展上可以创造出多少难以想象的成果便是可想而知的了。

因此，只要科学技术继续如此发展，人类的灭绝更多的可能是比 500 年这一保守评估时间要提前许多。

对人类灭绝时间的推断给我们一个极其重要的提示，即我们已经到了必须采取行动的时候，具体的措施就是要坚决限制科学技术的发展。

　　灭绝手段的出现不会超过 200 年，人类的灭绝不会超过 500 年，这意味着即使我们今天就采取限制科学技术的发展都有些来不及。因为许多的科学发现是在偶然中产生的，许多的科技成果是在无意中发现的。由于自然给予人类的时间极其漫长，在这极其漫长的时间中，即使极少的偶然发现和极少的无意获得，累积起来也会是非常巨大的。在科学技术已经发展到今天这样的高度之后，再加上一些并不多的科技成果的累积都有可能把人类送入灭绝的深渊，况且是这么多的累积呢！

　　遗憾的是，人类智慧的局限性使我们普遍存在跳跃不认同心理和发展麻木现象，人类对于自己的处境还蒙在鼓里，对科学技术的极其巨大的毁灭力的认识还远远不足，对每一个新出现的科技成果，以及对每一个正在安排的科学和技术的研究与开发项目，其有可能带来的负面作用和危害性麻木不仁，甚至连最杰出的政治家和科学家对此都没有给予足够的重视，至于采取实质性的防范措施更是一件极其遥远的事。人类的精英们更多的是安于对科学给人类带来的各种成果的尽情享受，而对科学带给人类的各种危害所采取的措施只是头痛医头、脚痛医脚，至于科学一定会给人类造成灭绝性灾难，任何最有权力的领袖们都还没有实质性的觉悟。

　　其实，留给人类的时间真的不多！

224

第四节 地外生命的启示：对自我灭绝的哲学推断

综合之前的分析能够看出，立足多种角度都可以得出同一个结论，那就是只要科学技术照此发展下去，人类必然被科学技术所灭绝，而且为时不远。要拯救人类就必须限制科学技术向更高层级发展。

上述结论的取得，其依据是各种明确的客观条件，例如人类与人类社会的实际情况，科学技术与科学技术发展的实际特点和规律，等等。但是，人类的自我灭绝除了通过客观条件可以得出明确与充分的证明之外，还可通过哲学的思辨，对人类未来的命运进行主观推断，这一推断的依据便是对地外生命问题的思考。

我们赖以生存的家园地球，是围绕太阳这颗恒星运转的一颗行星，是属于太阳这一普通恒星系统的一部分。太阳处于银河系，在银河系中大约有2000亿颗恒星，在宇宙中银河系只不过是一个普通的星系，整个宇宙约有3000亿个星系，可见我们是多么的渺小。但是，在地球上却孕育了像人类这样的高度智慧的生命。由于宇宙极其浩瀚，任何微小概率的事情都有可能发生，因此，我们有理由相信，在如此广袤的宇宙中，除了我们地球人之外，一定还会有其他像人类这样高度智慧的生命存在。

通过对太阳系的研究可以确定，太阳并不是宇宙诞生后的第一代恒星，甚至也不属于第二代恒星，因为宇宙已经诞生了约150亿年，太阳系仅仅只有50亿年的历史。由于宇宙的浩瀚，我们还有理由推测，在第二代恒星系统便应该会出现高智慧生命，这就说明，能够孕育智慧生命的恒星系统应该在100亿年前就出现了。再参照太阳系的情况：在太阳形成后50亿年有了人类，也就是说在一颗适合智慧生命生存的恒星系统中，智慧生命的孕育周期为50亿年，那么，按100－50计算便能得出，至少在50亿年之前宇宙中就应该出现了智慧生命。如果是这样，历经50亿年的发展，这样的高智慧生命早就应该有能力自由地遨游于太空。但是，直到今天我们都没有确切的证据证实有地外生命曾经造访过地球。

地球是一颗在宇宙中有独特标志的蓝色星球，适合生命的生存，对于这一点，领先我们达50亿年的高智慧生命不可能不知道。而且，38亿年前地球上就出现了原始的微生物，这说明那时的地球已经具备了生命的生存条件。如果十分具有吸引力的地球 38 亿年来都没有过地外生命的造访，可能性只有三种：其一，恒星之间的距离实在太大，这种距离不可逾越，再高水平的科学技术都不可能实现恒星际旅行；其二，地外生命在还没有发展到足可以自由地遨游太空，并能够实现恒星际旅行之前，就因某种原因灭绝了；其三，地外生命主动停止了对科学技术的继续发展，他们平静地生活于自己的星球，因而始终不具备恒星际旅行的能力。

对于上述推测，第一种可能我们已经在第三章第四节中有过阐述，这里再从另一种角度进行分析。

地球人在完成其进化之后仅经过几万年的发展便有了飞上太空的能力，而且在不远的将来完全有可能使自己飞出太阳系并走得更远，事实上，人类的探测器则早已飞出了太阳系。那么，比我们早达 50 亿年的智能生命如果能够生存下来的话，其遨游太空的能力是可想而知的，即使不能够大规模来到地球，少量来到地球的可能性应该很大。但是，这一切并没有发生。于是，我们只能把注意力集中到后面两种可能。

首先让我们分析第二种可能，即地外生命还没有进化到可以自由遨游太空时就因某种原因灭绝了。那么，地外生命会因什么原因灭绝呢？是宇宙的自然力量（也就是如小行星撞击、黑洞的吞噬等因素）吗？

仔细分析，上述可能并不大，因为一个可以进化高等生物的星球必定是稳定的星球，宇宙自然力对它形成威胁并造成高等生物的灭绝，这种事情发生的周期应该是以数亿年为时间单位进行计算的，经过数亿年的发展，地外生命必定已经能够自由遨游太空，并可以避免自己的灭绝。而且，即使某一颗拥有高智慧生命的星球十分不幸，在高智慧生命还没有来得及具备自我拯救能力的时候就被宇宙的力量所灭绝，那么，也不可能每一颗产生高智慧生命的星球都会是这样的命运。而如此广袤的宇宙，可以孕育高智慧生命的星球其数量应该是比较大的。

那么，我们只能设想这些地外生命灭绝于自我。以地球人的本性可以有这样的判断：进化失衡现象是宇宙中一切高智慧生命表现出的普遍规律，一种高等生命在完成相当的智能进化后，其发现自然、改造自然的能力和冲动会在某一时刻突然爆发，然后在非常短的时间内拥有并掌握了可以将自身灭绝的力量，然而，在这样短的时间段，他们却不能够迅速完成理性控制自己行为的能力的进化（也就是理性进化滞后于创造力的进化），那么，在灭绝力量产生的情况下，又不能够有效地控制对这种力量的使用，或者明知有可能调动灭绝自己的力量，却不去节制自己的行为，一旦这种力量在有意无意中被调动一次，灭绝便发生了。也许这正是宇宙平衡其内部的一种固有力量使然，是一种规律性的特点。

结合地球人类的发展历史与固有特性，上述推测的可信度应该相当高。虽然600万年前人类的概念便形成了，近5万年前人类便完成了自己的进化，但是，直到200多年前的工业革命以来，人类才进入到一个自觉地发现自然、改造自然的阶段，在这段时期，几乎每一二十年世界就有一个大的变样，这种变化的速度超出过去百倍甚至千倍。现在几乎可以肯定地说，再过100年，世界一定会是一个面目全非的世界，人类的各种新的科技成果将会把今天的许许多多都取代，同样，新的科技成果产生的巨大毁灭力量也绝不是今天可以想象的。

然而，就在这发生了翻天覆地变化的短短200多年的历史中，人类本性中非理性的成分并没有任何变化，而且也没有会发生变化的任何迹象，人类的短视、贪婪、杀戮和仇恨，并没有因为自身掌握的毁灭能力的提高而得到改变。也就是说，人类改造自然的能力在某一个特定时刻发生了突变，即突然变得特别的强大，而人类对自身理性把握的能力却远滞后于对自然的改造能力。从生物进化的角度进行阐述，也就是人类理性的进化滞后于创造力的进化。正是这种滞后，早晚会导致在人类总有一天有意、无意发现灭绝自身力量的时候，却不能控制对这种灭绝力量的使用，或者明明知道有可能在有意无意的科学研究中会导致灭绝力量的爆发，而不去有意识地控制对科学技术发展的限制。由此，终有一天，人类必然会因这种改造自然能力与理性控制自身能力的进化时间差而使自己毁于一旦。

如果地外生命也是像这样，遵循同一个自然规律，或许就是我们至今不可能有缘与之相遇的原因。

第三种可能就是地外生命有可能主动停止发展科学技术，从而避免了灭绝的命运，但也就没有获得恒星际旅行的能力。那么是什么原因导致了地外生命这样的举动呢？

想必外星人社会也像地球人社会一样，在科学技术发展的过程中，一方面享受科学技术创造的成果，另一方面又频繁地遭受科学技术带来的毁灭，随着科学技术向越来越高的层级发展，其造成的毁灭也就越来越巨大。终于有一天，他们通过理性思考，强烈地意识到就此继续发展下去，自己早晚会被科学技术所灭绝，因此而猛然警醒，毅然决定停止对科学技术的发展，并建立相应的制度保证对科学技术发展的严格限制。于是，停止了发展科学技术的地外生命便始终没有能够通过科学技术手段，而获得恒星际旅行的能力，他们甘愿在自己的星球上过着平和安详的日子，幸福地生活着。而我们地球人也就始终没有与他们相见的机会。

由于宇宙极其广袤，地外生命应该不在少数，以上两种情况可能会分别应验在不同的生命星球上。

诚然，我们没有见过地外生命，也不了解地外生命赖以生存的星球，以上只是根据一些现象通过哲学的思辨进行的相应推测。这是结合了地球人特点的推测，虽然不能百分之百地肯定就是如此，但有相当的逻辑可信度。

这一主观推测与之前推断的结论是完全吻合的，这就进一步加强了之前结论的论证力度，使我们对人类的命运，以及人类社会的未来看得更加明确，对我们未来的道路选择同时也有更加清醒的认识。

通过对地外生命的分析，还可以产生这样的思考：今天我们已经登上了月球，登上火星应该能够在本世纪中叶实现，而人类的多个探测器正从不同的方向飞往遥远的其他恒星，并已经飞出了太阳系。从这一点似乎可以乐观地估计，人类掌握恒星际旅行的技术好像能够在并不远的将来便可以获得。

然而，通过对地外生命的分析我们又会得出如下结论：高智慧生命在获得恒星际旅行的技术之前就会被科学技术所灭绝，因为假如不是这样，地外生命便必定会通过恒星际的飞行来到了地球。这就强烈地警示我们，极有可能，科学技术水平在满足了恒星际旅行之前就已经达到了满足灭绝人类的能力。这无异于同时在说明今天我们的科学技术要就此继续发展下去，人类灭绝应该就是在前方并不远的将来。这一结论与我们之前推断的人类的灭绝时间同样也是吻合的。

第八章　拯救人类的唯一选择

　　综合之前的分析，通过各种不同的方法都推断出了同一个结论，即只要不停止对科学技术的继续发展，人类的自我灭绝是必然的，而且就在前方不远，论时间只是按百年计算的，甚至更短。结合外力对人类的威胁，人类的自然灭绝则是论亿万年计算的，因此，人类真正的生存危机是"自杀"而非"他杀"。面对即将灭绝这一严峻的现实，人类的出路在哪里呢？

第一节　正确地认识与对待科学技术

一、灭绝观的改变

　　自古以来，人类对于自身生存的危机感一直都是针对自然的力量或者超自然的力量，人类各种生存危机的意识从来只是盯着水灾、地震、火山和小行星撞击的自然力量，以及担心宗教的世界末日预言，那是一种迷信的超自然力。

　　但是，人们的认识在一个特定的时间点上却发生了历史性的改变。1945年原子弹爆炸升起的巨大蘑菇云，以及广岛和长崎顷刻间的毁灭，使人们突然意识到，利用人类自己的智慧和能力可以调动的力量之巨大远远超过了人类过去的自我认识，这种力量的毁灭性使人类过去为之敬畏和恐惧的许多自然力和超自然力相比之下已经显得并不重要。冥冥之中人类似乎正在一步步走向灭绝，这种灭绝的力量并不是自然力和超自然力，相反，正是人类自身在将自己推向万劫不复的深渊。

　　为之忧虑的也包括那些最杰出的科学家和学者，被称为"原子弹之父"的爱因斯坦在生命的最后几年中一直在为此奔走呼吁，并与哲学家、诺贝尔奖获得者罗素共同发表了著名的《爱因斯坦—罗素宣言》。在宣言中，他们大声疾呼："我们将结束人类的生存呢，还是人类将结束战争？"

在爱因斯坦和罗素看来，人类拥有了像原子弹如此威力巨大的武器，如果不停止战争，人类的生存必将受到威胁。

他们超越了前人，因为他们已经认识到人类如果不理智地停止自己的一些行为，灭绝人类的将会是人类自己，这是对人类灭绝观的超越。但是，这两位值得尊敬的学者，将人类终止自己生存的根源仅仅归结到了"战争"身上。原因在于当时他们能够看到的对人类有可能造成灭绝的手段只有核武器，而在当时的条件下制造这样的武器需要动用大量的人力、物力和财力，不是可以靠个人的力量或普通集团和组织的力量能够制造的，必须依靠国家的力量，而且是具备非常强大实力的大国的力量才能制造出这种武器。因为在《爱因斯坦—罗素宣言》发表之时，只有美国、苏联和英国拥有核武器，因此在他们看来，使用这种武器的只会是国家，而且肯定只会是在战争状态下才可能使用这种具有危及人类生存的能力的武器。

60年过去了，也许正是出于对人类生存危险的恐惧，第三次世界大战没有爆发，核武器没有再一次用于战争。可是，科学技术的迅猛发展却把人类带入更加无法控制的灭绝恐怖之中：通过基因技术改造的生物毒素可能造成的人类毁灭甚至连核武器都无法比拟；电脑黑客可以侵入美国国防部的数据库，或者发布战争命令，或者制造出足以造成百万台电脑瘫痪的电脑病毒；科学家们还在研究纳米机器人，如果这种机器人研制成功，它的无限复制极有可能具备灭绝全人类的力量；"克隆"技术再进一步发展，便能够对人类自己进行复制……

总之，许多技术的更进一步的延展性研究与发展所创造的成果都将有可能产生出灭绝人类的手段，至少是对人类具有极大毁灭性的手段。而且，对这些手段的制造和操作将能够只用极少的人，甚至单独一人就可以做到。

这就意味着，人类整体生存的决定权正在由几个大国开始向为数众多的人类个体身上转移。而人类的本性使得再好的社会制度都不可能永远有效地约束每个人的行为，任何极端手段只要出现便必然会被人使用，灭绝手段也是如此。

如果说原子弹的爆炸告诉人们，人类不对自己的某些行为加以控制必将会造成人类的灭绝的话，这种绝灭的途径就是战争。那么，在原子弹爆炸仅仅 60 余年后的今天，科学技术的发展给我们带来的震撼更进一步在影响着我们的认识，它使我们了解到不仅战争可以导致人类的灭绝，犯罪也可以导致人类的灭绝，甚至科学家在实验中的不慎以及科技产品的不慎使用都有可能导致人类的灭绝。

事实上，战争导致的灭绝危险远不如犯罪、科学实验与科技产品使用中的无意灾难。战争是集团行为，其目的是杀伤敌人而保存自己，战争双方可以做出毁灭对方的事，但一般不会将自己与对方同时毁灭，因此，在使用杀戮手段时必然会留有余地。而许多心理变态者的犯罪动机本身就是毁灭人类，他们所希望使用的杀戮手段是那些杀伤规模大、杀戮方式残忍、震撼力强的极端手段。因此，只要他们能够获得任何极端手段（包括灭绝手段），都会毫不犹豫地敢于使用。

同时，科学实验与科技产品使用中的无意灾难也是一种决不可忽视的危机。由于科学技术的不可确定性，在科学技术高度发达的未来，科学实验的手段变得极为先进，科学家从事的研究课题极具挑战性，在调动一种自然力量的同时，另一种更具威力的毁灭力量在无意中被调动出来的可能性是完全存在的。同样，各种科技产品也将会随着科学技术的发展变得更加复杂和更加难以判断，如果使用不当，其爆发出的毁灭力也必然会变得更加巨大。而当这些无意调出的自然力量具有灭绝人类的威力之时，人类的路也就走到了尽头。

由此可见，对人类整体生存具有威胁的自身因素，正从单一的战争，发展到了战争、犯罪、实验不慎与科技产品的不慎使用四大因素，而且犯罪、实验不慎与科技产品的不慎使用比战争更加可怕。当四股力量共同将人类推向灭绝之路的时候，人类的命运是何等的危险，只要稍冷静地加以考虑，便会为之胆寒。

其实人类的自我灭绝并不能再简单地归于战争或者犯罪、实验不慎与科技产品的不慎使用，所有这些最多只能说是灭绝的途径，这些途径背后有一个共同的根源就是科学技术，只有科学技术才是决定人类整体生存的根本性力量。

二、关于限制科学技术的发展

多数情况下，人类研究开发某项科学技术的初衷是为了造福自己，但与此同时，科学技术又会产生许多负面作用，其中最大的负面作用就是会产生许多意想不到的杀戮手段，这是不以人们的意志为转移的。就像飞机的发明只是人类希望像鸟类一样飞上蓝天，但却迅速被作为军事武器用于战争，恐怖分子则劫持民用飞机撞击大楼；转基因技术的研究只是科学家希望按人类的意志改变动植物的基因结构，使之造福人类，但又很快被用于改造生物战剂，从而变成了杀戮的工具。

然而，即使国家从来都是把科学技术优先用于战争，并且有些科学技术的研究开发本身就是专门为了军事用途，但未来灭绝手段的出现一般都不可能是人类故意所为，因为灭绝手段的采用意味着包括研制者本人也将一同被毁灭，除非心理变态的科学家和个别邪教组织，其他人不会做这种蠢事。因此，灭绝手段的出现，绝大多数情况应该是在科学技术不断累积之后，无意间不知不觉产生的。也就是说，无数的科学技术成果的累积，终会有最后一根"稻草"将强壮的"骆驼"压倒。

要避免"骆驼"倒下，就要避免往"骆驼"背上加"稻草"。科学技术若是还处在数百年前的水平，再怎么发展也不可能导致人类的灭绝，只有当其发展至相当高的层级后，才有可能具备灭绝人类的巨大威力，而且这种威力不仅在有人故意使用时会爆发出来，在无意的不慎中同样也会爆发出来。因此，要避免人类的灭绝，就要严格限制继续发展科学技术，使科学技术的水平永远达不到灭绝人类那样的高度，这是拯救人类的唯一办法。

概括地说，严格限制科学技术的发展应该包括以下几方面的内容：

第一，对自然科学理论研究的限制力度应该最大。如果没有十分的把握保证某一理论的安全性，便要绝对封杀这一理论的研究。因为一种科学理论的突破，必然导致一系列相关的科学技术以及分支学科理论的突破，由此产生的巨大科学威力往往是人们始料不及、防不胜防的。正如没有质能理论就不可能有核武器，没有生物基因理论就不可能产生基因毒素一样。

第二，对现有科学理论在技术上的进一步应用要进行严格控制，如果没有十分的把握，应尽可能不再进行深入研究，以便防微杜渐。因为一项技术在突破之后，紧接着就会为更进一步的技术突破提供依据和前瞻空间。

第三，对于新技术的开发，在把握不准是否有害时，应以假设有害处理。因为人类的生存高于人类的幸福，保证人类的生存远比为了人类某一方面的享受重要得多；在一种技术有可能带来财富也有可能带来危害时，应该毫不吝惜地放弃这一技术的研究开发。

第四，对于已研究出的产品必然严格论证，慎重投放市场，以免因一时不慎导致贻害无穷。

第五条，要充分考虑到科学技术的发展是一个渐进持久的过程，灭绝手段的出现很可能是在科学研究与技术进步的有意无意之中产生的，正如历史上许多的科学技术成果都是极其偶然的发现一样。但是，偶然之中隐含着必然，科学技术的循环突破过程正是无数研究成果累积后从量变到质变的过程。虽然科学技术何时发生这种质变，或以何种方式实现这样的质变，我们不能精确预测，但是有一点是完全有把握确定的，这就是科学技术的突破没有跨越性，就像没有伽利略等无数物理学家的铺垫就不可能有牛顿的成就，没有牛顿及以后无数科学家的铺垫就不可能有爱因斯坦的理论一样。因此，要防止更具毁灭力的科学成果的出现，就必须从眼前的一点一滴控制入手。

严格限制科学技术的发展必须要求亿万年始终如一地坚持。在今天这样的科学成就的基础之上，只要在未来数十亿年的人类历史中，有百万分之一甚至千万分之一的时间放开对科学技术发展的限制，人类就有可能做出灭绝自己的蠢事。因为，百万分之一意味着累积有数千年时间放开对科学技术的限制，千万分之一也意味着有数百年的时间是放开对科学技术限制的。

让我们静心理智地思考，从200多年前在极低的科学技术基础之上发展到今天，人类创造的巨大科技成就，以及这些成就包含的巨大科技力量，就连我们自己都已经感到足够的畏惧。那么在今天的基础之上，如果科学技术再继续累积发展数百年或者数千年的话，完全可以肯定，人类必然会自取灭亡。

三、对待科学技术的辩证态度

严格地限制科学技术的发展是对待科学技术的整体态度，是谨防科学技术发展到相当高的层级后有可能给人类带来灭绝灾难的不得已的选择，但是，要严格限制科学技术的发展并不是否定科学技术对人类的正面作用，而是畏惧与它正面作用对应的巨大的负面作用会给人类带来的无可挽回的灭绝后果；严格控制科学技术的开发与研究也不是完全排斥对科学技术的开发、研究与应用，事实上，对科学技术的应用以及合理地开发与研究本身就关系着人类的生存与幸福，只是一切都有合适的度，物极必反。所以，辩证地认识与对待科学技术，是使其既能够造福人类，又谨防其有可能给人类带来灭绝灾难的前提。

（一）科学技术是人类与人类文明的基石

从一定程度上说，没有科学技术就没有我们人类自己，我们从动物的灵长类跨入人类的门槛，并最终完成进化过程，便是在追逐科学技术的过程中实现的。在与大自然的抗争中，我们的祖先最早学会了对火与石器的使用，这种最原始的科学发现与技术创造，极大地激发了他们思考与创造的能力，由此，其智力的进化水平不断获得提高，脑容量迅速增大，从而形成了我们人类这一地球生物史上空前智慧的物种。

最早的人类祖先也和其他动物一样赤身裸体地面对大自然的考验，但之后，他们学会了将兽皮缝制成简单的衣物，这样，不仅可以保暖，而且也使人类的祖先开始懂得尊严。除此之外，人类的祖先还学会了将动物的牙齿、果壳等串起来装饰自己，这种原始的发明创造都是他们对美追求的结果，同时，又进一步推动了他们心中对美的向往。

其实，科学技术本身就是文明的载体，对动物的驯养，对植物的驯化，预示着农业文明的开始；对蒸汽机的使用，对纺织机的发明与改进，预示着工业文明的来临。没有许许多多科学技术的创造发明，就没有人类的文明，也不可能使人类文明不断地得到发展，并走向更高的层级。

原始的人类就有对音乐与艺术的追求，但那只是本能的简单追求，而后，人类发现并发掘出了各种金属材料与非金属材料，又学会了各种精细的加工技术，且这样的技术不断地得到发挥与提高，于是便有了各种不同声响特色的音乐乐器，且其演奏的乐曲之美妙，足可以撼人心魄。

与此同时，科学技术的创造与发明，使得各种水粉与油彩五颜六色、色彩缤纷，表现手法多种多样，千奇百怪。于是，我们的艺术创造才达到举世震惊、万古流芳的程度。

科学技术的创造与发明还导致了人类生存、生活的各方面都具有与其他所有生物完全不同的特点，从我们的吃、穿、住、行以及生活的全部可以一目了然地感受到，因为有了科学技术的创造，才使得我们有远远高于其他物种的文明特质，从而我们人类不仅可以称为智慧生物，同时又当之无愧地可以称为文明生物。

科学技术又是人类文明的传播使者，科学技术的发展为文明的迅速传播提供了便捷、准确的手段。我们所拥有的各种交通、通信和传媒手段，都是科学技术的创造成果，正是有了这样的成果，才促进了东西方文化的传播与交流，尤其是现代科学技术成果，对文明传播的即时性和准确性作用，更是令人惊叹。

因此，是科学技术使人类脱离了原始，走出了蛮荒，并走向了文明。没有科学技术就没有我们人类自己和人类文明，没有科学技术我们人类也就不成其为智慧物种和文明物种。

（二）科学技术是人类生存与幸福的基石

科学技术对于人类的意义体现在有关人类的方方面面。人类这一种群现今已达 60 多亿，如此庞大的规模对物资的消耗同样也是十分巨大的，仅从最基本的食物而言，地球上的任何物种其消耗总量也远远不及，哪怕是其十分之一。如果没有科学技术的发展，仅仅依靠大自然的简单赐予，绝没有可能维持人类的基本生存。反之也可以设想，没有科学技术的发展，一个食物贫乏的地球，人们忍饥挨饿，就没有什么生活的幸福可言。

从长远看，科学技术的合理发展还对人类的整体生存具有不可替代的正面作用，甚至是决定性的作用。我们知道，不仅科学技术可以灭绝人类，自然的力量也可以灭绝人类，但由于科学技术灭绝人类仅仅只是论百年计算的，自然的力量灭绝人类则是以亿年计算的，所以我们必须严格地限制科学技术的发展。然而，如果没有科学技术发展到今天这样高的程度，从而对许多有可能导致人类灭绝和巨大毁灭的自然力量已经具备防范的能力，那么，人类因自然力量而导致灭绝或者巨大毁灭便有可能是很近的事，我们必须对科学技术的发展进行严格限制这一结论可能就要重新考虑了。

人类的整体生存有几个现实的自然力量威胁，如稍大一些的小行星撞击便有可能导致人类的灭绝。但由于科学技术的发展已经使得我们的航天技术有能力将人类送上小行星，或者将各种人造装置送上小行星，而核武器的爆发力量或者其他装置的推动力量已经可以使小行星分解或者改变其运行轨道，因此，我们便具备了这一人类整体生存威胁的防范能力，从而使我们可以用全部的力量来应对科学技术本身对人类整体生存的威胁。

同样的道理，由于我们在基因科学领域的革命性突破，使得只要在这一领域依据现有理论有方向地适当发展，便可以应对人类在未来的某个时候有可能出现的基因退化，因而，这一人类的灭绝性因素也因科学技术的发展得到了解除。

正是如此，在面对自然力量的威胁方面，科学技术将人类的整体生存延续了许多亿年。

科学技术在保障人类的群体生存与个体生存方面的巨大作用同样是显而易见的，典型的例子，由于医疗与医药科学技术方面的一系列发展与突破，使人类抗拒疾病的能力大为增强，尤其是抗拒恶性流行病的能力大为增强，以至于从今天的情况可以明确地看到，历史上反复出现的一场恶性流行疾病便会导致数百万甚至数千万人死亡的情况，在现代医疗与医药技术面前便再也很难重新出现。

上述问题不仅涉及人类的生存，同时也是关系人类幸福的问题，因为，能够保障健康的体魄，能够有较长的生命延续，也是保障人们心中幸福情感的必不可少的方面。而今天世界各国，尤其是各个发达国家的人均寿命普遍提高，人们健康状况大幅改善，这一切都是科学技术的功劳。

其实，科学技术对于人类幸福的价值的实现，其贡献是多方面的。简单而言，因为科学技术的发展，导致了交通与通信条件的从无到有，并在近代以来获得长足的改善，使人们的出行与沟通既快捷又方便；因为科学技术的发展，导致了居住与穿着条件的从无到有，并在近代以来同样也获得大幅的改善，从而使人们的日常生活的每一个方面都远比之前更为舒适，这一切无疑都是科学技术对于人类幸福价值的贡献。

因此，科学技术不仅奠定了人类生存的基础，同时也是人类幸福的重要基石，它对人类的贡献与作用不仅极其重要，而且也是独一无二和不可替代的。我们对科学技术进行严格限制的要求并不是否定这一切，而是认为科学技术在发展到今天这样高的层级后已经不应再继续向更高的层级突破，因为更高层级的科学技术的正面作用也许很大，但它的负面作用则有可能灭绝人类。

（三）科学合理地限制科学技术发展

鉴于科学技术既可以毁灭人类又可以极大地造福人类，而且人类事实上也已经无法摆脱对科学技术的依赖，那么，对科学技术的限制则应用辩证的态度对待，因为，科学合理地限制科学技术同样事关人类的生存与幸福。

原则地考虑，我们说限制科学技术的发展，是要限制其对人类有害的一面，而对其可以服务于人类和造福于人类的一面不仅不能限制，反而要充分地利用；是要限制其难以把握的方面，而对于其确定无疑安全成熟的内容不仅不能限制，反而应大量地让其造福于人类。因此，相对于简单地要求严格地限制科学技术的发展，在以下几点是有不同的，必须用科学合理的态度予以对待。

其一，对现有成熟与安全的科学技术应进行普遍的推广应用。

限制科学技术的发展不应简单地要求限制科学技术的应用，当今全球人口已经十分庞大，而且人口增长的趋势还在继续，如果没有科学技术的应用，全人类的生存即刻便存在问题。因此，对于科学技术的应用不仅不能限制，反而，对于现有成熟与安全的科学技术成果还应该普遍地进行推广应用，使其在保障人类的生活质量和生存所需的物资数量方面发挥自己独特的作用，从而使人类能够幸福、长久地生活于这个星球。

事实上，如果能够将现有安全、成熟的科学技术成果普遍地推广至全世界各地，是完全可以满足全人类丰衣足食的需求的。以大国而言，美、日、德、英、法依靠这些科学技术成果建立了十分强大的国家；从小国看，卢森堡、瑞士、新加坡、韩国依靠这些科学技术成果则建立了非常富足的社会。甚至就我所生长的并不十分富裕的中国而言，这种感受都非常深刻。试想，如果能够将现有成熟的科学技术普遍推广到撒哈拉以南的非洲，推广到拉丁美洲与南亚和东南亚，人类的财富将是一个怎样的状况呢？

其二，对个别科学技术领域还应加强研究。

我们说必须严格地限制科学技术的发展，那是一种整体的要求，但在人类未来的历史中还现实地要面对许多事关其生存与幸福的重大技术难题，这些难题有些甚至是关系人类整体生存与整体幸福的，对于这些技术难题的解决无疑也是极其重要的。因此，在整体上要求必须严格限制科学技术发展的前提下，对于一些明显安全，且又涉及人类重大的生存与重大的幸福问题的

237

科学课题还应安排其作为研究的内容。

典型的如为了应对大的自然灾害，我们便应该依靠科学技术的力量加以防范。

例如小行星撞击地球，不仅有可能给人类带来毁灭性的打击，一颗足够大的小行星还有可能造成人类的灭绝，对于这样的自然灾害，我们无疑要给予高度关注，并应该为防止这样的撞击进行相应的科学技术研究。

还如，对于一些极其恶性的传染疾病的防治药物与医疗手段的研究，也应是酌情考虑安排的课题，因为有些恶性传染性疾病对于人类的杀伤力极大，如果任其泛滥，全人类的生存与幸福将会受到极大的威胁。

但是，这样的研究必须慎之又慎，谨防这种研究向外沿渗透。与此同时，还必须十分严格地筛选出确定无疑属于对人类具有重大威胁的选项，因为对人类具有威胁作用的自然力非常多，如疾病、地震、火山、洪水和飓风等，如果不慎重确定那些确具重大毁灭性的外力，便会陷入到将所有外力威胁都当成是重大毁灭性威胁的误判之中，由此必然会导致限制科学技术发展的行动功亏一篑。

我们还应该充分认识到，在限制科学技术的发展中，人类是要付出一定代价的，不仅有些物质的享受会减少，而且有些旨在解除个体和群体生存危机的科学研究也不能随意启动。例如许多医疗药品就不能随意进行研究，因为这样的研究在获得解除病痛的药物的同时，也有可能会获得毁灭人类的灭绝手段。对这些科学研究进行限制无疑对于解除一些病人的痛苦以及对于他们的生命延续是不利的，但是，在人类的整体生存面前，这一切只属于个体或者群体生存与幸福的价值范畴，人类的整体生存与这相比无疑要重要得多。

因此，在面对这样的选择时，我们应该坦然地看待每个人的生老病死，将其当成是普通的自然规律。当然，这绝不是要求我们放弃救死扶伤的基本人道；对于伤病人员理所当然地要全力抢救，这一点不仅不能反对，而且还必须强调，但这里鼓励的是在现有科学技术的范围内的全力救治，反对的则是轻易进行这方面的更深一步的科学研究。

另外，还有一些领域也是应该考虑少量开放其科学技术研究的，例如不可再生资源的替代性问题，事实上已经关系到人类是否能够长期地生存于地球，那么，在确保其安全的前提下安排一些这类研究课题同样是很有必要的。

当然，在安排这类课题时仍然要求慎之又慎，谨防扩大化。

其三，对科学技术发展的严格限制不可能做到天衣无缝，科学发现与技术创造往往会在有意无意间获得。那么，在未来亿万年的人类历史中，即使再怎么严格地控制科学技术的发展，同样也会出现这种无意的成果。对于这些成果的处理态度应该是在进行严格的筛选后，过滤出一些对人类生存确定无误不会产生危险的部分进行利用，并加以推广，而对那些没有十足把握的成果则应该严格封存起来。

其实，数十亿年中的这些无意的科学技术成果都很有可能将人类送上灭绝之路，因为未来的历史太漫长，人类的智力太发达，即使无意的成果其总量都会十分巨大，也许能够大到足以将人类灭绝，我们只能在严格再严格的限制之中希望这一天来得尽可能的晚一些，最好与宇宙给予人类的时间是同步的。同时我们还祈祷，我们的后代要比我们有智慧得多，他们的智慧足以使他们想出万全齐美的办法来阻止人类的灭绝，但要做到这一点至少也是在极其遥远的未来。

因此，就整体而言，对科学技术发展的限制必须是全面的和极其严格的，也必须是持续不间断的，对科学技术的研究与开发则只是在极个别的领域的极慎重选题的行为，而对于科学技术的应用既要求做到广泛普遍，又要求对所应用的科学技术成果做到谨慎地进行筛选。

239

第二节　限制科学技术发展的前提条件

当明确了要避免人类的灭绝，就必须限制科学技术的发展这一结论后，这里就让我们来分析，人类是否能够实现限制科学技术的发展这一目标。

一、今天的社会形态是国家社会

人类社会的社会形态经历了三个阶段，即原始的迁徙社会，之后的村落、部落社会，以及今天的国家社会。

最早期，原始的人类一直处于迁徙群体状态，人们过着采集式的迁徙生活，各群体之间很少往来。农业革命之后，由于对动物与植物的驯化，人类得以定居下来，于是村落、部落形成了，人类社会的形态由迁徙社会阶段发展到村落、部落社会阶段。

农业革命几千年后国家形成了，最早的国家形成于距今大约 6000 多年前。国家社会是人类社会形态的第三个阶段，这个阶段一直持续到今天。

国家社会是村落、部落社会进一步发展的结果，国家社会的形成是人类社会发展的必然产物。由于人类的极端自私性与永恒争斗性，导致村落、部落之间常常兵戎相见，为了赢得战争，同时，农业生产也需大规模地建设水利工程及防范自然灾害的工程，这就要求将更多的人联合起来，于是便形成了国家。

在经历了数千年的发展之后，今天的人类社会虽然继续着国家社会的形态，但今天的国家与几千年前的国家相比，发生了天翻地覆的变化，今天的人类社会也要比几千年前丰富、生动。

国家作为人类社会的一种组织形式，今天，它远不是唯一的，在今天的世界里活跃着各种各样的组织形式。从组织形式的规模考虑，一般而言，最大的要数各种国际组织。国际组织是由国家参与的集团，例如，联合国是当今世界最大的国际组织，它作为一个普遍性的国际组织，现有 192 个会员国，几乎包括了全世界所有的主权国家。除联合国这样的普遍性的国际组织之外，还有各种地区性国际组织和跨地区国际组织，如欧洲联盟和东南亚联盟属于地区性国际组织，八大工业国集团则属于跨地区性国际组织。

除了国际组织之外，更多的是那些大量存在的小的组织形式，例如各种政府机构、企业、协会、学校、公益事业部门、社会福利机构，以及各个城市、村、镇、街道社区等。这些组织形式存在于我们身边的所有地方，而且我们每一个人都置身其中，它们的存在与每个人的生活息息相关。

还有一种组织形式是以一种无形的方式存在的，它以血缘或者信仰联系着人们，使每一个相关的人都以一种强烈的内心情感将其默默地认同，这就是民族与宗教。我们每一个人都属于某个民族，全球大部分人都有自己的宗教信仰，也许人们不一定受一个特定的民族组织机构与宗教组织机构左右，但每个人都不能否定它的存在，而且每个相关的人都对自己所处的民族和所信仰的宗教抱有一种亲近之心与认同之心。

诚然如此，但是，在当今人类社会中，联系最稳固、主权最神圣、组织最严密的最大的组织形式还是国家。我们今天所处的人类社会的形态属于国家社会形态，作为一种特殊的组织形式，国家是当今世界最强大的权力体，也是最神圣和最高的权力体（由于国家的行为由国家政权来决定，因此，也可以说国家政权是国家社会的最高权力体），当今人类世界唯一的主导力量是国家，任何别的组织形式都从属于国家。

在国家范围内的各机构、群体与组织在这一点上自不待言。而且，各种国际组织事实上也是从属于国家的，国家可以根据自己的利益需要，决定是否加入这些国际组织，同时，也可以根据自己的需要，决定是否退出这些国际组织。国际组织受国家的左右，尤其是组织中的大国，常常是决定组织行为的决定性力量。因此，是国家在主导着国际组织，而不是国际组织在主导国家，这是一个基本事实。

同样，民族与宗教也从属于国家。几乎所有的国家都包含了多个民族和多种宗教，而一个民族和一种宗教又常常分布在多个国家，虽然每个人都有民族情感与宗教情感，但为了国家的利益，同一民族的两个兄弟国家常常刀兵相见，同一宗教信仰的两个不同国家也常常血流成河。

国家的神圣权威自 6000 多年前人类社会形态进入国家社会之后便开始了，一直延续到今天。其间虽然也有宗教势力凌驾于国家权力之上的时候，例如中世纪的欧洲，教皇的权力就高于世俗王权，但那只是一个发生在局部的短暂过程，且已经成为了历史。虽然在今天还是有少数政教合一的国家，但在这些国家更多的是政治家和宗教领袖利用宗教的号召力，以达到国家政权统治的目的，事实上，宗教仍然是从属于国家的。

因此，我们可以进行十分准确的定位，即在今天我们所处的国家社会中，国家主导了从属于这个国家的各种集团、组织和个人的一切行为；国家又根据自身的利益需要，决定自己对外的一切行为，在世界舞台上扮演着各种角色，并最终决定着人类世界的走向。

二、国家的竞争

人类的固有弱点导致了人类的每一个体、每一群体的行为常常是非理性的，一个人的非理性行为其危害性往往有限，一个普通的组织与集团的非理性行为，其危害性也大不到哪里去。然而，一个国家的非理性行为就大不一样了，国家是当今世界的最高权力体，国家如果致力于做某一件事会动员国家的所有资源倾力而为，而且没有任何别的社会力量可以制约它，因此，国家的非理性行为其毁灭性与危害性自然便会超过任何其他的社会力量。

由于多个国家并存于世界，国家与国家之间始终处在一种竞争状态，这种竞争无休无止，体现在政治、经济、军事、外交和文化等国家生活的方方面面，当竞争产生的矛盾激化到一定程度后，便会以战争的杀戮形式表现出来，国家社会从来都没有摆脱过这一规律。

站在人性的角度分析，国家之间的竞争由两个因素决定。

第一个因素是由人性的永恒争斗性决定的。

人性的永恒争斗性决定了并存的每一个国家从建立之初，便把其他国家当成了自己的竞争对手，它们要在各个方面赶上或超越对手。小国的超越目标是中等大国家，中等大国的超越目标是大国，大国的超越目标是超级大国，超级大国的目标是进一步与其他国家拉开距离。

国家之间的竞争虽然涉及国家生活的每一个方面，但重点则在经济与军事两个方面，只要经济与军事的实力能够提高，国家的总体实力便自然可以得到提高，与此同时，在政治、外交、文化等各个方面的竞争实力也就顺理成章地相应得到了提高。因此，任何国家都会把经济与军事建设放在国家发展的优先地位。

决定军事实力和经济实力的很重要的方面是国土规模、人口规模以及国家资源状况，等等。正如一个小国，即使再发达、文明程度再高，它可能会赢得世界的赞赏与尊重，但却不可能成为一个主导世界事务或者地区事务的大国；而一个人口与国土大国，即使比较贫穷与落后，但其国家规模很大，任何人也不可能小视这样的国家。正因为如此，国家便必然会在骨子内潜藏扩张的心态，这种扩张心态与国家的竞争心态是相生相伴、紧密联系的。于是，在一个国家希望赶超其他国家，并最终希望成为一个大国或超级大国时，它所采取的竞争方式最终便一定会发展到领土扩张道路上去，因为只有走领土扩张的道路，才能够使国土规模与人口规模得到迅速提高，才能够使自己占有的资源更多、更丰富，因此，国家实力也就更强。而国家领土扩张惯常的办法就是战争。

第二个因素是由人性的极端自私性决定的。

采用战争的手段进行扩张和掠夺是一种极端自私的行为，这种行为的最大特点就是将自己的快乐建立在他人的痛苦之上；将自己的获得建立在他人的失去之上；将自己的国家目标建立在千百万人的死伤之上，而且这样的大量人员死伤，不仅包括了对方国家的人民，也包括了本国的人民，它所带来的痛苦是双方的。但是，国家不可能因其扩张与掠夺野心的不道义，而去放弃竞争，人性的极端自私性根植于人类心底，使得国家的这种扩张最终不可避免。

对于国家的扩张不可避免这一点，任何国家都认识得非常清楚，因而各国都在为防止被他国吞并与掠夺进行努力，这其中最有效的办法便是发展经济与军事，因为只有当自己的经济与军事实力增强，并由此达到整个国家的国力增强之后，才有足够的能力来抵御外敌的入侵。由于每个国家都有这样的危机意识与紧迫感，这便意味着在多个国家并存的情况下，每个国家都不可能有安全感，因此，这种危机意识与紧迫感在不停地促使每个国家都在拼命地向前奔跑，你不超过别国，别国就会超过你，当被别国超过的时候，便意味着被侵略和被杀戮，于是，出于迫不得已一刻都不敢停留。

那么，当这种危机意识与不安全感所左右的国家的发展方向，在采用单纯的经济与军事的发展达到一定的程度之后，便会自然地感觉到再仅仅局限于本国范围内的经济与军事的发展，已经无法继续提高自己的国力，每当此时，国家继续提高国力的道路便会自然地偏向于对外的领土扩张与掠夺，这

243

就意味着防范被侵略的国家只要达到相应的时机，也完全可能演变为一个侵略者。

综上所述，如果说人性的永恒争斗性导致的国家竞争是主动性的竞争的话，那么，人性的极端自私性则必然会把国家引向被动的竞争，因为任何国家不参与这样的竞争都会遭淘汰。不论是主动竞争还是被动竞争，当一个国家在这样的竞争环境中发展到一定程度后，都必然会走上扩张与掠夺的道路。在国家形态的人类社会中，任何国家最终都摆脱不了侵略别国或者被别国侵略的命运，谁都不可能"独善其身"。

三、促进科学技术发展的双重加强效应

国家的竞争还会导致另一种现象的出现，即国家对科学技术的坚定依赖。

国家的竞争从整体上比拼的是综合实力，而综合实力的主要维系点在于经济实力与军事实力，但是，军事实力回过头来还是要靠经济实力作为后盾。经济实力的奠定，需要生产效率的不断提高，以及经济财富的不断累积。我们知道，经济效益的创造要靠企业，企业是国家经济实力之源，也是国家的国力之源，企业整体发展状况以及整体效益好坏事关国家实力的根本。

从当今形势看，经济全球化是世界经济生活的主要特点，这一特点随着世界经济进一步一体化趋势，在未来的历史中只会越来越加强，而不可能减弱。那么，要想在国际市场的竞争中立于不败之地应依靠什么呢？

人类在完成其进化以来的漫长的历史中，一直是在自给自足的状态下生存，其适应与改造自然的能力十分有限。直到18世纪中叶工业革命爆发，我们才突然认识到科学技术的巨大威力，蒸汽机推动火车超过了上千匹马的力量，飞机将我们带上蓝天使人类实现了神话中飞天的梦想，电视和电话将数万千米外的影像与声音瞬间拉至眼前，一台计算机的运算速度超过了数十万优秀的数学家……是科学技术创造了一种200多年前从来不曾感受过的潜能，因此，人们越来越深刻地认识到科学技术巨大的财富创造能力，并总结出了科学技术是第一生产力的结论，从而使现代企业的竞争变成了科学技术的竞争。

由于企业整体效益的提高代表着国家经济实力的增强，同时，经济实力的增强又可以使国家有能力增加对军事的投入，从而提高国家的军事实力，

并进而使国家整体实力得到提高，因此，科学技术便成为了牵动着国家全局利益的核心因素。

事实上，科学技术的发展还能够为军队直接提供更有效的战争手段。一种新的科学技术成果的出现，从来都会优先使用于军事，现代国防的建设早已脱离了大刀、长矛的冷兵器时代，一支现代化军队需要一系列高科技产品与高科技手段进行武装，并且，未来的军队对科学技术成果的依赖必然会更强。因此，科学技术对军事实力的提高不仅有间接的作用，而且有直接的重要意义。这一切更加加重了科学技术对于国家利益的重要性。

由于在科学技术的发展上，国家和企业之间有着相同的利益和需求，这一关系必然会促使国家与企业之间在对于科学技术的发展上呈现相互加强与相互促进的特点，并形成这样一个逻辑关系：

①企业通过对科学技术的研究、开发和利用可以获得经济效益的大幅度提高，也只有依靠科学技术才能够在激烈的市场竞争中不会被淘汰，因此，企业对科学技术的研究和开发其积极性是不可阻挡的。

②企业效益提高的同时，也就意味着国家的实力相应得到了提高，这种提高不单纯表现在经济实力上，同时也直接导致军事实力的提高，并最终决定了国家整体实力的提高，因此，国家可以通过科学技术的发展获得相应的利益。

③此后，国家便会通过自己的权力资源来支持企业对科学技术的研究与开发，促进企业的科技研发热情，并想尽一切办法提高企业的科技研发能力。

④当企业通过科技创新进一步得到经济效益的提高之后，又意味着更进一步提高了国家的整体实力，并使得国家有更强的能力来支持与促进企业进行更进一步的科技研发。

国家与企业就是这样在科学技术的研究开发方面相互促进，相互加强，从而为科学技术的发展增添无限动力的。我们称这种国家与企业对科学技术发展的辩证加强关系为促进科学技术发展的双重加强效应，或简称为双重加强效应。

双重加强效应是国家社会的必然现象，是多个国家并存状态下，人类世界最高权力体之间相互竞争的必然结果。尤其是工业革命之后，这种双重加强的特点显得更加明显，而且双重加强的趋势也更加强烈。这是因为工业革命之后科学技术的威力之巨大变得异常的明朗，这种异常明朗的趋势随着科学技术在之后爆发出的能量越来越大，使企业与国家对科学技术的重要性看得尤其清楚，也就使双重加强效应变得越来越强。

虽然促进科学技术发展的主要因素在于国家与企业两个方面，但是，国家社会不可能控制科学技术发展的根本责任应在于国家，而根本原因则是多个国家的并存。因为，国家作为国家社会阶段人类世界的最高权力体，本应有一项当然而且神圣的职责，这就是要本着对人类负责的态度管理好世界，任何违背人类价值的行为都应该是国家政权必须坚决制止的。这种维护人类利益的任务不可能依靠企业去完成。

然而，国家却必然不可能肩负起这样的职责。因为只要多个国家并存，人性的弱点便决定了国家之间一定是处于竞争状态，且这种竞争常常会以战争的形式表现出来。而战争是人类群体之间最血腥的杀戮行为，战争的失败者是以国家的灭亡与种群的被屠杀作为代价的，因此，任何国家都必定会把应对战争的威胁，提高国家的竞争实力作为最重要的事情来看待，这种强烈的态度永远都不会改变。

不论是经济和军事的竞争，还是国家整体实力的竞争，最关键的因素都在于科学技术的竞争，这就决定了作为掌握着人类世界最高权力的国家，不仅不可能有限制科学技术发展的希望与打算，相反却有发展科学技术的无比动力，哪怕人类的整体生存会因科学技术的发展受到威胁，也不会动摇国家的这种态度，因为人类的整体生存是大家的事，是未来的事，而且是需要理性思考才能得出的结论；而国家因竞争失败必然导致灭亡则是自己的事，是眼前的事，并且是只需简单思考就能得出的结论。

三、统一人类的行动

由于限制科学技术的发展涉及的方面非常多，任务既艰巨又长远，要实现这一计划必须依靠人类世界的最高权力体全力以赴的努力，普通的力量则无法肩负起如此重任。今天人类世界的最高权力体是国家，离开了国家的努力，要实施限制科学技术发展的行动是不可想象的。

然而，今天的情况却是多国并存、各自为政、相互竞争、彼此杀戮，在这一环境下的最高权力体国家注定不可能去限制科学技术的发展。那么，怎样的条件才能够达到目的呢？

最高权力体要作出这种努力，首先需要有此方面的强烈动机，而要使最高权力体产生这种努力的强烈动机，仅有人类的整体生存受到威胁这样的危机感是不够的，除此之外，还必须使最高权力体在决心限制科学技术发展时，不会担心虽然其他人的生存有了保障，但却因此导致了自己的生存受到威胁，或者掌握着最高权力体的最高权力的统治者的地位受到威胁。也不能有这样的担心：虽然自己作出了这方面的努力，却不能排除其他最高权力体也有可能会破坏这样的规则而使自己功亏一篑，甚至破坏这样的规则者反而可以获得大的利益。

显然，要满足这些要求就不能使最高权力体处于分治的状态，因为只要是处于分治的状态，最高权力体的各自为政便必然产生竞争与对抗，在这种竞争与对抗状况下一切努力都将化为乌有。

于是，便理所当然地有了这样的结论：既然处于分治状态的最高权力体不可能实现限制科学技术发展这一目标，要实现这一目标将只能考虑采取合适的办法，实现全球统一一致的行动。

所谓实现全球统一一致的行动，也就是指要统一全人类的行动，它要求必须使全世界目标一致，坚定不移地为实现对科学技术发展的限制而共同努力，不允许有任何局部的异动。同时，对科学技术发展进行限制的行动必须是长期的和始终如一的，要求亿万年永不突破这道防线。

针对人类社会处于国家社会形态阶段，让我们再来进一步讨论统一行动的问题。

由于在国家社会中国家是人类社会的最高权力体，要求全世界、全人类的统一行动，就是要求各个国家的统一行动，每个国家都必须始终如一地遵循这一原则，不允许任何国家有任何的偏差。只要有一个国家越轨，它所造成的影响便是多方面的，这种影响绝不仅仅在于它会直接产生许多科学技术成果，更重要的是它必然会导致连锁反应，使各个国家纷纷打开禁锢，最后的情况又会像今天一样一发而不可收拾。

因为，人类本性的弱点决定了人类具有永恒的争斗性，竞争、攀比、虚荣与好斗是伴随人类社会永恒的特点。那么，只要有一个国家开禁对发展科学技术的限制，便意味着它的经济实力与军事实力将会遥遥领先于其他国家，

247

从而对别的国家形成压倒之势。当这种优势达到相当的程度之后，便有能力对别的国家颐指气使，高高在上，甚至任意杀戮，这种情况是任何国家的领导人和国民都不可能接受的。单从这一点看，任何国家都不可能放任其他国家发展科学技术，而自己却无动于衷。

　　而且，只要这个国家开禁对科学技术发展的限制，就意味着它的经济发展水平将会远超其他国家，国民的生活水平也会远远走在世界的前面，并且还会有许多更新、更具吸引力的科技产品的出现。不论经济收入的提高，还是各种新产品的出现，对于其他国家的人民都可以引起足够的眼红，当人们看到这种差别的时候，决不会轻易罢休，他们会强烈要求本国政府也要开禁对科学技术发展的限制，否则，便会群起而推翻政府。对于国家领导人而言，绝不可能为了全人类的利益去放弃个人的统治地位。

248

第三节　统一人类行动的努力

在明确了我们对于科学技术应持有的态度，以及要避免人类的灭绝必须采取统一全人类的行动以严格地限制科学技术的发展这一结论后，以下问题便是要探讨通过怎样的途径才能够实现统一全人类的行动这一目标了。

在探索协调各国立场，统一人类行动方面，人们曾经付出过并正在付出一系列艰辛的努力，这一系列努力包括政治、经济、社会、环境、军事等各个方面，但其重点主要是围绕着怎样制止战争而展开的。这是因为，一直以来人类最血腥、最可怕的自我毁灭一直是战争，战争对人类的危害是人们认识得最清晰的。然而，历史发展到今天，客观情况发生了巨大的变化；最可怕的各种灾难的背后，直接根源是科学技术，尤其是由科学技术最终导致的灾难已经不是简单的大规模毁灭，而是人类的灭绝。这就要求我们必须要用比制止战争的发生更强百倍、千倍、万倍的力度去控制科学的研究和技术的开发，因为，如果真的因自身的失误导致灭绝，人类连后悔和重新开始的机会都没有。

这是事关人类的整体生存问题，人类所有别的价值在这一价值面前都显得无关紧要，这种无与伦比的重要性必然要求全人类的统一行动务必绝对彻底、绝对连贯、绝对持久。

在统一和协调全世界的行动方面人类过去的努力不可谓不执著，其中最广泛、力度最大，同时也是最有效的两次努力，一次是成立国际联盟，一次是成立联合国。

一、国际联盟

国际联盟是人类历史上第一个普遍性的国际组织，是第一个组织起来协调世界行动，保障全人类集体安全的一种体制。之所以在 20 世纪初开创国际联盟这样一个前无古人的国际组织的先河，是人类经历巨大的自相残杀后痛定思痛的结果。

1914 年爆发的第一次世界大战历时四年多，是历史上第一次具有世界规模的极其惨烈的大战，当时世界上所有的主要大国基本上都卷入了这场战争，战争中死亡人数超过 1000 万，受伤人数超过 2000 万，直接和间接的战争费用达 4360 亿美元，超过过去 200 年间历次战争开支总和的 10 倍以上。

面对巨大的毁灭和破坏，让人触目惊心、心有余悸。战争期间就有人主张建立一个普遍性的国际组织，利用这个国际组织统一和协调世界事务，以促进统一的和平运动，避免再发生大规模的战争。在为解决战后诸问题所召开的巴黎和会上，美国总统威尔逊提出了 14 点计划，其中他倾注最大热情并寄予最大希望的是成立国际联盟。《凡尔赛和约》中国际联盟盟约被列为第一部分。

国际联盟的成立让全世界都充满希望，尤其是一些深受大国欺负的中小国家，更是把国际联盟的成立当成是自己国家安全和主权平等的保护伞。有着"学者总统"之称的威尔逊则坚信，国际联盟是世界和平的"可靠保障"。

国际联盟成立之后便力求在国际事务中发挥积极的作用，在世界人民的期待下，开展了一系列的工作；但事后证明，作为一个国际组织，国际联盟根本无法发挥实质性作用，其工作成效是极其有限的。

国际联盟遭遇的第一次严峻的挑战是日本对中国东北的侵略。1931 年 9 月 18 日，日本关东军向东北的核心城市沈阳发动突然袭击，进而占领南满铁路沿线的主要城镇。事变发生后，对于制止日本的这种明目张胆的侵略行为，当时的中国政府对国际联盟寄予厚望，作出的决定是将解决事变的权力完全交给国际联盟。为此，中国政府很快向国联理事会提出申诉，要求国际联盟采取行动，并恢复事变前的状态。

针对中国政府的申诉，国联理事会立即进行了研究，并通过了决议，但日方毫不理会。在此情况下，国联又第二次通过决议，而日方却仍然置若罔闻。无奈之下，国际联盟决定组成一个专门的调查团，赴远东进行调查。

在进行 6 个多月的调查后，国联调查团完成了关于中国情况的《国联调查团报告书》，之后经过激烈的争论，国联大会通过了关于调查团报告书的决议，决议宣布日军对中国东北的占领属于非法，要求日军从东北撤军，同时申明对由日本扶植的傀儡政权不予承认，但没有根据国联盟约对日本进行任何制裁，还承认了日本在中国东北的特殊利益。这实际上是一个对日本有一定妥协的决议。

就是这样一个妥协的决议还是遭到了日本的坚决反对，日本代表当即退出会场，而后日本政府又正式宣布退出国际联盟。面对日本的骄横跋扈，国际联盟毫无办法，最后只能以对日本进行道义上的谴责而告结束。

继日本入侵中国东北之后，国联遇到的第二次重大的挑衅是意大利侵略阿比西尼亚。

1934年12月5日，以发生在意属索马里与阿比西尼亚边境的瓦尔瓦尔地区的一个边境事件为借口，意大利出兵占领了瓦尔瓦尔，并强行要求阿比西尼亚向意大利赔偿损失。这一无礼要求遭到阿比西尼亚的坚决拒绝。弱小的阿比西尼亚深知不可能与意大利在军事上进行对抗，于是把希望寄托在了国际联盟身上。1935年1月3日，阿比西尼亚向国际联盟提出控诉，请求国联进行干预、制止侵略。

当时的国际联盟事实上控制在英法两国手中，对于意大利的侵略行为，不论是从维护国际联盟宗旨考虑，还是从维护英国在北非和东非的利益出发，国际联盟都不应该袖手旁观。但是，英国和法国对待意大利的侵略行为极其谨慎，思考问题的角度不是怎样去维护正义和国际联盟的宗旨，而是怕得罪意大利后会促使意大利与德国结盟，因此态度十分暧昧。

英法的妥协进一步助长了意大利的侵略野心，1935年10月3日意大利正式进攻阿比西尼亚。对于如此明目张胆的侵略行径，国际联盟迫于各方面的考虑，不得不作出强烈反应，宣布意大利为侵略行为，并决定从经济上予以制裁，但制裁清单并不包括石油、煤炭、钢铁等重要产品，这是由于法国的不合作态度所造成的。自然，这样的制裁最后注定会失败。

1936年5月，意大利军队依靠化学毒气对付顽强抵抗的阿比西尼亚守军，而后攻下阿首都亚的斯亚贝巴，阿比西尼亚被兼并。

值得深思的是，阿比西尼亚国王海尔·塞拉西亲赴日内瓦，于6月30日在国际联盟大会上发言，控诉意大利的侵略罪行，请求国际联盟干预并制止意大利的侵略，并呼吁国联向阿比西尼亚贷款购买武器抵抗意军。然而，这一十分可怜的请求竟然遭到23票反对，25票弃权，唯一的一票赞成者是阿比西尼亚自己。7月4日，国际联盟结束了对意大利的制裁。可见，国际联盟的力量是多么的微不足道，世界各国在面对强权时，国际联盟维护人类公理的正义之心是何等的脆弱。

国际联盟的软弱，不敢伸张正义，屈服于强权，使世界各国深感失望，

251

同时也给法西斯分子的侵略开启了方便之门。

正是国际联盟在意大利侵略阿比西尼亚问题上表现的软弱无能，极大地激发了德国和日本法西斯的侵略野心。1937 年 7 月 7 日，日本对中国发动了全面侵略战争，其重要原因就是日本对国联能力透彻认识的结果。

使国际联盟彻底丧失作用的是希特勒。受墨索里尼冒险侵略成功的鼓舞，希特勒决定挑战《凡尔赛和约》。根据《凡尔赛和约》，第一次世界大战的战败国德国不得在莱茵河东岸 50 千米范围内驻军，这一地区应作为非军事区。

莱茵非军事区的存在是希特勒的眼中钉，因为非军事区约束了德国军事的扩张，使德国西线对法防御处于空虚状态。希特勒上台后一直想拔掉这颗"钉子"，但德国当时只是刚刚开始重整武装，军事实力无法与法英抗衡，如果国际社会再出面干涉，德国不可能达到自己想要达到的目的。

可是，国际联盟与英法在维护正义上的表现，以及面对强权的绥靖屈服态度，使希特勒感到有可能冒此一险。1936 年 3 月 7 日，在希特勒的命令下，35000 名德军开进莱茵非军事区，并构筑军事防线，同时还占领了莱茵河西岸的几个重要城镇。

这种公然违反《凡尔赛和约》的行为，使法国受到直接的威胁。法国政府中当时主张出兵莱茵区，迫使德国撤军的呼声确实比较高，但在征求英国意见的时候，不愿冒战争风险的英国反对法国的主张，也反对制裁德国。法国政府由于不敢单独采取行动，错失了进军莱茵区、制止希特勒野心进一步膨胀的好机会。需要强调的是，当时的国际联盟实际上就操纵在英法两国手中，英法两国的这种态度使得国际联盟在针对德国出兵莱茵区的问题上，只是指责其违反《凡尔赛和约》，却没有采取任何有力措施。

德、意、日法西斯主义者的频频得手，使希特勒意识到国际联盟实际上无足轻重，完全可以撇开国联为所欲为。

于是，1938 年 3 月德国吞并奥地利，1938 年 10 月又占领并吞并捷克斯洛伐克的苏台德地区，之后再一次趁火打劫，将捷克斯洛伐克肢解，并使其灭亡。

1939 年 9 月 1 日，希特勒德国公然撕毁《德波互不侵犯条约》，向主权国家波兰进攻。9 月 3 日，被逼无奈的英国和法国不得不对德宣战，第二次世界大战终于爆发。

第二次世界大战爆发后，国际联盟便名存实亡。"二战"结束后，国际联盟正式宣布解散。

从筹备到成立，国际联盟倾注了许多有识之士和政治领袖的热情，许许多多热爱和平的人们对其充满期待，人们幻想着国际联盟的成立能给世界带来永久的和平。然而，所有的期待与希望都只存在于人们的短暂幻想之中，国际联盟在存在的 26 年中，没有制止过任何一场重大的战争。

国际联盟还开展了另一项重要的工作，这就是组织和协调国际裁军工作，但是，同样也没能在裁军方面取得过任何实质性进展。事实上，国际联盟所有的贡献只在于为人们提供了一次不切实际的希望，并为以后联合国的成立提供了一定的借鉴经验。

二、联合国

人们祈求和平，但和平的希望却总是成为泡影。在"一战"结束不到 20 年后，更为惨烈的第二次世界大战就爆发了。"二战"的灾难更甚于第一次世界大战，战争造成的伤亡达 1 亿人，其中死亡人数超过 5500 万，大战造成的经济损失则无法用数字准确统计。

亲身感受了两次世界大战的巨大灾难，人们对和平的期盼更为强烈，希望能有一个机构可以真正统驭世界，确保和平，联合国的诞生正是人们强烈呼唤和平的结果。

（一）无力维护世界和平

维护世界和平，构筑集体安全体系是联合国的主要宗旨，也是联合国成立的初衷。联合国成立了 60 余年，虽然第三次世界大战没有爆发，但局部战争从来都没有间断过，大大小小的武装冲突更是时有发生，这些战争与武装冲突造成的死亡人数达 2000 多万，是第一次世界大战的两倍。算起来，大的冲突发生了近 200 次，有些战争的规模还非常大，卷入的国家也很多，如朝鲜战争、越南战争、中东战争、两伊战争、伊拉克战争等，联合国在维护世界和平，解决局部冲突上常常是心有余而力不足。

影响联合国维护世界和平的根本因素是国家利益的不同。作为一个国际组织，联合国的职权是国家赋予的。而在主权国家看来，其自身的利益从来都高于联合国的利益。联合国的一切决定只要与某些国家的利益发生冲突，必然会遭到这些国家的抵制，如果这些国家是具有相当实力的国家，或者有大国作为后台，联合国的决定就肯定贯彻不下去，因此，在妨碍联合国维护世界和平方面，国家利益中的大国利益又表现得尤为突出。联合国的所有重大决定只有与大国利益趋于一致，或者不发生重大冲突时才有可能获得贯彻执行。

就联合国的维和行动而言，自 1948 年 6 月第一次中东战争中联合国采取第一次维和行动至 1988 年冷战结束，40 年间只采取了 13 次维和行动，而 1989 年以来，则每年都有维和行动，有时一年的维和行动就超过 10 次。这是因为冷战期间美苏两个超级大国所领导的不同阵营利益很难统一，安理会很难就一项维和行动达成一致，由于各国从来都不愿抛开自己的局部利益而站在人类的整体利益角度客观评判某一问题，在联合国的舞台上常常是一国赞成另一国则必然否决，反之也是如此，从而演出了一幕幕令世界深感失望的闹剧。冷战结束后，随着苏联的解体，大国矛盾趋于缓和，国家之间的竞争更多地转移到经济与社会发展方面，各国都希望有一个和平稳定的国际环境，对于维和方面有着共同的希望，因此，采取维和行动的次数便较之前多得多。

但是，冷战后随着一超多强的世界基本格局的形成，作为世界上唯一超级大国的美国则更多地致力于用自己的意志去左右联合国，以维和与反恐为名，行扩张之实。当然，联合国也不是事事都会听其摆布，一旦联合国不能按其意志行事，美国就会抛开联合国单独采取行动。

2003 年美国以反恐为名，计划推翻伊拉克萨达姆政权，全世界对美国的行为都看得非常清楚，所谓反恐只不过是借名而已，为了中东的石油，推行霸权主义才是其本质。因此，对于美国的这一行为，绝大部分国家都给予了坚决抵制，世界各地声势浩大的示威游行此起彼伏，形成了冷战之后从来没有过的世界人民共同一致的自发行动。美国传统的主要盟友法国和德国，也都表示坚决反对。美国曾试图得到安理会的授权，但五大常任理事国除美国和英国外，其他三个国家都明确表示反对。在不可能得到安理会授权的情况下，美英等少数几个国家便绕开联合国，单方面对伊动用武力，推翻了萨达姆政权。

不顾国际社会的一致反对，公开挑衅联合国决定，或者绕开联合国单方面采取行动的公然侵略行为，在联合国存在的 60 余年中频繁发生，屡见不鲜。如对以色列公然侵占阿拉伯领土，阻止巴勒斯坦建国的行为，联合国曾多次通过决议，但是倚仗着美国这个后台，以色列就是不执行决议，联合国也没有办法。对于有些涉及主要大国直接参与的行为，联合国更是无能为力，有时甚至敢怒而不敢言。如华约入侵捷克斯洛伐克、苏联入侵阿富汗、北约对南联盟的战争、美国入侵格林纳达、美国入侵巴拿马等。至于"二战"后最大的两次局部战争——朝鲜战争与越南战争，由于对阵双方的实际后台都是大国，在解决争端、避免杀戮方面联合国更是不可能有所作为。

（二）艰难的裁军之路

《联合国宪章》指出，联合国将致力于尽量减少世界人力及经济资源消耗于军备。根据宪章规定，联合国大会和安理会负责裁军和调整军备事宜。

为了推动裁军进程，联合国先后成立了一系列裁军谈判机构与组织。如针对核武器对人类的威胁，早于 1946 年 1 月 24 日，联合国在安理会之下就设立了原子能委员会，这是联合国的第一个裁军组织。然而，60 余年的裁军之路，联合国早已是威信扫地，其裁军结果更是令人啼笑皆非。

1961 年苏联计划在新地岛进行一次当量为 5600 万吨 TNT 的氢弹试验，如此巨大的爆炸相当于广岛原子弹当量的近 3000 倍，这样的核试验与当时世界对核裁军的愿望是极不适应的。10 月 27 日，联合国大会以 87 票赞成、11 票反对和 1 票弃权通过了要求苏联停止这次核试验的决议，但是 3 天后苏联不顾国际社会的一致反对，如期进行了试验。

《全面禁止核试验条约》的生效，要求 44 个有核能力的国家的签署，以及这些国家的有关权力机构的批准，但直到目前为止还有十多个具有核能力的国家尚未签署和批准该条约。特别是世界上最大的有核国家美国，1999 年在参议院的表决中否决了批准该条约，而且现任总统布什已经决定不再将条约提交参议院重新表决。

作为国际组织的联合国其权力由国家赋予，若是国家不赋予这种权力联合国什么事也办不成，特别是针对像美国这样的大国的行为，联合国更是无能为力。

《禁止生物武器公约》的核查议定书苦苦谈判 6 年，终于在 2001 年 7 月基本达成一致。就在马上要进行签署的时候，7 月 25 日美国突然宣布拒绝签署该议定书，使得联合国的所有努力以及 6 年谈判的所有成果化为乌有。

255

1967 年联合国通过的《外层空间条约》规定，严禁在外层空间部署和使用大规模杀伤性武器，严禁在外星体建立军事基地，但美俄等国则已经正式启动"天军"计划，两国的太空部队呼之欲出。

最让人感到遗憾的是美国退出《反弹道导弹条约》。《反弹道导弹条约》是美苏两国于 1972 年签署的，该条约以通过禁止双方发展全国性的反弹道导弹系统来确保对方的核威慑，旨在以"核恐怖平衡"来遏制核战争。冷战后的美俄实力已非 30 年前的美苏实力可以形成平衡，美国一心长期从军事上领先世界、称霸全球，世界各国早就察觉到美国有可能会我行我素，单方面退出《反弹道导弹条约》。为了防患于未然，第 56 届联合国大会于 2001 年 11 月 29 日，以 82 票赞成、5 票反对的压倒性多数通过了《维护和遵守〈反弹道导弹条约〉》的决议。这是联合国大会连续第三年通过类似决议，但是 2001 年 12 月 13 日，美国总统却不顾国际社会的强烈反对，宣布退出《反弹道导弹条约》。

《反弹道导弹条约》是国际军控体系的基石，在国际裁军领域有 30 多个条约与之挂钩。《反弹道导弹条约》的废除，事实上彻底动摇了国际裁军体系，后果可想而知。

回想联合国在裁军方面做过的所有工作，从 1945 年仅美国一家拥有原子弹，1946 年就开始致力于国际核裁军，其裁军谈判的实际结果是拥有核武器的国家越来越多，核武器的品种越来越多，核弹头的数量越来越多，以至目前公开拥有核武器的国家已达 8 个，而实际拥有核武器的国家更多。全世界核武库的规模最高时达到了 7 万件，即使现存的核弹头也论万件计。核武器的品种除原子弹之外，还有氢弹、中子弹、强冲击波弹等，且第四代核武器也在各大国的秘密研制计划之中。

冷战之后的联合国在裁军领域表面上通过了许多决议，但失去了制衡的美国正在使联合国边缘化，任何决议都不可能对像美国这样的大国有任何实质性制约，事实上，对于其他大国的制约作用也十分有限。

（三）协调经济与社会矛盾的困境

与国际联盟不同的是，联合国还有协调国际经济、社会、文化、教育、卫生等工作的职责。与维护世界和平以及国际裁军相比，在经济与社会领域，联合国要通过一项有关声明、宣言、公约、条约、协议和决议要容易得多，这是因为有关经济和社会的问题往往具有普遍道义的正确性，以及普遍的共同利益性。但是，联合国的决议在执行中却大打折扣，具有普遍共同利益性的决议很好执行，而仅有道义性，在利益方面出现各国的不同，以及长远利益与短期利益出现矛盾，或者世界利益与本国利益出现矛盾时，这些决议便很难得到执行。

由于相对战争与裁军而言，经济与社会问题被世界的关注度要低，紧迫性一般也要弱一些，因此，世界对联合国所通过的决议的监督力度也就比较小，这就使得那些不执行联合国决议的行为在普遍泛滥的情况下并没有引起人们真正的重视。

1990年8月27日至9月7日，联合国在古巴首都哈瓦那召开了第八次世界预防犯罪和罪犯待遇大会。仅10天时间，通过了46项决议，这样的纪录在关于战争和裁军的议题方面是不可能达到的。这是因为预防犯罪是所有国家都关心的问题，自然不会有多少反对之声，而罪犯的待遇则是一个普遍认可的道义问题，即使有些国家不打算提高罪犯的待遇，也不会在公开场合对此表示反对。

吸毒与贩毒是人类的公害，不论哪个国家都视之为洪水猛兽，关于禁毒问题自然会得到全世界的欢迎，联合国在通过诸如《麻醉品单一公约》《停止非法贩运麻醉品和精神药物公约》等一系列决议时都比较容易，联合国所制定的100多项反毒计划也相对容易实施与执行。

恐怖主义也是人类公害，所以在通过《关于防止和惩处侵害应受国际保护人员包括外交代表的公约》《反对劫持人质国际公约》之类的决议时，当然不可能被否决。

环境与资源问题是关系人类能否可持续发展的大事，仅从1972年联合国第一次人类环境会议到1992年第二次人类环境会议，20年时间，在联合国的主导下全世界就通过和签署了180多项有关环境与资源的公约、协议和条约，但是这类公约、协议和条约执行起来就要困难得多。例如，因人类过度使用化石燃料和有机燃料，向空气中排放大量的二氧化碳，使得地球气温升高，自然灾害频繁发生，所以控制温室气体的排放成为全世界普遍的呼声，由于美国是世界上石化燃料使用量最大的国家，在通过有关限制温室气体排放的《京都议定书》时，美国一味地强调植树造林和保护森林对于控制温室效应的

257

重要性，却回避自己大量使用石化燃料所应承担的责任，因而拒绝批准《京都议定书》。同时拒签《京都议定书》的还有澳大利亚。

又如，保护森林是保障生物多样性、防止土地荒漠化以及控制地球温室效应的重要手段，1991 年 9 月联合国通过了《巴黎宣言》，向全世界呼吁保护森林，重建地球的绿色植被。以后又通过了《关于森林问题的原则声明》《保护生物多样性公约》《国际防治荒漠化公约》等。但是，贫穷的发展中国家无力通过发展工业和科学技术提高生产力，于是便采取"杀鸡取卵"的办法，为了生存，他们砍伐森林、出卖资源、过度放牧、过度耕种，以换取基本的衣食温饱。

由此可见，联合国要通过上述各类决议就并不那么容易，或者即使通过了决议，但要根本上解决这类问题也十分困难。追根溯源，在于这些决议所涉及的限制内容与一些国家的视界利益发生了矛盾，在眼前利益与长远利益出现矛盾时，国家一般都会选择眼前利益；在国家利益与人类利益发生矛盾时，国家则必然会选择国家利益。

第四节 根本性选择：建立大统一社会

统一全人类的行动两次最大的努力，即成立国际联盟和联合国，其实践都是失败的，那么，是什么原因导致了这种情况呢？采取怎样的办法才能够实现统一人类行动这一目标，并最终实现对发展科学技术的严格限制呢？

一、国际组织作用有限的根源

（一）国家利益与国际组织利益必然冲突

国际联盟与联合国都诞生于世界大战，它们的成立是人类对自己的血腥杀戮痛定思痛后的醒悟所致。这样的国际组织都立足于通过协调各国的立场，统一人类的行动，从而达到制止战争、裁减军备、维护和平、消除贫穷、造福世界的目的。但是，在国际组织的实践中，国际联盟没有阻止住第二次世界大战的爆发，联合国也没有阻止住"二战"之后数以百次较大的局部战争，也没有制止核弹头的不断增多、环境的不断破坏以及贫困人口的不断增加。

应该说，国际组织对这一切并不是熟视无睹，也不是无心去管，事实刚好相反，凡是出现大的有违人类和平宗旨的事件，凡是对人类福祉影响较大的问题，国际组织都会站在人类整体利益的角度积极地协调和斡旋，动用各种有可能动用的手段加以处理。国际组织付出了很多，该做的都做了，能够做的也都做了，只是所做的一切收效甚微。

国际组织之所以无法统一人类的行动，第一个原因便是国家利益与国际组织的利益冲突。

按理说，国际组织是由国家组成的，国际组织的建立也是由国家领袖发起并推动的结果，而且国际组织的发起组织者都是最具影响力，也是最具权威性的大国领袖，因此，国家与国际组织之间不应有利益的大分歧。然而事实并非如此，国家利益与国际组织的利益总是频繁地发生冲撞，并最终导致国际组织根本无法实现自己协调各国立场，统一全人类行动的成立初衷。

对此追根溯源，正是人类本性的视界利益性，决定了国家利益与国际组织利益的不一致。

人类本性的弱点决定了在局部利益与全局利益发生矛盾时往往局部利益

259

会占上风；眼前利益与长远利益发生矛盾时往往眼前利益会占上风；表面利益与根本利益发生矛盾时往往表面利益会占上风，这便是人类本性的视界利益性。视界利益性是人类目光短视的结果。

人性的这一弱点在国家身上主要表现为国家利益与全球利益发生矛盾时国家利益则占上风；当代人的利益与子孙后代的利益发生矛盾时当代人的利益则占上风；部分人的幸福、生存与全人类的幸福与生存发生矛盾时，部分人的幸福、生存则占上风。

一般而言，在上述的利益关系中国际组织代表着人类的全局利益、长远利益和根本利益。之所以如此，是因为国际组织成立的起因、初衷与职责便带有人类利益的全局性、长远性与根本性。

不论是国际联盟还是联合国，都是鉴于世界大战造成的巨大破坏和伤亡，政治精英们为了人类免遭此类痛苦，从全人类的根本生存与幸福的利益出发，发起和组建的全球性的普遍性国际组织。正因为这些国际组织是从全人类的根本生存与幸福出发而组建的，所以也就是为全人类而组建的全局性组织，而不是为某一部分人的利益而成立的局部机构，而且其代表的利益关系也就必然是人类的全局利益、长远利益和根本利益。

国际联盟当时的主要宗旨与职责是制止战争和裁减军备，其着眼点无疑是人类的整体利益而不是局部利益，是长远利益和根本利益，而不是眼前利益和表面利益。联合国的宗旨与职责范围相对国际联盟而言要更加广泛，除了维护世界和平和裁减全球军备之外，还涉及社会、经济、文化等各个方面，为此，联合国致力于消除贫困，致力于环境保护，致力于打击毒品与国际犯罪，等等，这一切都是站在人类的全局利益、长远利益和根本利益的角度处理问题。

当然，国际组织并不是所做的每一件事从客观上都对人类的全局利益、长远利益和根本利益有好处。例如，联合国就不主张限制科学技术的发展，相反还鼓励发展科学技术，这只能说迄今为止联合国还没有真正认识到科学技术对人类整体生存的巨大威胁，却不能说联合国不关心人类的整体生存。又如，在联合国历史上确实也存在过一些违背人类公理而放纵大国侵略的事，那完全是因为联合国无力阻止这种侵略，又不愿因此而导致国际组织的彻底崩溃，这样的行为是联合国不得已而为之，并非联合国的本意所在。

　　与之相反的是，国家维护的则往往只是国家的利益、当代人的利益和部分人的幸福与生存，它们所代表的利益关系是人类的局部利益、眼前利益和表面利益。之所以会如此，首先是因为国家本身就是一个区域的概念，国家首要考虑的必然是本国区域内的治理，它的职责范围主要是在这一区域范围内的，不具有人类的全局性、长远性与根本性的利益优先的要求。相反，国家的职责要求使其必然会首先考虑国家范围内的利益，而不可能是全世界的利益。

　　进一步分析，我们知道，永恒争斗性是人性的固有弱点。在国家社会里，多个国家并存于世界，同时并存的国家之间便不可避免地具有这样的争斗性。这种争斗性表现为国家整体实力的竞争，国民之间生活水平的攀比，国家领袖实现自己的政治抱负的追求等各个方面。

　　在多个国家并存的情况下，总会有个别国家只立足自身而不顾人类整体的利益处理问题，它们对人类利益的破坏不仅会使其他国家的努力前功尽弃，而且这些国家单方面的行动必然会使自己获得相应的利益，从而最终获得国家实力的增强。当其实力强大到一定程度后，便会有能力欺压那些将人类整体利益置于重要地位，而忽视了本国局部利益的国家，因此，那些以人类整体利益为重的国家便反倒会吃亏。然而，这种吃亏绝不是一般意义上的吃亏，当一个弱小国家被强国欺压与侵略时，是以亡国灭种以及千百万人的生命与鲜血作为代价的。

　　同理，在多个国家并存的情况下，总会有一些国家不顾子孙后代的利益而一味地保证当代人的利益，从而使当代人的生活水平得以提高，而那些将子孙后代的利益置于重要地位的国家，当代人没有获得眼前现实利益时便会起而反对现时政府，统治者的地位便会动摇。因此，统治者失去的将是国家的最高统治权，而这种权力的丧失常常又意味着统治者自己以及家人和追随者的人头落地，其代价之巨大对于这些统治者是可想而知的。

　　再来看国家对人类整体生存这样的根本利益的态度。我们知道，人类的整体生存问题往往并不是迫切的眼前问题，而是必须通过智慧性思考才能得出的结论，而且这种结论是着眼于未来的。总怕在竞争中落后而被动挨打的国家，以及总怕满足不了当代人短视的要求而使自己地位不保的国家领导人，要让他们去冒本国人民有可能会失去幸福和生存的危险，以及自己有可能会

261

失去统治与生命的危险，去顾及全人类的整体生存的根本大局，那是完全不可能的。因为人类的生存是大家的事，是未来的事；国家的利益则是自己的事，是眼前的事。

综上所述，可以明确地看出，人类本性的视界利益性，其局部利益与全局利益的矛盾、眼前利益与长远利益的矛盾和表面利益与根本利益的矛盾，在有国际组织存在的国家社会中，便自然地演变成了代表着人类的局部利益、眼前利益和表面利益的国家，与代表着人类全局利益、长远利益和根本利益的国际组织之间的矛盾。只要有国家与国际组织并存的局面存在，这种国家与国际组织之间的矛盾便会必然存在。

（二）国际组织无力制约国家的行为

国际组织由国家创建与组成，它的权力由国家赋予，但是，国际组织在行使自己权力的时候却常常得不到国家的支持。事实刚好相反，国家正是阻碍国际组织行使权力的最大因素。

2004年7月，中国中央电视台采访联合国前秘书长加利，在谈到卢旺达大屠杀时加利道出了这样的事实：在了解到卢旺达局势的严重性后，他曾向40多个国家请求出兵，而且多次向美国提出请求，但却没有任何国家同意出兵，结果酿成了卢旺达惨剧（卢旺达种族大屠杀在不到100天的时间内有近100万人死于非命）。谁都不愿意看到自己的士兵在维和中死亡，谁都不愿意为维和出钱。但联合国没有蓝盔部队，他作为秘书长只能请求各国出钱、出兵、出武器，连运兵的飞机也要请求别人出。

加利认为，联合国秘书长是各大国的秘书，当遇到突发事件时又应该是将军，但是，大国只喜欢秘书而不喜欢将军。

2004年10月，时任联合国秘书长的安南在接受中国中央电视台采访时，几乎说了同样的一段话，他说：联合国在平时要做好各个会员国的秘书，遇紧急情况时则要当好一名将军，但大国只需要听话的秘书，却不喜欢将军。加利与安南的话充分说明了联合国的尴尬，是联合国处境的真实写照。

人民主权思想是当代民主国家普遍认同的政治思想，按这一理论，国家权力是人民赋予的，也就是说国家和人民之间的关系与国际组织和国家之间的关系是类似的。但是，国家却完全可以通过法律来约束人民的行为，人民必须在国家的法律允许范围进行生活、学习与工作，否则，国家必然会利用自己的政权机构加以追究，且这种追究是完全有效的。与此截然不同的是，国际组织的权力也是由国家赋予的，国际组织的章程经过了所有会员国的签署，对每个国家都有法律约束力，然而，国家却可以不按国际组织的游戏规则行事，经常干出违反国际法的事，而得不到任何实质性的追究。

究其原因，国家拥有军队、警察和法院等一系列维护自己政权和独立行使主权的手段，拥有最有效的调动经济资源与社会资源的能力。但是，国际组织却不具备这样的手段和能力，国际组织只能借国家的力量行使自己的职能，国家愿意给这种力量便可以行使相应的职责，国家不愿意给这样的力量便不能行使其相应的职责，特别是个别国家的实力强大到一定程度后，就想完全摆脱国际组织的约束而我行我素。

事实证明，通过国际组织所形成的一切公约、条约、协议、决议、呼吁和宣言等，其作用都极其有限。在大国一致认可时也许还有点用，当与某个大国的利益有冲突，特别是与超级大国的利益发生冲突时，所有的一切都将成为一张废纸。同样，通过国际组织保证的和平也是靠不住的和平，因为，大国能够随意破坏这种和平，轻易就可以使国际组织的保证完全失效。

正是由于这种至高无上的权威，使国家事实上的能量高于国际组织，国家能够阻碍国际组织的决定，国际组织却无力左右国家的行动。同时，每个国家有各自独立的利益，这种独立利益又是千差万别的，照顾了这个国家的独立利益就可能会违背那个国家的独立利益，因此，要靠能量低于国家的国际组织统一人类的行动是根本办不到的，顶多只能起到部分协调的作用。这种部分协调作用的好坏完全取决于国家的态度，各大国之间的利益趋于一致时，其协调效果会好一些，反之便无法协调下去。

我们知道，要限制科学技术的发展必然会触及国家的视界利益。不论是国家实力、企业效益，还是人民生活水平等，诸多问题都与科学技术有关联，所以，严格限制科学技术的发展，对国家的视界利益无疑是严重的挑战。要领导严格限制科学技术发展这一涉及人类长远、全局与根本的利益，并关系到人类整体生存的伟大行动，必须依靠一个十分坚强有力的全球性的统一机构，根本不能够托付给国际组织，因为软弱的国际组织完全不是国家的对手，国际组织的各种统一人类行动的措施与决定，早晚会被主权独立且权威无上的国家所违反和破坏。

263

二、只有世界政权才能统一人类的行动

（一）世界政权与大统一社会

要领导严格限制科学技术的发展这一历时亿万年而前无古人的伟大行动，不仅不能依靠国际组织，而且也自然不能依靠国家。现在，世界上有约 200 个国家，正是它们无序的恶性竞争导致了科学技术的飞速发展，使人类时刻都面临着科学带来的毁灭危险，极端手段的"三增"规律正是国家社会的必然结果。事实上，只有消除各个国家的各自为政，统一全人类的行动，才能避免国家的无序竞争，才能限制科学技术的发展，人类才有可能免遭灭顶之灾。

那么，怎样的机构或者怎样的组织形式才能够完成这一艰巨而又神圣伟大的使命呢？

人类自进入文明时代以来，历史经历了约万年，纵观人类曾经有过的各种组织形式，如村落、部落、国家和国际组织，或者企业、协会、学会以及各种研究与事业单位等，最具领导与组织力度的便是国家。国家利用军队、警察、司法等各种政权机构统治人民，即使现代民主国家，从理论上国家政权属于人民所有，但是，在国家治理之下，任何人都必须依法行事，只要有人违背了国家的法律，国家都能够利用自己的政权手段对其进行制裁，轻则可以处以罚款和曝光等涉及经济与声誉的惩罚，重则可以进行监禁甚至处死这类剥夺人身自由和生命的极端惩罚。

细分起来，国家的统治手段是非常多的，有经济手段、行政手段、军事手段、宣传舆论手段、法律手段等多个方面。国家社会形态之所以经久不衰，具有强盛的生命力，从人类进入文明社会后不久便开始了国家社会的时代，一直到今天人类已经达到高度发达的文明水平，国家政权仍然左右着人类世界，是因为国家这样的社会组织形式其统治人民的手段非常有力，对社会的管理方式非常有效。

然而，国家作为一种有力的统治手段和有效的管理方式，其一切作用的范围只是在国家内部。在国家范围之内，国家的所有统治是有效的，在离开了这个国家进入另一个国家之后，就必须服从另一个国家的法律，并接受另外一个国家政权的统治与管理，那么，另外一个国家的统治同样那么有力，管理同样那么有效，但这一切也都只限于那个国家内部。

264

　　由此可见，在国家社会形态下，所有的国家都各自形成了自己高度独立的区域，这个区域就是国家的疆界范围，在各自的疆界范围内每个国家各自为政，有着自己各自不同的独立利益，并根据自己的利益需要决定着自己的独立行为，其政权的统治极为有力，管理极为有效，任何别的势力都无法真正插入进来。

　　要强有力地统驭世界，并统一全人类的行动，就必须建立一个与国家政权的统治和管理力度相当的机构，但这个机构治理的区域不是世界上的某一个局部或者某几个局部，而是整个全世界，不妨称这个机构为世界政权。

　　所谓世界政权，就是在全世界范围内建立一个统一的政权，世界政权的建立便意味着全人类的大统一，全人类每一个人都在这个政权的统治之下，全球的每一个角落，以及人类所能够涉足的任何区域都包含在世界政权的管辖范围之内（包括外太空，以及人类所涉足的其他星球均包括在这一统辖范围之内）。世界政权有着国家政权的统治与管理权威和力度，但它统辖的范围却是全人类。它将取代国家而成为人类社会的最高权力体，与国家社会完全不同的是，这个最高权力体是唯一的，它既统治着全人类，又真正站在全人类的全局利益、长远利益和根本利益的角度考虑一切。因此，只有世界政权才能够领导像限制科学技术发展这样严重影响许多集团和群体视界利益，而且涉及范围涵盖了全世界每一个人和每一个区域的长期、伟大而又艰巨的行动。

　　世界政权的建立必然以消灭国家作为前提，它将使全世界的治理成为一个整体，人类的社会形态将从国家社会转变为大统一社会。

　　站在今天我们对政权结构与政治体制的认识角度，在世界政权的相关机构中，世界政府就是大统一社会的最高行政权力机构，它时刻站在全人类的全局视野而非国家的局部视野确立各项政策，采取各种行动，并从全人类的长远与根本利益出发，统一调配资源，统一制定行政规章。

　　除了世界政府这样统一的行政权力机构之外，大统一社会还有统一的立法机构和统一的司法机构，全球每一个人都在统一的法律约束下进行学习、工作与生活，每一个人都有责任和义务遵守这样的世界统一法律，并且受统一的司法机构的监督与追究。

　　世界政府、世界立法机构和世界司法机构，构成了世界政权的主要组成部分。当然，在其之下世界政权还将细分出许许多多其他的权力部门，例如军队、警察、监察部门、经济管理部门、文化管理部门、社会管理部门等等。

（二）大统一社会并非刻意追求的理想社会

在历史上，许多思想家都设想过建立一种理想的社会，柏拉图在《理想国》中将理想社会描述为财产公有、妇女解放、重视教育、提倡公妻。莫尔在他的《乌托邦》一书中也将理想社会描述为财产公有，但莫尔提倡的共产主义与柏拉图的共产主义是有区别的，柏拉图提倡在高贵等级中实行财产公有，莫尔则主张全社会实行财产公有；莫尔同样主张妇女解放，但认为应该实行一夫一妻制，并提倡任何人都必须劳动，自食其力。

中国儒家思想提出的理想社会是大同社会，大同社会也主张财产公有，同时还主张任人唯贤，并认为大同社会人与人之间的相处应该和睦、诚实、守信。在对理想社会的设想中，将其描述为公有制的著名思想家还有许多，例如亚里士多德、康帕内拉、马克思等。

奥古斯丁在他的《上帝之城》中阐述，理想的国家首先应该是一个基督教的国家，这是从另一种角度描述理想社会。持这种观点的人并不在少数，中世纪的一大批经院哲学家都是这样主张的。

近代思想家更多地是从政治理论入手，希望通过改变国家的政治制度和国家体制，实现建立理想国家的愿望。例如霍布斯、卢梭等一批启蒙主义思想家提出了人民主权学说，认为国家的主权在人民。为了在大国实现人民民主，使每个人都能够充分行使自己的权力，潘恩与密尔提出了代议制政府的设想。为了防止独裁，洛克与孟德斯鸠等思想家提出了将国家的权力进行分解，以权力制衡权力，等等。

上述所有的设想都是思想家们主张为了"正义"、为了"善"或者为了人民的"幸福"和"权力"等因素，而认为人类社会便应该是设计成他们所提出的那样的，并将其称为理想社会。所谓理想社会，就是思想家们认定的最好的社会，设计这种社会的目的和初衷，是思想家们认为这样的社会最符合他们所确定的政治理念和政治标准，也许这种社会是根本不可能实现的"乌托邦"式的空想，但从理论上却符合了某种政治原则。

关于世界的统一问题，思想家也曾提出过这样的设想。2300 年前，斯多噶学派的创立者芝诺便提出了"世界国家"的概念。他认为，人的理性是统一的、普遍的，因此人都是世界的公民，都是在顺着共同的本性而生活，不应有种族、地位、区域的差别，世界上只有一种公民，即世界公民；世界上只有一个国家，即世界国家。

马克思和恩格斯也谈到过世界统一的问题，他们认为，共产主义社会是人类社会发展的必然趋势，在共产主义社会，国家将消亡，而国家消亡的前提是阶级已经不存在。因此，实现国家的消亡、世界的统一需要一个漫长的过程。

提出过世界统一的思想家在历史上还有很多，如康德的"世界公民"思想，康有为的"大同世界"思想都包含有世界统一的主张。但是，不论是芝诺、马克思和恩格斯，还是康德和康有为，他们对世界统一问题的设想都是站在理想社会的角度提出的。

在本书中我们提出大统一思想的目的和动机与前述几种情况是完全不同的，我们的初衷并不是想去建立一个怎样的理想社会，之所以最终选择大统一社会，仅仅只是因为如果不作出这样的选择，人类就有灭绝的危险，为了人类的整体生存，我们只能实现全人类的大统一，建立世界政权。因为只有世界政权才能够真正统一人类的行动，限制科学技术的发展，避免科学技术将全人类灭绝。也就是说，大统一社会仅仅只是我们被迫的选择。

虽然如此，人类追求理想社会的信念总是永恒存在的，我们建立世界政权，实现人类的大统一，不仅不能排除将大统一社会建设成尽可能符合人们希望的理想社会，而且还应该尽其可能向这个方向努力，并就这种理想社会提出各种美好的设想，努力去实现它。但是，不论我们对未来社会有多少愿望都不能够脱离世界政权这一前提，如果脱离了这一前提，便意味着统一人类行动、推动限制科学技术发展的事业无法实现，人类终将迅速走向灭绝。

人类社会所涉及的要素非常多，我们提出大统一社会的设想，只是对未来世界政权下的人类社会形态的总体概括。事实上，大统一的人类社会包括政治、经济、社会、文化、意识形态等许多方面，对这些诸多的要素进行不同的设计与组合，直接影响着人类价值的实现，我们不仅不能回避对理想社会的追求，相反，更应该认真围绕人类整体的利益，去设计和实施一个尽可能好的社会。只有如此，才是真正站在人类利益的角度、对全人类负责任的态度。

第九章 人类大统一已具可能

当我们确认了大统一社会是拯救人类的唯一选择这一结论后，首先想到的便是建立大统一社会这一人类历史上前无古人的社会形态其条件是否具备，是否有这种可能性。具体而言，这一可能性主要包括两方面的问题：首先要看大统一社会是否可以进行有效的治理，如果不能进行有效的治理，就说明建立大统一社会这一设想只是一个纯理论而不能够付诸实现的幻想，由此我们也就还没有真正找到拯救人类的可行的办法；同时还要看实现大统一的难度有多大，即就今天的情况看，要实现全人类的大统一有多少有利条件和不利因素，这些不利因素是否会最终影响我们走向大统一。

第一节 大统一社会的可治理性

历史经验告诉我们，大国治理的首要条件是交通和通信，如果没有便捷的交通和通信就不可能做到政令畅通，也就不可能进行有效的统治。

我们知道，疆域越大，人口越多，也就意味着各种不可测定的政治、经济、社会、军事和自然因素就越复杂。试想，如果边远地区发生大的自然灾害，消息三四个月才能上报统治中心，统治中心决定采取的救灾措施和救灾物资又再过四五个月才能到达，这样便无法平抑和救援灾害所造成的损失；统治中心针对国家的实际情况决定实施一项重大的方针政策，从通知到开会再到开始贯彻执行，如果需要一两年的时间，这时的实际情况早就发生了很大的变化，原来确定的方针政策也可能早就不符合实际需要了。

大统一社会的世界政权面对的是全世界，所要处理的是全球、全人类的事务，南北方向远至南极和北极，东西方向便是东半球和西半球，达百亿人口的地球每天不知道有多少意想不到的事情要发生，世界政权每天又不知道要发出多少个政治指令，如果没有极方便的交通条件，没有极快捷的通信条件，没有极其丰富和及时的传媒手段，大统一社会就不可能做到政令畅通，就不能够进行有效的治理，由此也就失去了建立的基础。因此，具备方便、快捷、丰富、有效的交流条件，以达到政令畅通的目的，对于大统一社会的建立具有"一票否决"的重要性，是大统一社会建立的必要条件。

大统一社会的治理条件包括多方面的因素，涉及政治、经济、文化、社会等各种制度是否可行问题，宗教包容、民族融合、文字和语言交流问题，以及交通、通信、传媒和其他信息传播手段问题，等等。制度、宗教、民族、文字和语言等因素是可以通过人为的操作解决的，我们称之为软条件。而交通、通信、传媒等方面的技术条件，由于受各时期科学技术水平的限制，作为需要严格限制科学技术发展的大统一社会，只能在现有的交通、通信和传媒手段范围内加以发挥，是只能适应而不能改变的，因此这一条件是硬条件，我们称之为硬性技术条件，或者简称为技术条件。

由于软条件可改变，而硬条件不能改变，因此，大统一社会是否可治理便完全取决于当时的硬条件，也就是技术条件是否可以满足大统一社会全球性治理的要求，这种治理的要求就是做到政令畅通。以下便就其相关问题展开阐述。

一、关于政令畅通

广义地说，大统一社会的政令畅通包括两个方面：第一，在全世界以及涵盖全人类的一切范围，都能够做到有法可依，并能够根据合法的程序产生世界政权和各级地方政权。这个"法"指的是大统一社会的统一法律，是依据合法程序而产生的，它所涵盖的范围包括全人类每一个体、每一群体、所有的组织和所有的机构。第二，在大统一社会，法律授权范围之内的世界政权以及各级地方政权，根据大统一社会法律授权范围之内所采取的一切自认为有必要采用的决定和行动，都能够及时有效地得到贯彻执行，并能够得到及时的信息反馈。

要研究政令畅通问题首先必须了解施政的手段和程序，一般而言，施政的手段与程序可以分解为以下几方面。

1. 政权产生

大统一社会政权产生的关键是世界政权的产生，只要世界政权能够顺利地产生，并能够有效地运转，也就说明各地区的地方政权也能够相应顺利地产生和有效地运转。

按今天人类社会普遍采用的政权结构形式，世界政权产生的关键主要包括两个部分，其一是世界政府首脑的产生；其二是世界议会的议政人员的产生。

仅仅从硬性技术条件考虑，在全球范围内要实行真正民主的方式产生政府首脑与议政人员，是最困难的形成世界政权的方式。因为，要采取民主的方式产生上述人员，便首先需要在全球范围内参加竞选的人员能够得到选民们的充分了解，而在这里选民指的又是全人类有权参加投票的所有人，这种对参选人员的了解，不仅包括了解他们的政治主张、道德品质、施政能力，而且还包括了解他们的语言表达、举止风度等。

那么，在如此广阔的范围内，在如此庞大的人群中，要真正做到民主，从技术上看，就必须要求每一个参选人员的情况能够及时、快捷、逼真地反映给每个选民，同时，也要求选民能够方便、准确地按照自己的意愿选择自己满意的参选者，且其选举投票情况能够及时、准确地得到统计，并最后顺利地产生出选举结果。正因为有上述的要求，这就比通过其他非民主的方式产生政权对技术条件的要求高得多，因为非民主的方式只需在小范围内讨论，甚至个别人的指定便能产生权力接班人，这样的方式对技术条件的要求是不高的。

2. 政情上传

所谓政情上传，就是指在世界各地的所有关系到人民群众生存、生活、工作与学习的重大问题，都能够迅速通过各种渠道上传到各级地方政权部门，然后各地地方政权部门又根据这些情况的重要程度，以及涉及的范围，及时上传到最高一级政权部门，即世界政权部门。

3. 政令下达

根据各地上传政情的汇总和研究，在法律允许范围之内，世界政权的有关部门将制定各种政策措施，并确定采取各种行动，这些政策措施以及行动，有些要求全球统一一致地执行，有些要求部分人群执行，有些则要求各级政权机构执行，还有些是世界政权机构自己直接进行操作和实施的。同时，世界政权所发出的政令内容，也有可能是直接对已经形成了的法律法规的再要求。但是，不论是哪种情况，这些政令必须首先马上能够传达到每个必须履行这些政令的人员手中，中途不允许有任何拖延和打折扣的情况发生，特别是一些应对自然灾害、人为灾害和社会动乱的情况，往往需要当即就能将世界政权的指令直接下达到有关人员手中。

4. 政令执行

政令下达后紧接着就是政令的执行。作为一个管理着全球事务的世界政权，其下达的政令往往原则性很强，需要各级政权部门进行分解后再继续往下一级机构进行下达，同时，各级政权部门还有对政令的具体执行和操作问题。但不论是哪一种情况，都必须能够做到全面、如实、及时地实施，不允许打折扣。因为，如果每级政权在执行世界政权政令时都留有"水分"，到达最后执行时政策就会走样；如果每级政权在执行政令时都有小的拖拉现象，最后政令的执行时间就会延后很长。大统一社会对于政令执行的准确性、有效性和及时性要求更加严格，因为大统一社会所涉及的范围实在太大。

5. 政令督查

政令督查就是对政令下达和执行的情况进行监督和检查，对政令下达和执行中的不及时情况和有偏差的情况进行纠正和查处，对政令在下达和执行中表现优秀者进行表彰和鼓励，以此来加强政令执行的力度。同时，政令的督查还包括对政令在下达和执行中存在的问题，例如政令是否切合实际、正确性有多强等进行了解和调查，以便对政令进行修正。

二、现代行使政令的手段

现代行使政令的手段已远非昔日可比，200多年来工业革命的成果，使行使政令的技术手段发生了质的飞跃。这些手段大致可以分为三类，即通信手段、交通手段与传媒手段。

1. 通信手段

电磁感应现象的发现，为电的广泛应用——包括电应用于通信领域——提供了理论依据。最早将电应用于通讯的是有线电报，而后又有了无线电报，但是，近年来随着一系列新通信手段的出现，电报业务正在逐渐被淘汰，许多国家甚至取消了电报业务。

生命力非常强的是电话，这是由于电话通信非常直接，真实感和亲切感很强，因此受到人们的普遍欢迎。继有线电话之后科学家又发明了无线电话，随着人造地球卫星被送入太空，无线电话在任何环境下的全球通信都有了可能。

目前，各国都在致力于卫星通信事业的发展，其热潮方兴未艾，而能够涵盖全球的卫星通信系统主要有"铱"卫星通信系统和"全球星"卫星通信系统。全球卫星通信系统的开发可以使我们几乎不受任何地貌条件的限制，在世界的任何一个角落都能随时使用卫星移动通信电话。至于个人陆地移动电话，由于方便、快捷、成本低，近年在世界范围内发展非常迅速，普及率越来越高。

在电话通信技术方面，近年还有一个发展趋势，就是光纤通信。光纤通信以光作为媒体替代高频微波，并用光导纤维代替电缆，这样可以实现容量更大、品质更优良且成本较低的通话。

可视电话是另外一种形式的电话，相距万里的两地，不仅可以听到对方通话的声音，而且可以看到对方的人和物，万里之外的通话就如同面对面聊天。现在许多国家都已开始使用可视电话，只要有市场需求，随着成本的进一步降低，可视电话的广泛普及是很容易实现的。

传真是与电话联系在一起的另一种通信手段，传真机通过电话网络，可以将纸上的所有内容包括文字和图片从一地传到另一地。图文传真与卫星通信的结合现在可以做到即写即收的程度，而且利用移动电话发送与接收的手提电话传真机已经开始应用。现代通信技术与工业革命之前相比发生了翻天覆地的变化。

近年对通信技术产生革命性影响的是计算机互联网的出现。全球最大的互联网为因特网，目前全球约有上亿的网站，其用户超过 10 亿。互联网上的多媒体通信所能提供的信息包括声音、图像、图形、数据、文本等，它是通信技术与计算机技术相结合的产物，远隔万里的信息交流不仅能够做到图文声像兼有，而且用户对通信全过程有完全的交互控制能力。在互联网上可以与越洋的朋友面对面聊天，可以与世界多个地点的同事开会讨论问题，还可以与遥远的客户进行贸易谈判，而且在这样的谈判中可以即时展示其样品以及手中的合同文本。

通过互联网可以实现计算机硬件资源和软件资源的共享，在互联网上可以对万里之外的股市、汇市和期市进行即时交易；可以同时向多个收件者发送电子邮件，电子邮件内容不仅可以有文字、图片、影像，还可以有声音；可以阅读到即时新闻和其他各种信息；可以进行各种娱乐活动；现在互联网上还出现了虚拟公司、虚拟学校、虚拟城市甚至虚拟国家。

随着手提电脑以及手机电脑的普及与应用，计算机通信传输开始从有线扩展到无线，这使得各种环境下人们都可以进行即时的多媒体通信。互联网正把世界带入一个信息高度发达的全新境界。

2. 交通手段

马和马车以及非机动船虽然今天仍然还是在作为代步的工具，但它们都是以一种古老而落后的交通工具存在的，现代代步手段早已从根本上改变了人们出行的方式，工业革命的成果不仅造就了全新的陆地和水上交通工具，而且把人类带入了海底、天空以及太空。

蒸汽机发明后，人们就开始思考怎样将其用于陆地运输，以替代传统的马车和牛车，它的最早应用便是火车。火车诞生 200 年来，经历了蒸汽机车时代、内燃机车时代和电动机车时代。机车的动力在加大，速度在加快，污染和噪声在减小。

1964 年日本建成了世界上第一条高速铁路，这就是从东京到大阪的东海道新干线，高速列车时速可达 210 千米。继日本之后，法国、英国、德国与中国也相继建成了自己的高速铁路，而且列车时速在不断提高，噪声越来越小，车厢则更加舒适。

目前，除日、法、英、德、中开通高速列车外，意大利、比利时、俄罗斯、瑞典等国都已有运营的高速列车。通过英吉利海峡隧道的高速列车"欧洲之星"已把伦敦、巴黎、布鲁塞尔连在一起。而 2007 年 4 月，法国的高速列车则创下了时速 574 千米的新的纪录。

关于将蒸汽机用于水上运输的船只，在蒸汽机发明后人们也开始在这方面下工夫，并于 1907 年成功地制造出了第一艘采用蒸汽机作为动力的汽船。今天，船运的主要动力已由蒸汽机发展为内燃机。由于有这样的动力作为基础，最大的轮船载重已经超过 60 万吨，有如一座小山（如"埃玛·马士基"号集装箱船，有 12 层楼高，有四个头尾相连的足球场那么大，运载能力达1.1 万标准箱），普通的客货船的航行速度最大时速已超过 30 海里，而特殊舰

273

船的速度则比这要快得多，如公安人员在水上使用的快艇时速可达 80 海里。

用核能作为动力的舰船也已经诞生，不过核动力更多的是用于潜艇。今天的潜艇可以潜入数千米深的海沟，而且可以数日深海潜行不出水面，可惜的是各类潜艇除少数用于科研和旅游外，基本上都是作为战争的武器。

而今最广泛被人们替代马车作为陆上代步工具的是汽车。汽车不论从载重、速度、舒适性以及耐持久性方面都已远远超过了马车。我们在世界各地到处都能看到各式各样的汽车，公路四通八达，特别是在发达国家，高速公路横贯东西南北；连中国这样的发展中国家，随着近年来经济实力的不断增强，高速公路也从无到有，且很快跃居世界第二。

飞机的诞生把人类带入了一个全新的时代，飞机最早用于民用运输是在 1918 年，当时在巴黎和伦敦之间，以及纽约—华盛顿—芝加哥之间分别开通了定期邮政航班，而今天的飞机则已经成为沟通世界的必不可少的交通运输工具，同时，也是必不可少的战争工具。

274

飞机从诞生到发展经历了一个技术不断提高的过程，航速也越来越快。今天的飞机时速已达到 3000 千米，2004 年 11 月，美国宇航局研制的 X-43A 火箭试验飞机，极限时速则达到了 11260 千米。

现在我们乘坐的普通亚音速飞机一般时速也能超过 1000 千米，而且亚音速飞机飞行距离长，如波音 747-400 在中途不加油的情况下航程可接近 13000 千米。不久前由欧洲空中客车公司研制的空客 A380 飞机是名副其实的空中巨无霸，若全部安排经济舱可载客 800 人，最大航程可达 15100 千米。至于空中加油机的面世，更是为远距离的空中飞行创造了条件。

在实现飞天梦想后，人类又开始进一步探索飞出大气层、飞向太空的可能。1961 年苏联宇航员加加林乘坐"东方 1 号"宇宙飞船进入太空，终于实现了人类冲出地球的梦想。而美国的阿波罗登月计划则在 1969 年首次将宇航员送上了月球，这是人类第一次登上地外星球。2003 年 10 月 16 日中国宇航员杨利伟乘坐"神舟五号"飞船飞上太空，中国成为第三个冲出地球的国家。

与此同时，人类的太空探测器还成功地登上除月球外的金星、火星以及土卫六号等地外星球，并对太阳系的除地球外的所有 7 颗行星进行了近距离观测，且已飞出了太阳系。今天，我们还在地球上空建立了空间站，科学家可以长期在空间站停留，并进行各种科学研究，而且空间站已经开始接待旅游者。

　　据 2007 年美国《大众科学》月刊 1 月号报道，美国海军陆战队正在负责实施一项太空运送部队的研究计划，根据这项计划，登陆机可以飞越太空，在两小时内将部队运送到全球的任何一个地点，显然，这一计划也是适合民用的。目前，这一计划所需的技术，从高超音速推进系统到新型复合材料，在美国的军事实验室里都已经进入相当深入的研发阶段。预计登陆机将在 15 年后试飞原型机，生产型可能在 2030 年左右推出。

　　3. 传媒手段

　　早期的报纸杂志都是从一地出版印刷，然后分送到各地，在同一城市还能及时看到，而在不同的城市则要等上很久。如 100 多年前，中国清朝时期，要想在 1000 多千米外的长江以南城市看到北京的报纸，需等三四个月，因此新闻已经不成其为新闻，至于农村地区一般报纸杂志都不送到当地。之所以如此，都是因为受当时的交通与通信技术条件的制约。

　　当时的交通与通信技术条件下，在报社、杂志社的所在地发生的重大新闻还能较为及时地反映在报纸杂志上，而在外地，特别是边远地区发生的重大新闻便不可能及时地得到反映。

　　随着电报、电话等远程即时通信手段的产生，这种状况有了质的改变，而今，不论是新闻通信技术还是报刊印刷技术都发生了根本的飞跃。

　　今天，世界各地的新闻都能随时通过电子邮件、传真和电话的形式发送到通讯社或者是报社、杂志社。特别是现代计算机采编系统的应用，将通信技术与计算机技术紧密结合了起来，新闻采访与编写人员直接在显示屏上编写稿件，报社、杂志社的中央计算机系统则能直接收到万里之外的地球任一角落的信息，并直接进入计算机照排系统，自行编辑成版面。卫星通信技术与光纤通信技术的应用，使得全球性即时新闻已经完全不受地域、地形条件的限制，而且清晰度、准确性都越来越高，保密性也越来越好。

　　因此，今天不论发生在全球何地的重要新闻，只要有需要就可以当即反映在世界各地的报纸杂志上。而且报纸杂志的印刷发行也完全不同于传统的方式，编辑部将编辑好的版面采用同样的方式，发送到世界各地区进行当地印刷当地发行，因此，各大报社、杂志社都能够做到当日刊物当日就送到阅读者手中。在发达国家，大部分乡村也能收到当日的世界各地的报纸和杂志；

在发展中国家，至少大部分大中城市也都能做到这样，这种新闻的及时性和可靠性在仅仅几十年前都是不可想象的。

对传统传媒手段的重大突破是广播与电视的出现和应用。由于广播的直接性和群众性，在无线广播发明之后便迅速成为全世界普遍推广的一种新的传媒手段。有线广播也有很高的普及率，尤其是在前苏联、东欧等社会主义国家，有线广播更是广泛地应用于新闻传播，中国也是如此。与之同步发展的还有电视。

广播与电视是对传统传媒的一次历史性突破，突破后的广播、电视技术又始终处在高速发展之中。广播电视的出现和发展已经极大地改变了人们的生活。以电视为例，就连中国这样还不富裕的发展中国家，也几乎每家每户都有电视机，包括偏远贫困的地区电视普及程度也都极高，电视已经成为人们生活必不可少的一部分。

随着卫星通信技术的产生和发展，今天的广播与电视几乎可以对任何地区的任何一个新闻事件进行全球实况转播，在陆地可以实况转播攀登珠峰，在海洋可以实况转播探索海底，在太空则可以实况转播宇航员登陆月球、火星车登陆火星、探测器进入土卫六号大气层。由于广播电视传媒的直观性和逼真感，今天这类传媒对人们的影响已经超过了报纸杂志类传媒。

传媒手段的另一重大突破就是互联网的出现。通过互联网我们可以在计算机上阅读到世界各大报纸、杂志、通讯社、广播与电视台的新闻，以及各政府机关、企业事业单位、学校、研究部门等各种机构的各式各样的新闻与信息，并能做到图文并茂、声情并茂。由于其及时性、广泛性和逼真性极大地方便了各式各样的需求者，因此互联网堪称是传媒手段的又一次历史性突破。

三、现代手段下的大统一社会的政令

1. 政权的产生

政令的发出者是政权机构，政权的产生要依照大统一社会的法律程序而定，用今天的政治价值观来衡量，大统一社会一定是一个民主的社会，这一点是由今天人类社会的共同价值观所决定的，依据今天的价值观与政治理念来判断，这也是大统一社会能够长治久安的保障。

民主产生的政权应有选民的选举程序，不论是直议制还是代议制都是如此。要选举产生政府官员或者议政人员，每个参选的人员首先必须要让选民了解自己。这种了解不仅包括政策主张、从政业绩，还包括自己的风度举止、音容笑貌，而且人品和家庭也往往是选民所关心的。

生活在希腊城邦时代的思想家亚里士多德在自己的著作《政治学》中对一个理想的国家作过这样的描述，他认为理想国家的人口多少和国家大小都要恰到好处，这种恰到好处就是国家要一眼能望到边，成年男子的数量以在平时能听到传令官的叫声，在战时能够听到最高指挥官的指挥声音为限。按他的描述，理想的国家也就是一两万人而已。亚里士多德之所以有这样的思想，主要是从民主的角度考虑的，因为只有很小的国家才能够使每个人都有直接参与国家大事的机会，在选举国家的执行官时每个人都能够根据自己的判断直接投上神圣的一票。

这位亚历山大的老师，其实他的学生就缔造了一个横跨欧亚非的空前庞大的国家，但那只是君主制国家。

进入近代以来，世界上出现了许多民主制的大国，人口甚至达数亿以上，国土面积则达数百万平方千米以上。如此庞大的国家采取直议制在过去显然是不可能的，因此普遍采取的是代议制，也就是选民根据自己的意愿选举出认为可以代表自己发表意见的议政人员，组成代表机关，从而间接参政议政。关于政府领导人的产生，则既有选民直接投票选举的，也有由代表选民的议政人员代为选举的。

大统一社会最广泛的选举是对世界政府的领导人以及世界议会的议政人员的选举，参与选举的人员包含了全人类，包括的范围是全世界，其规模和范围是人类历史上任何一个国家都无法比拟的。

在如此广大的区域中的选举能否做到真正的民主，就是要看每个有选举投票资格的公民能否真正自主、客观、公正地投上自己神圣的一票。要做到这一点，首要条件是每个选民都能够很容易了解自己要选择的对象，也就是要能够对参选者的施政方针、政策主张、行为举止、外表和人品都有所了解。

要在全球范围内实现这一目标，仅仅在几十年之前都还是不可想象的，但是，今天的手段已经完全可以做到这些。不论是通过报纸杂志，还是广播电视，或者互联网，参选者都能够及时而明确地阐述自己的政策主张，而他们的音容笑貌、行为举止和翩翩风度，则可以通过卫星传送的电视系统随时传播到世界的每一个角落。至于有些参选人员希望选民们更身临其境地感受自己的魅力，则可以通过飞机环球飞行到世界的各个地区与选民们见面，因为不论是从何地起飞，到世界的最远端也都不需要一昼夜时间。

选民们的投票选举既可以安排在一个集中的场所，也可以通过互联网在家里单独进行，而互联网的计算机系统会科学严密地进行选民的身份确认和投票的有效性确认，全球的有效选票则可以迅速地通过中央计算机系统进行处理，数十亿张选票的统计会在几秒钟之内便能显示出来，如果顺利的话甚至会更短。

许多学者都认为，在今天的信息传播条件下，不论多大的国家，只要充分采用了现代科学技术手段，完全可以实现直议制，不论什么国家政策都可以采取全民公决。亚里士多德的小国寡民才能实现的民主的理想，在全球性的大统一社会中也可以实现，只是要看是否有此必要。

2. 政情的上传与政令的下达

政策决定的依据首先要综合各地上报的情况，即上传的政情。大统一社会的政令的最高下达机构是世界政权的有关机构，由下上传的政情的最广泛的集中部门也是世界政权的有关机构。

在大统一社会中，世界政权处理的政情来源于全球各地，涉及政治、经济、社会、文化、民族和宗教等各方面，关系的范围则是全人类。决策的正确性与及时性与否，首先取决于各地的政情是否能够及时准确地上报至世界政权的有关部门，特别是有些情况要求立即处理，不能有任何的拖延，如地震、洪水、海啸等自然灾害发生后必须马上救助；大规模犯罪、大的社会动乱需要即刻平息。这样的情况如果不能及时上报世界政权的有关部门，并采取果断的措施，就有可能酿成一系列非常严重的后果。

1976 年中国的唐山大地震震级达 7.6 级，24 万人顷刻间丧失生命，同时还有近百万人需要救助，许多人还被压在瓦砾中。怎样将这一灾难事件尽快上报给中央政府便成了问题。唐山距离首都北京不到 200 千米，当时由于有线电话线路已遭地震破坏，又没有无线卫星通信，因此，报信人员只得拦截了一辆卡车赶往北京送信，从唐山到北京用了六七个小时。而这只是 30 年以前的事。

如果用这样的方式上报灾情，在大统一社会显然是行不通的，上万千米之外的重大自然灾害，从上报到决策再到实施救助必须要有非常及时的通信手段，不然生命与财产的损失将不可设想。

事实上，我们现在拥有的通信手段已经完全可以做到这一点，不论是电话、传真还是电子邮件都可以将信息马上传送到地球上任何一个地区。

在这样的通信条件下，政令下达同样是十分便利的，世界政权形成的政令不论是需要口头传达还是要求采用声像或者图文的形式，都可以即刻通知对方，即使要求将原文送到执行者手中，也完全可以通过飞机、火车、汽车等交通手段，在一两天之内送达。

政令的下达有时涉及一些需要召开的会议。如果要召集全球各地的人员到一个共同的地点开会，从启程到达开会地点一般最远也只需一两天，而工业革命前要召开这样的全球性会议是根本不可能的，因为从通知到召开会议，在那个年代至少也要一两年时间。

而且，现在的会议方式已经是多种多样，如果会议不需要将大家召集到一起，或者特别紧急，需要马上召集全球有关人员开会，既可以采取电话会议形式，也可以采取电视会议形式，还可以通过互联网开会。

科学技术已将世界变得越来越小，人们经常形容人类只是生活在一个小小的村庄，这个村庄就是地球村。

3. 政令的执行与督查

政令的执行与督查与交通条件关系非常密切，首先，不妨还是以应对自然灾害和大规模犯罪以及社会动乱为例，由此来展开我们的分析。

在现代交通运输条件下，如果某地发生地震或者水灾，世界政府若决定调动救灾人员和救灾物资，在最紧迫的情况下可以第一批采取空运，那么，考虑最不理想的情况，即使在地球最远的地方调配资源，要运到受灾地点也只需要一昼夜时间。当然，更实际的情况是，世界政府对于应对这种意外事件的人员和物资的配备，一定会是在全球范围内合理布局，而遇到紧急情况时会就近调拨，第一批人员和物资采用飞机快捷运输，而以后的大规模的救助人员和救灾物资不论是采取火车运输还是轮船运输，在现代交通条件下都是极其方便的。

如果是应对大规模的犯罪和社会动乱，政府所调动的主要是军队，其应变速度应该更快，可以招之即来、挥之即去，因此本着就近调动的原则，快速反应部队完全可以通过飞机或者地面车辆很快到达。

至于政令督查，涉及世界政权各机构的人员深入到全球各地进行检查与监督，并将所了解到的情况及时上报世界政权的有关部门。那么，在今天这样方便快捷的交通条件以及如此便利及时的通信手段下，政府督查人员完全可以随意飞赴世界任何一个地区开展检查和监督工作，如果只论路途的时间一般都不会超过一两天。

同时，对督查的情况如需及时向上汇报，随手都可以拿起手机进行联系，或者通过手提电脑、手机传真机发送有关文字材料，如果需要进行当面汇报和研究，也顶多只是一两天的行程而已。

为了确保政令的贯彻执行，督导各地区、各组织以及各相关人员自觉主动地执行政府的政令，还须使全民充分了解每个政令的重要性，要做到这一点需要进行各种形式的宣传和教育工作，于是，各种传媒将在这方面发挥重要的作用。

今天，极其丰富、方便、快捷的传媒手段将是大统一社会有效治理的可靠保障，今天的报纸杂志可以当天传送到世界各地，而世界各地的新闻，以及政府确定的方针政策也可以在当天及时见报；各种广播电视不仅可以即时播发政府的方针政策和决定，同时，对于政治领袖认为有必要当面向全球民众发表的广播与电视讲话，还可以进行全球现场直播，通过领袖们身临其境的阐述，人们必定会更加深刻地领会其政府的意图；计算机互联网也是一种非常重要的传媒手段，它的普及性与巨大的信息量，同样是世界政权为宣传自己的方针政策，并使之得以顺利有效贯彻执行的重要手段。

由以上分析可以看到，现代科学技术成果为大统一社会的政令畅通提供了有力的保障，这是能够有效治理大统一社会的必要且充分的硬性技术条件。

我们知道，在历史上，不论是芝诺、康德还是马克思和恩格斯，他们都曾提出过统一人类这种类似的思想；然而，在他们那个年代将全人类统一到一起的技术条件是完全不具备的。因为，仅在100多年前，以当时的交通手段、通信手段和传媒手段，就是治理一个大的国家都有一定的难度；而今天，这一切已经彻底得到了解决。

　　需要说明的是，我们今天所拥有的如此先进的交通、通信和传媒手段，仅仅只说明人类今天拥有的技术条件已经能够满足大统一社会治理的要求，之前的阐述正是建立在这些科学技术成果在全球范围内充分普及的基础之上的。然而，事实上这样的技术条件并没有被人们普遍使用，特别是在今天的许多贫穷国家和地区，人们还过着非常原始的生活，现代科学技术的成果还没有"光临"那里。要使大统一社会能够有效地治理，就要将这些科技成果广泛地普及到全球各个地区和各个群体，这一点通过人为操作是完全可以实现的。还要说明的是，普及这些科技成果与严格限制科学技术的发展不矛盾，因为所有这些科技成果都是既有成果，并不是对新的科学技术的开发和发展。

第二节　阻力较小的最大变革

当明确了实现大统一的技术条件已经成熟之后，便已经告诉我们，只要通过人为的合理运作便可实现人类的大统一。但即使如此，人为运作也有难度大与小的问题，如果大统一事业推进的难度极其巨大，推进起来遥遥无期，且这一期限已经超过了灭绝手段会出现的时间，甚至要超过人类自我灭绝的时间，再去考虑推进大统一的问题便失去了意义。因此，有必要对这一次社会变革的阻力大小作一个现实的分析。

一、社会变革的残酷性

纵观人类历史，社会变革与血腥杀戮从来都是联系在一起的，从小的国家政权的更替，到大的具有地区影响或者具有世界影响的社会变革，其残酷性大多都是如此。

社会变革之所以总是以极残酷的形式表现出来，根本原因是要求维持旧制度的一方与要求变革的一方之间的矛盾是你死我活的。社会变革的主要形式是旧制度下的统治阶层被新制度下的统治阶层所取代，统治阶层占据着统治地位，必定会利用自己的统治地位来维护自己以及一部分特定群体的利益，这些利益包括经济利益、政治利益、文化利益等，由此可以看出，不论是何种利益，都属于幸福价值的范畴。

但是，如果要实现社会变革，在新的统治阶层取代旧的统治阶层后，便意味着旧的统治阶层以及他们所代表的那一利益群体，其幸福价值将会被剥夺，而被剥夺的这部分幸福价值则被新的统治阶层及他们所代表的那部分利益群体所获得。因此，这样的社会变革普遍都是以一部分人的幸福价值的失去换取了另一部分人的幸福价值的获得。于是，那些将失去幸福价值的一方必然会极力维护自己的利益，而那些要求获得幸福价值的一方则必然会极力争取变革的成功。

但这只是问题的开始，将要失去幸福价值的一方在维护自己的利益时，所采取的手段并不只是限于幸福价值范围之内的，处于现时统治地位的群体，会利用自己统治地位的优势条件，对寻求变革者不仅会采取流放、监禁、严刑拷打等剥夺其幸福价值的手段，同时也会以杀害生命甚至诛杀家族、亲友和同党的手段来达到阻止变革的目的，这些则是剥夺人的生存价值的手段。

同样，寻求变革者也深知变革的目的只是为了自己的幸福价值，从表面上看也只是剥夺原有统治阶层的幸福价值，但所采取的手段则绝不可能只限于幸福价值范围之内。如果不彻底打败统治阶层，从根本上使现有统治阶层失去其统治的地位，是不可能达到目的的，于是，暗杀、恐怖袭击、战争这些以剥夺生存价值为特点的手段便不可避免地都会被使用上。

所以，任何变革其初衷虽然都只是起于幸福的价值，但其手段则都必将会既包括了幸福价值范畴内的，也包括了生存价值范畴内的，即人的所有最重要的价值都包括在其中了，这就使得任何社会变革的你死我活的特点表现得十分突出。正是有了这一特点，便使得每一次大的社会变革其难度都非常大，因为任何现时统治阶层都会使用所有能够用的一切手段来捍卫原有制度，而现时统治者所掌握的手段与资源无疑又有着明显的优势。

大的社会变革的难度极大还在于这样的原因，统治阶层为了维护自己的统治必然会推行一系列的相应政策、措施和办法，采用各种手段影响人们的视听与思想，使人们从思想深处认同这一统治和制度的合理性和合法性，这无疑就会导致一种更科学、合理的制度要想让人们去接受其难度变得非常大。从历史上可以看到，一种新的思想要想让人们不断去接受都要用百年以上的时间，而要最后改变世界则需几百年。

文艺复兴运动以复兴欧洲古典文明为旗帜，实际则是要推翻天主教的封建神权统治。由于天主教的封建统治在人们的思想深处烙印深刻，要摆脱其统治难度非常大，并且需要创造各种条件，这就要求有相当长的思想醒悟过程。因此，文艺复兴运动作为近代人类社会的第一次思想解放运动，自14世纪到16世纪，持续时间达200年才产生实质性作用。而这期间，许多思想家和科学家都惨遭屠杀与迫害，运动的最终成功则是以战争形式实现的。

那么，在之后不久掀起的被称为第二次思想解放运动的启蒙运动，从运动兴起到产生实质效果也用了100多年。

17、18世纪的启蒙运动，矛头直指黑暗的中世纪，启蒙思想家高举理性主义的旗帜，批判封建的社会制度与政治制度，抨击中世纪的神学教条，并提出了系统的建立合乎理性的社会与国家的理论与设想，从而为近代民主国

283

家的建立，在思想上和理论上铺平了道路。启蒙运动的成功是以一系列的大革命和大战争作为标志的，美国革命、法国革命、拿破仑战争……在革命与战争中死伤人数论百万计。

究其原因，正是这次社会变革之巨大，决定了这次社会变革要比一般的社会变革更残酷，同时，要酝酿这次社会变革所需的思想醒悟过程也特别的长。除启蒙运动历时 100 多年外，实际上文艺复兴运动也是这次社会变革的前奏，由此算起，酝酿这次社会变革用了约 400 年时间。

共产主义运动也是如此。共产主义运动以推翻资产阶级的统治，建立无产阶级专政的社会主义国家为目标，其社会变革的矛盾的尖锐对立性自然是毋庸置疑的，而这样的社会变革所需的酝酿时间之长，变革的手段之残酷也就是理所当然的了。

社会主义思想的最早设想可以追溯到 16 世纪初莫尔所写的《乌托邦》，而后，对一种理想社会的追求，以及对社会主义的探索经历了几百年时间，这种探索的过程实际上也是思想传播的过程。直到 19 世纪马克思与恩格斯科学社会主义思想的诞生，从而为社会主义政权的建立提供了理论依据。正是这一思想的进一步传播，最终导致了社会主义国家的建立，并使共产主义的旗帜曾插遍半个世界。

几乎所有的社会主义国家的建立都伴随着血腥的战争与武装起义。而第一个社会主义政权即俄罗斯苏维埃联邦社会主义共和国政权建立后，便即刻遭到了世界上各资本主义国家的武装干涉，从政权的建立、早期维护以及之后的稳定，经历了非常艰难的过程。中国的社会主义政权的建立，仅因战争所导致的人员死伤便以百万人计。这一切无疑都是因为这样的社会变革其现有统治阶层与要求变革的群体之间的利益关系完全对立所致。这种对立的特点是要求获得利益的一方必定是以另一方失去利益为前提的，因此，其矛盾必然是针锋相对、你死我活的。

二、这次巨变的根本利益的全人类一致性

一般而言，社会变革的规模越大，其难度也就越大，这种难度在于占统治地位的现时既得利益集团会不惜一切地努力维护现有制度，而寻求变革的力量又需要相当长的时间不断地凝聚，只有在双方的力量平衡发生逆转时，社会的变革才能够实现。毫无疑问，正是努力维护现有制度的一方与寻求变革的一方，因其利益的尖锐对立，导致了每一次社会变革难度大、需要时间长，以及非常残酷的情况，这种情况随着社会变革的规模越来越大而表现得尤其明显。

由国家社会向大统一社会的转变其社会变革的巨大性将会远超从前的任何一次社会变革，这是因为过去的社会变革都是在国家社会形态这一制度内的变革，这些社会变革有的是国家内部的制度变革，有的还涉及国家的合并、分裂和重建，但不论怎样，这些变革都没有脱离国家社会形态这一大的社会制度。而这次变革则是由国家社会向大统一社会的转变，这种转变是人类社会的社会形态的根本改变，是以所有国家的消亡为前提，从而达到全人类的大统一的，这种转变的巨大性是空前的，而其开创性意义不仅是空前的，也是绝后的。那么，这种前所未有的巨大性是否就意味着这次社会变革的困难程度、残酷性程度，以及所需时日也应是空前的呢？

我们知道，必须走向大统一是我们被迫的选择，因为如果不走向大统一，便不可能真正做到限制科学技术的发展，人类便会因此很快走向灭绝。所以，这次社会变革关系着人类的整体生存，每一个人最根本的利益都包含在其中。因为科学技术所带来的灭绝灾难虽然可能不直接危及自己，但却现实地关系到子孙后代。

不仅如此，事实上大统一社会又是一个可以为全人类带来普遍幸福的社会，同时，大统一社会又特别适合推行均富的政策，这使得大统一社会将是一个没有竞争压力与知识更新压力的社会，是一个少有战争与各种犯罪的社会，也是一个普遍富裕且健康长寿的社会（关于这些问题将在以后章节中详细阐述）。因此，走向大统一不仅可以保证人类整体生存价值的实现，也能够保证人类整体幸福价值的实现。

由此可见，大统一社会所能够带来的好处将可以普遍惠及我们所有的后代子孙，不论是哪个阶层、哪个群体，都可享受到大统一社会为自己所带来的最重要的价值实现。因此，在大统一事业面前，全人类不论哪个阶层和哪个群体，都有其根本利益的广泛一致性，并不存在在根本利益方面你的获得便是我的失去这种尖锐对立的矛盾。

当然，虽然大统一事业对于全人类有着根本利益的普遍一致性，但是，

285

根本利益与视界利益却常常存在矛盾，也就是说，一个人以及一个群体，其长远和本质的利益与其眼前和表面的利益常常并不一致，那么，长远和本质的利益需要智慧思考才能理解，只有理性者才会义无反顾地去坚持和维护，至于眼前和表面的视界利益则多数人都会坚持与维护，即使前者比后者常常重要得多，但也总是会有人为了获得后者而牺牲前者。因此，在大统一事业的推进中便必然会有一批不顾全人类根本利益的极端自私者跳出来阻碍历史的车轮。

三、阻力分析

既然由国家社会向大统一社会的变革其阻力主要在于在这一变革的转变过程中一部分群体的视界利益受到了损害，那么，大统一事业会影响哪些人的视界利益，并会因此受到多大的阻碍呢？要搞清这个问题，可以从以下一些内容入手进行分析。

第一，在普通人群中，大统一事业最大的视界利益的受益者将是广大的贫困国家，尤其是中小贫困国家的人民。

贫困国家之所以有今天的贫困状况，主要是因为这些国家在历史上就受到了不公正的对待，有些经受战火的蹂躏，有些长期受殖民主义者的欺压，这一切使得他们成为现代文明的落伍者。然而，落后就要挨打，在残酷的国际竞争中，贫穷者只会变得更加贫穷。因为国际竞争规则是富国、强国制定的，特别是现代社会的竞争，从根本上就是科学技术的竞争，中小贫困国家在资金不足、人才不足、管理能力差等方面最为突出，他们在发展科学技术方面，尤其是技术创新和将科学技术转化为生产力方面能力最差，现代文明的成果长期远离那里，于是，他们的落后与贫穷便是可想而知的了。

但是，实现大统一之后，世界处于世界政权的一体化管理之下，贫困地区不仅会得到普遍公正的对待，而且他们得到的帮助将是来自全球范围内的，而对他们的管理则是集全球智慧的。这其中至关重要的则是，大统一社会虽然限制科学技术的发展，但却要强调对现有安全成熟的科学技术的普遍推广与应用。在国家社会，那些中小贫穷国家是不具备这种推广与应用能力和条件的，但大统一社会集全球的人才与智慧，则完全可以将最合适的科学技术成果在这些地区加以推广和应用。随着这种推广应用的深入与普及，这些地区尽快走向富裕将是完全可以期待的。

第二，富国并不需要为大统一事业作出特别的牺牲。

实现大统一后，穷国受益的同时便很容易使人联想到这是富国援助并作出牺牲的结果，那么，富国人民是否因此受到了大的损失呢？其实并非如此，因为穷国的发展与脱贫，最主要是依靠现有安全成熟的科学技术成果的普遍推广与应用。这其中的主要投入是科技人才与管理人才，人才的培养和支援虽然也需要相当的投入，富国在为穷国尽义务时自然要有这种牺牲，但这种投入相对于直接的经济扶植要少得多，而且富国的这些投入还完全可以通过其他途径弥补回来。

我们知道，由于在国家社会各国之间的对抗常以战争的形式表现出来，因此，任何国家都会将军队的建设与军事的投入放在最重要的地位，军费开支必定会很大。但大统一社会世界，融为一个整体，国家消亡了，国家之间的对抗也随之消亡，随着民族与宗教的融合，以及非竞争社会的建立，人类社会将少有战争与犯罪，军队的主要任务则基本是维持社会的稳定，以及对自然灾害的救助行动。这就使得军费开支将只是社会开支中的极小部分，一般而言可能连今天军费开支的十分之一都不需要。这便意味着国家社会的军费开支部分将有90％以上用于其他方面的投入。如果将这一部分投入到贫困地区的发展，将是相当可观的资金。

事实上，大统一社会在其他方面还可以实现费用的减少。例如，随着国家的消亡，各国最高权力机构消失了，全球只有一个最高权力体，即世界政权，因此最高权力机构体系便只有一套，这就可以大幅减少行政费用方面的支出。又如，随着国家的消亡，国家区域之间交往的障碍将会消失，尤其是贸易往来的障碍将会消失，这一切将使各项费用支出减少。若是仅仅将这些费用用于对贫困地区的援助，也可以使贫困地区实现脱贫的目标。

第三，中等富裕的国家其人民的经济利益将会有相当的受益，富国人民也会有一定的受益。

当世界统一于一体之后，随着对现有安全、成熟的科学技术成果的普遍推广与应用，全球将趋于一个均富的世界，这种富裕的程度将会稳定在今天的发达国家的水平，或者稍高一些。因为今天的发达国家之所以富有是由于充分地应用了最先进的科学技术成果，如果把这些先进的科学技术成果普遍地应用于全球每个地区，这些地区自然也就会具有今天发达国家的水平。

又由于现有的科学技术成果总会有一部分还没有得到应用，但这些成果在大统一社会则必定会最终都能够普遍地被推广和使用。并且任何发达国家所应用的科学技术都不可能在所有方面都是最先进的，而大统一社会将是对全球所有最先进的科学技术进行全面汇总后的统一应用，因此，所使用的科学技术其总体先进程度必定会超过今天任何一个发达国家。因此，大统一社会人们的生活水平甚至会高于现有的发达国家的水平。因此，中等富裕国家的人民便会有相当的经济受益，而富国人民也会有一定的经济受益。

第四，世界各国中下层的领导者其视界利益不会有大的改变。

当实现大统一后，如果世界各国的中下阶层的领导者还在其位的话，他们所领导的区域，或者所领导的行业部门，由于其范围还没有大的变化，在他们之上仍然还是有更高层级的领导者与领导部门的领导与管理，因此，仅仅从权力的大小与范围而言，他们的视界利益将不会有大的改变。

第五，中小国家的最高领袖与最高领导阶层是视界利益的最大失去者，而大国的最高领袖与最高领导阶层则是最大的受益者。

由于国家社会的最高权力体是国家，每个国家的最高领袖与最高领导阶层的决定与行为都没有更高层级的干预与左右，因此这些人的决定都是最终决定，他们不仅享受着这种最高层级领导者所享受的荣耀与权力，同时又可以因此获得许多视界利益。

国家社会是许多的国家并存，每一个国家都有其最高领袖与最高领导阶层；但是，当人类实现大统一之后，最高权力体将是唯一的，其最高领袖与最高领导阶层人数都非常有限。在推进大统一的过程中，那些中小国家的领导人能够在大统一事业中扮演主导者角色的可能性是极小的，因此，他们更多的可能将会是因为大统一社会的实现而失去其权力与特权，且所失去的是顶级的权力与特权，因此，他们视界利益的失去将最多。

对于大国的最高领袖与最高领导阶层来说，情况刚好相反。因为一般而言，任何大的政治版图的改变都要依靠大国力量推动，由国家社会向大统一社会的转变其巨大性要超过历史上任何一次社会变革，无疑这次变革必须得依靠大国的力量去完成，而其中最能够发挥作用的领袖与群体毫无疑问将是大国的最高领袖与最高领导阶层。

尤其重要的是，大统一事业是拯救人类的伟大事业，也是为全人类带来普遍幸福的事业，其无比的正义性毫无疑问是空前的，甚至也是绝后的。在如此具有意义的事业中能够发挥领导者的作用，正是任何具有实力的政治领袖梦寐以求、终身难得的，如果真的在大统一事业中有所作为，这些领袖将可名垂青史、万古流芳，而最有可能担此重任者毋庸置疑将会是大国的最高领袖与最高领导阶层。因此，他们将会是大统一事业的最大受益者。

综上所述，大统一事业不仅有根本利益的全人类一致性，而且在大统一事业中，广大的普通人群都能够获得视界利益的收获，不论是穷国、中等富国还是富国，其人民群众都可受益其中。如果把这一道理对他们进行宣传与教育，他们将会是推进大统一事业最广泛的力量，这种力量终将可以形成一股巨大的洪流。

在领导阶层中，广大的中下层领导者虽然在权力方面其视界利益不会有多少得失，但他们却是大统一事业所产生的经济效益的受益者，加之大统一事业具有拯救人类的伟大意义，每一个人的根本利益都包含其中，因此，这些群体也将会是大统一事业的支持者与推动者。

大统一事业最大的阻碍力量将可能来自广大的中小国家的最高领导者与最高领导阶层。因为在权力与特权方面他们都将会是失去者，相信在大统一事业中，他们中的相当一部分会以全人类的大义为主，成为大统一事业的推动者。但是，其中也必定会有少部分极端自私者，他们可以不顾全人类的生存，不顾子孙后代的幸福，因此固守自己的权力与特权，而成为阻碍大统一事业的小丑。

那么，如果这些人要反对大统一事业，其所发挥的能量是比较大的：他们会利用自己最高领导者与最高领导阶层的条件，想方设法动员全国人民来阻碍大统一的进程；他们会扰乱视听，使其人民不能够认识大统一事业的必要性、可行性与能够为其带来多种现实利益的好处。因此，这些人将会是大统一事业的主要阻碍力量，也是最强大的阻碍力量。

与之对应的则是，那些大国的最高领袖与最高领导阶层由于有可能成为大统一事业的最大受益者，因此，他们极有可能会成为大统一事业的积极推动者。更重要的是，这些人可以发挥的能量是非常大的，他们会利用自己国家最高领导者与最高领导阶层的条件，动员举国之力来支持大统一事业。

因此，作为大国的最高领袖与最高领导阶层，他们不仅有可能积极地推动大统一进程，而且也是最有能力推动大统一进程者，如果少数最具实力的国家的最高领袖决意联合行动，世界完全可以彻底改变模样。因此，他们是大统一事业最值得依赖的力量。

那么，通过以上分析可以看出，虽然由国家社会向大统一社会的转变是人类历史上空前巨大的社会变革，由于有人类根本利益的完全一致性，以及全人类视界利益的广泛一致性，尤其是大国最高领袖与最高领导阶层这一最具能量的群体是视界利益的最大获得者，这就使得这一空前巨大的社会变革其阻力则有可能相对比较小。

第三节　大统一社会的预演

人类世界纷繁复杂，许多问题一直困扰着我们。从当前看，人们所意识到的最严重的问题首推战争，除此之外还有犯罪、环境、资源、贫困等诸多的问题。这些问题依靠一国的力量不可能解决，因此，人们一直都有强烈的协调与统一世界行动的诉求，许多的国际组织正是在这样的诉求中应运而生的。例如联合国，就是这类国际组织中最具代表性的一个，它作为一个全球性的普遍性国际组织，一直在致力于协调各国立场，统一全球行动，并为此作出了许多的贡献。

同时，全球经济正在走向一体化，商业贸易早已突破了国界，任何一国的市场都不是独立封闭的，它们早已经成为全球市场的一部分而融入世界，且为了统一世界市场，协调世界贸易，在全球范围内又成立了世界贸易组织，而且许多区域性的贸易组织也应运而生。世界的一体化在某些方面不以人们的意志为转移，冲破国家的桎梏，正逐渐在形成之中。

不论是国际组织所进行的一系列统一全球行动的工作，还是世界经济事实上正在走向全球化，这一切都在一定程度上带有大统一社会的特征。虽然国际组织的所作所为并不是对大统一社会的刻意追求，世界的全球化趋势也不是因追求人类的大统一所致，但是，客观上这样的举动和这样的结果，对大统一社会的运作方式却有一定的尝试性质，对大统一社会治理的技术条件也有一定的检测性质，因此，我们不妨将这样带有一定大统一社会特点的情形看成是对大统一社会的预演。

之所以称其为"预演"，是因为这些情形明显地带有大统一社会的某些特点，对它们的研究与分析，可以使我们能够更清楚地了解今天的人类社会的特征与客观发展趋势，以及今天所拥有的技术条件对全球性治理的影响状况，从而对实现大统一的可能性有更客观的认识。

一、国际组织与大统一社会

"二战"后，国际组织如雨后春笋般大量涌现。在区域性的国际组织中，曾经最有影响的就是以美国为首的北大西洋公约组织和以苏联为首的华沙条约组织，这两个组织实际上也是两大对抗的军事集团。很有影响的区域综合性国际组织还有欧洲联盟、东南亚国家联盟、阿拉伯国家联盟、独立国家联合体等。另外，还有许多区域性的专业组织也较具影响，如亚太经合组织、石油输出国组织等。

全球性的国际组织影响最大的首推联合国以及被称为经济联合国的国际贸易组织。除此之外，还有许多全球性的专业组织也较具影响，如联合国教科文组织、世界卫生组织、国际货币基金组织等。

同时，许多非政府间的国际组织也在力图发挥自己的作用，如国际学生联合会、世界青年联合会、绿色和平组织等。

各式各样的国际组织数不胜数，很难进行具体统计，这些国际组织都是依据各种团体和各国政府的不同需求而成立的。从政府间国际组织看，分析这些组织的宗旨和目标可以发现，大部分区域性国际组织是为了提高成员国的集体竞争力所成立的，有的是为了提高军事竞争力，有的是为了提高政治竞争力，还有的则是为了提高经济和资源竞争力，而所谓的竞争力实际上就是对抗的能力。因此，区域性国际组织的宗旨一般而言与大统一社会通过统一全球行动，以维护全人类根本利益的目标并不吻合，甚至是相悖的。

全球性国际组织的宗旨与目标则刚好相反，这些国际组织一般是应全世界各国的普遍诉求而成立的，这样的诉求往往围绕着人类普遍的利益。特别是像联合国这样的组织，则是深感世界大战对人类的巨大毁灭所带来的灾难和痛苦而成立的。因此，这些全球性的国际组织成立的宗旨和目标，以及成立后的工作方向，与大统一社会的全人类利益目标往往比较一致，它们的工作不论其效果如何，事实上与大统一社会将来的工作方向都有一定的一致性。而且，国际组织开展工作所采用的技术手段，与大统一社会的世界政权将来采取的技术手段也有很大的一致性。因而，观察今天国际组织的工作开展情况，将能够从一定程度上看到未来大统一社会的一些概貌。

以环境问题为例，保护环境是人类面临的共同课题，工业革命以来造成的严重的环境污染和森林草地的破坏，以及由此带来的一系列的负面环境效应，越来越引起人们的忧虑，诸如此类的问题即使在大统一社会同样是全球必须重点关注的问题，也同样是世界政府必须下大力气努力治理的重要工作内容。

那么，作为同样致力于协调世界行动的联合国，从 20 世纪 60 年代初就开始对此进行重视，而后多次为此召开会议，并前后通过了一系列环保决议和公约。联合国的这一系列行动，使得"拯救我们的地球"这一环境保护目标在世界范围内深入人心。

人口问题是人类面对的一个同样重要的问题，由于医疗与医药技术的发展，以及落后的生育观与节育措施，导致世界人口急剧增长，而且这种增长趋势呈加速状发展，被称为"人口爆炸"。人口问题同样也将会是大统一社会的重要社会问题，而且大统一社会的人口问题要比国家社会更为重要，这是因为大统一社会必须严格限制科学技术的发展，我们将不能够通过科学技术的发展获得更多的食物与资源，如果不控制人口数量，全人类就有挨饿的危险。联合国早在 1947 年就成立了人口委员会，而后在各种会议上都提醒全世界重视人口问题，还多次就人口问题召开专门会议，并通过了一系列的决议和行动纲领。

关于反对贫困问题、打击恐怖主义问题、保障人权问题、禁止毒品问题等，联合国始终在进行多方面的努力，多次召开全球性会议，一直在不懈地进行着一系列的工作。着眼于未来，这些都不是某一个短暂的历史时期能够了结的工作，大统一社会依然还会坚持就这样一系列关乎全人类切身利益的问题进行努力。

联合国是人类社会有史以来最具广泛性的国际组织，也是人类社会有史以来最能够代表全人类利益以及最有能力维护全人类根本利益的国际组织。回顾联合国成立以来的 60 多年历史，它确实站在全人类的高度为人类的整体利益作出了很大的贡献。分析联合国的工作方法和特点，我们发现，联合国要形成一项对人类有益的决定，总是事先与各国之间进行多方协调，反复辩论，特别是必须征得大国的普遍认可，然后再召开相应的表决会议。表决会议只是起一个例行通过的程序作用，召开会议的过程是非常简单的，在技术条件上不存在任何问题。只要各国认可，全世界 100 多个会员国可以马上在世界的任何一个地点召集会议。

典型的例子是 2000 年 9 月 6—8 日在纽约联合国总部召开的联合国千年首脑会议，当时出席会议的有 150 多个国家的国家元首或者政府首脑，首脑车队的汽车就达 1000 多辆，纽约警方则出动了 8000 多名警察。

示的形式出现，因为作为世界政权就意味着权力，因此，其决定的执行力度必然会大得多。

（6）由于国家的主权独立性，联合国作为国际组织，其决策各国可执行可不执行，一般而言联合国没有什么办法对其进行强制性约束，除非采取战争或者全球性制裁。但要动用这样的手段必须有各大国的统一意见，然而，这样的意见是很难统一的，尤其是许多违背联合国决策的行为正是大国所为，对于这些违反联合国决策的国家，如果动用战争手段无疑就是世界大战。

而大统一社会世界政权的决策是以政权的权力手段作为背景的，各地必须执行。如果某一地区有违背规定的情况，其后果就是要追究地区领导者的行政责任，直至撤换其职务，或者追究其法律责任。因此，各地领导一般不会冒这样的风险，即使有个别地区会有执政不力的情况，也有较容易的处置措施，并不会出现大的破坏性后果。

二、全球化与大统一社会

今天我们所处社会的一个重要时代特征便是全球化，这已经成为人们广泛的共识。便捷的交通、快速的通信、丰富直观的传媒缩短了人们的距离，全人类仿佛生活在同一个小小的村庄。

广义地理解全球化的概念，应该包括政治、经济、军事、文化、科技和社会等各个方面。不论你是否知道全球化这样的名词，不论你是否切身体会到全球化的成果，事实上你周围的一切都有全球化的影子。

就北京而言，这个拥有五千年文明的古国首都，没有到过的外国人一定不会想到她的外在与内涵早已脱离了"古国"的影子。当然，故宫依然还是红墙黄瓦，天坛、北海、颐和园的外表依然是明清王朝时的建筑，但那只是特意作为古迹保护起来的庞大北京城的几个小的局部，而除此之外的北京城则满大街到处都是西式招牌，麦当劳、肯德基、必胜客几乎每个人都了解；马路上跑着的汽车有德国的奔驰、宝马，日本的丰田、本田，美国的林肯、别克，还有韩国的现代和启亚，等等；人们喝着可口可乐和上岛咖啡，穿着法国和意大利品牌的服装，手中拿着诺基亚、爱立信或者摩托罗拉手机，看着长虹或海尔电视中的美国大片和韩国偶像剧。在这里，各种生活方式和文化正在相互渗透、相互融合。

　　这种文化与生活方式的全球化趋势绝不是只在北京这样的城市，它已经渗透到各个中小城市，以及非常偏僻的农村和牧区。

　　收音机与电视机的普及，交通与通信手段的及时和便捷，使得一般普通百姓都能够感受到世界巨变与融合的脚步，同时每个人都在自觉与不自觉地被这种全球性的文化所融合。越是发达的国家这样的趋势越明显。

　　深入分析全球化的各个方面，首先我们不妨看看军事的全球化。华沙条约组织与北大西洋公约组织就是两个最大的世界性军事联盟，也可以称之为军事全球化的一种形式，但是，这种全球化只是局限于区域或者集团范围内的，其实只是一种军事对抗集团，与其说是全球化在军事方面的表现，还不如说是国际化的军事分裂与对抗更为确切。

　　类似欧洲联盟、阿拉伯联盟、东南亚联盟和独立国家联合体这样的政治方面的综合性国际组织所表现出的全球化特征，同样与上述性质一样，也只是局限于区域或者集团范围内的，是以联合的力量行政治对抗之实，因而本质上是国际化的政治分裂与对抗。

　　人们对全球化的认识更多的是经济与技术的全球化，这是狭义的全球化，也是名副其实的全球化。

　　经济的全球化首先表现为市场的全球化。我们走进商场购买商品，一眼望去会发现自己正置身于一个世界范围的产品海洋中，只要不是专柜，不论在哪个柜台前审视都可以看到，几乎没有一种产品只是出于同一个国家。世界各地的产品总是汇集在同一个柜台中。

　　关税与贸易总协定 1947 年第一轮谈判在日内瓦举行时只有 23 个成员，以后的成员不断增加。而且统一世界贸易的努力，使关税与贸易总协定这个协调世界贸易的临时机构于 1995 年最后改组成了世界贸易组织这个常设机构。正是经济全球化的客观趋势的不可阻挡，才催生了世界贸易组织的诞生。截至目前，世界贸易组织的成员已达 150 个。

　　经济的全球化还表现为产品生产的全球化，法国的皮尔·卡丹服装很大一部分生产是委托中国的宁波；联想电脑 70％ 的零部件来自中国台湾；空中客车与波音飞机的各种零部件更是来源于世界各地，中国航空制造企业拥有空中客车 A350 生产额的 5％，波音飞机则是由包括美国在内的 23 个国家的 340 家企业协作生产的。

　　经济全球化的另一个表现就是企业投资来源的全球化。今天的空中客车公司、宝马公司、通用汽车公司、西门子公司、爱立信公司等，都不是哪个国家独有的公司，它们的投资来源早已是国际化，股份占有者分布世界各地。因此，对于这样的跨国公司已经不能简单地用国家的概念进行界定，如果一定要与国家联系在一起，只能说这些企业的总部设在何处，它们的纳税地在何处，或者它们的生产基地在何处。

　　经济的全球化同时也反映为企业投资目标的全球化。一个跨国公司，它的投资目标是面对世界的，它要把自己的生产工厂设在离市场比较近、生产成本比较低、投资环境比较好的地区。

　　技术的全球化是伴随着经济的全球化展开的，一项新技术的出现很快就会传遍全球，一种新的产品和一款新的产品样式的出现同样也会很快在世界各地出现。仅从全球化的技术贸易来看，20 世纪 60 年代中期，全球技术贸易额年均仅 25 亿美元，80 年代中期达到 500 亿美元，90 年代中期则超过了 2000 亿美元，平均 5 年翻一番，远远超过了全球经济增长速度。

　　技术的全球化还包括高等教育的全球化。高等学校作为培养科学与技术人才的中心，是促进企业与国家保持竞争优势的源泉。过去 30 年来，全球到国外求学的学生每年平均以 3.9％的比例在增长。今天，在英国授予的博士学位中有 38％被外国学生获得；在美国，这一比例为 30％。英国的本科生有 10％为留学生；在美国，这一比例为 8％。不仅如此，大学教师也在趋于全球化。在美国高校中，科学与工程学领域新聘的教授有 20％出生于国外，而中国的主要高校中，新聘的教师很多都拥有外国的硕士学位。

　　认真分析便不难得出，全球化正是人类沟通与交流手段发生了质的变化所催生出来的，正因为有了今天这样高度发达的交通、通信和传媒手段，使得全球化成为可能。更重要的是，正是因为这样的手段的存在，才导致人们自觉与不自觉地产生了走向全球的冲动。

　　经济的全球化在发展中又需要新的全球化内容进行完善和补充。例如经济的全球化也表现为金融的全球化，美元几乎成了世界通用货币，欧元则在试图挑战美元的地位。银行业的全球化使得世界各地远隔万里的交易，在两个或者几个不同国家的银行可以及时地实行不同币种的结算。这就使得全球化的经济活动更加便捷，全球化的交易手段更加完善，这样便捷和完善的手段反过来又进一步推动了全球化的水平向更深入更彻底的方向发展。

事实上，金融的全球化也在改变人们的生活方式，一张信用卡可以伴我们走遍天下，而不担心衣食住行没有着落。因此，热衷于出国旅游的人更多，他们不仅给目的地带去了旅游收入，也带去了不同的思想、不同的生活方式和不同的精神面貌，使得世界文化也更多地趋于全球化。

文化的全球化趋势同样是现代技术手段发展的结果，但是，文化全球化的程度却远远不能与经济和科技全球化程度相比，究其原因，这是各国都致力于维护自己的固有文化不受外界的干扰所致。就像不可能想象一个伊斯兰国家允许穿三点式服装的女子进行选美比赛一样，同样，也不可能想象美国、法国这样的西方国家会要求女子上街必须戴面纱。

其实，现代技术手段完全可以推动广泛的、多层面、多领域的全球化，相反的是，在这种全球化的过程中，国家却常常是阻碍全球化进程的障碍。

经济的全球化过程对国家利益而言往往是有益的，特别是发达国家和有技术创新能力的国家，在全球化的过程中总是最大的受益者，而一些落后的国家即使在全球化进程中比较被动，但在关闭国门比打开国门更糟糕时，也只好不自觉地去融入世界经济。由于上述原因，经济的全球化过程由于没有国家的阻碍，因而就能很容易地实现。

文化的全球化则不同。思想开放的国家其政府对现代传媒手段限制较少，文化的全球化自然就较容易实现，而有些国家由于人为地限制现代传媒和通信手段的使用，文化的全球化便很难实现。笔者曾经去过一个这样的国家，在其首都的酒店中，电视只能收到两个频道，千篇一律全部是政府的严肃政治节目，这样的环境下当然不可能实现文化的全球化。

至于跨区域、跨集团的真正意义的政治和军事的全球化，就更加不可能在国家社会实现了。政治与军事是国家主权的本质内容，也是国家主权的最后防线，实际上，如果实现了政治与军事的全球化，也就大致上满足了大统一社会的基本特征，那样的社会形态也就不能称其为国家社会了。

分析当今世界全球化的事实，研究全球化产生的根源，有一点十分令人振奋，那就是今天的全球化进程不是由某个政府采用人为的力量强行推动的，而是在现代技术条件下人们的自发行动，这种自发行动反映的是人们对全球一体化的自觉与不自觉的强烈诉求，代表着一种人类渴求的方向。而国家政府在这样的全球化进程中反而起了一种压制的作用，如果没有这种压制，全球化的内容会更加丰富，全球化的程度也会更加深入。

可以断言，只要稍加推动，全球化的程度必然会更加广泛、更加深入、更加全面，当这种全球化延伸到政治、军事、文化与社会等每一个方面时，也就宣告了大统一社会的真正到来，因为，归根结底，大统一社会本身就是一种广泛、深入和全面的全球化。

综上所述，不论国际组织的统一全球的行动，还是全球化趋势的自发产生，一个类似于大统一社会的运作方式正悄然在世界形成，这一切并不为大统一社会而来，但又带有大统一社会的影子，客观上形成了对大统一社会的预演。从这种预演的结果分析，我们可以得出如下几个结论：

（1）国际组织一系列统一世界行动的工作以及这些工作的运作方式，从技术上看是对现代交流与沟通条件应用于世界范围内的统一治理的一种测试和检验，并证明了大统一社会的全球性治理的硬性技术条件已经成熟。

（2）统一世界的行动是人们的普遍诉求，这种诉求首先表现为一批有良知的政治家为了世界免受战火的摧残，为了人类许多共同的利益，而主动发起成立协调世界事务的国际组织。虽然这样的国际组织并不能左右国家社会，其作用十分有限，但它们总在为统一世界的行动进行努力，总在为人类的共同利益呼吁奔波，它们今天致力于推动的许多工作照样是大统一社会也要继续去完成的工作，而且，这些国际组织的工作，同时也为人类走向大统一提供了许多可以借鉴的经验与教训。

（3）全球化趋势是世界自发的行动，是现代交流与沟通条件达到相当水平后的一种难以阻挡的趋势，从这种趋势我们同样看到了人们对走向大统一的普遍诉求，这是一种人心所向，也是一种历史的必然。

那么，就上述各点分析，我们完全可以清楚地看到实现人类大统一的可能性已经非常明朗。有技术条件的全面成熟，有过去预演的经验铺垫，有人心的普遍向往，更加上还有拯救人类于灭绝的无比正义性，哪怕阻力再大，又有什么不能冲破的呢?!

第十章　大统一方案的基本考量

通过之前的讨论已经明确，今天的科学技术水平已经具备了实现大统一的硬性技术条件，而且，从国家社会走向大统一社会虽然是人类历史上迄今为止最大的社会变革，但阻碍其变革的力量却相对较弱，因此总的阻力会比较小。这一切明确地告诉我们，只要通过合理地运作，要实现全人类大统一的目标是完全可行的，甚至有可能在较短的时间内实现这一目标。

那么，本章便将讨论通过怎样的合理运作才能达到我们所确定的目标，即选择怎样的道路才能够实现世界的大统一。

301

第一节　手段与步骤

一、基本思路：和平的中间过渡

大统一就是要变国家社会为大统一社会，使国家消亡，全人类生活在由一个世界政权统一领导下的并能够实现全球行动统一一致的大社会中。在大统一社会中，最高行政权力由国家政府转移到了世界政府，最高权力体由并存的多个国家政权转移到唯一的世界政权，这一转移过程是人类历史上空前的伟大行动。实现世界的大统一，便能够保证人类免遭自我灭绝的命运，这也是全人类最本质的和最基本的利益。

虽然如此，但实现大统一又必然会触及一部分人的视界利益。那些被损害了视界利益的人，有可能会以人类根本利益的大义为重，接受并推动大统一进程；也有可能会违背人类的根本利益，阻碍大统一的进程，甚至还会采取武力对抗的行动。

因此，使世界各国统一到一起所要采取的手段便有可能是两种，即和平的手段和战争的手段。

　　一般而言，一次大的政治版图的改变，都不可能使用和平谈判或者战争武力的单独手段可以达成。所谓和平的手段，常排除不了以和平谈判为主，辅之以战争的威慑和强迫；所谓战争的手段，也排除不了以战争的武力为主，辅之以和平谈判，从而减少损失和伤亡。

　　实现大统一的步骤一般也可以分为两个方案：一是一步到位方案，二是中间过渡方案。

　　一步到位方案是指实现大统一的进程，是从国家社会直接进入到大统一社会，使一个由多个国家分治的人类社会在没有中间过程的情况下，转变为由一个世界政权统一治理的社会。

　　中间过渡的方案则是指在由国家社会转变为大统一社会的过程中设一个中间过渡阶段，在这个过渡阶段，对于一些不利于实现大统一的因素，或者不利于大统一社会长治久安的因素，有针对性地进行整治、调整、改造和消解。

　　大统一事业以拯救人类于灭绝为根本宗旨，是无比正义的事业。正义的事业无疑应采取正义的方案去推进，战争的手段自然不是首选，因此，和平的手段便是我们设计的基本出发点。

　　根据之前的分析可以判断，大统一事业由于具有全人类根本利益的普遍一致性，同时在视界利益方面，又具有全人类绝大多数人群利益的广泛一致性，尤其是掌握着人类社会最高权力与最广泛资源的大国领袖，是视界利益的最大获益者，这就使得避免战争而作出和平手段的设计成为可能。

　　再来考虑实现大统一的步骤问题。要将如此多的国家和地区一次性地统一到一起，其难度是非常大的。

　　首先，国家之间的差异太大。从经济上看，最富有的国家与最贫困的国家之间的差距，以人均收入而言相差数百倍，要融合这种经济差距，富有者与贫困者之间就很难达成妥协。而且，经济基础的巨大差异又必然导致国民的教育水平和整体素质的巨大反差，由此引申的生活习惯、性格特点等多方面都会有巨大差别，将差别如此之大的各国人民同时融于同一个整体社会，其难度肯定非常大。

　　其次，从民族的角度而言，全世界的许多民族之间都有世代怨仇，要将这些有世代怨仇的民族同时融入同一个社会其难度同样非常大。而且即使真的能够将其统一到大统一社会，很长一段的时间，这些仇恨的民族相处一"室"，都会是动乱的根源，民族仇杀、血亲复仇的现象必然会频繁出现。这一切都有可能会严重影响全世界人民对大统一社会的认可度，也为大统一社会的根本治理埋下长期祸根。

第三，宗教问题同样是阻碍大统一进程的重要因素。在目前的世界主要宗教中有些宗教之间的历史仇恨延续千年之久，从宗教意识到宗教礼仪方面差异十分巨大，宗教的力量使得不同宗教的信徒之间很难接受对方。更棘手的是，世界上有少数国家是宗教极端主义国家，对由任何异教徒主导的国家的让步，都被看成是一种宗教背叛的行为，宗教情感使他们不愿受异教徒的左右，这就为国家之间达成妥协制造了很大的障碍。

实际上，影响大统一进程的因素是多方面的，远不止上述所列举的这些，如文化的差异和过去政治传统的差异，也会使各国人民难以接受对方。任何一个国家与大统一社会未来的文化、政治选择之间存在的差异过大，都会影响大统一的实现。

最关键的因素还有，国家领导人的态度事实上很有可能是决定大统一事业成败的最为重要的条件。国家的意志常常主要体现在国家领导人身上，对于一个民主国家的领导人，在将自己的意志灌输给人民的同时，也许在尊重人民的意志方面考虑得更多一些。而一个专制的国家，统治者则是更多地将自己的意志强加于人民，统治者的态度常常是无条件的国家意志，在这种情况下，统治者的意志决定着一切。在进行一步到位实现大统一的思考时，我们面对的是全世界的所有国家，在这些国家中有民主政体的国家，也有专制政体的国家，其情况之复杂、变数之多是可想而知的。可以肯定，在全世界如此多的国家中，肯定有一部分领导人会千方百计阻碍大统一进程。

通过分析上述一系列的因素，可以肯定，要一步到位地实现大统一存在许多难以把握的问题，采取中间过渡的步骤要更加可行。于是，采取和平的手段与中间过渡的步骤便是我们设计大统一方案的基本思路。

在由国家社会到大统一社会之间的中间过渡阶段，至少要做好以下几项工作。

1. 平衡世界的经济与社会发展

如帮助低收入地区迎头向前赶上，把成熟安全的科学技术成果广泛地推广至这些低收入地区，那么，从理论上而言，当这些成熟安全的科技成果在世界各地完全达到普遍应用后，各个地区的人均收入水平是可以基本达到一致的。

2. 促进区域融合

促进区域融合，并实现由国家社会向大统一社会的转变，是过渡期的根本任务和最终目标之一，这方面的工作内容比较多，如要不断淡化国家的概念，并强化人类的概念；要推广统一的道德价值观、统一的语言与文字、统一的生活习惯以及促进民族与宗教的融合等。通过这一系列的工作，建立起世界一体化的软环境，从而使全人类能够最终生活于一个融洽的大家庭。

3. 逐步建立一体化世界的硬件环境

以今天的技术条件而言，已经完全可以满足世界性治理的硬件要求，世界各大城市都有有线和无线通信设备，都有飞机和汽车相通。电视与收音机等传媒手段的普及程度也非常高。依靠这一切，大统一社会的世界性治理已经不成问题。但是，还应该看到世界的发展还很不均衡，许多国家还没有高速公路，许多地区还没有电灯、电话和收音机，甚至许多地方连汽车都还不通。由此，便交给了过渡期一项繁重的建设任务，即要本着易于沟通、便于交流的原则，以世界一体化为标准，逐步将世界连为一个整体，为大统一社会的到来创造有利的硬件环境。

除上述工作外，过渡期还有为未来的大统一社会探索出一套行之有效的管理办法的任务。同时，过渡期由于许多方面已经有别于国家社会，实行对科学技术的限制应该具备了一定的条件，因此还应根据时机的成熟程度，适时地推动限制科学技术发展的行动，这一点也是非常重要的。

二、基本选择：紧密的绝对优势集团

在由国家社会到大统一社会转变的过程中，安排一个中间过渡阶段，是为了顺利地实现由国家社会向大统一社会的转变，同时，也为了大统一社会在实现之后的有效、稳定与长久的治理。因为在这期间，有诸多因素会影响这两个目标的实现，必须对这些影响因素进行调整、整治、改造以及消解才能够确保大统一事业的顺利进行。

中间过渡的方案应该有多种可能的选择，只要有利于上述目标的实现，

应该说哪一种方案都可以作为中间过渡的选择方案。

事实上，中间过渡方案的确定，更大程度上取决于国家社会中政治领袖们个人的政治立场，以及广大人民群众的态度。可以肯定，任何方案都不可能使每个人百分之百地满意。假如说有多个方案让人们选择的话，不同的人群和国家一定会有不同的倾向性意见，但最终方案的确定，一定是最有实力影响世界政治的人和国家的意见才会被选择，也许他们的选择方案并不是最合理的，但人类社会的现实便是如此。

然而，从理论上我们却可以根据人类社会的实际情况进行分析和研究，去确定最合理的方案，并根据这种理论的方案去影响人民大众和政治领袖，从而为确定一个最合适的中间过渡方案进行铺垫。

由国家社会转变为大统一社会，可以通俗地理解为将全球所有的国家合并为一个整体，那么，实现大统一的中间过渡阶段，在一定程度上，便有各个国家不断合并为更大的实体的特点。

那么，运用和平的手段达到政权实体的扩大，历史上最常采取的便是以国家联盟的形式去直接实现，或者以此作为过渡去实现。以下就让我们以联盟过渡作为切入点进行分析，以此折射出中间过渡方案选择中应该考虑的各种问题，从而找出最终可行的中间过渡方案。

（一）联盟的几种可能形式

以联盟的方式过渡，就是要以不同的关系作为联系纽带，将多个国家以不同的形式组合到一起，组成强大的国家联合体，即国家联盟。这种国家联盟是以推进大统一进程为唯一目的而成立的，它将根据时机的成熟程度，不断强化联盟内部的紧密联系程度，并不断扩大联盟的范围，以至最后将全世界所有的国家都联合为一体，从而实现世界的大统一。

如果任由各个国家随意组成联盟，其组成联盟的动机一定是多方面的，即使大统一思想能够在全球范围内得以广泛的认同，也不可能每个国家联盟建立的动机都是为了大统一事业。有些联盟建立的初衷也许是为了推动大统一进程，有些联盟则可能是为了其他目的。

联盟的形式也一定会是多种多样。以联合的内容而言，有经济联盟、政治联盟、军事联盟以及综合性联盟等多种形式；以联合的紧密性程度而言，有紧密联盟、半紧密联盟和松散联盟；以联系的纽带而言，有区域联盟、民族联盟、文明联盟、意识形态联盟等多种形式。

不论怎样，可以完全肯定，有些形式的国家联盟是注定不可能肩负起推进大统一事业的重任的。例如，仅仅以经济联系作为纽带的国家联盟就很难肩负起大统一的重任；又如，任何松散的国家联盟也不可能担此重任。

一个致力于主导大统一进程，并有可能担此重任的联盟，一定是包含了政治、军事与经济等各种最主要内容的紧密型国家联盟，而且必须是有世界上主要大国加入其中的实力非常强大的联盟，这种实力应该强大到一般的大国难以抗衡。只有这样的国家联盟才有可能以实力获得其他非联盟国家的认可，而一个名不见经传的区区小国联盟绝不可能形成号令天下的权威，也就自然不可能承担起主导大统一事业的重任。

今天，现实的国家联盟有许多种，以至于统计和归纳都有一定的困难，如欧洲联盟、东南亚国家联盟等，这是区域国家联盟；阿拉伯国家联盟则是以民族作为纽带的国家联盟；北大西洋公约组织以及历史上的华沙条约组织，是主要包含政治、军事内容的国家联盟；而北美自由贸易区、南亚自由贸易区，则仅仅只是包括经济内容的国家联盟。有些联盟非常紧密，如联邦制国家，其紧密的程度实际上已经是一个国家；有些联盟则非常松散，国家之间没有任何的约束。我们这里所研究的国家联盟针对性很强，就是指有可能直接推动大统一进程，并有可能在大统一事业中扮演主导角色的国家联盟，这就很大程度地缩小了研究的范围。

（二）自由状态下的联盟特点

历史上，国家与国家之间组成联盟基本上完全可以根据自己的意愿自由组合。国家作为人类社会的最高权力体，基本不受外来力量的约束，自己就是决定自己行为的支配力量，可以随心所欲地根据自己的需要，决定联盟的对象、联盟的形式与联盟的内容，所有的外力要限制各个国家的联盟行为其作用都非常有限。国家在决定其联盟行为时的这种随心所欲，不受约束的状态，我们称之为自由状态。

1. 联盟要么因对抗而产生，要么因产生而出现对抗

自由状态下的国家联盟一般都是为了对抗而建立的，即使不为对抗而建立，也常常会因为它的建立，在客观上打破了某方面的力量平衡，而自然会出现对抗的局面。这种对抗有的是为了经济方面，有的是为了文化方面，有

的是为了政治方面，有的是为了军事方面，还有的则具有政治、经济、文化和军事等综合对抗的性质。

例如：由于西方国家的入侵，伊斯兰文明在基督教文明面前无还手之力，为了对抗基督教文明的入侵，泛伊斯兰主义思潮产生了，他们的目标是将所有伊斯兰民族联合成一个大的联盟，以便抗拒西方势力的侵入。为了称霸世界，占领欧洲，争取日耳曼民族的生存空间，必须考虑建立一个整体实力足可以对抗英、法、苏等国的国家联盟，于是希特勒联合意大利和日本建立了轴心国集团。而在轴心国的攻击下，欧洲还处于松散状态下的力量被打得措手不及，于是英、法、苏等国赶紧结为联盟，而后又把美国、中国拉进联盟之中。冷战时期的"北约"和"华约"也是如此，最早以美、英为首的西方国家组成"北约"时，所对抗的是苏联；在"北约"强大势力的威胁下，苏联为了有效地与之对抗，将其他东欧国家联合起来组成了华沙条约组织。

以经济为出发点的联盟同样是为了对抗。如：为了与联合起来的欧洲展开经济竞争，美、加、墨建立了北美自由贸易区；为了与中国、日本和印度的强大经济力量抗衡，以避免被边缘化，东南亚各国正在致力于建立东南亚经济共同体，并以此作为东盟实质性的行动内容。当然，经济对抗远不如军事与政治对抗来得激烈，被世界关注的程度也要弱很多。

"一战"之后的国际联盟与"二战"之后的联合国，由于是力求包含全世界所有国家的联盟，因此，它们不属于这里所特指的国家联盟。换言之，如果国际联盟或者联合国能够完全有效地左右全球事务，也就可以直接由国家社会一步到位地跨入到大统一社会了，这里的讨论也就没有必要。

2．自由状态下的联盟是多元的联盟

由于自由状态下的联盟或源于对抗，或因此而产生对抗，因此，对抗便一定是具有针对性的。当一个国家联盟建立后，它所针对的对抗目标也就确定了，不论这个国家联盟是否公开表明自己对抗的对象是谁，自然会有人"对号入座"。

国家联盟产生的统合力量是对这一国家联盟成立之前各国力量均势的重新定位，它所针对的国家为了维护自身的力量优势，或者尽可能增强自己的实力，并以此来抗拒对方的国家联盟，必然会尽快地联络有着相同利益关系的国家，建立与之对抗的国家联盟。

正因为国家联盟具有对抗的性质，因此，一般而言，自由状态下的国家联盟不会是单一的，而是多元的。即总是有两个或者两个以上的同类型的国家联盟同时并存于世界，也许它们成立的时间有先后的差别，但这种时间差距不可能太大。不论经济联盟、文化联盟、军事联盟还是政治联盟，都是如此。其中政治联盟和军事联盟这样的特点更为明显，因为政治和军事问题事关国家的存亡，利益非常直接，利害关系非常严重，任何国家都不会甘愿在互相对抗的状态中处于劣势。

3. 对抗下的联盟规模会不断扩大化

当一个国家联盟因对抗而建立的时候，另一个与之对抗的联盟也会相应产生，每一个联盟都会追求扩充自己的实力以压倒对手，任何一方都不愿意在对抗竞争中输给对方。特别是政治和军事方面的联盟，更是这样。因为，如果一方实力明显处于弱势，就意味着两个阵营只要开战就必败无疑，这是关系国家存亡的大事，任何人都不会甘心落后。因此，每个联盟建立后都不会一劳永逸地保持初期的规模，而是不断地巩固和扩大这个阵营，不断地争取和吸收新的成员，使联盟规模越来越大，实力越来越强。由于对立的阵营之间都在作这样的努力，从而使得每个联盟的规模都会呈不断扩大的趋势。

正如"一战"之前的法国，在争取到与俄国结盟后又进一步与英国结盟，并建立了以英、法、俄为核心的协约国集团。但这只是联盟的开始，随着与同盟国的对抗，争夺盟国的斗争随之也变得十分激烈，连原属同盟国成员的意大利也被争取了过来，而后又使罗马尼亚和希腊倒向了协约国，在远东还争取了中国和日本这样的大国，并在最后将美国也争取了过来，从而使得协约国的力量发生了根本性变化，成为最后取得胜利的最重要因素。

而同盟国的努力也十分出色，当时处于重要战略地位的土耳其成为其盟国，之后又争取到保加利亚的加盟，保加利亚不仅有与罗马尼亚、希腊、塞尔维亚接壤的重要战略地位，还有一支较为强大的陆军。更为重要的是，在还没有打垮协约国集团的情况下，同盟国就成功地逼迫协约国集团最重要的成员之一俄国签订了城下之盟，不仅使俄国大量地割地赔款，而且还因俄国退出战争，解除了同盟国集团的东方威胁。

冷战时期的北约成员国最初只有 12 个，之后将希腊、土耳其纳入其中，当使联邦德国加入其联盟时，北约集团已经具备了相当的实力。事实上，北约的力量还不仅在于西欧和北美各国，在远东的日本、韩国和中国台湾当局都听命于北约。

而与之对抗的华约集团也在做同样一件事，在东方不仅一度争取到朝鲜、越南、中国等国家成为自己的战略盟友，而且还使得法国、联邦德国这样的重量级国家与北约也开始离心离德。

4. 半紧密联盟最易引发冲突

一个完全紧密的联盟，各成员国的步调是非常一致的，各国会在同一个约定下谨慎地处理自己的每一个重要行为，而且，由于国家的大部分主权已经让渡给联盟，在处理对外事务上，联盟实际上就像一个国家一样。（当今的联邦制国家就属于这样的联盟。）

但是，一个半紧密状态下的国家联盟情况则有很大的区别：一方面，各国之间具有相互援助，统一对外的约定，这种约定是有约束力的；另一方面，各国自己的许多单独行动又不在联盟的约束范围之列。

这样就出现了一个问题，每一个国家都有独立于联盟规则之外的单独行动，每一个国家都有独立于联盟利益之外的本国的单独利益，在本国单独利益的驱动下，各国很容易采取与自己所在联盟并无关系的单独行动，这样的单独行动又难免与自己所在联盟对抗着的另一个联盟的有关国家发生冲突。联盟的成员国越多，就意味着会发生单独行动的国家越多，这种冲突的机会就越大，冲突的频率也就会越高。

而另一方面，同属于一个联盟的其他成员国受联盟约定的义务所支配，也考虑自己在遇到类似情况时同样需要联盟对自己的支持，因此，即使不能完全辨明是非，在冲突出现后，也会义无反顾地一同加入共同对抗对方国家的行列。而对方国家所在联盟的成员国也有着同样的心态与行动，这样，两个国家之间的对抗就很容易引发联盟之间的大型冲突。

简单地说，就是在半紧密联盟下，各国单独惹的麻烦，很容易会把整个联盟拖下水，而各国单独惹出麻烦的可能性又很大，因此，半紧密联盟最容易引发冲突，而且常常是大规模冲突。

如第一次世界大战的起因。最初，奥匈帝国与塞尔维亚发生冲突，这是属于同盟国集团的奥匈一直对塞尔维亚有领土野心，奥大公的被刺只是奥匈帝国发动战争的一个借口。而奥对塞出兵则与属于协约国集团的俄国的利益发生了矛盾，在俄国采取相应的行动后，属于同盟国的德国不想袖手旁观，义无反顾地加入到对抗俄国的行动中。实际上，没有德国撑腰，奥匈帝国也不敢入侵塞尔维亚；俄国如果没有协约国作为后盾，自然也不可能单独抵抗德、奥两国。而后，在战争爆发后，同属协约国的法国又自然地加入进了俄国的战斗行列，第一次世界大战就此拉开了序幕。

在完全松散的联盟之间便不容易出现这样的冲突，因为松散联盟中联盟成员的单独行动所惹的麻烦其他成员国一般会置之不理。

（三）自由状态下的联盟很难肩负起向大统一过渡的重任

联盟过渡的要点是通过联盟这一纽带把各个国家不断地联系和统合到一起，使联盟的规模越来越大，联盟成员国的联系越来越紧密，当其最后的规模包含全世界，而联系的紧密程度就如同一个国家的时候，也就预示着全世界实现了大统一。那么，在自由状态下通过联盟过渡实现大统一，将会呈现怎样的情况呢？

由于自由状态下的联盟必然是多元的联盟，而且这种多元化的联盟其实体会越来越大，因此，旨在实现大统一的联盟其规模最终便极有可能会大到半个世界属于一个联盟，另半个世界属于另外一个联盟。

这是因为组成旨在实现大统一的联盟，其加入联盟的国家主要有两类。一类是希望在实现大统一的过程中能够起到主导作用，这类国家是实力非常强，规模也非常大的国家。另一类国家则希望在实现大统一的过程中不被边缘化，使自身的利益有确实的保障，这是一大批中小型国家，它们必须依托一个大的力量才能确保自己的希望得到实现。因此，旨在实现大统一的国家联盟，将是由大国主导，并由众多中小国家参与的联盟。

然而，在大统一的伟大事业中，并非所有的大国都能够成为主导者，也不是所有的中小国家都不会被边缘化，不能起主导作用的大国一定会被那些能够起主导作用的大国排挤出去的，被边缘化的国家也一定是被那些没有被边缘化的国家排挤出去的，这样，就决定了各联盟之间的关系必然是一种竞争的关系和对抗的关系。

联盟的发展规律是这样的：一旦大统一成为全人类的普遍共识后，只要有人开始着手组建旨在实现大统一的国家联盟，便必然会对其他国家产生刺激作用，这就会导致多个联盟应运而生，这些联盟成立之后，每一个都会极力地吸收新的联盟成员，力图迅速地扩大自己的实力，以便争取大统一的主导权。

如果其间没有发生大规模的战争，并一切发展正常的话，在联盟发展的中期情况将会发生变化，这就使一些联盟的发展速度与规模会处于比较落后的位置，在联盟的扩展中，它们已经力不从心，再也无法继续壮大自己的实力，面对激烈的竞争，它们不得不承认落后的现实，放弃主导大统一进程的初衷，转而追求不被大统一的大潮边缘化。于是，这样的小联盟会寻求一个大的联盟并入进去，而作为大联盟，通过吸收这样的小联盟来扩展自己，自然是非常乐意的。

也可能会有这样的情况，即一些中等实力的联盟，在激烈的联盟竞争中深感自己的发展不可能与实力更强的联盟抗衡，出于一种危机感，两个实力中等的联盟，或者更多的这种联盟合并为一个新的大联盟。当然，上述两种情况也有可能是交叉发展，互为补充的。

当联盟进入中后期，在经历了长期的合并与吸收后，最后非常有可能的结果就是产生两个互不相让的超大型联盟，世界的一半属于一个联盟，另一半则属于另外一个联盟，这两个联盟都希望在大统一社会实现的关键时刻，由自己去主导这一历史进程，因此，这样形成的对抗将是这半个地球与另半个地球的对抗。

同时，在联盟过渡的早期和中期，国家的联盟一般都是半紧密的。这是因为绝大多数国家加入国家联盟的目的都是避免在大统一进程中被边缘化，加入联盟是被大势所逼迫，在其加入的国家联盟中自己只是处于从属地位，起主导作用的只是极少数国家。因此，就大多数国家而言，不论这些国家的人民，还是这些国家的领导人，都不会情愿将国家的所有权力都交给联盟支配，一般的情况是在大势所趋的情况下，各国将自己的国家权力一点点慢慢地、有步骤地交给国家联盟。而国家联盟要想争取这些国家的加入，并寻求更多的加入者，必然不会要求一步就达到将国家的所有权力都交给联盟，要想实现这样的紧密联盟必然会有一个过程，而完全松散的联盟对于推进大统一社会的实现又没有多少实质性意义，因此，中早期的国家联盟一般都可能是半紧密的联盟。

正因为有上述的特点，于是决定了联盟间武力冲突的概率会加大。尤其是旨在实现大统一的联盟，其规模将会发展得非常大，包含的国家会非常多，这就意味着不同联盟的国家之间惹出麻烦的机会非常多，而且这种麻烦导致的战争必定是毁灭性极其巨大的世界大战。因为它很有可能是这半个世界针对另半个世界这样真正意义上的世界大战，是所有高科技的杀戮手段都必定会使用的真正意义上的毁灭性战争。

那么，鉴于自由状态下的联盟极易引发毁灭性的世界大战，这一特点与我们希望通过和平的手段实现大统一的目标是相悖的，因此，自由状态下的联盟便将不能够肩负起向大统一过渡的重任。

（四）结论：绝对优势可避免大的杀戮

由于自由状态下的联盟很容易导致毁灭性世界大战的爆发，那么，要避免这样的毁灭战争，关键就是要避免出现联盟的多元化，以此排除联盟之间的对抗。为此，首先要排除国家之间的自由联合，也就是不允许国家之间随意组合成国家联盟，只能允许特定的国家组建唯一的国家联盟，然后在这个唯一联盟的基础上不断发展，不断整合，在时机成熟时有目标、有计划地吸收已经符合条件的国家加入其中，使这个联盟不断扩大，最后在水到渠成时自然进入大统一社会。

这一设想的关键是在国家作为最高权力体的国家社会，限制大部分国家的自由联合，不允许它们随便按自己的意志去组建国家联盟，能够组建国家联盟的只能是少数特定的国家，而且组建的旨在推动大统一进程的国家联盟仅仅只能有一个。

这事实上是限制了大多数国家的部分权力，即限制了它们按自己的意愿自由组建国家联盟的权力。要实行这样的限制在历史上是从来没有过的，因为这是要限制国家的行为，包括联合国这样的国际组织也没有能力做到这一点。

在国家社会中，什么样的力量才能够左右国家的行为呢？

在北大西洋公约组织中各国都听命于美国，在华沙条约组织中各国都听命于苏联，这是因为在"北约"中美国具有最强的实力，在"华约"中苏联具有最强的实力。

在2500多年前中国的春秋时代，华夏范围内分布着大大小小许多的国家，周王朝势力渐微，在这许多的国家中先后产生了五个势力最强的国家，史称春秋五霸。它们在不同的时期分别主导中国的事务，被称为盟主，各个国家不会去理会周天子的要求，可是对当时的盟主则俯首听命，任其召唤，这就说明是实力决定了国家的行为。

国际联盟与联合国这样全球性的国际组织不能够左右某些国家的行为，大国在联合国面前可以目空一切，要做的事情就可以做到，而一个小国在一个大国面前则俯首听命。在"北约"中，法国和德国先后向美国的权威挑战，这是因为法国和德国也是两个实力很强的国家，具有一定的挑战资本。

再回过头来看国家联盟的多元化问题：如果要限制国家之间随意组建国家联盟，就应该有一股绝对强大的力量来制止各国的随意行动，这种绝对强大的力量只可能来源于国家。这里的国家不是指单一的国家，因为就单一的国家而言是不具备这种统驭世界各国的权威的，只有由多个大国组成的一个包含了至少有政治、军事和经济的紧密性联合，才能够凝聚成一个有巨大实力的集团。这一集团的实力应该强大到任何国家都无法抗衡，在与集团之外的任何一个国家相比时，就像一个巨人面对一个幼儿一样，幼儿是不可能用武力挑战巨人的，而且，即使试图作出挑战也不会掀起多大的波浪，因为，这种实力差距极大的对抗哪怕演变为战争其损失也不可能很大。

力量极其悬殊的对抗与战争不会产生大的伤亡与损失，是一个极有规律的现象，通过分析世界历史上多次大国与弱小国家的战争便可以一目了然。

1983年美国占领格林纳达时，双方阵亡人数仅130人左右，而且主要是古巴的援助部队，仅3天时间美国就占领了格林纳达全境；1989年美国攻占巴拿马，并把巴拿马总统诺列加押往美国受审，仅4天就控制了巴拿马全境，双方伤亡仅3000多人，而且一半以上是平民；1991年的海湾战争已经算得上是一场规模较大的战争了，即使这样，当时战争双方死亡人数也不到2万，特别是美国领导的多国部队，死亡人数还不到百人，战争仅打了42天就逼迫伊拉克从科威特全线撤军了。

之所以会有这样的结果，是因为美国相对这些国家的军事、政治与经济优势是绝对的，特别是与格林纳达和巴拿马相比，实力更是极其悬殊。

"华约"1968年攻占捷克斯洛伐克也是一样，当时，以苏联为首的"华约"军队采用坦克、飞机仅用1天的时间便占领了捷克斯洛伐克全境，其伤亡也不过百人。"北约"对南斯拉夫联盟的战争，"北约"几乎是零伤亡，而南斯拉夫却伤亡数千人。

而伊拉克和伊朗之间从 1980 年至 1988 年的两伊战争，其损失相对美伊海湾战争就要巨大得多。伊拉克和伊朗实力相当，这两个中等规模的国家一场战争打了 8 年，可谓旷日持久，在战争中双方死伤人数达 250 万，两国总共用于战争的经费达 9000 多亿美元，各自都倾其国力投入到了这场战争。最后的结果是谁也没有征服谁。两个本来很富裕的石油国家，一场战争下来，国穷民贫，两败俱伤。

而"一战"时协约国与同盟国的战争，以及"二战"时盟国与轴心国的战争，两个势均力敌的大的军事集团的对抗，更是将大半个世界都拖进了战争的深渊。两次世界大战都各自创造了人类历史上战争伤亡的空前纪录，而且战争导致经济崩溃，各种建筑与文化设施被毁坏，世界各国民不聊生，山河破碎，人民苦不堪言。

无数次的历史事件和无数次的战争都说明了这样的一个道理：势均力敌的对抗只要演变成战争，就一定会是极其残酷的血腥战争，而在实力极其悬殊的情况下，则可以避免这种残酷战争的发生。

所以，要想让国家或者国家联盟之间和平相处，相互包容，就必须保持它们之间的差距。一般的差距还不能达到这一目的，只有这一差距极其巨大，实力完全不成比例时，才能够保证它们之间可以和平相处与相互包容。

由此推断，当多个实力非常强大的国家组成一个具有绝对优势的紧密性国家联盟，且这个联盟的实力强大到没有任何一个国家或任何多个国家组建的集团敢于与之对抗时，这个国家联盟就可以以自己的绝对强大的实力震慑世界各国，轻易便可以阻止各个国家随意地组建国家联盟，国家的自由状态就会发生突变。

这个绝对优势的国家联盟完全可以做到在不发生大战、没有大的实体进行对抗的情况下，保证只有一个唯一的国家联盟的建立（这个唯一的国家联盟就是这个绝对优势的国家联盟自己），从而实现在没有毁灭性战争的前提下，推动全世界向大统一社会和平过渡的梦想。

这一道理可以进一步延伸，那就是，在由国家社会到大统一社会的中间过渡期间，为了避免大规模的战争，必须抓住以国家的实力来限制国家的随意行为这一要点，通过借助具有绝对强大实力的一部分国家的力量主导大统一事业，通过它们来控制和限制其他国家做出不利于大统一事业，以及不利于世界和平的事。从而，以此来确保大统一事业在人道、和平的原则下，得以顺利地推进。也就是说，在相当程度上这一绝对强大的实力是在充当世界的舵手和全人类的领导者角色。

　　这种绝对强大的实力是任何单一的国家都无法达到的，要具备这一实力只可能是国家的联合，这一联合不一定只限于国家联盟的形式，其他形式的国家联合也可以是考虑的方案，我们可以将这种国家联合统称为绝对优势国家集团，或者简称优势集团。由此可见，确定和选择优势集团方案，就是确定和选择中间过渡方案，也就是确定和选择大统一的实现方案。

第二节　三大原则

当明确了在现今国家社会与未来大统一社会之间应该设置一个中间过渡阶段，以及应以绝对优势国家集团来统驭并引领大统一事业这一结论之后，讨论大统一的方案实际上就变成了讨论优势集团的组建与运作方案。

我们认为，合理的优势集团的组建与运作方案应该符合三大原则，即合法性原则、可行性原则和正义性原则。优势集团的合法性是指符合国际法的原则；可行性是指按此方案，既有可能较为顺利地组建优势集团，且组建的优势集团又有可能较为顺利地推进大统一事业；正义性是要充分地权衡全球各地区与各群体的利益，充分地考虑每个地区与每个群体人民的民主与人权，在大统一事业的推进中，尽可能使每一个人都获得满意的结果。

一、关于方案的合法性

（一）合法的原则问题

由于优势集团的合法性问题属于国际法的范畴，因此，要研究优势集团的合法性问题，首先必须了解国际法本身。

一般人对国内法多少都有些了解，这是因为人们每天都在有意无意中接受法制方面的教育，都在受着国内法的约束。国内法是由国家的立法机关依一定程序制定的，国内法对在本国生活或者由此涉及到的相关的自然人、法人和国家机关有广泛的约束力，自然人、法人和国家机关是国内法的主体。国内法依靠国家的军队、警察和法院等国家强制机构加以维护，并保证其能够有效地得以实施。国内法的效力范围只包含本国，不包含其他国家，更不包含整个国际社会。

国际法又称为国际公法，与国内法是两种性质与特点完全不同的法。国际法的主体是国家、政府间国际组织以及寻求独立的民族解放组织，国际法所调整的关系是上述主体之间的关系，一般不调整国内法主体之间的关系。国际法的效力及于整个国际社会，对一切国际法的主体都有法律效力。

国际法相比国内法有两个明显不同的特点：其一，从法律渊源来看，国际法的原则与制度是由主权国家以及其他国际法主体之间依照平等协商的原则，以缔结条约、公约、协议等方式制定的。国际法的第二个主要渊源就是国际习惯，这种国际习惯在国际实践中已经被反复适用，并被公认为具有法律性质。其二，从法律的监督与执行来看，没有一个超越于国家之上的机构来行使强制实施国际法的职能，国际法只能依靠国际法主体本身或者集体的力量来强制实施。

例如，1648 年，"三十年战争"结束后所缔结的《威斯特伐利亚和约》就是具有国际法效力的文件；"一战"结束后成立了国际联盟，其《国际联盟盟约》也是具有国际法效力的文件；"二战"之后成立了联合国，那么《联合国宪章》同样是具有国际法效力的文件。还有一些范围较小的条约也一样具有国际法的效力，如 1815 年俄国、奥地利、普鲁士三国签订的《神圣同盟条约》，1921 年美、英、日、法签订的《四国条约》，1950 年中苏签订的《中苏友好同盟互助条约》等均具有国际法的效力。

根据国际法的特点，我们可以看出，国际法和国际关系是密不可分的，国际关系是决定国际法的基础。不论是国与国缔结条约、公约和协议，还是在国际事务中的国际习惯，这些国际法的渊源都是国际关系的反映。因此，从某种程度上可以说，有怎样的国际关系便有怎样的国际法。

国际法意义上的合法性是随时代变化的，一个时代认为合法的行为另一个时代可能被认为是违法的，同样，今天被认为是违法的行为，数年之后则可能成为合法行为。

根据国际关系与国际法的时代性特点，有几点需要重点阐述。

第一，一个全新的国际关系的建立一般都要经历大的战争。

以近现代国际关系史为例，近现代国际关系的框架，是在中世纪封建神权统治下的欧洲世界的废墟上建立起来的。16 世纪欧洲的宗教改革运动波及到各个国家，对欧洲社会产生了深刻的影响，而此时的奥地利哈布斯堡王朝是欧洲封建制度的主要维护者，与新教诸国对立情绪十分尖锐。

1618—1648 年的三十年战争因宗教而起，但很快演变成一场政治战争，战争几乎将整个欧洲都牵扯了进来。三十年战争以反哈布斯堡王朝集团的胜利而结束。《威斯特伐利亚和约》的签订标志着战争的结束，也标志着全新的国际关系体系的建立，战前罗马神权下的世界主权被彻底打破，哈布斯堡王朝被迫承认各诸侯国主权独立，由宗教神权和封建皇权一统天下的国际关系彻底毁灭。新的国际关系体系被称为威斯特伐利亚体系。

在威斯特伐利亚体系下，欧洲事务的主要参与者是英、法、俄、普、奥五国，直到法国大革命爆发。当时的法国是欧洲的主要强国，法国大革命对世界政治以及国际关系的影响是极其深远的。欧洲列强俄、英、奥、普等国为了扼杀法国革命，扶植波旁王朝复辟，先是与法国革命后建立的法兰西第一共和国，后是与以拿破仑一世为皇帝的法兰西第一帝国进行了20多年的战争，这场战争史称拿破仑战争。那么，这场战争的战胜国对欧洲进行了重新安排，于是一个新的国际关系体系建立起来，这就是维也纳体系。

维也纳体系之后便是俾斯麦体系，维也纳体系的解体和俾斯麦体系的建立，是由欧洲革命、克里米亚战争和德意志统一战争等一系列战争所导致的。

德意志的统一战争所成就的统一德国，从过去备受冷落的地位很快变成欧洲主要强国。德国宰相俾斯麦是一位善玩平衡术的外交高手和具有远见的政治家。在俾斯麦的主导下，形成了一个以德国结盟体系为核心的国际关系体系，即所谓的俾斯麦体系，这一体系一直延续到"一战"爆发。

"一战"死伤人数数以千万计，战争的结果导致了俾斯麦体系的最终解体，以及新的国际关系体系的建立，这就是通称的凡尔赛-华盛顿体系。

凡尔赛-华盛顿体系的瓦解，以及随后的新的国际关系体系的建立则是"二战"的结果。战后所形成的国际关系体系被称为雅尔塔体系，这是因为在"二战"即将胜利的1945年2月，作为战胜国的美、苏、英三国统帅在位于苏联克里米亚半岛的雅尔塔召开会议，对战后的世界格局作出了安排，由此形成的国际关系体系人们就以会议地点雅尔塔命名了。

第二，国际关系决定了国际法准则。

国际法与国际关系是联系在一起的，国际关系是国际法产生的基础，国际关系决定了国际法的准则。从国际法的渊源看，国际法的内容主要是国际条约和国际习惯。不论是国际条约还是国际习惯，都是国际关系的反映，国际关系在其中都起了决定性作用。一个新的国际关系体系的产生，必然导致国际法的内容出现新的变化，因为，一个新的国际关系的建立，是由一系列重要的国际间的条约和公约决定的，国际习惯也会因为国际关系的改变而改变，因此，国际法的具体内容的改变便是必然的。

国际法的具体内容的合法性与正义性并不等同。由于一个新的国际关系体系的建立，一般都会伴随大规模的战争，因此，国际关系体系建立的主导者肯定是战争的胜利国，作为胜利者无疑会把本国的利益放在考虑的首位，只有在充分安排了本国利益后才会兼顾其他国家的利益。战胜国还必然会将不平等的条件采用条约的形式强加于战败国，战败国由于无力反抗也就不得不接受不平等的条件。这种将个别大国的利益置于世界各国利益基础之上，将不平等条件强加于战败国身上的情况是一种十分普遍且常见的行为，这种行为虽然并不公正，也不公平、不合理，但是，在国际法的角度则是合法的，因为这些条件已经通过条约的形式确定下来，表面上各方都已经同意和认可。

（二）在联合国体系内寻求合法性方案

这里我们将依据今天的国际关系与国际法体系来寻求优势集团的合法性方案。由于优势集团的建立是从来没有过的事物，没有也不可能有相关的法典条文和法判案例可以现成套用，只能而且也可以通过充分分析当今国际关系和国际法体系的形成历史，结合已经形成的各种法律渊源，客观地进行价值判断，并作出严密的符合逻辑的推理，从而确定出最佳的合法性方案，这样的方法是法律的原则所允许的。

当代国际关系与国际法体系的建立源于第二次世界大战。"二战"之后，在国际关系与国际法体系的建立方面的最重要的事件和最决定性的影响就是联合国的成立，以及《联合国宪章》的签署。联合国在全球事务中的协调中心地位的确立，是战后国际关系的最大特点，而《联合国宪章》公认是当代国际法的核心渊源，这一点则是战后国际法体系的最大特点。

从联合国的职能以及联合国运作机制分析，在全世界各机构、组织与集团中，联合国对全球事务发挥的作用，也是最接近世界政权在全球事务中所发挥的作用的。鉴于联合国体系对于国际关系、国际法体系的作用，以及联合国在全球事务中最接近世界政权职能等多种因素的考量，选择在联合国体系内寻求优势集团建立的合法性方案便是顺理成章的了。

事实上，人们总是把联合国看成是从国际无政府状态到世界政权之间的过渡体制，也是因为联合国本身的职能与宗旨实际上已经与世界政权有许多相似之处。

目前，全世界有 192 个国家已经成为联合国的会员国，这包括了全球95％以上的国家，而且所有主要的国家都是联合国的会员，它们都有义务和责任在联合国体系内依《联合国宪章》行事。实际上，联合国的权力范围与协调范围并不仅限于其会员内，它的职权所涉及的范围实际上已经超过了其会员本身，具有完全意义上的全球性与广泛性。就联合国维护世界安全的职能而言，《联合国宪章》规定，联合国在维持和平与安全的必要范围内，应确保使非会员国也必须遵行所确定的原则。可见，联合国的国家协调中心的地位是完全意义上的全球性的。

1. 联合国的机构

为了在联合国体系内寻求优势集团的合法性方案，以下我们进一步对联合国的机构设置及其他运转机制进行分析。联合国有大会、安全理事会、经济及社会理事会、托管理事会、国际法院和秘书处等6个主要机构，各主要机构下还设有一系列辅助机关，它们承担各种具体事务。

（1）大会

联合国大会是联合国的主要审议机构，大会由联合国所有会员组成，实行一国一票，每国在大会的代表不超过5人。

大会的主要职责是：讨论在维护国际和平与安全方面国家之间合作的普通原则（包括裁军与军备控制的原则），并就上述原则向会员国或安理会提出建议，对于足以危及国际和平与安全的情况，提请安理会注意；研究并促进政治上的国际合作，提倡与推进国际法的逐步发展以及国际法的编纂工作；促进经济、社会、文化、教育、卫生各部门的国际合作，促成全人类的人权与基本自由的实现；接受并审议联合国其他部门的工作报告；根据安理会的推荐委任秘书长；选举安理会的非常任理事国；根据安理会的推荐，讨论接纳新的会员国，或者根据安埋会的建议，讨论决定除名会员国；讨论决定联合国的预算和会员国的会费分摊比例。大会讨论的问题非常广泛，但是，安理会正在讨论的问题大会不得讨论。

联合国大会由大会主席召集和主持。大会主席由上一届大会选举产生，另设21名副主席。大会主席由各地区轮流担任，副主席的名额分配为：非洲国家6名，亚洲国家5名，东欧国家1名，拉丁美洲国家3名，西欧及其他国家2名，安理会常任理事国5名。

（2）安全理事会

安全理事会简称安理会，由美、中、俄、英、法五个常任理事国和10个非常任理事国组成。（原为 7 个非常任理事国，1965 年增加为 10 个。）非常任理事国由大会选举产生，任期 2 年，不得连选连任。

安理会的主要职责是维护国际和平与安全，主持和推进国际裁军与军备控制工作。除此之外，安理会的职责还有：行使联合国的托管职能，与大会分别选举国际法院的法官，采取措施执行国际法院的判决，向大会推荐联合国秘书长与新会员，以及向大会建议停止会员国的权利或开除会员国等。

（3）经济与社会理事会

经济与社会理事会简称经社理事会，由 54 个理事国（原为 18 个理事国，1965 年增至 27 个，1973 年再增至现在的 54 个国家）组成，理事国任期 3 年，每年由大会改选其中的 18 个理事国，任期届满可连选连任。经社理事会负责协调国际的经济、社会、文化、教育、卫生等工作，并就这些工作提出建议。另外，还应大会、安理会以及联合国其他机构的请求，提供情报与协助，在其职权范围之内召开国际会议。

（4）托管理事会

托管理事会负责监督托管领土的事务，审查托管领土管理国的报告，会同管理国接受和审查托管领土人民的请愿书，视察托管领土。托管理事会由三类国家组成：管理托管领土的会员国；非管理托管领土的安理会常任理事国；大会选举任期 3 年的必要数额的其他会员国。随着管理国的逐渐减少和完全消失，目前托管理事会的组成只有美、中、俄、英、法五个安理会常任理事国。

（5）国际法院

国际法院是联合国设立的专门负责审议和处理国际法律问题，并通过司法手段解决国际争端的机构，由 15 名不同国籍的独立法官组成，独立法官由各国推选，并经特定程序选举产生。

国际法院的管辖范围包括诉诸管辖与咨询管辖，不受理个人的案件。国际法院作出的判决如若一方不予执行与遵守，另一方可以提请安理会采取措施，以执行国际法院的判决。国际法院的咨询管辖主要包括：为大会和安理会随时就法律方面的问题提供咨询意见，联合国其他机构（如经大会授权），也可就其工作范围之内的法律问题请求国际法院发表咨询意见。

（6）秘书处

值得注意的是，对于某一事项属于程序问题还是非程序的实质问题，在安理会讨论中，常任理事国可以行使否决权，否决其为程序问题。而对作为实质问题的该事项的表决时，常任理事国还可以行使否决权，这就是常任理事国的"双重否决权"。这种双重否决权的本质含义是，安理会讨论的一切问题常任理事国都可以直接或间接地行使否决权。

《联合国宪章》赋予了安理会在联合国中的特别权力，又赋予了五大常任理事国在安理会以及联合国其他事务上的尤其重要的权力，事实上，联合国的事务总是在被五大常任理事国左右，这就是联合国的实际情况。关于这样的现实情况，不论是否合理，但却是合法的。

（三）具体方案

由于当代国际关系的中心是联合国体系，国际法的核心渊源则是《联合国宪章》，我们对优势集团组建方案设计的合法性考虑便可依据如下原则确定：在联合国体系内，以《联合国宪章》作为准则，结合当今世界各国的特点而确定优势集团的组成成员。

第一步推理：优势集团应该比照联合国获得权力

为了建立一个合法的优势集团，首先再让我们来看一看优势集团的作用以及应该拥有的权力。

优势集团就是要带领全人类由国家社会走向大统一社会。在由国家社会向大统一社会的过渡中，优势集团起着领导全世界的作用。过渡期虽然还有各个国家的存在，但各国已经将一部分权力让渡给了优势集团，因此其主权并不完全，如各国不能够随意组建国家联盟，在大统一事业上应服从优势集团的统一领导等。

那么，我们依据怎样的原则才能建立一个有着全球领导权的优势集团，而且使这个优势集团的建立符合国际法的准则呢？

由于优势集团的建立在人类历史上没有先例，现行的国际法更是不可能有明文条规可以套用，我们只能通过推理的方法，依据现行国际关系与国际法的基本原则加以确定。

综合所有的因素，有一点是确定无疑的，即建立优势集团的一个最关键的法律难题就是，哪些国家组成的优势集团最有资格领导全世界。换言之，也就是说，选择哪些国家来组成拥有统驭全球权力的优势集团最符合国际法的原则。

什么样的机构可以与优势集团类比呢？纵观全球各集团、各组织、各机构，真正具有统驭全球功能的，最合适的候选者毫无疑问就是联合国，也只有联合国。

根据联合国的机构特点以及《联合国宪章》的内容，世界各国赋予联合国的权力是多方面的，首要的权力是维持世界和平与安定，在这方面联合国对于危及世界和平的事件可以采取一切措施，包括可以动用武力。同时，联合国又肩负着促进国际合作，促进人类社会的发展，维护人权等各个方面的职责。它的职权范围涉及政治、经济、军事、文化、社会等人类社会的几乎所有主要的领域。因此，从理论上讲它的权力范围几乎涵盖了人类社会的所有方面，因此，具有全人类性与全球性的特点，与未来优势集团的权力范围是一致的。

由于联合国是一个国际组织，它在行使权力的两个要素上与优势集团不同：

其一，联合国在行使权力的力度上不如优势集团那么强。因为联合国没有自己可以统领全球的军队，即使联合国的维和行动，也要依靠各会员国出兵，因此，联合国在行使权力时的强制力是不够大的。而优势集团在军事能力上要有压倒性的优势，优势集团行使权力的力度也要远大于联合国。

其二，联合国行使权力的深度也不如优势集团。例如，联合国不能干涉各国的内政，并承认国家的独立主权。而过渡时期则要求各国将一部分权力让渡给优势集团，各国将不会拥有完全的主权。之所以有这样的要求，是因为优势集团作为统领全人类走向大统一的领导者，它要行使自己全世界的领导权力，就必须要从各国手中拿走一部分权力，如果不拿走这些权力，也就不可能统领全世界。

那么，为了优势集团的建立，运用法律的推理方法，我们便可以就上述两个问题对应作出如下的近似认定：

第一，优势集团只不过将联合国行使权力的力度加大了些。联合国不能有力地行使权力，本身是一种不足，联合国站在全人类的高度，又不能够有力地为全人类服务，本来就是一种缺憾，而优势集团则可以弥补联合国的缺憾。因此，优势集团更有利于全人类的根本利益。由此可以认定，优势集团比照联合国的权力组成结构而获得权力，又比联合国更具有行使权力的力度，按价值判断，是一种符合国际法的行为。

第二，联合国拥有维护全人类根本利益的一些权力，这些权力是《联合国宪章》赋予的。《联合国宪章》是由各会员国签署的最广泛的多边协议，所以，联合国的权力事实上也是由国家从自己的主权中让渡的，由此可见，优势集团与联合国所获得的权力都是由主权国家让渡的，这一权力让渡渊源是相同的。所不同的是，优势集团的权力比联合国的权力要深入，因此，这就要求各国应将更多的一些权力让渡出来。那么，为了人类免遭灭绝，使人类的整体生存这一高于人类其他所有价值的价值得以维护，各国多作出一些权力方面的让渡是值得的，符合国际法的价值原则。

第二步推理：优势集团应该比照安理会的框架组建

联合国作为一个国际组织，各主权国家通过签署《联合国宪章》成为联合国的一个会员，并将自己的一部分主权让渡给联合国，从而使联合国拥有统驭全球的一定程度的权力。于是，要比照联合国建立优势集团，便必须要考虑如下两个因素：

第一，联合国的权力是由主权国家自愿赋予的，只有自愿签署《联合国宪章》，才符合国家的独立主权原则（国家的独立主权原则是现今国际法的重要原则之一）；

第二，只有联合国的会员国才会签署《联合国宪章》，也就是说，只有一个国家意欲成为联合国会员时才会自愿将自己的一部分权力赋予联合国。

然而，组建优势集团的成员是极其有限的，也许几个，也许十几个，可现今世界有约200个国家，这就是说，有90％以上的国家不可能成为优势集团的第一批成员。要这绝大多数国家将自己的一部分主权交给由极少数国家组建的优势集团，至少有很大一批国家不会心甘情愿地让渡自己的主权，即使也像签署《联合国宪章》一样，通过国际条约的形式向优势集团让渡权力，也只能说这种条约是强权下的协议，是各国不得已时的城下之盟，如果这样，优势集团获得权力的方式就是非法的。

要破解这个问题，可以让我们来结合联合国内部的机构设置以及权力的分配进行讨论。

在联合国的各机构中，联合国大会是联合国最高权力的象征，大会由全部会员国组成，一国一票行使其表决权。但是，如此庞大的机构，如此多的国家及其代表是不可能行使实质权力的。事实上，联合国大会的决议不具备普遍的约束力，比照现今各国的机构，大会更像一个国家的议会，只能行使议政的权力。那么，在各个国家掌握实权的实际上是国家政府，而在联合国各机构中，正是《联合国宪章》将联合国的核心权力赋于了安理会，安理会由极少数的成员组成，但安理会作出的决定却对所有的国家产生约束力。

由此便可以推理如下：联合国拥有涵盖全球的权力（虽然这种权力并不充分，但可以这样近似认定），而联合国的核心权力在安理会，因此可以近似地认定安理会拥有代表联合国统领世界的权力。

有了上述推理后，优势集团的建立问题就迎刃而解了。既然可以近似地认定安理会拥有代表联合国统领全球的权力，安理会是由并不多的国家所组成的，如果根据安理会的组成特点组建优势集团，其优势集团也应有统领全球的法律效力。换言之，要使优势集团具备统领全世界的国际法依据，按照安理会理事国的组成特点来组建优势集团，便可实现这一目标。

327

立足上述结论，这里不妨再通过审视安理会的理事国来研究其对于联合国权力的代表性，我们会发现从这一角度来看，比照安理会理事国的组成来组建优势集团，其国际法意义上的合法性会显得更加充分。

我们知道，安理会由 15 个国家组成，常任理事国有 5 个，非常任理事国有 10 个，这些国家都是世界上规模最大、实力最强的国家，同时也是较具全球代表性的国家，而它们对于联合国权力的代表性则可以通过以下分析一目了然。

联合国有六大机构，即大会、安理会、经社理事会、托管理事会、国际法院和秘书处，联合国的权力便分布于这六大机构中。

安理会掌握着联合国的核心权力，安理会的理事国由于掌握着安理会，因而也就掌握着这样的核心权力。同时我们还发现，安理会的五个常任理事国也是今天托管理事会的全部理事国，因此也可以认为托管理事会的权力事实上也完全掌握在安理会的理事国手中。

联合国的执行机构除安理会和托管理事会之外还有经社理事会，经社理事会有 54 个理事国，由于安理会的理事国一般而言在世界上都有举足轻重的地位，因而大多也都是经社理事会的理事国，而且在经社理事会中的影响也是举足轻重的。

再来看它们在大会中的影响与作用。所有安理会的理事国都在大会有一席的权力这是自然的，重要的是，在 21 个副主席名额的分配上，安理会五大常任理事国都是固定的副主席国，这是对安理会常任理事国作出的特意的安排，任何别的国家都不拥有这样的待遇。这还不包括各非常任理事国作为世界上也具有相当影响的国家，同样还有可能成为大会的主席国或者副主席国。

在大会行使其职责时更应该看到，即使不考虑安理会的非常任理事国，仅就五个常任理事国而言，由于它们拥有强大的实力与全球性影响力，便可以肯定地说，它们对大会的任何一个议题，都完全能够决定性地影响大会的绝大部分国家。

安理会理事国对国际法院的影响表现在，国际法院的所有 15 名独立法官的选举产生都应由大会和安理会同时以绝对多数票表决通过，这就说明，安理会可以对任何独立法官行使否决权。而且按惯例，安理会的五大常任理事国在国际法院都有自己的独立法官，仅按此简单考虑，便占了三分之一比例的独立法官。

再来看安理会理事国对于秘书处的影响。秘书处作为联合国的行政管理机构，其秘书长是联合国的行政首长，那么，联合国秘书长的产生是由大会根据安理会的推荐来任命的，这就说明秘书长的人选事实上的决定权就是安理会。

由此可见，安理会理事国在联合国的作用和影响，不仅反映在联合国的核心权力机构安理会由它们完全控制着，而且它们对联合国的所有其他机构的作用和影响都是最大的，实际上也是决定性的，因此，这些理事国整体组合起来，更加可以近似地认定为控制着联合国的全部权力。这就更加加强了这种优势集团组建方案对于国际法的符合度，而由此所产生的优势集团组建方案也已经是一个更高层次的合法性方案。

那么，优势集团的组成成员是否一定要求达到 15 个呢？即是否其数量必须要符合类似安理会这种 5 个（即常任理事国）＋10 个（即非常任理事国）这一数量要求呢？从理论的角度看，并不需要如此。

从安理会的决策程序分析，安理会的一切决定都需要有 9 个理事国的可决票，非程序性事项还要求 5 个常任理事国不行使否决权，那么，在 5 个常任理事国通过的情况下，只需要再有 4 个非常任理事国的通过票，一切决议便都可以通过。

优势集团虽然是由多个成员国组成的，但优势集团的组成国家一旦加入优势集团后便不再是一个单独的国家，它将融入优势集团，成为这个整体中的一部分。由于优势集团的任何决定都是一个统一的决定，而不是组成成员国分别决定问题，因此便可以推理为，优势集团的任何一个决定都是所有组成成员国的一致通过。

从这一角度分析的结论，就是只要有 9 个有足够代表性的国家组成优势集团就可以构成合法性这一要求，前提条件是这 9 个国家必须有足够的代表性，这种代表性应当与安理会的理事国的代表性类比。那么，首先五大国必须是优势集团当然的组成成员，这不仅是因为常任理事国是一种"永久"任期的概念，而且还因为五大国都有否决权，如果任何一个大国不被选入优势集团，只要这个国家反对优势集团的领导，或者不同意优势集团的政策，便等同于这个常任理事国行使了否决权，无疑这也就意味着优势集团不具备领导权，或者优势集团的政策的推行没有合法性，这一切也就等同于优势集团本身失去了合法性。那么，除五大国之外也就只需要再选择 4 个合适的国家便可以满足合法性这一条件了。这一条件可以称为 5＋4 条件，即美、俄、中、英、法 5 个大国加 4 个其他合适的国家。

当然，优势集团成员的组成方案还要考虑其他的条件，5＋4 条件只是最低标准，只要有利于优势集团的建立，以及有利于优势集团发挥其应有的作用，适当增加优势集团组成成员数量是优势集团方案不应排斥的。

二、关于方案的可行性问题

优势集团的建立仅仅考虑合法性是远远不够的，还需要考虑的另一个问题是可行性问题，即是否便于组建优势集团，优势集团建立后是否便于融合，是否有足够的实力领导世界走向大统一，等等。

要使优势集团的组建方案切实可行，应从以下几方面框定其原则。

1. 组建优势集团的国家数量

毋庸置疑，组建优势集团的国家数量越少就越便于优势集团的组建，也越便于优势集团组建后的融合。因为组建的国家越少，其差异就越小，诸如宗教矛盾、民族矛盾等都会少，而人们生活习惯以及经济差异程度也都会小，这样，组建之前的谈判就越容易，国家组合到一起之后出现的混乱因素也就越少。

但是，优势集团的组成成员数量又不能太少。首先，优势集团的组成成员太少将没有广泛的代表性。另外，组建的国家太少，必然会造成优势集团的实力不够。当今世界有一批实力相当强的国家，这些国家如果不被广泛地吸收进优势集团，不仅优势集团本身的实力不够，而且这一批游离于优势集团之外的实力强大的国家的存在，本身就是对优势集团领导地位的威胁，如果这些游离的强国再组成联盟，优势集团的领导地位必将会受到根本的动摇。

组成优势集团的成员数量既不能太少也不能太多是基本标准之一，仅从可行性方面考量，其尺度的把握是只要不影响核心国的组建与融合，成员国的数量便可适当多一些。

2. 经济规模

组成成员国的经济规模必须尽可能大。因为，一个国家的经济规模是这个国家的实力基础，优势集团必须具有强大的实力才能起到统驭世界的作用。由于优势集团不可能过多地吸纳第一批成员国，这就要求每一个成员国都要尽可能具有强大的实力，这种实力首先就是经济实力。

3. 领土与资源

领土与资源问题从广义上是同一个问题，即资源问题。领土也是资源的一部分，但资源的概念包括的内容更广泛，如石油、铁矿、煤炭、水、森林等都属于资源。有些国家虽然小但资源很丰富，一些国家领土面积广阔可资源却很贫乏。要详细地分析一国资源是非常复杂的，为了简便起见，我们可以将资源的问题简化成只有领土这一个标准。

之所以这样简化，原因有三：其一，一般而言，领土面积与资源总量是成正比的；其二，一些地域今天看来没有资源，明天情况就可能发生变化，如中东地区，在没有发现石油之前那里是一片贫瘠的沙漠，石油发现后就成了富裕的油田；其三，作为领土面积的重要意义还有一个超越资源概念的问题，从军事战略的角度看，辽阔的地域就意味着战略纵深大，由此产生的军事战略优势也就要大，一个地域狭小的国家，纵使有先进的武器、雄厚的经济实力，但由于地域狭小，战略纵深太小，抵御连续攻击的能力也就极其有限。

因此，以领土这一单一标准来概括资源问题，并进一步概括外延的战略问题，既可以把问题简单化，又能够从更广泛的角度评价成员国的实力。

在领土方面还要考虑一项重要因素，即领土的连片性。也就是说我们不仅要尽量选择领土面积大的国家作为优势集团的成员，还应尽可能考虑建立的优势集团其领土能够连成一片。因为优势集团是一个整体，如果各成员国东一个西一个，优势集团将会是一盘散沙，极不便于管理。

当然，在成员国的选择上还有许多别的条件应该考虑，如果确实有必要选择难以连片的国家作为其成员，这种现象也应该只是个别的，优势集团的主体则理应连成一片。

4. 军事实力

没有绝对优势的军事实力就没有和平的保障，而且，优势集团能够统领全世界的直接原因就是具备绝对的军事优势，这种优势使得所有各国甘愿受其领导。优势集团的军事实力是由成员国的军事实力组合而成的，各成员国军事实力的总和构成了优势集团的军事实力，因此，对成员国军事实力的要求也是优势集团组建方案要考虑的一项重要指标。

5. 人民生活水平的一致性

人民生活水平的一致性是指组成优势集团的成员国，其人民的平均生活水平不宜相差太大，因为，如果生活水平相差太大必然造成人们的生活方式、教育水平以及行为习惯都会出现较大差异，这样的差异达到一定程度后，不同的群体就很难融合于同一个社会，这就有可能给优势集团的治理带来诸多的麻烦。

当然，要绝对求得各成员国人民生活水平的完全一致是不可能的。事实上，现今任何国家内部人民生活水平也有参差不齐的情况，以中国为例，上海地区的人均收入是贵州地区的 11 倍，这一差距不能说不大；但是，虽然这种差距带来了许多的社会问题，但现今中国的社会稳定性在世界各国中还是属于较好的。

因此，在考虑优势集团的成员选择时，如果要确定这一差距到底是怎样的标准比较合适，还应结合其他的因素一并考虑。原则上说，这种差距当然是越小越好，但各国之间差距很大是不争的事实，在确定差距标准时只能以不是特别影响国家的融合为原则性要求。一般而言，成员国之间人均生活水平的差距不大过 10 倍，应该不会在很大程度上影响国家的融合。需要说明的一点是，在计算人均生活水平时，按购买力平价比按汇率计算要科学，因为购买力平价排除了汇率计算中的不合理因素，更能反映人们的实际收入情况。

6. 宗教与民族极端主义因素

宗教与民族极端主义在当今世界是一种导致社会不稳定的重要因素，在宗教与民族情绪的极端狂热下，恐怖主义应运而生。宗教极端主义者对其他宗教和宗教派别是排斥和仇恨的，一个民族极端主义者对其他民族也是排斥和仇恨的。宗教极端主义和民族极端主义与大统一的精神格格不入。

优势集团不宜首先选择民族与宗教极端主义国家，并不是永远不选择它们。在优势集团建立后，优势集团必然要利用自己的领导地位，要求并引导各国不断地按照大统一事业的要求，改进各方面的方针政策，包括要求各国必须淡化宗教和民族观念，放弃极端主义的政策。当这种改造达到相应的程度，只要能够满足优势集团吸纳的要求，优势集团就应及时吸纳其为成员国。

三、关于方案的正义性问题

正义性就是要看优势集团的组建方案是否能够体现公平、合理的原则，是否给予了不同的地区与不同的群体同等的机会和同等的权力。由此稍加分析便可以看出，方案要满足正义性的要求，实际上集中体现在优势集团的成员是否具有广泛的代表性，因为，只有具备广泛的代表性，才是充分地体现民主与人权，才能够保证优势集团的建立具备广泛的拥护基础，保证各国甘愿接受优势集团的领导。那么，正义性主要应该考虑哪些具体因素呢？

1. 国家数量与人口数量

毫无疑问，优势集团的组成成员如果涵盖了全世界所有的国家，其广泛性以及其隐含的正义性才是最大的。但是，这种结果是做不到的，因为如果这样，与其说是建立优势集团，实际上是优势集团要达到的最终目标，即这就是大统一社会。反过来，如果优势集团组成成员国只有一个，其广泛程度便最小，正义性也就最差，与其说这是优势集团，还不如说是一个大国的霸权式非正义统治。

从组建优势集团的难易程度看，前者最难，后者最容易。但这两种极端形式都不可取，因为前者事实上难以达到，所以才选择优势集团过渡的方案；

而后者既不符合正义与合法的原则，同时也不能达到优势集团领导能力的要求，因为，就当今世界最具实力的几个大国而言，任何一个大国都没有能力撇开其他国家单独发挥统驭世界的作用。因此，在合法与正义的原则下，选择适当的国家，保证一定的具有代表性的成员国数量，由此而建立的优势集团才是合理而现实的。

从人口数量上看，人数太少的优势集团无疑其广泛的代表性便差，但是如果优势集团的人口数量能够达到二三十亿，情况就完全不一样了。一个拥有与游离在优势集团之外的人口相当，或者相差不多的优势集团来领导世界，人们的信服程度就要大得多，代表的广泛性也要大得多。特别是各国往往习惯于以自己单独一个国家的人口与优势集团相比，由一个在人口数量以及实力水平上都远远大于自己的优势集团统领自己，心中的抵触情绪便会小得多。所以在成员国的人口数量的选择上，应该是人口数量越多越好，当然，这种人口数量多多益善的标准是相对于其他条件均比较符合的情况而言的。

2. 民族与人种问题

优势集团要求各方面都具有广泛的代表性，民族的代表性无疑是一项重要的内容。全世界有 1 万多个民族，要想把每一个民族都纳入优势集团是不现实的，而且也没有必要。由于人种问题比民族问题简单得多，而人种又包含了民族的因素，因此，我们便可以把民族的广泛代表性简化为人种的广泛代表性来进行考量。

一般而言，全球人种可以分为白种人、黄种人和黑种人，即欧罗巴人种、蒙古人种和赤道人种（还有人将赤道人种再细分为尼格罗型和澳大利亚型，即黑色与棕色的区别，但由于棕色人种很少，为避免把问题复杂化，这里将不作这样的细分）。这三个人种分布于各个国家之中，在选择优势集团成员时，以人种代替民族作为广泛代表性的选择指标，问题就好解决得多。

考虑人种的广泛代表性，就是要求在优势集团的组成成员国中，应该考虑到包含有三个不同人种为主体的国家，不能仅仅考虑某一个人种或者两个人种为主体的国家独占所有成员国。因此，人种方面的广泛代表性便可以近似地引申为广义上的民族代表性。

3. 地域的代表性

以人类广泛分布的地域而言，全球划分为亚洲、欧洲、非洲、北美洲、

333

南美洲与大洋洲，地域的代表性是优势集团广泛代表性的重要组成部分。

　　各个大洲生活着不同的人群，他们的地域特点决定了他们人种状况的不同、生活习惯的不同、文化背景的不同以及历史发展轨迹的不同，也决定了他们或多或少都存在地域的观念。在优势集团成员的选择上，如果忽视了人们的这种地域情感，就有可能导致整个地域对优势集团领导地位的抵触，这种抵触是一个大洲的抵触，其能量将远大于一些中小国家的反抗。

　　而且，地域代表的广泛性本身又是正义性的一部分，优势集团作为人类正义事业的领导者，理应本着正义、合法的原则处理一切问题，因此，在地域的代表性上本着公平、合理的态度选择优势集团成员的组成是非常必要的。

　　4. 宗教代表性

　　宗教是人类重要的精神依托，对于宗教的信仰贯穿于人类社会的始终。宗教发展到今天，数量已达 10 万以上，绝大多数都是新兴宗教，因为许多国家只要你愿意便可申请登记一种宗教，所以，宗教数量多如牛毛，但主要的宗教则很少，公认的世界性宗教只有基督教、伊斯兰教与佛教。有些宗教虽然不是世界性宗教，但规模却很大，或者影响很大，如印度教、犹太教等。另外，在宗教中又分为许多的派别，如基督教的天主教、东正教和新教，伊斯兰教的什叶派和逊尼派，等等。

　　保证宗教的广泛代表性不可能以全世界数以 10 万计的宗教总数作为标准，因为优势集团成员国的数量很少，不可能代表所有的宗教。但是，在如此多的宗教中，真正有影响的宗教是很少的，要考虑宗教的广泛代表性，只能考虑在优势集团的成员国中，应包括以全世界最主要的几种宗教为国家信仰标志的国家，而且还不能考虑宗教极端主义国家，因为宗教极端主义者很难与其他宗教相融合。那么，在这几种主要宗教中，三大世界性宗教自然是必须考虑的。

　　要求宗教的广泛代表性是非常重要的，这不仅是正义性的要求，同时还应看到，宗教的信仰超出了其他的信仰，由宗教信仰产生的宗教情感在信仰者心灵根深蒂固，广泛的宗教代表性能够广泛地凝聚各宗教信徒的情感，有效地避免因宗教仇恨产生的冲突、对抗与杀戮，并避免各国因宗教情感上的问题与优势集团产生分歧和矛盾，从而为优势集团的有效领导创造稳定的外部环境。

第三节　两个设想方案

以下将根据之前所阐述的各理论原则提出两套实现大统一的方案。需要说明的是，这完全是设想方案，它不是唯一选择，也不是必需选择，只具有建议性质。要采取和平的手段实现人类的大统一，最主要的是大国之间的政治谈判，大国领袖的态度才是决定最终方案的关键因素。

一、方案一：核心国过渡

（一）方案的基本思路

核心国过渡方案的基本思路是：根据合法性、可行性和正义性三大原则，将全世界主要的大国联合起来，组建一个绝对优势的国家集团，这一优势集团从确定联合到实现联合，尽快地由松散、半松散进入到紧密结合的阶段，且紧密结合的程度就如同是一个实实在在的国家。

准确地说，此时的优势集团完全可以称之为一个国家，这是一个有着特殊意义的国家，这个国家与一般国家的共同之处就是它们都有相对固定的管辖疆域和人民，有统一的国家政权机构以及这些机构颁布的政策和法令，从而行使一个完全统一的国家管理。

它与一般国家的区别是，这个国家肩负着一个伟大的使命，这就是带领全人类进入大统一社会。它要不断地吸纳新的成熟国家并入，不断扩大；它要要求并监督各个国家去限制科学技术的发展；它要协调世界的经济、社会、文化的发展；它还要为未来的大统一社会作出政治制度、经济制度和社会与文化体制的各种探索。

这里称这个国家为核心国，"核心"就是全世界中心的含义，也是世界的领导者的含义。核心国之外的其他国家，这里则称之为普通国，普通国有着自己一定的国家主权，但在有关大统一事业的政策上，又有服从核心国统一领导的义务。

核心国的统一性是由核心国的宪法保证的，是由强大的国家机器来维护的，核心国政府、议会、法院、军队和警察，都是保证核心国具有稳定、长期的统一性的坚强工具。核心国虽然是由优势集团的概念演变而来的，但事

335

实上已经脱离了国家集团的本质特点，更多的特点是一个整体统一的国家。

核心国作为一个绝对强大的国家，国际法应赋予它领导世界走向大统一的责任、义务以及相应的权力，它与普通国之间的关系在一定程度上是领导与被领导的关系，这样便意味着核心国的许多政策措施带有一定的行政强制性，普通国理应服从。

核心国的建立并不意味着大统一社会的实现，它只是大统一进程的第一步，要最终实现大统一还有许多的工作要做，并有较长的路要走。在建立核心国之后，还应该有一个比较长的过渡期，这个过渡期是一个整合世界各个普通国和各个地区的民族、宗教、语言、社会、经济、文化、艺术、人民生活习惯、道德价值观等多方面因素的过程，通过这样一系列的整合，当时机成熟之后，实现全人类大统一的伟大事业也就水到渠成了。

（二）核心国组建方案的具体设想

根据合法性原则我们知道，要使核心国的组建具备国际法意义上的合法性，最低标准满足 5＋4 条件便可以，也就是核心国的组成成员要包括安理会 5 个常任理事国，以及不少于 4 个其他条件合适的国家，这实际上为核心国的组建确定了基本的框架。那么，除 5 个常任理事国之外的其他成员国的人选，便应该采用可行性与正义性的原则来确定了。

1. 对五大国的分析

可行性重点考虑的是核心国的实力问题，它的首要要求就是核心国的成员必须具备相当的国家实力，就这一点看，五大国作为世界上最强大的国家，毋庸置疑，在可行性要求方面是没有任何问题的。但核心国仅有五大国其整体实力还是不够的，其他最具实力的国家也应吸纳为核心国的成员。

正义性要重点解决的是核心国的广泛代表性问题。那么，核心国的成员组成不只是五大国。要整体考量核心国成员的广泛代表性问题，首先就要弄清楚作为核心国当然成员的五大国的代表性问题。

正义性原则重点考查的代表性指标有四项，即人口、人种、地域与宗教。那么从人口数量的代表性看，整体计算这五国的人口总数超过了 18 亿，这一数量是巨大的，其人口的代表性已经毫无疑问，对其他国家的人口数量的要求也不会受这五国人口总数状况的影响。因此，人口代表性便可以不再单独分析，代表性指标以下将只分析人种、地域和宗教三个方面。

（1）美国

人种上：虽然有百分之十几的黑人，还有一部分华人、印第安人等黄种人，但百分之八十以上为白人，因此，从人种的代表性看应代表白种人。

地域上：美国代表北美洲。

宗教上：美国人主要信奉基督教新教和天主教。为了不把问题复杂化，我们将不对宗教派别进行细分，因此，美国在宗教上代表广义的基督教。

（2）俄罗斯

人种上：代表白种人。

地域上：俄罗斯横跨欧亚，虽主要领土在亚洲，但主要人口以及经济、政治的重心在欧洲，因此，习惯上把俄罗斯称为欧洲国家，所以俄罗斯代表欧洲。

宗教上：俄罗斯人主要信奉东正教，东正教属基督教的分支，因此代表广义的基督教。

（3）中国

人种上：代表黄种人。

地域上：代表亚洲。

宗教上：中国虽然也有一部分人信仰宗教，但百分之九十的人为无神论者，而且中国历史上就是一个宗教色彩比较淡漠的国家，因此，中国代表无神论。但是，进一步分析，从历史上看，佛教起于印度，兴于中国，中国是佛教的主要传播源。今天，虽然佛教徒相对于中国 13 亿人口其比例很小，但总量在世界佛教徒的比例却很高，因此，中国代表佛教。

（4）英国

人种上：代表白种人。

地域上：英国是欧洲国家，因此代表欧洲。

宗教上：80％的英国人信奉基督教新教，还有一部分人信奉天主教，因此，代表广义的基督教。

（5）法国

人种上：代表白种人。

地域上：代表欧洲。

宗教上：信奉天主教，因此代表广义的基督教。

337

通过对上述五国的情况进行分析，我们可以形成如下结论：

从人种上，中国代表黄种人，其他国家都代表白种人，因此，黑种人还没有代表国。

从地域上，美国代表北美洲，中国代表亚洲，其他国家代表欧洲，因此，非洲、南美洲和大洋洲还没有代表国。

从宗教上，中国代表无神论和佛教，其他国家都代表基督教，因此，伊斯兰教还没有代表国。

有了上述结论后，便为我们进一步缩小其他成员国的选择范围提供了条件。

2. 选择其他成员国

按照5＋4条件，当5个常任理事国已经作为当然人选之后，只要再确定不少于4个合适的国家，便可以满足核心国的合法性方案。但这只是最低标准的方案，要达到核心国有充分的能力统领世界，并保证核心国的充分正义性，还要求核心国能够真正把世界上最具实力的国家纳入自己的成员，并要求核心国的成员真正具有广泛的代表性。

那么，通过对五大国的代表性进行分析后发现，从地域上，还有非洲、南美洲和大洋洲没有代表国；从人种上，还有黑色人种没有代表国；从宗教上，还有伊斯兰教没有代表国。核心国的成员国无疑应把这些方面都要涵盖进来，不然，核心国便不能称为具有广泛的代表性，其正义性就是不充分的。

同时，在选择成员时，出于可行性方面的考量，还要看核心国是否具有可治理性，以及是否易于融合。具体而言，就是还要考虑成员国与核心国的领土连片性、人民生活水平的差距，以及是不是民族与宗教极端主义的国家。

从核心国的领土连片性考虑，无疑所有的成员国完全连成一片是最理想的情况，但只要简单思考这一要求就知道明显地存在问题，这就是，如果要求核心国成员具有广泛的地域代表性，便不可能做到核心国成员完全连成一片，至少南美洲与大洋洲的国家就不可能与以五大常任理事国为主体的核心国接壤。那么，这里对这一问题的考量是核心国的主体应是连成一片的，但不排除个别的成员可以作为核心国的海外领地而存在。

关于人民生活水平的差距，这里确定为人均收入差距大过10倍的国家融合于一体的难度可能就会比较大。当然，这完全是一个经验的估计值，并不能成为定论。那么，如果以 10 倍为极限的话，自然应该是以五大常任理事国中的人均国民收入最高的国家为标准。

关于是否为宗教与民族极端主义国家，不可能有具体指标衡量，要靠综合分析和国际社会的普遍评价。

有了上述的分析之后，把怎样的国家选为核心国的成员便有了初步的结论，这就是，具有每一方面相应的代表性，又不影响核心国治理与融合的国家中，最具实力的国家便是核心国成员的首选。同时，即使没有独立的代表性，但确实具有很强的国家实力，这样的国家也不能排除在核心国之外，这是出于核心国可行性的考量，因为，如果这样的国家不被选为核心国成员，对核心国不但是实力的损失，而且游离于核心国之外的这种国家对核心国也是一种威胁。

二、方案二：世界联邦过渡

（一）方案的框架设想

与核心国过渡方案类似，世界联邦过渡同样是利用联合国在国际关系中的中心地位，以及《联合国宪章》在国际法中的核心渊源地位这一事实，并以此作为法理依据而设计的；与核心国过渡方案有区别的是，世界联邦过渡方案更多地贯彻了民主与人权原则，其考虑的思路如下所述。

世界联邦过渡期间全世界由世界联邦政权进行统一管理，世界由联邦政府行政直辖下的一个中央邦，以及处于高度自治状态下的多个自治邦组成；中央邦由少数最强大的国家组合而成，自治邦则是由其他国家分别演变过来的。由此可见，中央邦实际上就是为实现大统一而组建的优势集团。

之所以要求中央邦是由世界上最强大的国家组合而成，是因为联邦政府必须依托一个绝对强大的力量才能够统驭世界。由优势集团的组建应遵循的合法性、可行性与正义性原则可知，中央邦的组成成员国与核心国的组成成员国其要求的标准实际上是一样的。

除了组成中央邦的国家之外，其他各个国家都将演变为各个自治邦。自治邦与国家的本质不同，就是每个自治邦都已经将自己的一部分国家主权让渡给了世界联邦政权，各国所完整剩下的只是自己的疆域和自己的人民，另外还剩下了一定的区域管理的权力。

　　采取世界联邦过渡既是考虑了全世界需要统一且有效的协调与管理，因此要以世界联邦政权倚重中央邦的实力来承担这一协调管理任务，又考虑了全世界现存的极大差异，不宜即刻融合于一体，因此需要分开发展，于是，才延续了现有国家的区域与人民的划分而设立自治邦。

　　世界联邦过渡期内，世界是在统一的世界宪法约束下有序运转的，联邦政权也是依照世界宪法的要求管理着世界。中央邦是实现大统一的核心，世界政权将根据每个自治邦的条件成熟程度，不断地将自治邦吸纳进中央邦，这样就使得中央邦的规模越来越大，自治邦的数量越来越少，当所有的自治邦都加入中央邦的时候，也就是大统一社会实现的时候。

　　世界联邦过渡方案与核心国过渡方案的主要区别在于其运转机制所体现的全球性的民主与人权特征上。这里设想的世界联邦政权将采取当今世界普遍认同的民主政体，也就是三权分立的政体，即行政权、立法权与司法权是独立的，它们之间相互制约，以防独裁。而且世界联邦的政体采取的是两级分权，不仅在联邦政权中实行三权分立，而且联邦与各邦之间还实行分权，在联邦宪法规定的范围内，各邦有自己独立的行政、立法与司法权。

　　1. 世界联邦政府

　　世界联邦的行政权掌握在世界联邦政府（简称联邦政府）手中，联邦政府首脑（简称联邦首脑）掌握着世界联邦的最高行政权。

　　联邦政府有两项管理职责，第一项职责是直接管辖中央邦的行政事务；同时，联邦政府的最高目标是带领全世界实现人类的大统一，因此，根据大统一事业的客观要求，协调、统一与平衡全世界的发展又是联邦政府的另一项重要的工作。

　　在世界联邦过渡期间，世界宪法将根据实际情况，赋予各自治邦相当的自治权，也会相应赋予联邦政府对全世界的一定的行政统一领导权，联邦政府将根据世界宪法赋予的权限行使自己的权力。

　　由此看来，联邦首脑既是中央邦行政事务的总负责人，又是全世界大统一事业的总指挥；既是联邦政府的首脑，又是中央邦政府的首脑。

　　2. 世界联邦议会

　　世界联邦议会（简称联邦议会）是世界联邦政权的立法机构。从理论上说，联邦议会又是世界联邦的最高权力部门，联邦议会颁布的各项法律是规范全世界的行为准绳，包括联邦政府、联邦法院的权限也受联邦议会所颁布的法律的约束。

联邦议会议员的组成应该充分体现民主与人权的原则，联邦议员由各邦选出并派遣。

由于中央邦是由多个实力最强大的国家组合而成的，论人口比例，出自中央邦的议员必定会占很大的份额，而自治邦是由各个国家演变而来的，有些国家非常小，也许按人口比例计算连一个议员也分摊不到，但这样的自治邦也应有表达自己意见的权力，因此，议员的分配应向自治邦倾斜。

联邦议员除了制定、表决各种法律与决议之外，一个十分重要的职责就是参与选举联邦首脑。由于联邦议员各自代表自己所在邦的人民，联邦首脑由联邦议会选出，这是充分体现全人类普遍的民主与人权的反映。

联邦议会的另一个职责就是议政职能，它将代表全世界人民来监督、评议联邦政府的施政行为，对大的方针、政策进行论证和辩论。而对于极不满意的联邦政府，在达到相当比例的票数之后，联邦议会还有弹劾联邦首脑的权力。

除世界联邦拥有自己的议会之外，各邦也有自己的议会，联邦议会是对全世界人民负责的，而各邦的议会则要对本邦人民负责。由于中央邦的政府首脑与联邦首脑是同一个人，由此可以看出，联邦首脑实际上既要面对中央邦议会的监督与质询，又面对联邦议会的监督与质询。可以相信，当联邦首脑在中央邦议会发表咨文报告与演讲时，一定是立足于中央邦人民的利益而言，而在联邦议会发表咨文报告和演讲时，则会更加注重站在全世界的角度来陈述。

3. 世界联邦最高法院

世界联邦最高法院（简称联邦法院）是世界联邦政权的司法机构，其主要职责是从司法的层面来维护大统一事业，保障世界联邦作为大统一过渡期的纯粹性，保证世界宪法赋予各邦的责任、权利、义务得以贯彻与履行，以及维护世界宪法。

联邦法院不受理各邦内部的诉讼案件，即属于原国内法的部分不属于联邦法院的管辖范围，而是由各邦的司法部门来管辖。而对于跨邦的民商纠纷的管辖权认定，即属于今天国际私法管辖的部分，将由专门的司法部门来处理，也不在联邦法院的管辖范围。

联邦法院的大法官要求一半来自中央邦，另一半来自自治邦，并依一定的程序而产生。之所以这样安排，更多的考虑是在世界联邦过渡期间，中央邦将不断地吸纳条件成熟的自治邦加入中央邦，到最后阶段自治邦的数量和人口比例将很小，在联邦议会所占的议员比例也就自然很小，这样，在联邦政权中代表自治邦说话的声音必然会很弱，为了防止自治邦及其人民的利益受到侵犯，需要从司法部门有为其主持公道的力量，如果来自自治邦的大法官不论何时都占有半数，则可在相当程度上使自治邦及其人民的利益得到保障。同时也对应地考虑了这样的因素，即在中央邦的实力即使再强大的情况下，也有相应的机制约束其不能够为所欲为。

联邦法院有权解释联邦宪法，并有权宣布联邦首脑或联邦议会的法令违宪。联邦法院还接受各种诉讼，对各种有违联邦宪法的案件进行裁定与判决。

（二）联邦首脑与议员的产生及民主和人权原则的体现

联邦首脑掌握着世界联邦的最高行政权，联邦首脑的产生能否体现全人类普遍的民主和人权，是衡量世界联邦正义性的最重要的指标。

为了合理地设计联邦首脑产生的民主程序，让我们首先来分析联邦首脑的权力特点。

之前已有阐述，联邦首脑直接管辖中央邦的行政事务，并倚重中央邦的力量来统领全世界，从而主导大统一事业的进程。因此，联邦首脑对于各自治邦也有相当的领导权，对于凡属涉及大统一进程的各项事务，联邦首脑更是具有当然的最高指挥权。他既是中央邦政府的首脑，又是联邦政府的首脑。

有了这一基本事实后我们对于联邦首脑的民主产生便可以有这样的思路：联邦首脑应该出自中央邦，这是因为他直接管辖中央邦的事务，而且要依托中央邦的力量来主导世界事务。又由于联邦首脑还有统一管理和协调世界事务的职责和权力，因此，各自治邦对联邦首脑的产生也应有投票表决权。

联邦首脑出自中央邦还有这样一个看来并非很正义，但从可行性方面却是重要的原因，即中央邦是由世界上最强大的国家组合而成的，如果联邦首脑出自中央邦，便能够给组建中央邦的各个国家一种自己统治全世界的感觉，人类本性中的"恶"使得这种感觉能够为世界各大国积极地投身于大统一事业，并踊跃地加入中央邦起到有力的推动作用。由于世界联邦过渡方案中，中央邦的组建是其成功的关键，因此，这一看似并非太正义的原因，却是决定其成败的重要因素。于是，我们便不妨利用人类本性中这一"恶"的因素来推进大统一事业，而在对世界联邦过渡方案的设计中，就其有关制度的设计上则尽可能地冲淡最初的非正义成分，使得最终的结果能够达到虽起于非正义，但却可以终于正义的效果。

于是，我们便可以设计出这样的具体方案：对于联邦首脑的确定，中央邦对参与联邦首脑（中央邦的政府首脑也是联邦政府首脑）竞选的候选人最后的决定权只能是推荐两名在中央邦内部竞选中得票最高的候选人，即也许多个政党或独立候选人参选，但只有两名得票最高的候选人由中央邦推荐。然后，这两名候选人将在联邦议会接受联邦议员最后的投票表决，也就是说，联邦首脑产生的最后决定权在联邦议会，而不是中央邦。

由于联邦议员是按各邦人口比例确定其数量的，不论是中央邦还是自治邦都是如此，而且在议员名额的分配上甚至还要向自治邦倾斜，因此不存在中央邦的任何特权，也没有任何歧视。又由于议员们从理论上代表着自己所在邦的人民，他们的政治倾向以及投票倾向，无疑可以理解为代表着自己所来自的各邦，以及各地区的人民的意愿。中央邦推选的首脑候选人最后由联邦议会选举产生，从理论上讲也是在接受全世界所有各地区的人民的审定通过，因此，这对于全世界人民来说实际上是一种较为充分的民主选举。

而联邦议员的产生办法在各个邦的情况则完全可以不一样，各个邦可以根据本邦的历史与现实特点来确定向联邦议会派遣议员的程序与办法，这种选派议员的方式由各邦自己规定，而不是由联邦的有关政策和法律规定。

各邦向联邦议会派遣的议员不仅要代表本邦人民行使选举联邦首脑的权力，事实上，由于联邦议会还有一系列针对全世界的其他权力，如立法权、议政权、监督权等，联邦议会在行使自己所有的权力的时候，议员们都是代表本邦人民在行使着自己的权力，因此，世界联邦过渡的方式，对于全世界每一个地区的人民在最高政权中的民主与人权的体现都是多方面的。

第十一章　符合人类理想的大统一社会

　　毋庸置疑，提出并建立大统一社会的初衷只是为了人类的整体生存，但是，我们仅仅着眼于将大统一社会建立起来，并以此保证实施全球范围内严格地限制科学技术的发展，从而保证人类因此避免灭绝，这只是实现了我们意欲实现的第一个目标。人类的理想远不止是简单的生存，作为一种智慧生物和文明生物，人类有诸多的价值需求，如我们还有幸福的需求、快乐的需求、享受的需求等，人类所打造的社会制度理应要为自己的一切价值需求服务，使自己的价值实现达到最大化。

　　那么，大统一社会作为一种全新的社会制度，它所开创的是人类历史的先河，在这之前没有任何先例可以借鉴，这不仅预示着要建立这一全新的社会制度我们必将会面临许多的难题，同时又提示着我们，在一张白纸上可以画出最美的图画。既然我们没有沉重的历史包袱，便可以轻装上阵，按照最理想的方式将大统一社会设计并打造成一个最符合人类理想的社会。

第一节　对大统一社会的整体设想

　　以今天来看，大统一社会应该是人类社会的最终社会形态，因为只有大统一社会才能够使全人类真正实现统一行动的目标，并一致实行对科学技术的限制，从而避免人类走向灭绝。之所以得出这一结论，是因为在现在我们的智慧能够达到的境界范围之内，还不可能破解科学技术发展会给人类带来灭顶之灾的难题。因为截至目前，人类的进化水平还没有达到完全理智地开发和利用科学技术的高度，如果随着进化的深入，人类的智慧以及理智程度完全可以使自己能够严格地做到对科学技术理性地开发和运用，当真会有那么一天时，本书的所有结论都将是过时的。虽然我们真诚地希望这一天会到来，但是，这是一个涉及生物进化的问题，仅就生物进化的时间规律而言，没有数万年以上便连最基本的进化时间长度都达不到，更谈不上是否会有这种进化的结果了。

我们对大统一社会的一切方面的思考与设计都立足于这样一个基本出发点，即不仅要把大统一社会建成一个可以拯救人类于灭绝的社会，还要把大统一社会建成一个符合人类理想的社会。

然而，大统一社会却亿万年的长久，它不仅超过人类有文字记录以来的时段，也要超过人类有考证以来的时段。在如此漫长的历史中，我们甚至不能肯定未来的人类是否与今天的人类一样，因为人类也在进化之中。任何人的智慧都不可能对如此长的未来的一切问题都进行准确的判断和预测，甚至大多数的问题要作出稍长一些的评估都是极其困难的。

因此，这里对大统一社会的所有研究，不论是方法、过程还是结论，都只是立足于今天的视野，并依据今天普遍认同的方法体系与价值体系所产生的，而且所形成的结论仅仅只是框架式的设想。随着人类与人类社会的各种条件发生变化，无疑所有的内容都会有过时的一天。

345

一、全新的非竞争社会

由于我们不仅要把大统一社会建设成一个能够拯救人类于灭绝的社会，同时还要把大统一社会建设成一个符合人类理想的社会，因此，首先就应搞清楚怎样的社会才是符合人类理想的社会。

我们认为，一个社会制度符合"最大价值原则"的社会，便是符合人类理想原则的社会，也可简称为理想社会。这一点告诉我们，站在全人类的角度，一个能够保障最大可能多数的人获得最大可能多的价值实现的社会，便可堪称是一个理想社会。

由于在人类所有的价值中，生存的价值排位第一，幸福的价值排位第二，其他价值排居其次，而在生存价值与幸福价值中，人类的整体生存与整体幸福又尤其重要。特别是人类的整体生存，是决定人类一切价值的前提，因此，要设计一个理想的社会，首先便应该从人类的整体生存问题入手进行深入的研究，同时还应重点考虑人类的整体幸福问题。

之所以人类社会应由国家社会转变为大统一社会，正是出于对人类整体生存问题考量后的结论，因为不实行这样的转变，人类就有可能很快走向灭绝。这其中的最主要原因则是，国家社会多个国家并存状态必然导致国家之间的竞争，这种竞争又必然导致科学技术飞速发展，而且不可能控制，人类整体生存的威胁正来源于自己所调动的科学技术的力量。

国家为了保障自己在激烈的国际竞争中立于不败之地，会想方设法使整个国家的方方面面都处于竞争的氛围中，如国家要调动企业的竞争热情，使企业能够提高劳动生产率，且不断制造出新产品；国家要调动学校的竞争热情，使学校尽可能好地培养出符合竞争要求的人才，且多出科研成果；国家要调动全社会每一个人的竞争热情，从而使每一个国民都能够为了国家的利益不顾一切地冲锋陷阵……由于每个国家都在如此运作，于是，整个人类社会便都形成了一种竞争的氛围，因此，今天的人类社会是一种竞争的社会。

竞争不仅会导致人类的整体生存受到威胁，而且还必然会导致人类的群体生存、个体生存以及幸福的价值都受到威胁。例如，从整个人类历史看，战争这一对人类群体生存形成最大威胁的因素，其主要的导致原因便是国家的竞争、民族的竞争以及宗教的竞争，由于这些竞争必然产生对抗，于是便爆发了战争；又如，对人类个体生存构成最大威胁的恶性社会犯罪，也主要是国家、民族与宗教之间竞争与对抗的结果，同时也还主要取决于在全社会整体的竞争环境下，人与人之间自然会产生竞争与对抗的原因。

这里还要重点阐述竞争社会对于人类幸福价值的影响。今天的历史学家普遍认为，古人比今人幸福，甚至旧石器时代晚期刚走出山洞的人们也要比今人幸福，因为，那时的人们其欲望更容易得到满足，也有足够的时间可供娱乐。

但是今天，社会的竞争越来越激烈，知识已形成爆炸式增长，人们苦读多年还要不断更新知识，否则便会被淘汰；在竞争的大环境中，全社会都形成了不停地攀比的风气，人们比学历、比财富、比社会地位，而且这种攀比永无止境，逼迫着每一个人都要拼命地向前冲刺、冲刺、再冲刺，一生很苦很累却还是不会满足，最后留下许多的遗憾走完疲惫的人生；同时，由于竞争社会战争与恶性犯罪频繁发生，人们必须承受失去亲人的痛苦，必须承受因战争与犯罪导致的各种损失与不便，且安全感严重缺乏。因此，竞争社会很难为人类带来幸福。

就人类整体而言，竞争对于人类价值实现的危害是多方面的，最典型的是，由于竞争直接导致各个群体与个体的生存与幸福都面临威胁与挑战，当需要各个群体和个体去处理涉及人类全局利益、根本利益和长远利益的事务时，便很难理性与冷静地进行处置。

例如：国家是人类社会的最高权力体，国家之间的竞争不可能被任何力量所约束，因此这种竞争便常常会以战争的方式作为最终的解决手段。这就说明，竞争的失败者需要付出的代价是亡国灭种这样的灾难，面对如此巨大的灾难，由于科学技术是国家实力竞争的最好着力点，因此，谁都不可能为了顾全人类的利益而放弃对科学技术发展的追求，即使科学技术导致人类的灭绝也在所不惜，因为人类的整体生存是大家的事，且只会发生在未来，而国家的生存则属于自己的事，且会发生在眼前。于是，科学技术的发展便形成了今天这种爆炸式增长的势头，而无法约束。

同样，由于上述原因，要各国理性地处理好资源问题、环境问题、人口问题、贫困问题等等一系列涉及人类社会全局、长远与根本利益的问题都是极其困难的。道理很简单，身处于激烈的国际竞争环境，面临着自身的生存与幸福随时都有可能受到危及，谁都难以兼顾子孙后代的利益去控制不可再生资源的开采，谁都难以真正不顾现时发展而投巨资用于环境保护与控制，谁都不可能拿出切实可行的办法控制人口的增长，谁都不可能真心牺牲自己的利益去援助和扶植贫困国家和弱势群体。

综上所述，由于人类是地球生物史上唯一的智慧生物和文明生物，人类的命运与人类社会的发展不应与任何别的物种简单类比，人类的极其强大使得人类不可能有任何的竞争对手，而且一般的自然力量也不可能危及人类的生存与幸福，这就使得人类的主要敌人便是自己。作为一个物种而言，这就是说种内竞争是人类的主要威胁，它不仅威胁着人类的生存，同时也威胁着人类的幸福和其他价值的实现。因此，要使人类的价值得到最大限度的全面实现，就必须要淡化这样的种内竞争。

而我们今天的人类社会不仅不是一个淡化竞争的社会，相反却是一个强化竞争的社会。尤其可怕的是，正是人类社会的最高权力体国家最热衷于这种竞争，也正是各个国家利用自己独一无二的、强大的权力优势与调动资源的优势，引领与强化着这种竞争，从而把人类的种内竞争推高到极致，使得人类社会呈现出的最大特点便是竞争。

要充分地保证人类各项价值的全面实现，使全人类能够获得最大限度的生存安全和最大限度的幸福感受，必须脱离现时这样的竞争状态，将人类社会由一个竞争社会转变为一个全新的非竞争社会，使全人类在一个平和、安详的环境下尽享生命的安全与心灵的幸福。

需要说明的是，永恒的争斗性是人类的固有本质，只要有人群的地方便难免有竞争，这里强调的非竞争社会不是说绝对没有竞争，没有竞争的的社会是不可能形成的，它只是说要将这种竞争弱化到极低的程度。

人类历史上是有过非竞争社会状态的，在原始的采集迁徙社会，广袤的土地，极少的人群，土地并不是财富，并不值得人们为此争斗，各群体相互隔绝，不仅群体之间不会产生竞争，而且许多群体的内部也是非常平和，少有竞争的。

当然，要把大统一社会打造成一个非竞争社会，其前提条件早已发生了根本的改变，同时，我们也绝不会甘愿回到那种原始、落后、非文明的非竞争环境中间去。

今天，人类的规模已经变得十分巨大，各种交通与通信手段已经将全人类凝聚于一个小小的地球村，人类的文明水平已经达到相当高的程度，人们的思想认识能力早就远超古人……在此基础之上建立的全球性的非竞争社会，与原始的采集迁徙阶段的非竞争社会将会有巨大的不同，例如，远古的非竞争社会是自然形成的，而未来的非竞争社会则是通过理性与科学设计的结果；远古的非竞争社会是低生活水平、低生产效率、低文明程度、小规模的，而未来的非竞争社会则是高生活水平、高生产效率、高文明程度、大规模的……因此，未来的非竞争社会是一种全新的非竞争社会，这样的非竞争社会将能够为人类带来普遍的幸福与快乐，是一个十分令人憧憬与向往的社会。

二、建立非竞争社会的可能性

20世纪70年代，在菲律宾、新几内亚和美洲等地，发现了一些与世隔绝的部落，这些部落各自的争斗特性其表现有天壤之别。如1971年在菲律宾发现了由27人组成的塔萨代人，他们是以采集为生的与世隔绝的部落，当人们发现他们时，这个部落表现的特征是他们几乎完全没有争斗的特性，不仅没有武器、战争、愤怒和敌意这类名词，在与外界接触后，他们了解到了如大刀、长矛、弓箭等各种工具和武器，但他们只对大刀这类在日常生活与生产中能发挥作用的工具感兴趣，而对长矛、弓箭这类武器则采取了完全拒绝的态度。他们将采集到的各种食物公平地分配给部落每一个人，很少发生纷争。

而在美洲，所发现的印第安人的霍皮人部落和祖尼人部落也是如此，他们无意争斗，心态平和，这样的生活一直延续了许多世纪。

然而，与之对应的则是，有些部落竞争意识与攻击性却极强，如在新几内亚发现的芬图人部落，他们由 30 人组成，个个都凶猛好斗，爱好打仗和格斗。而类似的部落还有美洲印第安人的科曼奇人部落和阿帕切人部落，这些部落都热衷于将自己的孩子培养成战士。

这一切都说明，人类的争斗特性有着很强的可塑性，并非只能形成今天这样高度竞争的社会。在各自隔绝的群体，因许多的偶然、历史的延续以及群体首领的价值取向，导致了一些群体是非竞争性的，而另一些群体则是竞争性的。这说明一个社会是否是竞争的社会，并不是天生的，而是取决于这个社会的社会制度。这里所说的社会制度是指广义的制度，如对一个小的部落群体而言，大家共同的约定，历史延续下来的规则，以及部落首领的要求等，都属于社会制度的范畴；而对一个大的社会而言，如今天的国家，社会制度包含的内容便会更多，涉及政治、经济、文化、军事、社会等各方面的政策、体制、要求、措施等，这些都属于社会制度的范畴。

彼此隔绝的各群体，因历史的延续和种种必然和偶然的原因，这些群体既有可能形成竞争性群体，也有可能形成非竞争性群体。但是，不论他们是否是竞争性群体，哪怕在许多的群体中只有一个是竞争性的，其他所有的都是非竞争性的，但只要这些群体产生接触，便很快都会演变为竞争群体。因为，竞争群体都具有争斗的特性，他们会不断地攻击其他群体，如果那些非竞争群体在遭受攻击时还是仍然保持非竞争的特性，便必然会遭受杀戮与抢劫，人类的本能决定了他们必然会反抗，在思考自卫的同时，也会思考怎样去攻击对方和其他的群体，因此便自然地演变成了竞争的群体。

人类社会整体由非竞争社会演变为竞争社会正是上述原因所致。当人类社会形态由采集迁徙阶段进入村落、部落阶段后，人类的各个群体不仅定居了下来，而且各个村落和部落的剩余财富已经增多，相互的接触和交往也明显增多，那么，这些村落和部落源于原始的各采集群体，它们有的具有竞争性，有的则是具有非竞争性，正是那些具有竞争性的村落与部落不断地攻击与影响那些非竞争性的村落与部落，最终导致了全社会都形成了竞争的氛围，于是，大规模的竞争社会便产生了。

当人类社会进入到国家社会阶段后，同样延续了上述特点，因此国家社会也必然是竞争的社会。即正是因为多个国家并存于世界，其中必然会有具有竞争特性的国家存在，由于这些国家会不断地攻击和影响其他非竞争性的国家，这就无疑会导致国家社会一定是一个竞争的社会。

当然，即使同处于国家社会，不同的国家，甚至同一个国家的不同地区与不同群体，其竞争的意识与竞争的氛围也存在较大的差别。一些国家推行的社会制度更偏重鼓励竞争、创新和冒险，于是，这些国家的整体竞争氛围便更浓；一些国家推行的社会制度在鼓励竞争、创新与冒险的同时，还强调了社会的和谐与友好，于是，这些国家的竞争氛围便弱一些。

例如东南亚国家老挝和处于喜马拉雅山脉的不丹，由于它们是内陆国家，受外界干扰较小，加之都推行佛教信仰，因此民风非常淳朴，人们的心态也较为平和，竞争氛围相对便较弱。

从每个国家的情况看，我们会发现，城市的竞争氛围普遍强于农村。这是因为任何国家的城市都是处于竞争的旋涡中心，这样的竞争氛围导致了人们的心理压力偏大，人与人之间关系冷漠，幸福感普遍偏低；相反，由于农村远离竞争的中心，而且历史延续下来的习惯与风俗保留得较好，因此，竞争氛围便普遍偏弱，在这样的氛围中，人们的心理压力普遍偏小，人与人之间的关系普遍较亲近，幸福感则普遍较高。

但不论怎样，国家社会的高度竞争氛围毫无疑问是普遍存在的，这种竞争氛围是作为最高权力体的国家之间相互竞争与对抗的结果。大统一社会的情况发生了根本的改变，它意味着人类社会的最高权力体是唯一的。大统一社会虽然历史地延续了国家阶段竞争社会的特征，但是，由于世界政权有着独一无二的权威与力量，唯一性使得它将失去任何平等的竞争者，这种最高权力体的竞争对象的消失，为把人类社会打造成一个非竞争的社会创造了最主要的条件。

我们知道，一个社会是不是非竞争社会，取决于这个社会的社会制度，那么，谁是大统一社会社会制度的策划者、推动者和把握者？毋庸置疑，它必定是统一的世界政权。而世界政权的唯一性便使得人类社会将能够形成一个统一一致的社会制度，在没有了多个最高权力体并存的局面之后，大统一社会完全可以将人类社会设计并打造成一个非竞争的社会，而且由于这个非竞争社会是唯一的，再不可能有任何别的竞争社会来干扰和影响它，这便使得大统一社会的非竞争特点可以长期延续，而不会中途夭折。

为建设一个非竞争的社会，世界政权有能力动员自己所有的政权机器为此服务，并为此设计和推行一系列的制度措施，比如：推崇一种非竞争的道德价值观，尤其是与之相适应的幸福观；实行统一的民族、宗教包容与融合政策；推崇一整套非竞争性的生活方式；打造一个平和、友好的社会氛围；创造一个均富的、有着相当的福利保障和充分体现人权的社会等等。随着这些制度措施的不断落实，一个非竞争的社会必然会就此建立起来。

第二节　一些具体问题

以下将依据最大价值原则对大统一社会的一些具体问题进行设计与展望。大统一社会涉及的问题非常多，这里提出的只是部分最主要的问题。

一、有关国家、民族与宗教的问题

纵观人类进入国家社会时代以来的所有历史，在人类社会中最稳定，也是力量最强大的集团与群体是国家、民族与宗教。尤其是国家，它是国家社会的最高权力体。

国家、民族与宗教的概念根深蒂固地根植于人们心底，同一个国家的人民相互认同，他们属于一个整体，同样，同一个民族与同一种宗教信仰的人们也相互认同；他们属于一个整体。人们远行天涯海角，当两个陌生人相遇时，了解到对方与自己来自同一个国家，或者属于同一个民族，或者信仰同一种宗教，距离便可迅速拉近；当人与人之间产生冲突，或者群体之间发生战争时，心底敌友的划分很自然首先以国家、民族或者宗教为界线即刻便能得到确认。国家、民族与宗教的这种特点我们称其为国家、民族或者宗教的"群体认同功能"。

国家、民族与宗教的群体认同功能是一种固有的功能，它能够起到整合社会和凝聚群体的作用，对这一作用我们称为国家、民族或者宗教的社会凝聚功能。

与之相对应的是，国家、民族与宗教同时还有一种"群体排斥功能"与"社会分裂功能"。例如，若一个大国是由多个小国统一而成的，这种国家在治理中便常常会出现原来的小国国民之间相互排斥与敌视的现象，或者一些原来的小国企图分裂出去独立的现象；在一个多民族的国家，各民族之间总难免彼此隔阂，并发生冲突，也常会有一些民族企图寻求独立或自治；一个多宗教的国家不同宗教之间同样难免互相对立，而且常常会有以宗教作为纽带寻求独立的事件发生。

群体认同功能、社会凝聚功能与群体排斥功能、社会分裂功能，各自都属于国家、民族与宗教功能的一个组成部分。这里所说的国家功能、民族功能或者宗教功能，就是指国家、民族与宗教各自包含的这两组相互对立的功能的总称。

正因为国家、民族与宗教具有这样独有的功能，使得这三股力量在人类社会中发挥着自己难以替代的正面作用。例如，国家、民族与宗教的力量促进了人类群体的不断扩大，促进了人类文明成果的不断传播，创造了一个又一个难以置信的社会奇迹，从而使人类从原始走向现代，从蛮荒走向文明。但是我们又可以清晰地看到，人类历史上绝大多数最血腥的战争都是这三股力量导致的，绝大多数最血腥的恐怖袭击也是这三股力量导致的。国家、民族与宗教对于人类社会的几乎所有的正面作用，都会有相应的负面作用与之对应，这一切都是它们固有的功能作用的结果。

进一步分析国家、民族与宗教的两组功能可以看出，国家、民族与宗教的群体认同功能与社会凝聚功能必然是发生在同一国家、同一民族或者同一宗教的内部。与之相反，国家、民族与宗教的群体排斥功能与社会分裂功能，则刚好发生在其外部，即针对不同的国家、不同的民族或者不同的宗教，彼此之间必然会有一种相互排斥、寻求分裂的倾向。

正因为国家、民族与宗教对外都有这种排斥与分裂功能，而大统一社会要将全人类所有国家、所有民族与所有宗教都统一于同一个社会中，因而，国家、民族与宗教的功能对于大统一事业发挥作用的将不是其群体认同功能与社会凝聚功能，相反，恰恰仅仅只是其群体排斥功能与社会分裂功能，这种排斥与分裂功能必然会成为大统一进程的阻碍因素与大统一社会的破坏因素。又由于国家、民族与宗教是人类社会最强大的力量，因此，其功能的发挥对于大统一事业的成败必定会是决定性的，所以，正确处理好国家、民族与宗教这三大问题，便是大统一事业最重要的针对性问题。

综合分析，国家、民族与宗教这三大因素对于大统一社会凝聚力的破坏，以及对大统一社会秩序的稳定与人民的和谐所产生的负面作用，其情况各有不同。

进入大统一社会后，国家已经消亡，国家所剩下的只有一种国家意识。所谓国家意识就是寻求区域独立统治的意识，这是一种典型的分裂意识。那么，有国家意识的存在，国家意识就必然会发挥自己固有的负面作用，因此，要从根本上消除国家意识的负面作用，就要尽可能地消除人们心目中所形成的国家意识。

　　为此，首先应淡化并最终消除人们原所在国家的区域概念，以此消除因对原所在国认同而产生的国家意识。那么，要做到这样，最有效的办法就是鼓励人们的自由流动，特别是长距离流动。鼓励自由流动的措施很多，例如，鼓励全球性的经济活动，使全球经济融于一体，就是在提倡和鼓励人们的自由流动。

　　还有一种国家意识纯粹是希望独立治理一个区域。要消除这样的国家意识，必须强化国家危害性的宣传。同样重要的是，还必须注意保持区域的均衡发展，如果能够做到从经济、文化、社会等各方面都保证全球发展的基本一致，人们自然就不会对自己区域产生特别区别于其他区域的感受，区域分裂的情绪也就难以出现了。

　　再论民族问题。只要有民族的存在，民族因素对大统一社会的负面作用也就必然存在。要消除民族对大统一社会产生的负面影响，最有效的办法，也是最根本的解决办法，就是消除民族概念。

　　消除民族概念就是要使全世界各民族不断融合，相互同化，最后形成一个整体。即你中有我，我中有你，全世界只有一个"人类"的概念，让民族最终成为历史。

　　一个没有了民族的世界，因民族产生的仇恨就会随之消失，因民族产生的分裂活动也会消失，同时，因民族产生的民族优越感、民族歧视、民族自卑感、民族复仇心理等等一切有关民族的负面作用都会自然消失。

　　民族融合包括两方面的内容，即血缘上的融合和文化上的融合。从血缘融合上看，大统一社会应该鼓励不同民族之间的通婚和不同人种之间的通婚。文化融合所包含的内容很多，不仅有文化认同，还有统一的语言、文字、信仰、道德伦理意识和统一的行为规范等等。这一切都应是大统一社会必须大力推动的。

　　全人类只有做到从血缘和文化上都达到了融合，才能够宣布民族已经消失，全世界只有"人类"这一个统一称谓。

　　再来看宗教问题。同样，只要有多种宗教或多个教派并存的情况，宗教的负面作用就不可能排除。那么，宗教的统一比民族的融合更为复杂，从实际生活中我们可以感受到，人们愿意接受一个不同肤色的妻子或丈夫，却很难接受一个有着不同宗教信仰的妻子或者丈夫。同时我们还可以看到，要一个穆斯林改信基督教可能做一生的思想工作也起不到什么作用，要一个基督教徒改信佛教也是一件极不容易的事。

因为，以宗教的特点来看，各种宗教之间是一种相互否定、互相排斥、彼此诋毁的状态。宗教越成熟，相互之间的这种否定和敌视就越强烈。试想，一个宣扬自己的神是唯一真神的宗教，怎么可能与另外一种宗教相容呢？因此，各种宗教是不可能用融合的方式达到统一的。唯一能够统一宗教的很大的可能只有无神论，因为无神论本身代表的就是真理，它反映的是客观实际，而不是那个永远也无法证实的神。而且，无神论与各种宗教之间的对立，小于不同宗教之间的对立。

无神论统一宗教的过程是一个较长的过程，也是一个难度很大的过程，其时间跨度很可能比民族融合的时间还要长。这是因为人们对宗教的信仰是出于一种心灵的需要，人们需要心灵的慰藉，甚至明知不存在的东西也更愿意去相信它、信仰它（这是人类本性的自欺欺人性所衍生出的产物），而且这种信仰不带任何违心的成分。

由此可见，即使有一天无神论确实统一了宗教，而原来的所有宗教早已不复存在，但在经历了许多年的强制推行无神论的过程后，如果人们确实强烈需要一种宗教来慰藉自己的心灵，大统一社会也可以考虑推广一种全人类宗教，来满足人们心灵的需要。同时，也可以借助这种全人类宗教，来整合大统一社会，凝聚全人类的情感，统一世界的道德价值观。

二、有关政治问题

最大价值原则在政治方面的具体体现最重要的就是人民主权原则。它告诉我们，立足于全人类，不论哪一个体和哪一群体，都不能作为人类的全权代表；在人类的整体概念中，任何人都只是一分子，不论他的身份高低，不论他处于哪个区域、出生年代、年龄大小以及性别如何，任何人都是平等的。每个人理应享受同等的自由，每个人都有基本的人权，这种人权不仅包括追求生存的权力，还有追求幸福、快乐和享受的权力，同时还有维护正义的权力。这些权力不可剥夺。

人民主权原则特别强调大统一社会必须赋予每个公民平等的政治权力，

世界政权的主要领导人的产生，以及世界政权的重大政策的提出与推行，全球每一个公民都有发表自己意见的权力，依据公平、合理的程序，每个公民都有选举与被选举的权力。那么，人民主权原则能否得以贯彻实行，人民的权力会不会被独裁者所剥夺，则很大程度上取决于政治体制的合理性。

根据国家社会治理的经验，如果人民将政治权力过多地赋予掌权者，就有可能导致无法对掌权者进行控制，从而使得大统一社会出现专制的统治。要是这样，人民的主权就会丧失，在专制独裁者面前，主人就会变成奴隶。为了防止独裁的出现，并保证掌权者充分按人民的意志行事，以及保证掌权者的有序更替，以权力制衡权力是非常必要的。

今天的民主政治理论普遍接受的是孟德斯鸠的分权思想，他认为一个国家的权力可以分为立法权、行政权和司法权，并且认为，要防止滥用权力，就必须以权力约束权力。

在孟德斯鸠看来，滥用权力是一种普遍的现象，即使在民主制国家，政府是由人民选举出来的，但如果权力过分集中，一旦超出人民所能控制的范围，来源于人民的国家权力也会转化为专制者统治人民的工具，由此便必然产生贪污、腐败、强权等各种官场弊端。为了避免专制统治，国家必须实行分权，即将立法权、行政权和司法权分别授予不同的国家机构掌握，并通过法律的方式予以规定，使这三个权力既相互制约，又保持相互平衡。

孟德斯鸠的分权理论被称为"三权分立"，实践已经证明这样的分权以及权力制衡是有效的。笔者认为，国家社会的政治权力划分方式，以及以权力制衡权力的理论在大统一社会同样是适用的。

在这里特别要强调，大统一社会一定是一个法制的社会，一切都必须依法办事，任何人都不允许违背法律的原则，违法者必须受到法律的制裁。

法制社会与权力制衡是联系在一起的，根据人类的本性，当一个人拥有的权力没有制约时，他的欲望就会无限地膨胀，他就会为所欲为，法律在他面前就将变成一张废纸。因此，世界政权如果没有权力的制衡，就不可能保证大统一社会是一个法制的社会，而在一个非法制的环境，大统一社会的宗旨就不可能实现，所有最重要的原则就会轻易遭到破坏。

以人类社会的整体目标来看，大统一社会对于全人类的意义比国家社会重要得多，大统一社会是以拯救全人类，并使其免遭灭绝为初衷和最重要的目的的，不可能还有任何别的内容比这一点更为重要，因此，大统一社会的宗旨与重要原则更加不容违背和破坏。

由于大统一社会极其长久，这就不仅要求其法制要完善，而且还要求其法律必须有相当的稳定性，尤其是要求有一部相当稳定，且约束力非常强的世界宪法。

但是，世界宪法作为大统一社会的根本大法，所包含的内容应该是多方面的，不仅有限制科学技术发展方面的内容，还会有关于政治制度的问题、经济制度的问题、社会制度的问题、道德价值观的问题等等。在这所有的内容中，有些是可随着时代的变化进行相应修改的，而且随着时间和条件的变化也应该进行相应的修改，而有些内容却是不能够轻易进行修改的，例如严格限制科学技术发展的原则要求便属于这方面的内容，除非人类这一物种有根本性的进化，否则这一原则要求就不允许进行修改。

那么，针对世界宪法的具体内容，怎样既保证其最重要原则绝对不可逾越，又做到有些随时代不同应进行相应调整的内容能够做到适时地调整，并保证世界宪法具有很强的全球约束力呢？仅有国家宪法那样效力的世界宪法是不够的。例如：国家在修改其宪法时，往往会设定一个修宪的"门槛"，如在议会中多少人提议或者多少人赞成就可确定是否修宪，并可决定修宪的内容。但是，大统一社会的世界宪法中的有些内容不仅绝不能修改，而且其约束力还要求特别加强，因而简单的宪法便不能够实现这样的目标。所以，为了对大统一社会最重要的原则内容予以可靠的保障，笔者认为，在宪法之上还应有一个"宪法保障法"。

宪法保障法是针对宪法中最重要的原则提出的，宪法保障法将对宪法中的最重要的原则提出明确且高于宪法一般原则的约束力要求，对宪法中的最重要原则的修改程序，提出远高于宪法其他原则的修改程序的要求。宪法中最重要的原则由于有宪法保障法的保障，其约束力将会达到非常高的程度，任何人要是违背这样的原则都必然会受到严惩，也因为有宪法保障法的保障，任何人要想违背这样的原则都会望而生畏，尤其是那些拥有最高权力的人，更是不敢轻易触碰这样的禁区。

同时，宪法中的最重要原则将不会因通常的宪法修改而被修改。修改这些重要原则，其程序的"门槛"是非常高的，以至要想修改和变更几乎不大可能，除非人类这一物种发生了极其巨大的变化，或者全人类遇到了更加可怕的难题。

大统一社会也会有一支由中央政权所掌握的军队，但由于国家的消亡，世界的最高权力体仅仅只有世界政权一个，对外的防御与攻击对手消失了，对外的战争也将随之消失，那么，军队的作用也就会相应发生变化，军费的开支将会远远小于国家社会。此时军队的作用与特点大致可以概括为以下几点。

第一，维护世界的统一。由于军队是由中央掌控的，它是维护世界统一的威慑力量。正因为军队的存在，才使得分裂分子不敢实施其分裂野心。第二，平定动乱。一般的社会治安应由警察维持，一旦社会不稳定因素演变成动乱，在警察无力平息时，军队将以自己强大的力量平定动乱。第三，参与救灾。因为军队有严密的组织纪律性，当世界各地发生大的自然灾害或者其他灾害时，最容易组织和动员起来，同时又最具有战斗力，所以参与救灾将是军队的一项重要义务。第四，应对外星人入侵、小行星撞击地球或者其他的宇宙威胁。宇宙威胁虽然概率非常小，许多代人也难遇一次，但一旦出现毁灭则十分巨大，作为军队有保卫地球家园的神圣职责。

三、关于经济问题

在经济方面，大统一社会相比国家社会至少有两个最重要的方面是不一样的：其一是经济运行环境不一样。例如，今天各国的经济发展很大程度上依靠科学技术的创新，而大统一社会则采取严格限制科学技术发展的措施；今天各国采取的经济制度、体制与政策各有不同，而且各国的经济发展水平也千差万别，而大统一社会则要做到世界一盘棋，在世界政权的统筹下采取统一协调的经济运行方式。其二是经济运行目标不一样。国家社会几乎每个国家都力求使自己的经济做到持续、稳定、健康、快速地增长，从而保证本国在激烈的国际竞争中不会被淘汰。大统一社会由于没有国家之间的对抗与竞争，并不要求经济的快速增长，而是重点强调人民在丰衣足食前提下的均富，以实现全人类普遍的幸福感。

据此可以对大统一社会的经济问题作如下展望。

第一，大统一社会是均富的社会

国家社会经济发展极不平衡，贫富差距越来越大，究其原因有以下几个主要方面：

其一是历史的原因。一些国家一直处于原始的封闭状态，当世界进入工业化时期后它们还处在尚未开化的环境中。还有些国家长期受殖民主义奴役，经济自主权丧失、经济结构被扭曲。因此，各国之间在起跑点上就存在了差距。

其二是各国采取的经济政策不一致。政策制定者水平的高低对于经济的发展是非常重要的，那么，往往越是穷国越是缺乏人才，制定政策的水平越低；越是富国人民受教育程度越高，人才越丰富，制定政策的水平也就越高，这也是导致贫富差距越来越大的重要原因。

其三是民族特性的不同。各民族有不同的文化传统、不同的生活习惯与不同的道德价值观，有些民族能吃苦、很勤奋，也善于搞经济，而有些民族比较懒惰、怕吃苦，且不善于搞经济，明显差距的民族在经济发展的道路上最后所达到的目标自然相差万里。

其四是科学技术推广不均衡。今天的经济发展，其主要动力是科学技术，同一个生产人员，采用现代化手段操作生产与采用原始手工作业，其生产效率相差千百倍。那么，发达国家已经广泛地使用了各种高科技生产手段，并不断地强化自己的科技研发能力，而落后国家却还采用着最原始的生产与耕作方式，更谈不上科技研发能力，与发达国家的差距自然就越拉越大。

科学技术的采用也强化了个人之间财富的不均衡分布。科学技术的迅速发展并应用于生产，使得企业创造财富的能力不断增强，企业的老板与管理者自然是主要的受益者，而员工的收入则不可能有很大的变化。因此，科学技术的创新与应用也是个人财富相差巨大的主要原因。

大统一社会将国家社会的基本特征彻底改变了：

其一，扶植贫困落后地区的发展将是世界政权的重要工作之一。针对世界政权而言，全球都在自己的统辖范围之内，只有均衡发展的问题而不可能会有厚此薄彼的思想，对于贫困落后的地区，不仅不会袖手旁观，而且一定会作为自己重点扶植的对象。并且，世界政权掌握着全球的资源，完全有能力对这些地区进行各种方式的帮助，使其缩小与世界其他地区的差距，从而保证世界的均衡发展。

其二，大统一社会的政策是统一的。这种统一政策是指最高政策出于同一个部门。由于经济政策的统一性，世界的最高决策部门在确定经济发展的政策时，一定会兼顾全球不同地区的实际情况，均衡地配置各种资源，始终以保持世界的均衡发展作为自己一切经济工作的基本出发点，这就避免了国家社会各国完全独立发展、各自为政而带来的贫富差距扩大。

其三，大统一社会将促进民族、宗教和地区的融合。未来的人民只有同一个群体的概念，这就是"人类"。针对全球的融合，大统一社会还要推广一整套有利于全球性统一治理和发展的道德价值观、生活习惯等，全人类将表现出一种共同的内在特质，这种特质的共同性将同样是世界均衡发展的重要因素。

其四，随着对科学技术发展的限制，大统一社会将对现有安全成熟的科学技术经过汇总与审定后决定其应用并推广，随着这种推广的不断深入，全球各地终将普遍采用同一水平的科学技术，科学技术的应用差距将缩小到最低限度，因此，各地区的生产力水平将趋于一致，这是大统一社会经济均衡发展的最重要的因素。这一因素也会将个人财富的差距大幅度缩小。

综上所述，大统一社会的各种基本特征都会促进财富分配的不断均衡和公平，随着大统一社会的不断发展，全社会财富的分配将会不断趋于一致，因此，大统一社会将是一个均富的社会。

均富的社会是特别有利于人们幸福感获得的，因为幸福是在比较中产生的，一个贫富差距大的社会一定是少数人的富有与多数人的贫穷并存的，这就说明在财富的比较上必定会多数人都不能获得幸福感。同时，一个贫富差距大的社会还必定会刺激各种犯罪，一个犯罪频发的社会，人们没有安全感也就难有幸福可言。

第二，大统一社会是经济处于平稳状态的社会

国家社会各国之间对科技成果的使用差距十分巨大，这种大差距在一定程度上也带到了大统一社会。由于限制了科学技术的发展，从经济的角度，最理想的结果就是使那些允许应用的技术在全球每一个角落都能够得到充分的推广应用，如果真能够做到这样，就达到了对这些科学技术成果的最高程度的应用，这也是世界政权的主要经济发展目标之一。

在实现这一目标的过程中，经济的发展规律必然呈现这样的特点：其一，

将现有的允许使用的技术尽可能推广到世界的每一个角落；其二，在现有科学技术的水平上简单地扩大生产规模。这是可以推动经济增长的两个方面。

然而，经济的发展却还受制于市场的需求。由于限制了科学技术的发展，将不会有更多的新的科技产品的出现，而将现有科学技术成果推广至全球各地后，其生产规模可达到十分巨大，如此大的生产规模足可以远超过全人类对一般产品的需求。尤其是大统一社会提倡俭朴生活，反对铺张浪费的道德价值观，这就使得同一件物品可以使用很长时间，全人类对各种产品的消耗速度将会大为降低。

而且，由于世界政权必然会控制人口的规模，全球人口数量将会趋于稳定，这就会导致因人口本身的稳定，绝大部分人又都能获得自己所希望获得的各种产品，因此，全球市场的需求规模也将趋于稳定，从而导致全球经济趋于平稳，而不会有大的起伏。这种经济的稳定完全是在全人类能够达到丰衣足食前提下的稳定，是因人们的需求完全可以达到满足前提下的稳定，而不是因为生产的不足所导致的经济无法增长。

四、关于社会问题

这里把大统一社会的总体社会目标确定为"平和、友好的社会"，还把"中等付出、中等收获、俭朴生活、有所节余"作为大统一社会的一种生活理念加以提倡。之所以这样设计，是因为这样的目标最利于全社会的安定，并且最利于全人类获得普遍的幸福感。那么，大统一社会的政治、经济、文化与社会等各方面的政策措施，都应该为这一目标和设计服务。

实现平和与友好的社会目标在今天的国家社会是很难的，因为国家利益的实现要依靠国家实力的增强，与之对应的是要提高国家实力，国家便必然会要求自己的军队英勇善战，要求自己的企业勇于创新，善于竞争。由于这些因素，国家社会所推崇的道德价值观，所采取的政治、经济、文化、社会等一系列政策、制度和措施必定具有竞争性和冒险性。因此，国家社会，尤其是工业革命以来的人类世界，充满了竞争、冒险和对抗，这种竞争、冒险与对抗，便必然会导致平和、友好的社会氛围不可能形成。

大统一社会将把这种状况彻底地翻转过来。由于国家的消亡，以及民族与宗教的融合，在国家、民族与宗教对抗这些基本前提相继消失后，限制科学技术的发展也客观地提出了限制激烈竞争，限制过度冒险，以及限制尖锐对抗的要求。那么，由此提出的建立平和、友好社会这一大统一社会的总体社会发展目标，也必将随着国家、民族与宗教对抗这些最重要的障碍的消失，变得越来越容易实现。

上述目标与设计的实现，将会给我们展示出这样一幅图景：

在一个平和的社会中，清静平淡地生活将是人们向往的生活方式。人们的生活压力远远没有今天这么重。随着对现有安全成熟的科学技术的普遍推广应用，中等努力完全可以换来中等的收获，但即使有中等的收获，人们更愿意过一种俭朴的生活，因此，家庭的收入将总会有些节余，人们生活得十分安全、踏实。

同时，人们变得十分的友好，不论是邻居、同事、同学、朋友，还是陌生的路人，随时随地给人以顺手的帮助是十分普遍的现象。社会处处都能够看到人与人之间友好的举动和友善的目光。人们的生活虽然是俭朴的，但面对社会的困难，人群在需要救济时，大家又能够慷慨相助，不计得失。原来，俭朴并不是吝啬，只是一种被公认的高尚的价值观和生活方式。

人们把功名利禄看得十分淡漠，不因获得而狂喜，不因失去而巨悲。随遇而安，平常做人，多求道德的收获，少求利益的得失，只求生活的平稳、家庭和邻里的和睦，远离竞争与冒险成为普遍认同的生活境界。在这样的社会里，将会极少有战争与犯罪，地球对资源的再造与人类的消耗将达到平衡。

以下还具体谈几个问题。首先，普遍且良好的社会福利将成为大统一社会的基本特点之一，这样的考虑既是为了增强人们的生活安全感，也是为了弱化社会竞争。那么，这种良好的社会福利与健全的社会保障体系是有物质作为基础的，因为，大统一社会将对现有成熟与安全的科学技术成果进行普遍的推广应用，通过这样的推广应用，不仅可以缩小贫富差距，而且所创造的物质财富完全可以让全人类普遍拥有甚至超过今天发达国家的生活标准，这就为大统一社会的社会福利和社会保障体系的建立提供了可靠的物质保证。

第二，大统一社会将普遍支持中等教育，对于高等教育，特别是涉及自然科学的高等教育，不仅不能促使其大规模发展，而且还应严格控制在一定数量之内。因为学习自然科学的人员越多，无疑掌握自然科学知识的人才也就越多，由此，掌握开启科学大门钥匙的人也越多，限制科学技术发展的难度也就越大。

第三，大统一社会将强调对人口的控制，全球人口总数的把握将以人类对地球资源的消耗与地球资源的再生产能力达到平衡为准。因为随着对科学技术发展的限制，人类将不可能依靠科学技术获得新的可替代资源，而人类要想长期生存于地球就必须使资源消耗与资源再生产达成平衡，这其中最重要的因素就是人口数量不能太大，因为人口多各种资源自然就消耗多。

五、道德价值观

在大统一社会，全人类将被纳入到一个整体的世界中，一个大统一的世界要求有一个统一的道德价值体系，只有在统一的道德价值体系中，人们才能够有机地融为一体。同时，大统一社会的特点，也客观地要求必须具有一套整体的适合大统一社会本身要求的道德价值观，这样的道德价值观在许多方面与国家社会的要求是不一致的，至少在道德价值的各个方面的侧重点是不一致的。

以下将根据大统一社会的特点提出一系列的道德价值设想。需要说明的是，这些道德价值设想只是针对大统一社会的特点而要求的主要应该达到的标准，一些在道德方面公认的恶和公认的善在这里没有特别提出，如要求不杀人、不偷盗、不奸淫，等等，因为，这些基本的道德要求是不言自明的，毋须再特意强调。我们认为，大统一社会有八种道德价值是必须强调的，它们是平和、友好、俭朴、勤劳、宽容、仁慈、诚信和正直。

平和是指清静、平淡、和谐、谦让。不因获得而狂喜，不因失去而恸悲，即喜之有度、悲之有度。平淡面对一切，和睦与人相处，事事注意谦让，追求中等付出，中等收获，不为一己私利去费尽心机，人生潮起潮落，平静面对，泰然处之。

友好是指内外统一的友善举动，是人与人和睦相处的态度。如果说礼貌与友好有什么不同，那就是礼貌可能有矫揉造作的成分，友好则是朴实无华的；礼貌有希望博得别人好感的故意成分，友好则是默默无闻发自内心的。

俭朴是指节俭、朴素。俭朴与挥霍浪费、花天酒地是对立的，不论是安排个人开销、管理一个家庭还是治理一个社会，都要本着节约的原则，能够节省的地方尽可能地节省，可以不花销的地方尽可能不花销，一件使用的物品只要勉强可以使用就尽量不要淘汰，这就是俭朴的原则。

　　勤劳就是勤勤恳恳地劳动，兢兢业业地工作，踏踏实实地以一分辛劳换得一分收获。勤劳似乎与平和、俭朴有矛盾，其实不然，平和与俭朴追求的首先是中等付出换来中等收获，这也就说明应该先有付出，而后才有收获。要付出，没有勤劳的精神是不能做到的。这里的勤劳不是要求狂热拼命地劳作与奔波，而是强调一分付出才能换来一分收获，反对不劳而获和只贪图享乐而不愿意做出任何牺牲的行为。

　　宽容是指宽厚、宽恕、包容、容忍。它与积怨和心胸狭隘是对立的。它要求人们以博大的胸怀去包容一切，忘却仇恨、宽恕仇人、停止报复、以德报怨。它要求人们不要斤斤计较别人对自己的不敬，而多注意别人的优点，与人友好相处。宽容还要求面对一切人和事物都应该有相应的容忍，不要为一些小事兵戎相见、针锋相对。没有宽容就不可能有人们的友好相处，也不可能创造一个和睦、平静的社会。

　　仁慈是指仁爱、善良与慈悲。仁慈是一种对他人的付出，它要求付出的并不是从简单的逻辑上必须应该给予的，而是把本来属于你自己的，心甘情愿地付与他人。这种付与有真心的关怀、有慷慨的赠与、有亲切的问候、有宽容的谅解。

　　诚信就是指诚实、真诚与信誉。它是人与人之间真实的沟通，是企业提供货真价实的产品，是政府给人民百分之百兑现的承诺。

　　正直就是要求人们具有正义感，要有维护社会公理的责任心与勇气。

364

第十二章 对大统一社会的价值评估

　　对大统一社会进行价值评估，有利于我们全面认清一个问题，这就是实现人类的大统一到底有多大意义，我们毅然放弃国家社会而走向大统一社会到底值不值得。

　　社会形态属于社会制度的范畴，对社会制度的评估应该运用最大价值原则，也就是站在人类整体的视角，检验这一社会制度是否有利于最大可能多数的人获得最大可能多的价值实现。

　　对大统一社会的价值评估可以采用两种方法进行研究：第一种方法是直接通过对大统一社会人类的价值，尤其是人类的主要价值（即生存与幸福）的实现情况进行全面评估，并比较国家社会的情况而得出相应的结论；第二种方法是通过对大统一社会的社会制度的正义性进行全面评估，并比较国家社会的情况而间接地得出相应的结论。以下便分别采用两种不同的方法对大统一社会对于人类价值实现的作用进行研究。

第一节　对人类价值实现的评估

一、对于人类生存的意义

　　人类的生存是人类一切价值的基础，是高于其他所有价值的价值，没有人类的生存，人类的其他价值就无从谈起。大统一社会对于人类生存的意义可以从以下几方面进行阐述。

（一）解除整体生存危机

　　科学技术是一把"双刃剑"，一方面可以造福人类，另一方面又给人类造成巨大的毁灭，只要科学技术照此发展下去，这种毁灭终将可以灭绝人类，而且为时并不遥远。

　　要避免人类的灭绝就要限制科学技术向更高层级发展，但在多国并存的国家社会是不可能实现对科学技术发展限制的，只有人类实现大统一，利用世界政权的力量，采取全球统一一致的行动，才有可能实现这一解除人类整体生存危机的目标。

　　我们知道，在人类所有的价值中生存排位第一，而人类整体的权重又处于最大，所以，人类的整体生存高于一切。那么，仅仅只从大统一社会可以解除人类整体生存的危机这一点出发，大统一社会对于人类的价值就有无比的分量。之所以提出用大统一社会取代国家社会，正是源于这一考量，大统一社会一切宗旨的核心也在于此。因为大统一社会能够解除人类整体生存的危机，所以国家社会一切的价值总和与之相比都显得微不足道。

（二）缓解群体与个体生存危机

　　分析人类社会的情况，导致群体生存危机的主要根源在于战争与大规模的恐怖犯罪，导致个体生存危机的主要根源在于一般的犯罪杀戮。

　　历史上导致战争的根源主要有四个方面：一是国家之间的对抗爆发战争，这种战争的比例最高，造成的人员伤亡最大。二是民族之间的对抗导致战争。三是因宗教对抗导致战争。这三类战争不仅有军队之间的杀伤，而且还大量杀伤平民，因为针对其他国家和民族的人民，以及其他宗教的信徒，在战争状态下都是敌人。第四类主要战争根源，则是为了争夺统治权爆发的内战。这种内战主要有为夺取最高行政统治权的国家内战、为夺取民族主导权的民族内战以及为夺取宗教主导权的宗教内战三种。这类战争一般是军队之间的战争，故意屠杀平民的行为比较少，因为作为内战其目的非常明确，就是夺取统治权，取得对老百姓的统治，如果故意屠杀平民就会丧失民心，得不到人民的拥护，无异于自取灭亡。

　　再来看犯罪杀戮。规模最大的犯罪杀戮，同时也是危害最大的犯罪杀戮，是民族与宗教仇恨引发的恐怖袭击。当一个民族或者宗教群体对另外一个民族或者宗教群体有着刻骨仇恨，又没有能力，或者没有可能发动战争时，就会选择采取恐怖袭击的办法屠杀对方。还有一类犯罪杀戮，它主要起因于对社会的不满，或者对个人的仇恨，以及谋财害命，以目前来看，这类犯罪杀戮其危害性要小于前一种。因为这一种犯罪杀戮往往是个人或少数人的行为，而前一种恐怖袭击则常常是有组织的，造成的伤亡大，给社会带来的震撼也大。

在大统一社会，国家消亡了，世界政权将是唯一的最高权力体，因此，最高权力体之间的对抗随着国家的消失而消失。大统一社会要实现民族融合，全球只有一个人类的概念，民族消失了，因民族不同产生的民族对抗也随之消失。大统一社会实现宗教融合，其结果可能有两种：一是宗教不复存在，二是在一段时间后全球实行统一的宗教，最低标准也要达到消灭宗教极端主义的目标，由于宗教的不存在，或者宗教的唯一性，宗教之间的对抗也随之消失。

于是，就有了如下的结果：其一，发生最频繁、死伤与破坏程度最大的国家战争没有了；其二，主要针对平民、死伤规模比较大的民族战争没有了；其三，宗教战争没有了。那么，在四类主要战争根源中只会存在内战的因素，而引发内战的主要因素有三种，即夺取最高行政领导权、夺取民族主导权和夺取宗教领导权。在这三种因素中，后两种因素随着民族与宗教的融合与消失同时不复存在，所以，仅存在夺取最高行政领导权这一种战争的可能性。

我们知道，当一种政权不能以民主有序的方式更替时，便只能用武力来夺取政权。那么，至少从今天的政治价值观来判断，大统一社会肯定不能建立一种专制独裁或者世袭的政权，而以今天人类的政治智慧而言，建立一种民主的有序更替的政权并不是很困难的事。所以，旨在夺取最高行政领导权的这种战争因素，也可因对政治制度的科学设计减小到最低程度。况且，内战的残酷性相对其他类型的战争要小，且一般不针对平民。

再来看犯罪杀戮的情况。我们知道，规模最大、伤亡最大、最具组织性，同时危害也最大的是民族与宗教仇恨引发的恐怖袭击，但是，随着民族与宗教的融合与消失，这类恐怖袭击在大统一社会也就会自然消亡。

另外，针对社会的不满和针对个人的仇恨，以及图谋他人的钱财所引发的犯罪杀戮在大统一社会肯定是存在的，这种犯罪杀戮一般都是个体无组织的，杀伤规模与危害性都远不如前者。而且，大统一社会这类犯罪杀戮也会远远少于国家社会。原因如下：

其一，国家社会因国家之间的固有竞争与对抗，所以推崇的道德价值观往往强调勇敢、冒险、复仇、创新等，这种价值观会使人躁动不安，敢于冒险，稍有引导不当就会产生犯罪杀戮的冲动。而大统一社会将非竞争社会作

367

为自己的整体发展方向，并推崇平和、友好的价值观。平和可以使心宁静，友好可以化解矛盾，本着平和、友好的思想从小教育人民，社会矛盾与犯罪杀戮自然会少得多。

其二，国家社会的贫富悬殊极大，尤其是科学技术的发展，更是加大了这种差距。贫富差距过大必然会导致人们的心理不平衡，由仇富心理或者歧视穷人的心理导致的犯罪杀戮也会不在少数。而大统一社会采取均富的政策，而且随着对科学技术发展的限制，以及对现有安全成熟的科技成果的普遍推广，这种差距会变得比较小。因而，由于贫富差距导致的犯罪杀戮自然会大幅度减少。

其三，随着对现有安全成熟的科学技术在全球范围内的广泛推广与应用，大统一社会所创造的财富足可以确保全人类普遍的丰衣足食。随着中等付出、中等收获、俭朴生活、有所节余的生活理念的推崇，在一定付出的情况下，人们的生活目标普遍都可获得基本的满足，铤而走险图财害命的罪犯必定会大为减少。

其四，在大统一社会，随着国家、民族、宗教的对抗的消失，世界政权完全站在全人类的角度权衡一切，出于全人类的安定考虑，将限制个人持有枪支，以及对其他一些有可能被犯罪分子利用的手段加以控制，犯罪杀戮的手段将大量减少，因此，犯罪分子必将失去许多犯罪杀戮的条件，至少导致较多人员伤亡的恐怖袭击会变得非常少。

由此可见，大统一社会将极大地减少长期困扰人类、并危及人类群体生存与个体生存的战争和犯罪杀戮顽症。这一点，在减少大规模战争与大规模恐怖袭击方面表现得更为明显。

(三) 化解代际生存危机

我们今天面临的各种环境问题、各种资源问题以及人口问题，是关系人类社会能否可持续发展的问题，它们不仅决定着我们的子孙后代能否安全地生存于地球，同时也决定着我们的子孙后代能否幸福地生存于地球，也就是说，这些问题对于我们的后代既是有关生存价值的问题也是有关幸福价值的问题。为了便于叙述，这里统一将其纳入代际生存的内容。

众所周知，我们今天遇到了严峻的环境问题、资源问题与人口问题，氟利昂的使用导致臭氧层在破坏；温室气体的排放导致全球气候在变暖；酸性气体的排放，以及大规模的工业生产和工业产品的使用，导致酸雨以及其他的空气污染；无节制地使用土地以及对森林、草地和湿地的破坏，导致土地荒漠化和生物多样性丧失；严重的工、农业污染，以及人口的爆炸式增长，导致水资源面临危机；对不可再生资源的无节制开采，使不可再生资源普遍面临枯竭，未来的人类将无资源可用。因此，代际生存的危机是一目了然的，这一系列问题不能够有效地解决，与国家社会的特点有直接的关系。

（1）国家社会的最高权力体是国家，国家领导者的利益思维，一定是首先考虑本国的利益，而后才能考虑人类的利益。这就是为什么我们对许多的人类危机早已清醒地认识到，联合国及其相关的国际组织也不断地协调各方立场，但一研究决定解决具体问题的方案时就会讨价还价，议而不决，决而不行，使得明显的危机不仅不能及时解决，反而越来越严重。

（2）从国家社会的长期历史看，国家之间的竞争是极其残酷的，每一场战争都导致无数人死伤，失败者受尽侮辱，惨遭屠杀。因此，在国家的竞争中任何人都不敢落后，在这种你死我活的对抗氛围中，根本不可能去考虑自己所采取的竞争手段是否对子孙后代有危害，只要能够增强自己的竞争实力就可以什么都不顾。

而且，由于国家的多元化，国与国之间自然会产生比较，当本国与别国有差距时，国家领导者会千方百计地寻求迎头追赶办法。而且各国人民之间也在比较，如果发现自己比邻国人民的生活差，或者邻国人民的生活水平提高了，自己的生活水平还维持原样，自然就会对政府产生不满，这种不满达到一定程度后便会对政府的继续执政产生威胁，这是统治者最害怕的。

为了避免出现上述情况，在正当途径追赶不上他国时，国家领导人便会采取非常规、非科学的发展方式，如对不可再生资源无节制开采，对土地无节制使用，对森林滥采滥伐，等等。由此，必然导致资源枯竭、土地荒漠化、森林破坏、水土流失、生物多样性丧失，等等。

（3）在国家社会，由于各国之间相互独立，各自为政，因此治理水平参差不齐。特别是差距极大的科学技术应用，导致了国家之间生产力水平的巨大差距，从而使今天世界贫富悬殊达到历史上从来没有过的程度。

贫富差距大带来的问题是一系列的，如人口爆炸、土地荒漠化、资源问题、环境问题，等等，与此都有直接或者间接的关系。

大统一社会的社会形态特征的根本不同，使上述问题可以得到很大程度的解决，有些危机甚至可以做到彻底根治。

（1）在大统一社会，世界政权是唯一的，这一政权的产生源于全人类的意志，而不是任何局部；这一政权所承担的责任范围是全世界，也不是任何局部。因此，它权衡的一切利益完全是围绕人类整体的，而不是任何局部，所有与人类整体利益不一致的事都可以坚决予以取缔，而不会有多少后顾之忧。

当然，各地区的发展也会有各行其是的情况，这种地区利益也会有危害人类整体利益与长远利益的情况，但这种情况只要被发现，拥有军队、警察、法院等一系列强力手段的世界政权，就完全有能力做到有效的制止。

（2）大统一社会最高权力体的唯一性，使国家社会多元最高权力体之间的对抗消失了，因国家对抗有可能产生的国家战争同时也会消失。于是，世界政权作为大统一社会唯一的最高权力体，那种在国家社会中，因担心在国家对抗的战争中有可能被打败的不安全感和恐惧心理便会一并消失，并且，因担心国家战争失败心理的消失，而采取任何不正当发展手段的心态也会随即消失。

大统一社会最高权力体的唯一性，还会使国家社会各个国家之间相互竞争与攀比的状态消失，因这种竞争与攀比产生的唯恐落后，不惜以牺牲子孙后代利益的方式发展经济的心态也会随之消失。同时，因这种竞争与攀比，造成人民对政府不满，并对政府施加压力的可能性也会消失。

所以，世界政权完全有条件以平和的心态，真正从维护人类整体利益的角度，科学、理性、有序地治理人类社会，从而使一切决策的着眼点真正立足于人类的长远利益、全局利益和根本利益。那种只顾眼前小利而危害子孙后代利益的行为将会大为缓解。

（3）大统一社会的全球统一治理不可能产生太大的贫富差距，而且大统一社会本身推行的也是均富政策，将现有安全成熟的科学技术进行广泛的推广应用，全人类较为富足的生活是完全可以保障的。

随着教育水平的提高，以及社会保障体制的完善，全球人口将会得到有效的控制。因此，关系人类社会能否可持续发展的与此相关的诸如资源、环境等一系列问题，都将会因此而得到很大的缓解，我们的子孙后代的生存与幸福价值都将能得到相应的保障，代际生存的危机也将会因此获得相当程度的化解。

二、对于人类幸福的意义

幸福是一种情感，是心灵的平和与满足。幸福需要基本的生活条件，需要人身的安全，需要人生的平等与自由，还要有健康的体魄。相对于国家社会，大统一社会给人类带来的痛苦多于幸福还是幸福多于痛苦？关于这个问题的回答，就是对大统一社会对于人类幸福价值的意义的检验。

（一）轻松、快乐的人生

在国家社会，由于国家之间的竞争与对抗，所有人都被绑在了国家的"战车"上。世界在飞速发展，每个人都处在高度紧张的竞争环境中，虽然能获得一些物质享受，但却不能替代高度竞争的环境下，因心理的沉重压力导致的精神抑郁。事实上，精神抑郁症已是普遍存在的现代病。

为获取物质财富，也是为了收获幸福的人生，人们一直在努力奋斗，但事实告诉我们，在高度竞争的环境下，获得物质财富的同时并不能收获幸福，反而得到的是痛苦。

为了跟上时代的脚步，为了养家糊口，每一个人都要不断地学习，更新自己的知识，每个人都力求总有创新，就如追赶一辆日夜向前奔跑的战车，一直向前，永不回头。人的一生很苦很累，能收获一些物质财富，但由此带来的压力与痛苦远多于幸福。

在大统一社会，因为国家消亡了，国家之间的竞争与对抗随即消失，这就为建设一个非竞争的社会创造了条件，从而可以将人们从国家的"战车"上解脱出来。大统一社会致力于打造平和、友好的社会环境，并且严格限制科学技术的发展，于是，必须不断更新知识的压力消失了，不断的科技创新压力消失了，激烈的竞争压力消失了，因此，大统一社会是一个轻松的社会。

大统一社会对科学技术的发展进行限制，并不是排斥对科学技术的使用，相反，对于现有安全、成熟、可靠的科技成果，更是要广泛地加以推广应用。国家社会的发展极不均衡，一些国家已经应用上了最先进的科学技术，而另外一些国家却还在采用最原始的方式进行生产。如果能够将现有安全、可靠的科学技术成果全面地推广到世界各地，足可以给人类带来十分富足的生活，

371

而且，财富的分布将会更加均衡。由此，仅就物质财富这一指标衡量，人类的普遍幸福程度将会大大提高。

同时，由于国家对抗的消失，军费开支将大大降低，如果将其用于对人民生活的改善，更是能够保障全世界将不再贫穷。

另外，在国家社会，每个国家都有一套最高权力机构，维持这套机构的运转费用是非常高的，而大统一社会只有一套最高权力机构，因此，政府开支将大大降低，这些降低的费用也可以用于对人民生活的改善。

大统一社会将全球统一于一体，世界经济交往成本将会相应降低，各种因国家因素导致的运输费用增加、企业管理费用增加等问题都会消失，同时，各种关税和关税壁垒也会相继取消，因此，企业的效益会相应得到提高，人民生活水平的提高也可受益其中。

因此，大统一社会完全可以在一个轻松的环境下，做到人民充分就业，丰衣足食，快乐地生活。

（二）心灵满足的人生

人生的幸福在于心灵的满足，而人心的满足是在对希望的追求以及与周边环境的比较中获得的。那么，这种比较主要是与周围人群的对比，同时，也有与自己过去的情况的比较，在这样的比较中认为不会有太大差距，或者总有一些进步与优势，心灵自然就得到了满足。

在一个飞速发展的社会，要想获得心灵满足必然伴随巨大的压力与痛苦，因为所有的人都在拼命往前跑，你也只能拼命地跑，当使出浑身解数还不一定能跑过别人，尽力了且还是落后时，必然十分痛苦，非常失落。也许有一天你超过了别人，一时获得了一些满足，但还是不能停下来，因为别人还在继续往前跑，只要稍有懈怠就会被人超过……社会的压力始终伴随人生，纵观一生便很难获得幸福。因此，我们常常会听到周围的朋友们感叹，生活压力真大，生活得辛苦。

一个贫富不均的社会是一个不能使多数人获得心灵满足的社会，这是因为贫富差距大的社会必定是少数人的富有与多数人的贫穷并存的，国家社会正是这样的社会。

大统一社会极大地改变了这一状况。由于对科学技术实行了限制，世界将进入一个平稳的发展期，科学技术不需要再创新、再发展。如果站在未来的大统一社会，并审视那个时代的人类，我们将发现他们的前人已经完成了科学技术的创造与发明，他们只是科学技术的享受者。

大统一社会世界将是一个均富的社会，因巨大的生活反差导致的心理不平衡将消失。而且，大统一社会宣扬的价值观，是把中等付出、中等收获、俭朴生活、有所节余作为一种生活理念加以提倡，并把这看成是人生的幸福理想，而事实上，那时的人类社会因普遍推广了成熟、安全的科学技术成果，也确确实实能够做到物质会有节余。那么，一个总有节余、生活要求又俭朴的人，心灵的满足感自然容易产生。因此，大统一社会将是一个普遍满足、轻松学习、轻松工作、轻松生活的社会。

（三）平和、希望的人生

大统一社会以建设非竞争社会为整体发展方向，以平和、友好作为总体社会目标，而大统一社会的基本特点也为此创造了良好的条件。没有激烈的竞争，没有狂热的社会情绪，人们平平静静地生活，人人显得友好，整个社会十分温馨。这一点在国家社会是不可能做到的，因为，总处于竞争和对抗状态的国家不可能去提倡平和的生活方式，科学技术迅猛发展的社会也不可能让人的心灵平静下来。

而在大统一社会，情况完全发生了变化，限制科学技术的发展、国家的消亡、贫富差距的缩小等等条件，都是提倡平和、友好生活的社会基础。同时，由于较容易便可以实现中等付出、中等收获、俭朴生活、有所节余的生活目标，这也是人们心态平和的有利条件和人生希望的有力保障。

平和与友好的生活反对的是狂热与冒险，是无止境地竞争与对抗，然而，在平静的生活中，人们并不是没有追求，更不是没有对生活的期待。清静平淡就是一种追求；醉情于田园山水中的平静生活也是一种追求；中等付出、中等收获、俭朴生活、有所节余就是一种对生活的企盼与希望。在这样的期待中获得人生的快乐与幸福就是人生的追求，只不过这样的追求是在轻松的环境下便可以实现的，人生的希望也正是在这样的环境中获得的。

（四）安定、和平的人生

在大统一社会，由于国家消亡，民族与宗教实行融合，对抗因素将大大减少；平和、友好的社会目标的确立，以及与之配套的一系列的道德价值观的推崇，将使社会矛盾大为缓和；而随着安全、成熟的科学技术在全球的普遍推广，大统一社会所推崇的生活理念和目标很轻松便可以实现，人们的犯罪意识将因此大为降低；大统一社会实行全球统一治理，世界政权以全人类利益作为唯一的考量，对种种影响社会安定的因素会相继解除。于是，大统一社会将成为一个极少战争、极少犯罪的社会，人们将生活在一个安定、和平的环境之中。这种安定、和平的环境在国家社会是不可能实现的。

一个人，要实现人生的幸福，其前提之一就是要有安全感。一个整天面对恐怖袭击，面对杀戮，面对抢劫、偷盗等各种侵犯的人不可能有幸福的感受。大统一社会正是通过对各种战争与犯罪因素的实质性排除，把人类带入和平与安定的社会，在这样的社会中，人的安全感是前所未有的。

（五）健康、长寿的人生

国家社会不均衡的治理，巨大的贫富差距，以及频繁的战争、恐怖袭击、社会犯罪，导致各国之间人民健康状况差距极大，人均寿命也相差非常大。

大统一社会采取均富的政策，并将现有安全成熟的科学技术普遍地推广至世界每一个地区，因此，从整体上将消除贫穷。同时，随着医疗技术的广泛普及与推广，世界各地的医疗技术水平将在大统一社会达到基本一致的程度，这种程度实际上也是当时情况下的最高水平。

另外，在大统一社会，战争、犯罪杀戮这类危害人类健康与生命的社会现象必然会极大地减少，这一切都将是人类健康的希望和福音，都将为人类长寿创造相应的条件。

可以预测，大统一社会的人均寿命将普遍达到而且还会略微超过之前的发达国家的水平。因为，发达国家采用的是当时的最高医疗技术成果，这一成果在实现大统一后不久便可在世界各地普遍地得到推广与使用；同时，国家社会战争、犯罪杀戮频繁地发生，在大统一社会这类危及人类生命的因素大为减少；国家社会因为高度竞争的环境，人们精神压力大，思想忧郁，而且大统一社会人们过着平和的生活，心情轻松愉快，这些都是人民健康长寿的有利条件。

（六）平等、自由的人生

没有平等与自由就没有人的幸福，这是当今世界普遍认同的幸福观，事实上，平等与自由在国家社会是不可能得到广泛实现的。人们需要平等地享有生存权、财产权、自由权，国家社会不可能做到这一点，因为，一些国家的人民过着富足安定的生活，享受良好的社会福利，在政治上能够充分地行使自己的民主权利，而另外一些国家的人民则饱受战争的蹂躏，衣不遮体，食不果腹，疾病不断地夺去孩子们的生命，那些专制暴君对人民则实行法西斯统治。因此，在国家社会，人类整体处于极不平等的状态，自由与人权也只是赋予了一部分人。

大统一社会的实现，为上述问题的解决创造了极好的条件。

首先，大统一社会是一个极利于推行均富政策的社会，不同地区之间那种人民生活水平相差数百倍的现象将不复存在，因此，在财产的平等上会有极大的改善。

其次，大统一社会的建立是顺应历史潮流的结果，是对全人类整体利益考量之后的选择，它所采取的各种制度也必定会是顺应历史潮流的。因此，大统一社会所选择的政治制度也必定是那个时代全人类普遍认同的最好的政治制度。以今天人类的政治价值观而言，采取民主的政治制度是大统一社会的必然，因此，全人类在统一的民主政体下，将可享受同等的政治自由与人权。

其三，立足今天的人类现状来设计大统一社会应该推行的社会政策，大统一社会应该是一个统一而良好的福利社会，全人类在共同的福利体制下，能够平等地享受优越的生活条件。因此，就人类整体而言，大统一社会为人类带来的普遍的平等与普遍的自由将是前所未有的。

第二节　对社会制度正义性的评估

正义是社会制度的价值，它源于人类对自身的理性要求。为了人类社会健康有序地运转，为了实现最大价值原则，使最大可能多数的人获得最大可能多的价值实现，这种要求是必不可少的。

大统一社会能否实现社会制度的正义，是从间接的角度衡量大统一社会整体价值分量的指标。评估社会制度的正义性，也就是立足于人类整体的利益，分析其制度是否做到了公平与合理。以下我们将从整体正义、群体正义、个体正义和代际正义四个方面对大统一社会的社会制度进行全面深入的分析与研究。

一、整体正义

在国家社会，国家之间的竞争与对抗常常是以战争的形式最终解决问题。因此，作为最高权力体的国家政权，决定一切问题的首要考量便是怎样防止别国的侵略和怎样侵略别国，这无异等同于怎样防范同类的屠杀和怎样屠杀同类。站在整体正义的角度，要求社会制度的首要保障理应是人类的生存，而国家社会则刚好相反，因此，完全丧失了其合理性。

正因为社会制度存在上述问题，我们便发现，在国家社会，有相当多的最先进的科学技术成果首先被用于制造屠杀同类的武器，而不是首先用于造福人类自己。

由于国家之间这种你死我活的竞争与对抗特点，导致国家在确定其社会制度时不可能更多地考虑人民的幸福感受，而是首先要考虑人民怎样去适应这样的竞争要求才最有利于国家在竞争与对抗中取胜，因此，从保障人类整体的幸福感上看，国家所制定的各种政策和制度中有相当一部分是不合理的。

我们可以看到，各国在军费开支上大量投入，对贫困人口却少有救助，这显然不利于人民幸福价值的实现。我们还看到，国家总在制造一种激烈竞争的紧张氛围，引导人民去竞争，而不是考虑怎样创造一种平和的环境使人民普遍获得幸福感。因此，在这种激烈的竞争环境下，人们总是疲惫不堪，精神抑郁。

在大统一社会，社会制度的确立与国家社会有着根本不同的特点。由于其世界政权的唯一性，又由于世界政权唯一代表的利益是全人类的利益，那么，在消除了最高权力体之间你死我活的竞争对象与巨大的竞争压力之后，怎样保障全人类普遍的生存安全与普遍的幸福感受将必然是世界政权的唯一考量方向，这种确立社会制度的思维取向对于保障全人类整体价值的实现，其合理性是国家社会无法比拟的。这一切正是大统一社会相比国家社会最能够体现其整体正义的方面。

事实上，大统一社会在体现其整体正义上在多方面都远优于国家社会，例如：一种最简单的常识告诉我们，人类的整体利益高于国家的利益、民族的利益和宗教的利益，因为任何国家、民族或者宗教都只是人类的一部分，是全球的一个局部，局部从属于整体这是最基本的道理，但是，国家社会的现实情况却是局部利益高于整体利益。由于世界的最高权力体是国家，国家政权站在国家视界利益的角度，当人类的整体利益与国家的视界利益发生冲突时，有相当多的国家政权放弃人类的利益，而毫不犹豫地维护国家的利益。民族与宗教在处理自身的利益时也是这种情况。

二、群体正义

我们说人人生而平等，不论区域、不论肤色、不论出身、不论出生时间等等，人人都拥有同等人权，但是我们却看到，在付出同等的劳动后，一个国家的公民能获得 1000 美元，而另外一个国家的公民只能获得 10 美元；一个国家的公民享受良好的社会福利，另一个国家的公民年老后只能沿路乞讨；一个国家的公民在民主、开放、自由的政治环境下生活，另一个国家的公民则在专制君主统治下没有自由可言。同为人类，一些种族备受歧视，而另一些种族则趾高气扬，这一切显然是不平等的。

既然公认人人生而平等，人权与生俱来，那就不能只要求一个国家内部的人民具有平等人权，或者一个民族、一个宗教内部的人民具有平等人权，而是全人类都应该具有平等人权，这才是符合群体正义的真正公平的平等人权。但是，要实现这样的目标，在国家社会是不可能的。

而在大统一社会，民族与宗教实现融合，国家已经消亡，人们在同一个社会中，接受同一个政权的治理，享受同一种社会福利制度，拥有同等的政

四、代际正义

人类在地球上生存的历史还应极其漫长，可是地球的资源却是有限的，如果今天耗尽这些资源，我们的子孙就难以幸福地生活；如果今天的人类把地球糟蹋得一塌糊涂，我们的后代就很难收拾这个烂摊子。只顾自己，不顾子孙后代的事从来都被看成是一种不人道、极可耻的不正义行为，可是，现在我们就正在干着这种对后代毫不负责任的事：对不可再生资源的无节制开采，正在不断地造成资源枯竭；对土地的过度耕作与对草原的过度放牧，正在导致土地荒漠化；对森林的乱砍滥伐，正在导致水土流失、生物多样性丧失；对环境的破坏，使地球越来越不适宜人类生存。这一切都在危及我们子孙后代的利益。

其实，对于这些问题人们早有认识，联合国等国际组织也试图通过各种途径阻止这种行为继续泛滥下去，而且许多多边协议也得到了各国的支持与签署，但是，实际执行效果却相差万里。

国家之间的激烈竞争，多国并存造成的攀比效应，使得每个国家都处在高度紧张的发展压力之下，正是这样的压力导致了任何国家的领导人在发展中都难以真正兼顾子孙后代的利益，尤其是全人类未来的利益。

在大统一社会，世界政权代表着全人类的利益，而且作为唯一最高权力体，没有竞争与对抗的压力，在非竞争环境下世界政权完全可以平心静气地理性地规划全人类的事务。另外，由于对现有成熟与安全的科学技术的普遍推广，以及推行均富的政策，足可以保证人民在丰衣足食的情况下实现均富的生活。因此，资源问题、环境问题、人口问题等，都可以在世界政权的统一规则下获得良好的解决。

综上所述，通过对人类价值的实现进行直接评估，以及通过对社会制度正义性进行评估所间接得出的结论，大统一社会相比国家社会，对于人类最大限度地实现其自身价值都有优越得多的特点。

毋庸讳言，由于大统一社会实行对科学技术发展的限制，人们将不能够更多地获得相应的科技产品，以及由此带来的物质享受，这是大统一社会唯一的不利于人类价值实现的因素，除此之外，其他所有的方面则都是有利于人类价值实现的。

那么相比之下，物质的享受仅仅只是属于幸福价值的范畴，而且还远不是幸福价值的全部，因为幸福的内涵要远比物质的享受丰富得多。况且，在贫富差距极大，以及精神压力极大前提下的物质享受，并不是全人类普遍的物质享受，也并不能给人类带来普遍的幸福感。然而，通过限制科学技术的发展，人类却可以避免经常性的大规模杀戮，特别是能够避免自我灭绝的危险，这是关系到人类生存的问题，而且是整体的生存。在生存与幸福的价值比较中，生存是第一位的，幸福处于次位，况且以整体分量的生存对比部分的幸福，生存的权重要更大，分量要更重。仅从这一点出发，我们就可以肯定，大统一社会远胜于国家社会。

大统一社会对于人类价值实现的意义还远不止如此，它在有利于人类收获幸福的人生，以及有利于子孙后代价值的实现等等方面，都是国家社会无与伦比的。这一点不仅可以通过分析两种社会形态下人类价值的实现情况得出明确的结论，而且通过对社会制度正义性的分析也能得出相同的结论。

仔细分析便会发现，在大统一社会，由于世界政权这一最高权力体的唯一性，以及这一最高权力体对全人类的唯一代表性，使得大统一社会特别适合作为以非竞争、非对抗与均富为理想的社会形态（对于以竞争、对抗和高贫富差距为目标的社会形态，它则刚好是不适合的），而一个非竞争、非对抗与均富的社会形态又特别有利于人类生存、幸福等一系列价值的实现，从而特别有利于最大价值原则的实现，其有利于最大价值原则实现这一特点超过了过去所有社会形态，以及我们能够想象的所有的社会形态，因此，大统一社会事实上是一个毋庸置疑的理想社会。

我们确定人类社会必须走向大统一的初衷完全是因为要避免人类遭受灭绝的可怕命运而不得已的选择，然而，通过一系列的分析则可以发现，这样一个人类生存必需的社会却是一个最有利于人类各项价值得以实现的理想社会，因此，一个人类必需的社会选择与一个人类最好的社会选择刚好是吻合的。

第十三章 呼唤巨人

　　至此已经明确，要避免人类的灭绝只能实现全人类的大统一，要使人类的价值实现达到最大化也只能实现全人类的大统一，而且，要实现全人类的大统一，现在不仅有这样的必要性，也具备了这样的可能性。

　　要实现人类社会的变革需要人类自己去推动。由国家社会走向大统一社会是一次空前巨大的社会变革，又是一次空前理性的选择，且意义之深远同样也是空前的，面对这一无比伟大的事业，我们应该依靠怎样的力量启动历史的车轮呢？

第一节　思想家与政治家的责任

　　任何一次大的社会变革，在这之前都有一场思想运动作为铺垫，这是一个思想的觉悟过程。因为真正能够看清历史方向的人，最先并不是广大的民众，而只是少数对人类历史有着深刻思考的思想家，他们是先知先觉者，在所有的人都还在迷惘的时候，他们已经深刻认识到，历史到了必须转折的时候，而且这种转折经过一定的努力是可以实现的。

　　但是，仅仅只靠思想家不可能推动历史，直接推动历史的是人民大众。但是，人民大众却往往是后知后觉者，他们每天埋头于自己的工作、生活，对历史的大方向缺乏认真的研究与思考，也许偶有感悟，但不会形成系统，也不会变成指导自己行动的理论依据。

　　理论一旦唤醒大众，便会变为现实的力量。在社会变革之前的思想运动，就是觉悟的思想家的成熟的思想理论被广泛宣传、传播的过程。当广大的人民群众一致接受和赞同这一思想，并且决心为此奋斗的时候，一股改变历史的洪流便形成了，新的历史将由人民的力量创造出来。

　　如果人民大众处在一盘散沙、各行其是的状态，是不可能推动历史的，要形成推动历史的力量，必须拧成一股绳，向着同一目标，根据旗帜的号令进退有序，这样才能冲破旧世界的桎梏，开创一个崭新的时代。那么，这个举旗指挥者便是政治领袖。政治领袖是行动的组织者和领导者，没有他们的努力就不可能使广大人民群众形成推动历史的合力，因此，在思想家先期的觉醒任务完成之后，政治领袖的作用就上升到主导的地位。而且，在许多次历史变革的过程中，政治家往往既是人民的领袖，又是思想的觉醒者。

可以从世界历史的发展中清楚地看到思想家与政治家的伟大作用。我们知道，中世纪封建神权统治欧洲达千年，在宗教神权的统治下，世界没有创造力，人民处于愚昧的状态。兴起于14世纪的文艺复兴运动，以复兴古典文化作为号召和契机，掀起了一场历时200多年的反封建、反教会神权的伟大的思想解放运动。文艺复兴运动的中心在意大利，但很快波及英、法、西、德等欧洲各国，并产生深远的影响。正是因为文艺复兴推动的思想解放运动，才使欧洲从黑暗的封建神权统治下摆脱出来，并引导世界走出了中世纪。

17、18世纪的启蒙运动是继文艺复兴之后近代历史上第二次思想解放运动，启蒙运动的中心在法国，并很快蔓延到欧洲其他地区以及美洲，从而影响到全世界。启蒙运动宣扬的自由、平等、民主、法制的思想，直接推动了欧美的革命运动，对美国的独立战争、法国大革命以及欧洲各国爆发的民主革命都产生了极大的影响。可以说，没有100多年的启蒙运动就没有近、现代民主国家的诞生。

1917年俄国十月革命胜利后，建立了世界上第一个社会主义国家，之后，社会主义运动影响半个世界，许多国家相继建立社会主义政权。然而，十月革命的胜利却不是偶然的，它是长期的社会主义思想的传播，以及工人运动推动的结果。这一思想的解放运动最早可以追溯到16世纪诞生的空想社会主义。19世纪，马克思和恩格斯在总结了国际工人运动的经验，并对德国的古典哲学、英国的古典政治经济学和法国的空想社会主义进行总结与提炼后，形成了马克思主义理论。马克思主义的广泛传播，是社会主义革命成功的前提和基础。

每一次思想解放运动都要诞生一批杰出的思想家，正如文艺复兴运动的但丁、达·芬奇、米开朗琪罗、拉斐尔、莎士比亚和塞万提斯；正如启蒙运动的格劳秀斯、霍布斯、洛克、孟德斯鸠、伏尔泰和卢梭；正如共产主义运动的马克思和恩格斯。正是他们的思想为后面的历史发展作了有力的铺垫，才有之后的社会变革。

同样，在历史的重大转折时期也必然会涌现出一批最杰出的政治领袖，正如美国革命中的华盛顿和俄国社会主义革命中的列宁，是他们带领自己的人民实现了思想家的梦想，推动了历史的发展。

历史的进步离不开伟大的思想家和伟大的政治家，一个有理性、有良知的思想家和政治家，理应勇敢地肩负起历史的重任，义无反顾、勇往直前。

从国家社会到大统一社会，是人类社会的一次最重大的历史转折，这次转折对于历史的改变之巨大超过了过去任何一次，其意义之巨大也超过了过去的任何一次。从社会形态而言，过去所有的变革都是从一种国家形式转变为另外一种国家形式，并没有改变国家社会形态这样的本质内容。另外，过去所有的历史变革都是以幸福这一价值范围内的主题作为号召的旗帜与实现的目标。

文艺复兴运动的目标是要推翻封建神权统治，还人以自由，"使人真正成其为人"。封建神权统治的代表是教会，推翻封建神权统治就是剥夺教会以神的名义愚弄和统治人民的权力，这对于广大的人民大众是为了争取自由，自由最高只能纳入幸福价值的范畴，它是幸福的一个局部，因此，争取自由的过程也可以说是争取幸福的过程。相反，剥夺教会的统治权就是剥夺封建教会统治者的统治权，统治权也属于幸福价值的范畴，也是幸福的一个局部，剥夺他们的统治权无疑是剥夺他们的一部分幸福价值。因此，这是以广大被统治的人民大众对幸福的要求，去对抗少数统治者对幸福的挽留，其结果是以幸福价值换幸福价值。

启蒙运动提出了自由、平等、民主、法制的思想，其目的就是要推翻封建君主的专制统治，建立民主、人权的国家，为广大人民大众争取政治上的平等与自由的人权。同样，人权只能纳入幸福价值的范畴，在广大人民大众获得人权的同时，对于失去专制统治的君主则是失去特权，特权也属于幸福价值的范畴，因此，启蒙运动的目标也是要夺取封建君主的一部分幸福价值，换取广大人民大众的另一部分幸福价值。

共产主义运动以建立无产阶级专政的社会主义国家为目标，也就是要夺取资产阶级的政权建立无产阶级的政权。政权掌握在资产阶级手中，为资产阶级服务、为资产阶级谋利益，对资产阶级自然是更利于获取幸福价值。而无产阶级夺取政权后，掌握在自己手中的政权必定是为无产阶级谋利益，对于无产阶级也是为了利于获取幸福价值，所以，共产主义运动就是要以夺取资产阶级的一部分幸福价值，而换取无产阶级的一部分幸福价值。

从以上分析可以清楚地看到，人类历史上，在这之前的所有社会变革，都是以夺取统治者的一部分幸福价值来换取被统治者的一部分幸福价值，或者是以夺取这一部分人的某些幸福价值来换取那一部分人的某些幸福价值。那么，在这样的社会变革中便一般都会伴随大规模的战争和一系列的血腥杀戮。因为，在以一部分人的幸福换另一部分人的幸福的时候，这两部分人群必定是尖锐对立、你死我活的，任何一方获得这部分幸福价值，便意味着另一方将失去那部分幸福价值。

大统一事业寻求的社会变革与过去的历次社会变革有着本质不同的区别，消灭国家而建立大统一社会是为了人类的整体生存，相比过去历次的社会变革，有两个根本不同点：第一，大统一事业的初衷是为了全人类的生存，也就是为了人类不被灭绝，并不是仅仅为了某一部分人的幸福（事实上，大统一社会完全可以，也只有大统一社会才能够做到为人类带来国家社会所不可能带来的普遍的幸福，但这不是大统一事业的初衷，只是大统一事业的"副产品"），在确保人类生存的前提下，尽可能满足人类的幸福价值，这是大统一事业的价值权衡顺序。而在人类的价值追求中，生存价值高于幸福价值。第二，大统一事业是为了人类的整体，而不是某个局部，更不是以一部分人的价值去换取另一部分人的价值。而整体的权重无疑大于局部的权重，这是最简单的道理。

当然，在大统一的事业中，必然有一部分人的视界利益会受到损害，例如有一部分人可能会失去统治别人的权力，有一部分人可能会失去特有的优越地位，还有一部分人可能会生活水平有所降低。但是，所失去的一切最高只能纳入幸福这一价值的范畴，而他们所获得的却是人类的生存，这种生存指的也许不是他个人，但一定是他的子孙后代。以生存换幸福当然是生存的权重要大，以整体的生存换局部的幸福，前者更是分量要重得多。

由于大统一事业是全人类的事业，是以确保人类整体生存为目的的事业，这样的事业在与局部的幸福发生冲突时，完全有可能通过推崇并建立理性的道德价值观，来化解部分人心中的抵触情绪，从而以和平的手段实现全人类大统一的伟大目标。

要实现这个目标首先必须推动一场伟大的觉醒运动，通过这场觉醒运动，彻底改变人类社会过去形成的固有的世界观与价值观体系，使人们心甘情愿地接受国家的合并，快乐地迎接大统一社会的到来。

这场觉醒运动，除了让每个人都深刻地认识到实现世界的大统一对于全人类可以避免整体毁灭的重大意义之外，还要在以下几个方面改变人们长期以来形成了的固有观念，这就是：要以人类的利益观，代替国家的利益观；要以科学技术的危害性认识，代替对科学技术的崇拜；要以人类的普遍平等思想，代替人类群体的歧视观念；要以人类的整体生存高于一切的思想，代替人类的享乐思想；同时，还要大力宣扬大统一社会对于人类各项价值实现的重要意义。

在历史的重要转折关头，我们不可能要求广大的人民大众都是理性的，但是，我们却有理由要求有良知的政治家与思想家保持理性。在一次伟大的社会变革启动之前，思想家必须以自己理性的思考去广泛地影响全人类，这一过程是思想觉醒的过程，政治家则必须以自己的统帅才能实现思想家的梦想，并带领人民最终实现历史的转变，这一切是他们义不容辞的责任。

第二节　巨人的作用

在历史的重要转折关头力挽狂澜者可称之为伟人，伟人的功绩会彪炳史册，流传万古。伟人的诞生除了自己个人的才华和人格力量之外，还要有重大的历史事件与之相伴，正如中国的俗语"时势造英雄"。

在一个没有历史波澜的年代是出不了伟人的，因为，不力挽狂澜怎么能显出伟大呢？正如没有第二次世界大战，没有希特勒的极端强悍与狡诈，就不可能诞生罗斯福、斯大林和丘吉尔这样的伟人，如果他们是处于一个没有重大事件的历史阶段，也许只能履行一个普通国家领导者的正常职责，平淡度过自己的政治生涯，而在历史上则是默默无闻的。可是他们赶上了历史的巨变，并遇上了强劲的对手，在历经生与死的艰难考验后，带领自己的人民取得了反侵略战争的胜利，并就此改变了世界的历史。于是，他们的伟业得以成就，他们的赫赫声名在历史上留下了重重的一笔。

那么，什么样的人可以称之为巨人呢？仅从字面上理解，巨人必定比伟人更为伟大，他们必定成就过旷世伟业，历史上几乎无人可以比拟。纵观世界历史，可以称之为巨人的能有几人?!

在对世界历史上公认的一些最杰出的政治统帅进行筛选后，有这样一些人是可圈可点的，他们是亚历山大、阿育王、秦始皇、汉武帝、恺撒、穆罕默德、成吉思汗、彼得大帝、华盛顿、列宁、罗斯福、斯大林、丘吉尔等。他们之所以被公认是成就过伟大业绩的人，是因为他们的行为对历史产生了巨大的影响。这些人物的业绩大致可以分为以下几类。

（1）大规模的征服，以少胜多，并统治了空前的疆域。亚历山大和成吉思汗就属于这类伟人。

（2）对内进行政治、经济、军事的有效治理与改革，迅速、稳定地增强国力，对外进行大规模的征服和占领，为之后数代的稳定治理和稳步扩张奠定基础。如恺撒和彼得大帝。

（3）统一一个分裂的大的民族或者大的自然地域，其成果具有开创性意义。如阿育王、秦始皇和穆罕默德。

（4）建立一个全新制度的国家，这种制度对后世影响深远。如华盛顿和列宁。

（5）打败强大的侵略者，维护国家或者世界的安定。如中国的汉武帝，以及第二次世界大战造就的伟人罗斯福、斯大林和丘吉尔。

由此可见，迄今为止，人类历史上最杰出的政治领袖，他们的功绩脱离不了三大特点：

第一，他们的一切功绩都围绕着群体利益的范围，例如国家、民族、宗教等，最常见的一般是以国家利益的面目出现。正如在第二次世界大战中，如果远离欧、亚战争中心的美国，不感到本国的利益受到威胁罗斯福绝不会出兵；亚历山大和成吉思汗的无休止的征服，是为了建立一个空前强大的国家；华盛顿、列宁则是要建立一个他们认为拥有最理想的政治制度的国家；阿育王、秦始皇、汉武帝、恺撒、穆罕默德、彼得大帝无不都是为了某个群体的利益，即使有些历史伟人的功绩只是因为自己的个人野心得以成就的，但最后还是可以归于群体的利益。

第二，他们的一切功绩都围绕幸福这一主题。如历史上以扩张和征服为特点的杰出人物，他们作为政治领袖，主要是为了满足自己的征服欲望，扩大自己的统治范围，而不是为了自己能否生存。因为，作为一个强大国家的统治者，以任何方式生存对于他们都不是问题，他们希望扩大自己的统治区域，或者满足自己的征服欲望，对于他们就是一种对幸福的追求。

对于抵御侵略战争的杰出政治领袖，如果以人民的利益作为出发点的话，就是不希望本国人民或者其他国家的人民受压迫和受剥削，不愿意自己做亡国奴。所谓受压迫、受剥削、当亡国奴，都是属于幸福价值的范畴。至于这些领袖还有什么个人的欲望，自然也是属于幸福价值的范畴。那么，以建立一种全新的政治制度为目的而建立的功业，围绕的主题更是有关幸福的，因为一个美好的政治制度都是有关人民幸福的内容。

第三，所有最杰出的政治家的功绩与战争都分不开，而且他们行为的目的都是以一方的某些幸福价值换取另一方的某些幸福价值。之所以如此，与国家社会的性质特点是分不开的，一个国家强大了就想着对外征服，自然就有战争，当遭遇强敌入侵进行有力的抵抗时也一定会采用战争的形式。要建立一个新的政治制度必然要剥夺另一部分人的统治和幸福，同时肯定会采用战争，那么，只要是战争就必然伴随着大量的人员死亡。因此，任何最杰出的伟人的功绩与成就都是以剥夺大量人员的生存这种人类的第一价值作为代价的。

同时，战争的结果自然是以一部分人的幸福换另外一部分人的幸福，因为任何一方之所以进行战争，只是为了获得某种幸福价值，当一方获得这部分幸福价值的同时，便意味着另一方将失去相应的那一部分幸福价值。

人们常常说为了民族的生存，其实这并不准确，一般能够成就杰出功绩的人，他所在的民族都是强大的民族，不可能受到民族整体或者大部分被屠杀的威胁，即使被侵略者占领和征服，也只是被外族奴役而已，不会是涉及生存的种族灭绝。涉及种族灭绝的只会是针对一些很小的民族，这样的民族一般不可能产生历史巨人。成吉思汗领导的蒙古民族当时确实仅仅 100 万人左右，但他的征服则是空前的，可是他在征服其他民族的时候，他本身并没有受到种族生存的威胁。也就是说，他并不是因为本民族的生存受到威胁才进行征服的，而是为了某种满足才踏上了征服之旅。

由国家社会转变为大统一社会，是人类历史上从来没有过的巨大的社会变革，在这场巨大的社会变革中，需要历史巨人的领导和指引，也一定会涌现出领导和指引人类历史发展的巨人，这是任何一次大的历史转折必然的现象。只有历史巨人与历史规律相结合，才会产生巨大的历史性的转变，这两者缺一不可。

那么，在由国家社会转变为大统一社会的过程中，会出现怎样的历史巨人呢？如果就这次变革的特点来结合以上的分析进行对应的阐述的话，便可以清晰地看出，这次由国家社会向大统一社会的历史转变，其特点与之前的所有历史变革的特点有本质不同的区别。

第一，过去所有历史变革围绕的利益范围都是国家、民族和宗教这样的群体，但这次历史变革围绕的则是人类整体的利益，其利益范围绝不是某个群体或者某些群体可以比拟的。

第二，过去所有的变革都是围绕幸福这一价值目标所展开的，而且是群体范围内的幸福价值，但这次变革是围绕生存这一价值追求而展开，而且是人类整体的生存。在人类的价值排序中，生存的价值高于幸福的价值，而且人类整体的生存与群体范围内的幸福相比，更是具有绝对优势的权重。

第三，过去大的历史变革都是以战争的杀戮方式实现的，而且不论战争正义与否，都是以一部分人的某一局部的幸福价值换另外一部分人的某一局部的幸福价值。而这次变革由于是以人类的整体生存作为目标，很有可能可以采取和平的方式去实现。而且，虽然实现大统一的初衷只是为了人类的生存，但客观上大统一社会对于人类幸福价值以及其他价值的全面实现，是国家社会无论如何都无法达到的，实际上，大统一社会是一种最符合最大价值原则的理想的社会形态。

正因为上述原因，我们完全可以肯定，由大统一社会取代国家社会，对于全人类的重大意义超过了人类史上任何一次历史转变，而且由国家社会向大统一社会的转变极有可能采取和平的方式实现，这就更加加重了这一转变的整体正义性。

如果说在人类历史上曾经诞生过伟人的话，这次历史的转变一定会诞生巨人；如果说在人类历史上还曾经诞生过巨人的话，这次历史的转变一定会诞生旷世巨人。具体比较的话，如果说规模空前的第二次世界大战造就了罗斯福、斯大林、丘吉尔这样的伟人的话，这次伟大的历史变革所造就的伟人，其历史功绩必将远远超过前者，以至其功绩分量甚至无法比较。因为，国家社会转变为大统一社会的伟大意义远非之前的任何一次历史变革可以与之相比，这种差距甚至难以用词汇形容。

在国家社会中，虽然国家是最高权力体，但并不是所有的国家都有左右世界的能力，真正能够推动历史的只是少数的大国。伟大的大统一事业毫无疑问也得依靠大国力量的推动，尤其是大国的政治领袖，更是大统一事业应该重点依托的对象。

我们知道，科学技术的发展对人类的整体生存威胁正随着时间的推移越来越迅速地增大，国家社会向大统一社会转变的紧迫性因此也就变得越来越明显。所以，早一天实现这样的转变，就可以使人类的生存威胁得到一分极大的减轻。在今天已经完全具备了推进大统一进程的客观条件的情况下，历史的车轮也到了该鸣笛启程的时候了。我们不可能指望每一个人都具备理性、觉悟和能力，但是，却可以把希望寄托于理性的大国领袖们，人类需要他们拯救，而且他们的智慧也足可以使自己作出理智的选择，而他们的统一行动则能够在很大程度上左右历史的进程。

这是一个可以诞生旷世巨人的时代，如此伟大的事业也需要巨人的推动。

在历史的关键时刻回避漠视的大国政治领袖，将是历史的罪人，如果能够挺身而出，肩负起历史的重任，他们拯救人类的旷世功绩必将彪炳史册，我们的子子孙孙将会千秋万代永远铭记他们的功德。

为了人类的生生不息，为了子孙后代的幸福安宁，我们期待巨人。

历史呼唤巨人！

附　　录

《拯救人类》的代前言：致 26 位人类领袖的公开信

致：

中国国家主席、美国总统、俄罗斯总统、英国首相、法国总统、联合国秘书长、日本首相、印度总理、德国总理、加拿大总理、巴西总统、意大利总理、澳大利亚总理、墨西哥总统、西班牙首相、印度尼西亚总统、韩国总统、沙特阿拉伯国王、巴基斯坦总统、土耳其总统、阿根廷总统、荷兰首相、伊朗总统、南非总统、瑞典首相、波兰总统。

尊敬的各位领袖：

这封信，以及这本书，是在一种强烈的忧患意识的驱使下完成的。

虽然我今年才 45 岁，但这本书却倾注了我近 28 年的心血。28 年来，除了为生活奔波之外，几乎全部精力都投入到了这本书的研究与写作上，且有 6 年多的时间是几乎全脱产的。之所以如此，因为固执的我坚定地相信，这本书所研究的问题从根本上关系着人类的命运与前途。

茫茫宇宙，星空浩瀚，在无数亿的星球中，能够孕育生命者只是极其少数，能够孕育智慧生命乃至文明者更是少之又少，我们生存的这颗蓝色星球就是这样的一个十分难得的佼佼者。

但是，万物都有生有灭，尽管今天地球上的物种达数千万，但却不及曾有物种的百分之一，而那绝大多数的物种则都已灭绝，相信我们人类也总会有那么一天。

任何物种的灭绝都源于对自然环境的不适应。人类是地球生物史上唯一的智慧生命，今天的我们再也不用赤身裸体应对气候的变化，再也不用赤手空拳与猛兽搏斗，我们的食物再也不是单一地靠大自然的简单赐予，而是主要靠创造性地获得。有了这一切，又有怎样的自然环境不能适应呢？人类会不会走一条完全不同的灭绝之路呢？恐龙生存达 1.6 亿年，这是因为它的强大所致。人类比恐龙还要强大得多，人类又能生存多少年呢？

我的一切研究与思考最初正是从人类的灭绝问题开始的。

人类完成进化之后，其创造力推动世界发生着前所未有的改变，如果说从蛮荒直到农业文明末期世界的改变速度已是足够快的了，那么，变化的突然加速则是起始于 200 多年前的工业革命。在这个时间点上，人们似乎如梦方醒地突然意识到科学技术在物质财富的创造方面有着决定性的作用，于是，从此之后便将自己最大的热情投入到了科学的研究与技术的发明上，并在如此短的时间内，依靠科学技术的力量创造了自人类完成其进化 5 万年来所创造财富总和的无数倍。

然而，科学技术却是一把双刃剑，人类向它索取多少财富，它便会给人类带来等量的毁灭危险，它造福人类的能力越强其毁灭人类的威力也就越大。今天的一枚氢弹的爆发力量达 5600 万吨 TNT 当量，相当于一列绕地球一圈的火车所载烈性炸药爆发威力的总和，且顷刻间便可摧毁一座大的城市，因此，相对人类早期的杀戮手段，科学技术已将其毁灭力提高了百万倍以上。可是，采用转基因技术改造的生物毒素对人类的杀伤力比这还要大，且这样的杀戮手段由一个高水平的生物学家在自己的实验室便可私下研制出来，这说明毁灭手段正在由集团获得向由个人获得转移，这是非常可怕的事。

但理性考虑，这种毁灭力的提高绝没有达到顶峰。18 世纪中叶工业革命开始之时人类的科学技术水平还几乎为零，发展到今天如此高的程度仅用了200 多年，按理人类的生存还有许多的 200 多年，且相对过去，如今科学的起点高得多，对科学的投入大得多，科学研究的方法与手段也先进得多，可见科学技术的力量最终必然可以灭绝人类，而且其时间肯定不是论千年、万年计，而是就在前方不远。

人类社会的任何时期都存在一批妄图报复全社会的变态者和亡命徒，他们会千方百计寻求最具杀伤力的手段并会毫不犹豫地使用。灭绝手段只要出现便必然是他们的首选，且总有一天会被他们所获得。人类的灭绝并不仅在于此。由于科学技术具有不可确定性，当科学技术发展到相当高的层级后，科技产品的不慎使用以及科学实验的不慎都可以灭绝人类，正如氟利昂的不慎使用导致臭氧层破坏，以及许多科学实验的不慎都导致了人员伤亡一样。这就告诉我们，当科学技术发展到相当高的层级后，人类的灭绝将不以人们的意志为转移而不可避免，因此要避免人类的灭绝便只能限制科学技术，使之不进一步向更高层级发展。

当然，自然的力量终将也可以灭绝人类，但一系列的研究结果表明，按目前我们已具备的防范能力，人类因自然的灭绝是论亿万年计的，而因科技的灭绝仅仅只是论百年计的，甚至可能更短，可见人类的灭绝将会源于"自杀"，而非"他杀"。尤其是科学技术成果常常会在无意中获得，加之人类的未来极其漫长，所以那些无意的科学发现必定会很多，它们的累积也极有可能导致人类的灭绝。因此，我们对人类灭绝因素重视的方向不仅应该是科学技术，而且必须得尽快地行动起来，严格地限制科学技术的发展，因为即使现在就采取行动都为时较晚。

严格地限制科学技术的发展不是否定科学技术对人类的正面作用，更不是拒绝它造福于人类的方面，对于确定无疑安全，且又可很大地造福于人类的少数科学课题还应加强研究，尤其是对于现有的安全、成熟的科学技术成果，更是要广泛地推广应用到全球每一个地区，如果能做到这样，足可以保证全人类的丰衣足食。正是因为有了这一点，便可以提出在整体上我们能够严格地限制科学技术的发展而不会对人类的物质需求产生大的影响。当然，一定的影响肯定是会有的，但是，人类的整体生存高于一切，为了应对灭绝的危险，作出一些其他方面的必要牺牲是理所应当的。

要严格地限制科学技术的发展在目前的国家社会是实现不了的。人类有一个固有特性，即有永恒的争斗性，竞争、对抗与攀比在任何个体和群体之间都总是存在，而国家社会是多个国家并存，且国家是最高权力体，因此国家之间不仅必然存在竞争，且这种竞争不受约束，常以战争的方式作为解决的手段，这便意味着竞争中的失败者将会亡国灭种。如此高昂的代价谁都不可能轻视，即使人类将会灭绝也是如此，因为人类的灭绝是大家的事，是未来的事，是需要理性思考才能得出的结论，而国家的灭亡是自己的事，是眼前的事，是只需简单思考便可得出的结论。

国家之间的竞争不论是在经济方面、军事方面还是综合国力方面，最重要的着力点则是科学技术。科学技术是第一生产力，因此，为了国家和民族的生存，任何国家都不可能单独放弃科学技术的发展，要限制科学技术的发展只能是在全球范围内采取统一一致的行动，任何局部的异动都会导致前功尽弃。

然而，各国的主权独立性和最高权力体的地位，使得在多个国家并存的状态下不可能做到全球统一一致的行动，包括联合国这样的国际组织也做不到，因为是大国在左右联合国，而不是联合国在左右大国。要实现这样的目标只能将全人类统一于一个政权，即实现人类的大统一。

实现人类的大统一在百年甚至几十年前都是不切实际的空想，那时的通信和交通条件，即使治理一个庞大的国家都有很大的困难。而今天一切却变得很现实，现代的通信、交通和传媒手段已经将世界缩小为了一个"地球村"，这说明全人类大统一的硬性技术条件已经具备，当今全球化的趋势以及像联合国和历史上的国际联盟这样的国际组织，不仅反映了全人类有走向一体的自觉与不自觉的举动，也反映了各国政府在许多方面都有协调与统一全球行动的愿望。这一切客观上也是在为人类的大统一进行预演和积聚变革的力量。

大统一社会作为区别于国家社会和过去所有社会的全新的社会形态，在人类历史上具有开创性意义，在我的研究中提出这一设想的初衷只是为了避免人类不久后将灭绝于科学技术，因为这关系着人类的整体生存这一最重要的价值。但人类作为高度智慧和文明的物种，所需求的不仅仅只是生存，还有幸福、快乐、享受等等的价值追求，既然要建立一个全新的社会，这个社会便理应要立足于人类的整体，使人类的价值实现达到最大化，这一标准也是人类理想社会的标准。

大统一社会的政治、经济、文化、道德价值观等一切社会制度都应按上述标准设计。譬如，今天的物质财富比过去的丰富得多，但今人的幸福感却普遍比过去差得多，历史学家甚至认为还不如旧石器时代晚期刚走出山洞的远古人类，这不仅说明物质财富并不是决定人类幸福感的唯一因素，同时也说明今天人类世界的社会制度有明显不符合人类理想的原则性缺陷。

要解决上述问题，大统一社会重点要抓两点：其一，要把大统一社会打造成一个非竞争的社会，使人们变得平和、友好。因为在一个高度竞争的社会人们的心理压力太大，社会的安全性太差，所以幸福感也就很低。那么，在没有了国家之间的对抗与竞争之后，统一的世界政权是最适合弱化社会竞争的。其二，应建立一个均富的社会，因为幸福是在比较中产生的，一个贫富差距太大的社会，不仅不公平，而且多数人都难以获得足够的幸福感。那么，在一个统一的世界政权的领导下，当将现有安全、成熟的科学技术成果普遍地推广到全球各地后，由于没有政策和技术上的大的差异，便可确保人类在均富状态下的丰衣足食。

因为有上述一切，便可以看出，大统一社会人类将可获得普遍的幸福感和安全感，因此，大统一社会是一个特别适合打造成符合人类理想原则的社会，而不适合打造成一个竞争与对抗的社会。所以，大统一社会不仅是一个人类避免灭绝必备的社会，而且也是一个人类理想的社会。

大统一事业作为对于全人类最具意义的伟大事业，理应按最符合全人类利益的方式进行推进，我认为，大统一事业不仅应以和平的方式推进，而且大统一方案应符合可行性、合法性和正义性原则。可行性是指采用的方案能确保大统一事业的顺利推进，合法性是指符合国际法的原则，正义性是指应保障全人类各区域和各群体人民的民主和人权。

据此，我在书中提出了两个设想性方案，由于联合国处于当今国际关系的中心地位，《联合国宪章》处于国际法的核心渊源地位，且联合国又被普遍认为是人类社会由国际无政府状态到世界政权之间的中间过渡体制，因此，这两个方案都是在联合国框架内考虑的。

任何一次大的社会变革都有先期的思想铺垫，并伴随着血腥的杀戮，变革越巨大，思想铺垫所需时间便越长，杀戮便越残酷。这是因为过去所有的变革都有这样的特点，即要求变革的一方与反对变革的一方其中你的获得必然是我的失去，因此他们的对抗是你死我活的。由于科学技术照此发展下去必然很快就会将人类推入灭绝的深渊，这就客观上要求大统一进程必须尽快推进，那么，大统一事业的推进能否做到这一点呢？

认真分析，大统一事业不仅具有可避免人类灭绝这一关系全人类的普遍利益的一致性，而且，在幸福感、安全感等各方面，全人类又都可以获得普遍的收获。并且，即使在经济利益上人类各群体普遍的收获也多于失去，因为今天的富国之所以富有，是在于它们大量地应用了先进的科学技术，而大统一社会要将现有安全成熟的科学技术成果广泛地普及到全球各地，世界各地将因此可以普遍达到今天富国的水平，且富国人民也不会由此受到损失；同时，国家社会因国家之间的对抗，所以军费开支巨大，加之各国处于分治状态，管理成本高、贸易成本高，但人类实现大统一之后，这一切的成本和费用都将可降至最低，由此产生的利益都将会造福人类的每一个体和每一群体。因此，这次社会变革虽然是人类历史上空前巨大的变革，但由于全人类都将普遍地受益其中，所以其遇到的阻力相对而言会较小。

真正在大统一事业中既得利益失去最多的是各个中小国家的政治领袖，而获得最多的则是大国的政治领袖。因为任何大的政治版图的改变都是大国力量的主导，大统一事业的推进也自然主要是大国在主导，而大国领袖在这其中则是处于旗手的地位，小国领袖自然较难获得这种地位。同时，未来的大统一社会将会只有一套最高领导者的位置，这一位置多半可能也只会被大国领袖获得，小国领袖获得的可能性很小。

因此，中小国家的领袖中个别不能以人类大义为重的人可能会出来反对大统一事业，他们是大统一事业最主要的反对力量，而大国领袖则是大统一事业最值得依赖的力量。所以，这里所致信的各位尊敬的领袖除联合国秘书长之外，其他便是国家实力排名前 25 位的国家的领袖（在我的研究中对国家实力设计了一套计算办法）。

历史巨变的时代也是造就伟人的时代，我在本书中对大统一社会对于人类的生存价值、幸福价值和人类社会的正义价值的实现进行了全面的评估，认为大统一事业对于人类的意义是空前的，它的伟大性同样是空前的，在这一伟大事业中涌现出的伟大领袖其功绩也必将会是空前的，以至他们可以称为旷世巨人，而这些旷世巨人多半会出在大国的政治领袖中。

尊敬的各位领袖，我们正处于巨变的前夜，这是一个极其危急的时刻，同时又是一个极其光辉的时刻，因为人类最终的命运决定于此。经过我们这一代的努力，人类社会极有可能向大统一社会迈出最关键的步伐，于是，我们这一代人必将作为拯救人类的功臣光耀千秋，而在这整整一代功臣中又必将涌现出极少数的旷世巨人，他们是引领我们向大统一社会进发的旗手，而这极少的旷世巨人必将产生于各位尊敬的领袖之中。反之，若是坐视今天的局势继续下去，人类便会很快走向灭绝，要真是那样，我们不仅辜负了万代子孙，也辜负了茫茫宇宙给予了无比厚爱的地球这颗难得的生命与文明星球，其罪恶之深重用什么样的词句都难以形容。

尊敬的各位领袖，是选择千古罪人还是选择旷世巨人，只有你们才有这种选择的权力。人类的命运维系于你们之手，你们的统一行动将可拯救人类于危难，你们避免人类灭绝的旷世功德必将彪炳史册，千秋万代永远铭记在我们后代子孙的心中。为了人类的生生不息，为了我们世代子孙的幸福安宁，无比恳切地请求各位尊敬的领袖能够静心理智地研究这一关系人类最根本、最重大的问题，并尽快地行动起来。

2007 年 6 月
于北京

《拯救人类》的结束语

当我计划要进行这本书的相关内容的研究之后不久，我就决定了这将是我要为之奋斗一生的事。因此，在这本历经了近28年才完成的书即将成稿之时，有许多的话想借此倾诉出来。

1979年，当我以仅差一分满分的物理成绩考上大学时，所学专业并非物理，为此心中常存遗憾，这导致我之后在凡涉及物理学方面的知识时总是下意识地想去深入了解一下。入学不久，一个问题给了我很大的触动，在查阅《普通物理学》参考书时有一节是粗略介绍相对论的，由于我来自偏僻的农村，且过去经历的是极其封闭的"文化大革命"年代，上大学前并没有听说过相对论和爱因斯坦。

因此，对于相对论以及那个时间存在于速度中的公式感到无比神奇。以后又接触了另一个狭义相对论公式，即质能公式，根据这一公式可以得出，1克物质中蕴含的能量达2万吨烈性炸药TNT的当量，所反映的自然规律是十分惊人的，核武器便是依据这一公式研究出来的。这再一次给了我震撼。

看到这些不可思议的科学理论，我突然觉得在科学的发展上有一个必须要理性思考的问题：

今天的核武器轻易便可以摧毁一座数百万人的大城市，这已经是足够可怕的了，但是，只要科学技术继续发展，便必定还有比这更可怕的毁灭手段。那么，如果站在许多年之后的未来看，依据当时的科学理论产生的毁灭手段虽然比今天的核武器威力大得多，但仍然不是高不可攀的，只要科学技术不停止发展，比这更可怕的毁灭手段还是早晚会出现。科学技术一直这样发展下去，科学毁灭力越来越大的趋势也就会一直这样延续下去，由此可以肯定，终将有一天这种毁灭力会大到能够灭绝人类，即灭绝手段必定能够出现。

对于这个简单的推断，当时仅17岁的我确实存在疑问，我不禁问自己：这个结论到底能否成立？如果成立，那么灭绝手段出现后其灭绝力量会不会爆发？核武器摧毁一座城市，这座城市的人虽然被毁灭，但就整个人类而言还可以继续繁衍、延续，然而，要是人类被灭绝，就再也没有重新开始的机会了，如果真到了那一步想后悔都来不及了，不可能有什么问题比这更加严重了。那么，如果真是这样，人类还能生存多久呢？若人类还能生存许多年，也许我们今天还可以不急于采取行动，但要是人类的灭绝就在不久之后，毋庸置疑，此刻我们一切的计划都必须以拯救人类为中心而展开。因为包括今天全球都在致力于解决的环境问题、资源问题、人口问题和贫困问题等等，在这一问题面前都变得完全的次要。然而，我们能够避免人类的灭绝吗？

我马上意识到这是一个非常值得研究的问题。正是这一最初动机，支撑着我为此不停地观察、阅读与思考，并形成了此书。

那么，这本书虽然已经完成了，但书中所阐述的问题如果要彻底解决，靠我们这一代人可能是难以完成的，我要为这一切去奋斗，直至终身。

这一使命感我很早便有，但有很多的事回想起来却是惭愧的。其实在1988年和1989年的两年间我就开始动笔写作了，当时许多问题都怕触碰，因此便选择了小说的形式，因为借助小说中的人物一些不敢说的话便可以说。但当写了近20万字后，回过头来看的时候自己都觉得可笑，因为一个严谨的学术问题是不可能用小说的形式阐述明白的，况且我的文字功底并不适合写小说，因此便将所写的书稿全部销毁了。而后继续为这本书进行准备，并且下决心写成一部推理严密的学术性著作，不论政治环境怎样也在所不惜。

非常庆幸的是近20年过去后，今天中国的政治已经变得非常民主与自由，我在书中要阐述的内容基本上都可以畅所欲言而不会被追究。同样重要的是，在这种民主与自由的大环境下，中国的新闻与图书的出版与翻译同样也变得非常开放，这使我在这近20年阅读了许多过去不可能读到的资料与书籍，从而使我的思想变得更加完善。

这是一部写给全人类的书，因此我希望每个人都能读懂，而且还要喜欢读。但是，这又是一部力图严谨的学术著作，且涉及的学科很多，不仅包括社会科学，更包括了许多自然科学的内容，有些知识即使是专业的大学生都难以掌握，更不用说普通人了。那么，这与我要达到的读者层的目标便产生了矛盾，我这本书文字方面工夫下得最大的就是在如何解决这一矛盾上。

我的试验对象是我的女儿，我把书中涉及的各个知识考虑为一个个小的部分，尽可能用平实、通俗、有趣的语言，像讲故事一样讲给她听。当这个才几岁的孩子都觉得有意思，且似乎也能听得懂时，我便按此落实到文字上；如果不能引起孩子的兴趣，或者她根本听不懂，便思考采用新的表达方式。

因此，这本书我第一个要感谢的便是我亲爱的女儿，她六七岁便充当了我的"实验品"，她今年已经 10 岁多了。

为了使这本书易懂、耐读，我还在多个方面下了工夫。例如，这本书的初稿写了 100 余万字，我意识到如此规模的书容易使读者望而生畏，于是便将一些能够压缩的内容尽可能地压缩，总共压缩了近 40 万字。

另外，在尽可能使语言通俗易懂的前提下，我还注意将段落分小，使人阅读起来一目了然。并且，凡是晦涩难懂的词句尽可能不用，而一些难懂的语意还注意用不同的方式进行了重复。（由于有上述的努力，这本书的部分章节甚至看起来仿佛像是一部涉猎广泛的知识普及类书籍。）

这部书确实耗费了我很大的心血，在大学时我只是用少数的时间在完成功课，大部分时间都在围绕这本书所涉及的内容进行阅读与思考。毕业后我主要在国家机关工作，出差很多，而且时间不能由自己支配，同时，由于当时的工资很低，加之我的家庭负担很重，因此，没有钱买资料，也没有时间集中起来阅读与思考，这一切都是我最头疼的。我深感，要完成这部书必须要先解决经济问题，而后才能解决一系列的其他问题，包括时间问题也可以因经济问题的解决而相应得到解决。

于是，经过反复思考，在 1994 年初我毅然决定放弃机关的工作下海经商，在日记中我告诉自己，只要赚够 50 万，就放弃一切静下心来进行阅读和写作。

但后来我并没有完全履行自己最初的计划。我这个并不爱好经商的人，在经商时竟然比想象的顺利，不久就达到了最初设定的目标。但同时相应的问题也出来了，因为自己创办企业，许多人都在帮助我一道奋斗，如果要放弃经商，便意味着这些一道打拼的同事将失去工作。而且，许多经营项目还在继续，一些债权债务需要相当长的时间才能够处理，要想完全脱身是很困难的。

为了解决上述问题，我一方面将一些工作逐步移交给公司高管层，另一方面又将公司的一部分股份赠送给了公司的主要管理者。2000 年底我便放弃了公司的日常管理，用主要精力对这本书进行最后的准备。

这部书始终是在保密状态下写作的，第五稿完成之后作为个人资料我印刷了少量，不仅给代前言所致信的 26 位人类领袖分别寄去，而且还将书的部